制造模式革新
与 智能运维决策

夏唐斌　奚立峰　编著

上海交通大学出版社
SHANGHAI JIAO TONG UNIVERSITY PRESS

内容提要

随着国际市场竞争日益激烈和先进制造模式不断发展,现代制造企业中的多设备制造系统,正在逐渐采用大批量定制、可重构制造、服务型制造、单元型制造、可持续制造、广域网制造等先进的生产组织形式。从制造技术的发展历程来看,面向先进制造模式的智能运维理论创新,直接关系到生产效率的高低和制造模式的推广,运行管理模式和方法随着制造系统硬件升级和特性发展而不断探索出新的解决方案。

本书基于作者们近年来的研究成果,以人工智能技术、工业大数据与可靠性工程的关系为视角,明晰了系统运维优化的特征与意义,论述了智能运维决策的技术要素和落地路径,创新性地提出了面向先进制造模式的系统智能监测与运维方案设计。并结合大量的实际案例介绍了不同工业场景、不同制造行业中这类方案设计的落地过程,通过丰富的算例展现了如何使用运维决策来实现各类型制造系统的可预测化与智能化,最终实现无忧的制造环境。

图书在版编目(CIP)数据

制造模式革新与智能运维决策/ 夏唐斌,奚立峰编
著. —上海:上海交通大学出版社,2024.5(2024.12 重印)
ISBN 978-7-313-26518-0

Ⅰ.①制… Ⅱ.①夏… ②奚… Ⅲ.①智能制造系统
—研究 Ⅳ.①TH166

中国国家版本馆 CIP 数据核字(2024)第 058536 号

制造模式革新与智能运维决策

ZHIZAO MOSHI GEXIN YU ZHINENG YUNWEI JUECE

编 著:	夏唐斌 奚立峰		
出版发行:	上海交通大学出版社	地 址:	上海市番禺路 951 号
邮政编码:	200030	电 话:	021-64071208
印 制:	上海万卷印刷股份有限公司	经 销:	全国新华书店
开 本:	787 mm×1092 mm 1/16	印 张:	23.25
字 数:	549 千字		
版 次:	2024 年 5 月第 1 版	印 次:	2024 年 12 月第 2 次印刷
书 号:	ISBN 978-7-313-26518-0		
定 价:	88.00 元		

序

当前,全球制造业分工格局经历着深刻调整,我国制造业发展的外部环境和内部条件正在发生重大变化。从外部环境看,新一轮科技革命和产业变革深入发展,全球经济发展风险日益增多,科技"脱钩"风险加剧,发达国家制造业回流趋势明显;从内部条件看,我国制造质量效益与发达国家存在差距,缺乏中高端质量的自主品牌建设,产品质量的整体可靠性需进一步提高。在此背景下,提高质量效益,推行优质制造,是实现中国制造突破性变革的必然选择。优质制造作为支撑质量变革、增加优质供给的创新模式,是实现我国制造业高质量发展的重要依托,是提升国家核心竞争力的关键内容。

在当今制造业工业化和信息化高度融合的背景下,数字技术、人工智能技术的不断升级赋能优质制造。新一代人工智能的突破和应用进一步提升了制造业数字化、网络化、智能化的水平,从根本上提高了工业知识产生与挖掘的价值。面向产品全生命周期,综合应用大数据、智能制造、工艺优化等共性关键技术,针对可重构制造、服务型制造等新模式新业态,通过数字技术对关键数据进行采集、处理、分析和应用,对装备设施进行分析、预测和运维决策,为大型工程机械、航空航天装备、电力装备等重大装备安全、可靠、高效运行提供坚实保障。

国家和企业要真正落实优质制造,关键在于从质量技术基础、质量共性技术、全生命周期质量管控技术、资源要素等维度出发,构建涵盖"设计-生产-运维"全流程的优质制造技术体系。作为优质制造技术体系三大支柱之一,优质运维涵盖故障诊断、寿命预测和健康管理等关键技术,通过将工业知识数据化,运用工业级的人工智能技术创造价值,全面保障装备在服役过程中的高性能与高可靠运行,实现面向优质制造的精准发力、协同发力和持续发力,赋能制造业质量效益提升。

因此,在中国加快推动"新型工业化""制造强国""质量强国"的实践背景下,奚立峰、夏唐斌及其团队完成的《制造模式革新与智能运维决策》一书,阐述了先进制造模式下的系统智能监测与运维方案设计,并涵盖了大量企业实际案例,为中国的企业和学者提供了重要的参考。

机械工程学会理事长、中国工程院院士

2024 年 2 月

前　言

随着信息技术的迅猛发展,以数字化、网络化、智能化与工业化深度融合为方向的科技革命席卷而来。同时,动态多变的市场需求亟须发展先进制造模式以适应产品需求变化,快速调整制造过程、生产功能以及生产能力。

系统运维智能决策是基于工业大数据与先进制造模式深度融合,贯穿于监控、管理、运维等服务活动各个环节,围绕大数据融合、可靠性预测、运筹学优化等,开发制造系统的智能监测与维护调度方案,具有自感知、自决策、自执行、自适应、自学习等特征,旨在提高制造业质量、效益和核心竞争力。

过去,我国依靠人口红利等传统生产要素优势推动制造业快速发展,成为世界制造业的新中心,也连续几年成为"世界制造力竞争指数"最强的国家。未来,充分释放数据红利,激活数据要素潜能,将数字化、网络化、智能化技术与制造领域的技术进行深度融合,是事关制造业发展全局的战略。早期的智能制造主要侧重于过程中的物理系统的感知和集成,未来则形成智能化装备、智能车间和智能工厂,目标是零故障和预测型的制造系统,并在无忧的生产环节中以低成本高效率实现客户的动态需求。

那么,如何针对不同的先进制造模式实现无忧生产呢?首先,由不同类型设备按工艺流程柔性组成的现代制造系统,普遍呈现技术含量高、结构复杂、系统特性强的特征,其故障表现出很强的随机性和严重性。运维决策必须通过监控设备健康状况、故障频发区域与周期,通过数据监测与分析,预测生产设备和整体系统的健康趋势,对衰退可能引发的功能性故障进行必要的维护措施。这便需要分析和解决在运营过程中的不确定性和背景因素对于健康预测造成的干扰和困难。准确高效的维护决策将提高企业的设备管理水平,错误迟缓的维护误判则会带来巨大的经济损失。因此,预知维护策略必须结合设备健康状态趋势,克服传统的基于时间的维护规划策略的不足,动态地预测各台生产设备的健康发展趋势。

其次,多设备制造系统的预知维护过程需要实现设备层和系统层的动态交互。传统的维护规划模型普遍着眼于设备全寿命总体优化,但全工作寿命决策时间跨度过长,面对设备衰退演化的突发波动反应性较弱,制定的长期维护规划方案难以应对充满不确定性的企业生产现场。而且,现有的维护规划模型往往忽略了维护效果和环境工况因素对设备健康状态的影响作用。除此之外,合理有效的预知维护规划,还需要根据不同企业的实际需求,统筹成本、风险、可靠性、可用度等维护决策要素,通过目标优化法建模展开动态规划,根据拟定的全局性目标建立起最优的设备层预知维护策略,由此满足企业对于可靠性、效率性、经济性等指标的竞争优势要求。

此外,面向先进制造模式的系统运维智能决策还有必要探索研究大批量定制、可重构制造、服务型制造、单元型制造、可持续制造以及广域网制造的生产特征和技术优势。以机会维护决策为健康管理核心,依据各种制造模式的生产特征规划维护方案,在保障制造系统安全性、减少维护或停机成本、提高设备可用度等方面,体现出综合显著的可靠性、效率性、经济性等优势。

本书从工业制造系统场景展开,横向整合传感监测设备的状态信息,纵向结合先进制造模式的生产特征,详细介绍了涵盖了数据分析、数据挖掘、异常检测、故障诊断、设备剩余使用寿命预测以及为维护人员和任务调度生成最佳决策的系统运维智能决策,对制造系统的可持续运行以及有效的生命周期管理具有至关重要的作用。

本书在创作过程中得到了社会与学术界同仁的大力支持和鼓励,特别感谢美国密西根大学倪军教授、美国佐治亚理工大学史建军教授、Nagi Gebraeel 教授、美国辛辛那提大学李杰教授、上海交通大学潘尔顺教授和赵亦希教授给予的帮助与支持。感谢课题组的司国锦、董一凡、张开淦、宋亚、石郭、孙博文、郭闻雨、卓鹏程、冷柏寒、舒俊清、许昱晖、丁雨童、李柔柔、王宇对本书部分内容的贡献。

由于智能制造涉及众多研究领域,又包含许多新兴的前沿学科,再加上作者水平有限,本书难免有不足之处,烦请读者朋友交流探讨斧正。最后,祝愿中国制造业领域人才在以智能制造为主攻方向的道路上越走越好,为我国建设添砖加瓦。

夏唐斌、奚立峰

2024 年 1 月

目　录

第1章
工业转型升级下的先进制造模式发展

1.1 制造与制造业概述

1.1.1 制造的内涵

制造的英文为 manufacturing,该词来源于拉丁文词根 manu(手)和 facere(做)。这说明几百年来人们把制造理解为用手做。随着社会的进步和制造活动的发展,制造的概念也在不断地更新。

从"制造过程"上看,制造有狭义和广义之分。

(1) 狭义制造,又称为"小制造",是指产品的制作过程。或者说,制造是使原材料(农产品和采掘业的产品)在物理性质和化学性质上发生变化而转化为产品的过程。传统上把制造理解为产品的机械工艺过程或机械加工与装备过程。例如,"机械制造基础"主要介绍热加工和冷加工方法;"机械制造工艺学"主要介绍机械零件加工技术和产品装配技术。英文词典对制造(manufacturing)的解释为"通过体力劳动或机器制作物品,特别是适用于大批量"。

(2) 广义制造,又称为"大制造"或"现代制造",是指产品的全生命周期过程。1990 年,国际生产工程学会给出了制造的定义:制造是一个涉及制造工业中产品设计、物料选择、生产计划、生产过程、质量保证、经营管理、市场销售、服务、废品处理的一系列相关活动和工作的总称。广义制造包括 4 个过程:① 概念过程(产品设计、工艺设计、生产计划等);② 物理过程(加工、装配等);③ 物质(原材料、毛坯和产品等)的转移过程;④ 产品报废与再制造过程。广义制造有 3 个特点:① 全过程。从产品生命周期来看,制造不仅包括从毛坯到成品的加工制造过程,还包括产品的市场信息分析,产品决策,产品的设计、加工和制造过程,产品销售和售后服务,报废产品的处理和回收过程。② 大范围。从产品类别来看,制造不仅包括机械产品的制造,还有光机电产品的制造、工业流程制造、材料制备等。③ 高技术。从技术方法来看,制造所需的技术不仅包括机械加工技术,还包括高能束加工技术、微纳米加工技术、电化学加工技术、生物制造技术,以及现代信息技术,特别是计算机技术与网络技术等。

从词义上理解,制造的内涵目前在过程、范围和层次 3 个方面得到了延伸。从本质特征上来说,制造是一种将原有资源(如物料、能量、资金、人员、信息等)按照社会需求转变为有更高实用价值的新资源(如有形的产品和无形的软件、服务)的过程。

1.1.2 制造业的内涵及构成

1) 制造业的内涵

制造业是使用人力、机器、工具，根据生物化学反应或配方，按照市场要求，将原材料加工制造为可供使用或销售的半成品或最终产品的行业。制造业又称为第二产业，利用第一产业和从自然界获得的原材料进行加工处理。

根据在生产中使用的物质形态划分，制造业分为离散制造业和流程制造业。

根据环节划分，制造业包括产品制造、设计、原料采购、设备组装、仓储运输、订单处理、批发经营和零售等环节。

2) 制造业的构成

制造业包括食品、饮料、烟草、服装、纺织、木材、造纸等制造业，石油、化学、医药、橡胶、非金属矿、褐色金属有色金属加工业以及机械电子、武器弹药制造业等行业。制造业可具体分为31大类、191中类与525小类。我国制造业的31大类如表1-1所示。

表1-1 我国制造业的31大类

序号	行业名称	序号	行业名称
1	农副食品加工业	18	非金属矿物制品业
2	食品制造业	19	黑色金属冶炼和压延加工业
3	酒、饮料和精制茶制造业	20	有色金属冶炼和压延加工业
4	烟草制品业	21	金属制品业
5	纺织业	22	通用设备制造业
6	纺织服装、服饰业	23	专用设备制造业
7	皮革、毛皮、羽毛及其制品和制鞋业	24	汽车制造业
8	木材加工和木、竹、藤、棕、草制品业	25	铁路、船舶、航空航天和其他交通运输设备制造业
9	家具制造业	26	电气机械和器材制造业
10	造纸和纸制品业	27	计算机、通信和其他相关设备电子设备制造业
11	印刷和记录媒介复制业	28	仪器仪表制造业
12	文教、工美、体育和娱乐用品制造业	29	其他制造业
13	石油加工、炼焦和核燃料加工业	30	废弃资源综合利用业
14	化学原料和化学制品制造业	31	金属制品、机械和设备修理业
15	医药、生物制造业		
16	化学纤维制造业		
17	橡胶和塑料制品业		

目前主要有5种制造业的分类依据：经营管理模式、生产计划模式、生产类型、产品生产工艺和产品批量特性。依据经营管理模式，制造业可分为品牌经营企业、原始设备制造商（original entrusted manufacture，OEM）、来料加工和混合模式；依据生产计划模式，制造业

可分为计划生产和接单生产;依据生产类型,制造业可分为离散制造、流程制造、重复制造、项目制造;依据产品生产工艺,制造业可分为塑料成型、五金冲压、压铸、流水线装配等;依据产品批量特性,制造业可分为大批量生产、间歇性生产、项目式生产。

1.1.3 制造业的发展与作用

1) 制造业的发展

人类最早的制造活动可以追溯到新石器时代,当时人们利用石器作为劳动工具,制造生活和生产用品,制造技术处于萌芽阶段。到了青铜器和铁器时代,为了满足以农业为主的自然经济的需要,出现了诸如纺织、冶炼和铸造等较为原始的制造活动。

社会的进步和发展是伴随着制造业的发展而进行的。每一个社会发展阶段都会出现与之相匹配的加工制造技术。社会各时期制造业的发展进程如表1-2所示。

表1-2 社会各时期制造业的发展进程

时 期	工 具	制 造 对 象	制 造 模 式
农业社会	石器、铜器、铁器	自然界地表层的天然物质资源	手工制造
工业社会	机器	地底的石油、矿产资源、生产生活用品	机器制造、机械化流水线制造、自动化制造
信息社会	计算机 新技术	分子、原子、纳米级物质(有形资源) 信息、知识(无形资源)	现代制造、柔性制造、集成制造、敏捷制造、智能制造、纳米制造、生物制造、增材制造

2) 制造业的作用

制造业是人类社会赖以发展的基础产业。历史上,制造业奠定了工业革命以来世界经济的基础;现实中,制造业是国家综合竞争力的重要支柱。据调查,工业化国家中,60%~80%的社会财富和45%的国民收入都是由制造业创造的,近25%的人口从事各种形式的制造活动。

1.1.4 制造业的转型升级趋势

当前,许多国家掀起了新一轮以"信息技术与制造业融合"为共同特征的工业革命,加速发展新一代信息技术,并推动其与全球工业系统深入融合,以期抢占新一轮产业竞争的制高点。

(1) 工业技术与信息技术关联构成新的技术体系。德国"工业4.0"的3条主线中,第1条主线是制造过程与数字化的无缝对接,即材料能源信息和制造的物理过程融合;第2条主线是横向整合,即供应链在物流的基础之上,和信息流融合在一起,形成一个新的优化平台;第3条主线是垂直整合,从用户提出需求出发,由工艺设计和产品设计再到产品的生产和物流的配送回到用户,这样的过程同样是信息和物的融合。相同的框架去看美国先进制造业的5个环节以及对5个环节的解释,会存在相同的情况。再看我国的制造业发展方向,是智能制造。在2011年之后,三个主要的国家——德国、美国、中国在制造业上采取的战略和发展的方向十分清晰,即在"工业技术+信息技术"的新技术体系下,实现一个崭新的制造业的途径。

(2)环境的变革使得绿色制造成为刚性的约束。在应对全球气候变暖和环境污染的过程中,可再生能源和绿色能源崛起。整个能源工业的格局发生变化,在国际竞争中,尤其在工业的竞争中,能源始终居于关键的位置。同时,各个制造环节必须走向绿色化:减少使用能源,减少制造使用的材料,这也是制造业发展的新方向和必然的要求。

(3)模式转变。对制造业来说,最直接和最大的变革是将产生定制生产和无形制造。这是制造业长期追求的目标,使得制造工具真正和需求联合在一起,即围绕需求来制造。模式变革的另一个方面是制造业服务化,通过服务和使用的时间来收费,这就是最经典的服务型制造(service-oriented manufacturing,SOM)。

(4)竞争格局的变化。由于制造的技术、模式、约束条件发生了变化,在这样的过程中,从事制造业的企业如果不能适应、掌握这个变化,并主动朝这个变化的方向发展,可能就会被淘汰。

1.2 先进制造技术概论

1.2.1 先进制造技术的产生背景

20世纪70年代,由于美国政府忽略了对制造业的投入和发展,美国的科技优势和经济竞争能力下降,相对于日、德等国呈现明显落后的趋势。在重新认识制造业的地位和作用的过程中,针对日新月异的科学技术、复杂多变的内外环境、频繁变化的供求关系、不断更新的产品类型和日趋激烈的市场竞争的现状,美国的学者提出了"先进制造技术(advanced manufacturing technology,AMT)"的概念,旨在振兴制造业,缓解市场压力,使本国重获竞争优势。先进制造技术不仅是科学技术发展的产物,而且也是人类历史发展和文明进步的必然结果。先进制造技术的产生和发展有其自身的社会经济、科学技术以及可持续发展的根源和背景。

1) 社会经济发展背景

(1)产品需求多样化。顾客、市场对个性化产品的需求使产品的批量越来越小,适销产品的生命周期越来越短,这要求生产计划与调度动态化,这促使了传统制造的淘汰。例如,为了生产大量的某一种产品而设计的专用生产线因效率越来越低,正在从许多制造企业中消失。于是,人们迫切需要寻找新的生产方式,在保证工业企业较高生产率的同时提高柔性,满足多变的市场需要。例如美国提出的敏捷制造,它的主线就是高柔性生产。

(2)合作全球化。社会发展至今,合作全球化已成为绝大多数国家认同且全力参与的国际大势。一方面,新兴的发展中国家加入国际竞争,打破了原有的世界市场份额分配格局,发达国家与发展中国家的企业都处于全球化的竞争环境之中;另一方面,全球化的大市场形成,来自不同区域、不同文化背景、不同消费力的消费者的需求给企业带来了前所未有的机遇与挑战。

2) 科学技术发展背景

科学技术得到空前发展,大量新技术涌现,并应用于制造工程中的各个领域。尤其是计算机技术、电子技术、信息技术的发展,不仅改变了社会的面貌和人们的观念,也使制造业发生了变革,推动了传统机械制造向先进制造技术的转变。

3) 可持续发展战略

1994 年 3 月,中国政府批准发布了《中国 21 世纪议程——中国 21 世纪人口、环境与发展白皮书》。其他各国也根据自身国情制定了自己的可持续发展战略、计划和对策。随着化石燃料、矿物等资源的日益匮乏,自然环境的日益恶化,人们逐渐意识到可持续发展的重要性。一方面,对新能源的研发、对环境的修复势在必行;另一方面,在各项人类活动中减少资源浪费、减少环境破坏更是迫在眉睫。其中,制造业与自然资源环境关系极为密切,其转型升级在世界范围内都是重中之重。如何提高资源利用率,减少排放,减少产品浪费,不仅是经济议题,更是环境议题。由环境议题建立起的相关政策也督促着传统的制造业加强对先进制造技术的运用,以满足保护人类生存环境的需求。

1.2.2 先进制造技术的主要内容

1) 现代设计技术

新产品的开发是一个技术创新和价值实现的过程,是一个复杂的智力劳动的结晶。产品设计阶段的工作质量约占产品生命周期的 20%,但却决定了产品制造成本的 80%。因此,产品开发和工程设计的能力是企业的核心,其设计质量和水平直接关系到产品的功能、性能、环保性、可制造性、质量、竞争力、经济性和社会效益。

随着材料科学、制造科学、信息科学、微电子科学、系统科学、优化理论、人机工程等技术的迅速发展,现代设计技术也发生了日新月异的变化,出现了并行设计、反求设计等新的设计理念,计算机辅助设计、优化设计、有限元分析等新的设计方法与手段,以及基于系统工程,考虑技术、经济和社会等综合因素并面向产品全生命周期的设计过程等。

现代设计技术是指以达到市场产品的质量、性能、时间、成本等综合效益最优为目的,以计算机辅助设计技术为主体,以知识为依托,以多种科学方法和技术为手段,研究、改进、创造产品活动过程所用到的技术群体的总称。

现代设计技术具有以下 3 个特点:① 多学科交叉融合的产物,它是传统设计技术的集成、延伸和发展;② 正在向集成化、智能化、并行化、网络化、虚拟化、微型化和生态化方向发展;③ 逐步成为相对独立、平台共享的新型产业,为现代制造的发展提供新的基础和支撑。

现代设计技术的主要内容包括计算机辅助设计、计算机辅助工程分析、模块设计、优化设计、可靠性设计、智能设计、动态设计、人机工程设计、并行设计、价值工程、创新设计、反求设计、虚拟设计、全生命周期设计等。

2) 先进制造工艺与装备

先进制造工艺与装备是先进制造技术的核心与基础。因为优化的工艺过程、工艺参数、工艺程序、工艺规范决定了制造技术的固有技术水平和效率。如果工艺存在问题,再精良的自动化系统都不可能对工艺有本质的改善。

先进制造工艺与装备具有以下3个特点:① 先进性,主要表现在优质、高效、低耗、洁净和柔性;② 实用性,主要表现在应用普遍性与经济适用性;③ 前沿性,主要表现在先进制造工艺和装备可以实现高新技术的产业化或加快传统工艺的更新改造,它们是制造工艺研究最活跃的前沿领域。

早期,先进制造工艺与装备在工业发达国家得到发展,并被普遍运用,近年来,先进的制造工艺和装备有了长足的发展,出现了精密成形和近净成形、快速原型等先进的成形技术,精密与超精密、高速与超高速等先进的金属加工技术,复合特种加工、表面工程等新的制造技术,多工种一体化的加工中心、高速内装式电主轴等关键部件的新型机床、并联桁架结构的数控机床等先进的制造装备。

3) 柔性自动化制造技术与装备

制造自动化是制造业发展的重要标志。从早期的刚性自动化发展到以计算机数字控制为基础的柔性自动化,其涉及的基础单元技术、系统集成技术及其相关装备得到了长足的发展。其中,计算机数字控制技术、工业机器人技术、制造过程监控技术、柔性制造系统等都是现代化制造科学、管理科学、计算机科学、信息科学、自动化科学和系统工程等多学科不断交叉和融合的产物。

国内外在柔性自动化制造技术方面的研究主要体现在7个方面:① 集成技术和系统技术;② 人机一体化系统;③ 单元系统及其技术;④ 制造过程计划和调度;⑤ 柔性自动化制造技术的深度和广度;⑥ 适应现代化生产模式的制造环境;⑦ 加工系统的复合化和智能化。

柔性自动化制造技术的研究发展迅速,其发展趋势可用"六化"简述描述,即制造全球化、制造敏捷化、制造网络化、制造虚拟化、制造智能化和制造绿色化。

4) 现代制造管理技术与系统

生产管理是制造业发展的杠杆。世界制造业的发展经历了从少品种、小批量生产到少品种、大批量生产,再到多品种、小批量生产模式的变化,先后出现了物料需求计划(material requirement planning,MRP)、准时制(just in time,JIT)生产、精益生产(lean production,LP)、敏捷制造(agile manufacturing,AM)、绿色制造(green manufacturing,GM)等科学的生产管理理念与制造模式与柔性制造(flexible manufacturing,FM)、计算机/现代集成制造(computer integrated manufacturing,CIM)、分布式网络制造(distributed networked manufacturing,DNM)以及智能制造等先进的生产系统。

制造系统管理是将企业中的人、财、物、工作过程环境等视为相互联系、相互作用的有机整体;把分散的、局部的思维方式改为系统的、全面的研究方式;把定性的思维方式改为定性和定量相结合的研究方式;通过对多方案进行分析比较,实现整个制造过程的最优化。先进制造系统的管理技术涉及制造系统的组织及管理模式、先进科学的管理技术和现代制造系统,其主要观点可总结如下:① 人是企业一切活动的主体;② 计算机与信息管理系统是企业信息集成的基础;③ 高效率与高柔性是现代制造系统的标志;④ 精简机构、消除浪费是高效益企业的根本;⑤ 人与环境的和谐共存是目标。

1.2.3　各国先进制造技术的发展概况

1) 美国先进制造技术的发展概况

20 世纪 80 年代中后期,美国制造业的国际竞争力大大下降,引起了美国政府和社会各界的高度重视。为此,美国政府决定大力发展先进制造技术。1994 年,美国国家最高科技决策机构——国家科学技术委员会,指定其所属的民用工业技术委员会制定国家级先进制造技术发展战略,其主旨有如下 4 点:① 支持国家实验室、大学与工业界联合研究开发先进制造技术;② 通过国家级工业服务网络帮助企业快速应用先进技术;③ 开发并推广有利于环境保护的制造技术;④ 积极实施与工程设计和制造相关的教育与培训计划。

1996 年,美国国家先进制造联合会发表了《面向 21 世纪的美国工业力量》白皮书,建议美国今后应重点发展如下先进制造技术:集成产品与过程开发、并行工程、敏捷企业哲理、虚拟产品开发、快速原型与过程仿真、可扩展的企业体系结构、综合资源规划、产品数据交换标准、高速网络、人工智能、传感器数据融合、专家系统、电子数据交换、纳米/微米制造技术、高级控制器、全能制造系统的制造单元技术等。同时建议国防承包商采用大批量定制技术,重点发展柔性制造技术与系统。

2012 年 2 月,美国国家科学技术委员会(National Science and Technology Council, NSTC)发布了《先进制造业国家战略计划》报告,将促进先进制造业发展提高到了国家战略层面。《先进制造业国家战略计划》从投资、劳动力和创新等方面提出了促进美国先进制造业发展的三大原则、五大目标等。三大原则为坚持完善先进制造业创新政策、加强"产业公地"建设、优化政府投资;五大目标指实现加快中小企业投资、提高劳动力技能、建立健全伙伴关系、调整优化政府投资、加大研发投资力度。

目前,美国正在实施的先进制造技术计划有先进制造技术(advanced manufacturing technology, AMT)计划、技术再投资计划(technology reinvestment project, TRP)计划、先进技术计划(advanced technology program, ATP)计划、制造应用系统集成(systems integration for manufacturing applications, SIMA)计划等。

2) 德国先进制造技术的发展概况

德国是工业强国,在与美国以及欧洲其他国家和亚洲国家(尤其是日本)的竞争中,为继续保持传统制造业经济的增长,积极采取行动,将更多的精力和资源投入到更新的先进技术上。德国积极推动并应用信息技术,以改造传统制造技术与制造企业,并制订了相关的计划。为推动信息技术促进制造业的现代化和提高制造领域的研究水平,德国政府于 1995 年提出了实施"2000 年生产计划";在 2002 年推出了"IT2006 研究计划"和"光学技术—德国制造计划",投资 30 多亿欧元,研究电子制造技术和设备、新型电路和元件、芯片系统以及下一代光学系统。

近几年,德国先后发起了多起计划,这些计划旨在研发可靠的质量管理系统、工业机器人编程、大规模流程作业中的柔性生产结构、计算机多媒体系统等,并利用工业基础研究成果开发新产品、新工艺和新技术。经过执行这些计划,德国制造业出现较好的复苏趋势,并加快了传统制造业向先进制造业的转变。

3) 日本先进制造技术的发展概况

日本早在 1989 年就发起过"智能制造系统"计划,并邀请美国、加拿大、澳大利亚等国参与研究,形成了一个大型国际共同研究项目,日本投资 10 亿美元保证该计划的实施。该计划的目标为全面展望 21 世纪制造技术的发展趋势,先行开发未来的主导技术,促进科技成果转化,改善自然环境,并同时致力于全球信息、制造技术的体系化、标准化。

1995 年,日本原通商产业省发起旨在推动工业基础研究的"新兴工业创新型技术研究开发促进计划",该计划涉及 3 个技术领域:① 工业科学技术,旨在创造新工业,开发新技术;② 能源与环境技术,旨在改善自然环境,保证能源供应稳定,加速创建新工业;③ 支持中小企业开发基础性和创造性技术,旨在加快中小企业的工业现代化进程。同年,日本文部科学省发起了"风险企业型实验室计划",该计划旨在促进创新性研究活动,为新工业和风险企业培养后备科技人才,主要对著名大学实验室进行资助,受资助的实验室大多从事微型机械制造、虚拟现实软硬件技术、微毫米加工技术等。

2004 年,日本又启动了"新产业创造战略",为制造业寻找未来战略产业。这已引起该国与其他国家在机械制造技术上新一轮的竞争。

4) 韩国先进制造技术的发展概况

1991 年,韩国提出了"先进技术国家计划",目标是在 2000 年将韩国的制造技术实力提高到世界一流工业发达国家水平。该计划包括先进制造系统、新能源、电气车辆、人机接口技术等 7 项先进技术和 7 项基础技术,其中的"先进制造系统"是一个将市场需求、设计、车间制造和营销集成在一起的系统,旨在改善产品质量和提高生产率,最终建立起全球竞争力。该项目由 3 部分组成:① 共性的基础研究,包括集成的开放系统、标准化及性能评价;② 下一代加工系统,包括加工设备、加工技术、操作过程技术;③ 电子产品的装配和检验系统,包括下一代印制电路板装配和检验系统、高性能装配机构和制造系统、先进装配基础技术、系统操作集成技术和智能技术。

5) 英国先进制造技术的发展概况

英国政府支持工程和技术规划及制造系统工程方面的研究,开展了计算机集成制造系统(computer integrated manufacturing systems, CIMS)、单元式制造系统、快速原型制造技术、人机工程学及并行工程等方面的研究。英国政府发布了"2008 制造战略(2008 Manufacturing Strategy)"和"新产业新工作战略(New Industry, New Jobs strategy,于 2009 年 4 月发布)",形成了支持发展新产业和新工作机会的主要框架。英国的商业、创新和技能部基于这些战略积极采取行动,制定了一些重要的新措施,为先进制造业发展扫清诸多障碍,并帮助业界开发市场的巨大潜力。这些重要措施主要由以下 4 部分组成:① 获得信息与投资,包括扩大制造业咨询机构、发展制造技术中心网络、低碳工业战略及创新基金等。② 培养和发展先进制造技术技能,包括实行学徒培训计划、成立制造和材料生产供应国家技能院校、与产业界一起设立基础学位,并在工作场所进行培训。③ 采取新技术,包括扩展软性电子中心、制造竞争力计划增加资金投入、发展设计创新网络、低碳工程研发计划、新的复合材料战略、新的软性电子战略。④ 解决特殊产业面临的挑战,包括通过向罗尔斯-罗伊斯(Rolls-Royce)公司提供政府补助,提高英国航空航天和民用核工业领域的先进制造技术;提升先进复合材料航天器机翼的设计和开发能力,如通过新项目提供可偿还启动资金,包括 Bomburdier Aerospace 公司的 Cseries 飞机项目、GKN 航空航天公司和空中客车公司的 A350XWB 项目等;发布空间创新与发展小组(Space ICT)报告等。

6）中国先进制造技术的发展概况

我国对先进制造技术的发展也给予了充分重视。《中共中央关于制定国民经济和社会发展“九五”计划和 2010 年远景目标的建议》中明确提出，要大力采用先进制造技术，先进制造技术是一个国家、一个民族赖以昌盛的重要手段。《全国科技发展“九五”计划和到 2010 年长期规划纲要》中明确将先进制造技术专项列入高技术研究与发展专题。2000 年，中国科学院在沈阳成立国家先进制造技术基地；2002 年，在沈阳浑南开发区建设“先进制造技术 AMT 产业园”，形成了集电子信息、生物技术、新材料、机电一体化、激光五大领域的高新技术产业群，其中电子信息产业的发展最引人注目，沈阳浑南开发区已成为我国最重要的生产、研究开发基地之一。2011 年，《国民经济和社会发展第十二个五年规划纲要》明确提出，坚持走中国特色新型工业化道路，适应市场需求变化，根据科技进步新趋势，发挥我国产业在全球经济中的比较优势，发展结构优化、技术先进、清洁安全、附加值高、吸纳就业能力强的现代产业体系。

1.2.4　先进制造技术的发展趋势

目前，先进制造创新格局与技术应用呈现多元化特点。通过不断扩充传统产业边界，衍生新业态、新模式，推动产业生态的不断变化，提升传统产业活力。

1）常规制造工艺的优化

常规工艺优化的方向是高效化、精密化、清洁化、强韧化，以形成优质高效、低耗、少/无污染的制造技术为主要目标，在保持原有工艺原理不变的前提下，通过改善工艺条件，优化工艺参数来实现。由于常规工艺至今仍是量大面广、经济适用的技术，因此对其进行优化有很大的经济意义。

2）新型（非常规）加工方法的发展

由于产品具有更新换代的要求，常规工艺在某些方面（场合）已不能满足该要求，同时，高新技术的发展及其产业化的要求，使新型（非常规）加工方法的发展成为必然。新能源（或能源载体）的引入、新型材料的应用、产品特殊功能的要求等都促进了新型加工方法的形成与发展，目前的新型加工方法包括激光加工技术、电磁加工技术、超塑加工技术及复合加工技术等。

3）专业、学科间的界限逐渐淡化、消失

在制造技术内部，冷热加工之间，加工过程、检测过程、物流过程、装配过程之间，设计、材料应用、加工制造之间的界限均逐渐淡化，逐步走向一体化。

4）工艺设计由经验判断走向定量分析

应用计算机技术和模拟技术来确定工艺规范，优化工艺方案，预测加工过程中可能产生的缺陷并及时提供有效的防止措施，控制和保证加工件的质量，使工艺设计由经验判断走向定量分析，加工工艺由技艺发展为工程科学。

5）信息技术、管理技术与工艺技术紧密结合

微电子、计算机、自动化技术与传统工艺技术及设备相结合，形成多项制造自动化单元技术，经局部或系统集成后，形成了从单元技术到复合技术，从刚性到柔性，从简单到复杂等不同档次的自动化制造技术系统，使传统工艺产生显著、本质的变化，极大地提高了生产效

率及产品的质量。

管理技术与制造工艺技术的进一步结合,要求在采用先进的工艺方法的同时,不断调整组织结构和管理模式,探索新型生产组织方式,以提升先进工艺方法的使用效果,提高企业的竞争力。

1.3 先进制造模式概论

1.3.1 先进制造模式的基本概念

对于制造业来说,先进制造就是先进制造系统,即一个不仅包括先进制造技术,还包括先进制造模式(advanced manufacturing mode,AMM)的综合体。先进制造模式的定义为,企业在生产制造过程中,依据不同制造环境因素应用先进制造技术的生产组织和技术系统,有效地组织各种生产要素来达到良好制造效果的先进的生产、制造和管理的方法。它的首要目标是获取生产的有效性,基本原则是快速、有效地集成制造资源,实施途径是人-组织-技术相互结合。先进制造模式的先进性表现在企业的组织结构合理、管理手段得当、制造技术领先、市场反应迅速、客户满意度高、单位产品成本低等诸多方面。先进制造模式使制造系统变得精益、敏捷、优质与高效,并能够适应变化的市场对时间、质量、成本、服务和环境的新要求。

先进制造模式具有以下 5 个特征。

1) 以高效生产为首要目标

在全球化背景下,如今的市场是买方市场,消费者需求的主体性与多样性使生产有效性成为企业需要着重考虑的因素。先进制造生产模式将生产有效性置于首位,从而产生制造价值定向(从面向产品到面向顾客)、制造战略重点(从成本、质量到时间)、制造原则(从分工到集成)、制造指导思想(从技术主导到组织创新和人因发挥)等一系列的变化。

2) 以集成制造为基本原则

制造是一种多人协作的生产过程,这就决定了组织制造的基本形式是"分工"与"集成"。制造分工与专业化可大大提高生产效率,但同时却造成了制造资源(技术、组织与人员)的严重割裂。先进制造模式用制造资源集成的方式来获得制造资源的联系,从而提升生产的效率,以集成为前提的专业化制造分工避免了制造资源的严重割裂。

3) 体现经济性

先进制造模式的经济性在于制造资源快速有效地集成,可以快速响应不可预测的市场变化,以满足企业的生产有效性需求。集成制造资源的快速有效性使得制造技术被充分利用、减少各种浪费、积极发挥人员的积极性、缩短供货时间、提高用户满意度等,充分体现了先进制造模式的经济性。

4) 以人、技术、组织三要素的集成为实施途径

与以技术为主导的大量制造生产模式不同,先进制造模式更强调组织和人因的作用。技术、人和组织是制造生产中不可缺少的三大必备资源。技术是实现制造的基本手段,人是

制造生产的主体,组织则反映制造活动中人与人之间的相互关系。技术源于人的实践活动,作用于实际目的,只有被人掌握与应用才能发挥作用。由于在制造活动中人的因素的发挥很大程度上受到所在组织的影响,制造技术的有效应用依赖于人的主动积极性,因此,先进制造生产模式问题的关键应着眼于组织与人因。

5) 重视应用新技术和计算机信息的作用

先进制造模式的"先进"体现在其采用先进制造技术。技术是实现制造的基本手段。先进制造模式抓住计算机发展和应用提供的机会,以全面质量管理(total quality management,TQM)、柔性制造系统(flexible manufacturing system,FMS)以及计算机网络等作为工具和手段,将当今先进的技术与组织变革和人因改善有效支撑起来,使其发挥出巨大潜能。

1.3.2　制造模式的演化规律

制造模式的演化历程中,主要特征发生的变化如表 1-3 所示。

表 1-3　制造模式演化历程的主要特征变化

主要特征	制造模式				
	传统制造	柔性制造	精益制造	敏捷制造	绿色制造
价值取向	产品	顾客	顾客	顾客	顾客
战略重点	产品、质量	品种	质量	时间	时间
指导思想	以技术为中心	以技术为中心	以人为中心 人因发挥	以人为中心 组织变革	可持续发展
基本原则	专业化、自动化	高技术集成	生产过程管理	资源快速集成	资源利用率高
实现手段	机器、技术	技术进步	人因发挥	组织创新	技术、组织与人因
竞争优势	低成本、高效率	柔性	精益	敏捷	绿色
制造经济型	规模经济型	范围经济型	范围经济型	范围集成型	范围集成型

1.3.3　先进制造模式的分类方法

1) 按照制造过程可否变性进行分类

刚性制造模式(dictated manufacturing mode,DMM):采用自动流水线,包括物流设备和相对固定的加工工艺,适用于大批量、少品种的产品生产。

柔性制造模式(flexible manufacturing mode,FMM):由数控加工设备、物料运输装置和计算机控制系统组成自动化制造系统,它包括多个柔性制造单元,能根据制造任务或生产环境的变化迅速进行调整,适用于多品种、中小批量生产。

可重构制造模式(reconfigurable manufacturing mode,RMM):通过对现有零件族结构(软件及硬件部分)的调整,达到对生产能力以及功能等方面的调整,进而快速、有效、低成

11

本地适应市场变化对制造系统的动态需求。

2) 按照信息流和物流运动方向分类

精益制造模式(lean manufacturing mode, LMM):"精"表示精良、精确、精美;"益"表示利益、效益。精益生产就是及时制造,消灭故障,消除一切浪费,向零缺陷、零库存进军。

信息化制造模式(information manufacturing mode, IMM):将信息技术用于产品的制造过程,包括数控技术、柔性制造单元和柔性制造系统、分布式数字控制、快速成型制造技术、自动化物流技术、制造执行系统等内容,使制造活动更加高效、敏捷、柔性。

3) 按照制造过程利用资源的范围分类

集成制造模式(integrated manufacturing mode):从产品研制到售后服务的生产周期是一个不可分割的整体,每个组成部分应紧密地连接安排,不能单独认为生产周期是一系列的数据处理过程,该模式中不断有数据产生,产品要进行分类、传输、分析,最终形成的产品可作为数据的物质表示。

敏捷制造模式(agile manufacturing mode):在"竞争-合作-协同"机制下,以任何方式来高速、低耗地完成所需要的调整,并对市场需求做出快速响应的一种生产制造新模式。

智能制造模式(intelligent manufacturing mode):基于新一代信息通信技术与先进制造技术深度融合,贯穿于设计、生产、管理、服务等制造活动的各个环节,具有自感知、自学习、自决策、自执行、自适应等功能的新型生产方式。

1.3.4 先进制造模式的发展趋势

在以急剧变化为特征的 21 世纪,企业采用的先进制造模式必须面向顾客,须不断加强对顾客需求和市场走向的了解;寻找"顾客需要"与"企业生产能力"的平衡,在激烈的竞争中以产品质量取胜。

先进制造模式的发展趋势可概括为如下 6 个方面。

1) 数字化

在数字化方面,人们提出了计算机集成制造系统、数字化工厂等概念。技术人员通过 CAX[CAD、计算机辅助工艺过程设计(computer aided process planning, CAPP)、计算机辅助工程(computer aided engineering, CAE)、计算机辅助制造(computer aided manufacturing, CAM)]系统和产品数据管理(product data management, PDM)系统,进行产品的数字化设计、仿真,并结合数字化制造设备,进行自动加工。采用制造资源计划(manufacture resource plan, MRP)Ⅱ/企业资源计划(enterprise resource planning, ERP)系统,管理人员对整个企业的物流、资金流、管理信息流和人力资源进行数字化管理。进一步的发展是通过数字化的供应链管理(supply chain management, SCM)系统和客户关系管理(customer relationship management, CRM)系统,支持企业与供应商和客户的合作,网络化技术的发展使企业内部和外部的数字化运作更加方便。

2) 全球化

随着互联网技术的发展,制造全球化迅速发展,越来越多的人关注和研究制造全球化。制造全球化的概念来自美国、日本等发达国家和地区的智能系统计划。制造全球化的内容非常广泛,包含以下方面:① 产品市场的国际化;② 产品制造的跨国化;③ 国际间合作产品的设计和开发；④ 在世界范围内制造企业的重组与集成；⑤ 制造资源的跨地区、跨国家的共享、优化配置和协调使用。

3）知识化

技术创新能力是企业最重要的生存和竞争能力，知识将成为企业最重要的生产要素。知识管理技术、学习型组织等元素将越来越受到重视。知识化让制造企业不仅保持原有好的方面，同时接受先进思想，不断做出改变，以适应社会的发展。例如，精益生产是对准时制生产的继承与发展，而 MRPⅡ是对 MRP 的继承与改善，ERP 是对 MRPⅡ的补充与完善。

4）敏捷化

21 世纪，制造业面临着市场环境不断变化和人们需求多样化的问题，因此，制造环境和制造过程的敏捷化是制造业发展的必然趋势。敏捷化包括以下方面：① 柔性，如运行柔性、工艺柔性等；② 模块化，产品的模块化和企业的模块化也将使企业能快速、低成本地生产出顾客所需要的个性化产品；③ 重构能力，快速的重组重构能力能增强企业对新产品开发的快速响应能力等。

5）网络化

科技的进步和社会发展的需要使网络技术迅猛发展并迅速普及。对于制造业来说，则要求制造环境内部网络化，实现制造过程的集成；要求制造环境与制造企业的网络化，从而实现制造环境与企业中工程设计、管理信息系统等各子系统的集成；要求企业间网络化，从而实现企业间的资源共享、组合与优化利用；异地网络化制造等制造模式成为重要的发展趋势。

6）绿色化

绿色制造强调产品和制造过程对环境的友好性。如今人们逐渐增强的环保意识、可持续发展的需要与颁布实施的 ISO9000 系列质量体系标准和 ISO14000 环境管理系列标准为制造业提出了一个新课题，即要求制造业快速实现制造的绿色化。面对这样一种形势，制造模式逐渐向绿色化方向发展。绿色制造实质上是人类社会可持续发展战略在现代制造模式上的体现，同时也是未来制造业重要的发展趋势。

1.4　先进制造模式的分类及相关研究

1.4.1　稳态流水线

流水线自 1913 年诞生以来，便没有停下前进的脚步。流水线的运行，使得工人们分工协作，每个人只需重复自己的那道工序，因此提高了生产效率。流水线使工人间的分工更精细，产品的质量和产量大幅度提高，极大促进了生产工艺过程和产品的标准化。它出现在每个工业化的国家里，既是高效生产的代名词，也被看作残酷的剥削手段而备受指责。在 20世纪后期，大规模生产行业逐渐从人力资源昂贵的美国和西欧搬到了生产成本低廉的亚洲及拉丁美洲，流水线遍布全球。同时，日本人对流水线进行了革新，用精益生产的原则将其变得更高效,也更灵活,资源也因此更加节约。流水线曾经让美国繁荣强大,如今也让其他国家具有竞争力,流水线产生的社会和经济影响已经是全球都需面对的问题。

流水线是一种串行的方式,各道加工环节互相耦合,因此某个环节的停顿会影响整个流程。另外,以车间流水线为例,每一个批次只能生产相同型号和配置的车型,哪怕加装配置都会造成后面车型的排队等待。为了生产不同的车型,需要切换生产线,包括采用不同的夹具,匹配不同的零部件供应。每一次产线的停止都意味着巨大的产能损失。

在工业 4.0 时代,这种传统生产方式最大的革新就是把原来的"串联式"生产转变为"并联式"生产,并允许低成本和高效地进行个性化生产。以奥迪公司——英戈尔施塔特的智能车间正在实验的新生产方式——"模块化组装"为例,不同于传统流水线,模块化组装把汽车制造的环节拆分成两百余个互相独立的流程,每个生产流程都有一个单独的生产车间。任何一辆汽车,在完成某一个部件的组装之后,可去往任意一个有空余产能的车间,排队和调度通过中央电脑系统控制。每一个个性化订单都会通过电脑记录,安排生产,并可以清楚地知道这辆车目前在哪个车间,预计需要多少时间能够开出产线。

由于理论和技术的局限性,相对于单设备维护规划建模的诸多模型,多设备制造系统的维护调度策略和优化建模方法则明显较少。在系统层维护调度领域,成组维护策略既考虑了设备的可靠性,又分析了系统的综合成本,致力于合理调度多台设备同时进行维护作业。本书针对串并联系统平稳生产的系统层维护优化调度问题,提出了一种实时优化调度的维护驱动的机会策略。

稳态流水线将在本书第 6 章中详细论述。

1.4.2 大批量定制

大批量定制(mass customization,MC)旨在通过高度柔性化、集成化的生产流程,为顾客提供个人化定制产品。随着各国由卖方市场到买方市场身份的转变,全球竞争压力加剧,制造商致力于产品升级以及承担可持续发展的责任,大批量定制的生产方式应运而生。在保留原有生产效率的同时,大批量定制不仅提升了制造系统的灵活性,使其可以快速响应市场需求,提升企业竞争力,还能够实现按需生产,有效降低生产过程中的资源消耗,解决产能过剩导致的产品积压、资源过度消耗等问题。

依托于高效信息技术、先进制造技术和现代物流技术的综合应用,大批量定制下,产品设计更加便捷,产品质量更加稳定,产品成本更加可控,产品交付更加及时。大批量制造有着客户认可度高、市场适应性强、生产成本低、产品迭代快速、具有可持续性等优势。如今,大规模定制已作为一项重要的竞争策略,被越来越多的企业采纳。

为了结合批量生产进行预知维护优化决策,需要克服诸多交互建模难点:① 批量生产的订单量随机性;② 预知维护的双摆调度决策;③ 交互决策的维数复杂性。因此,本书介绍了在机会维护前沿领域内探索的生产驱动的机会策略,结合生产设备健康状态和批量产品质量需求,综合分析设备层输出的预知维护规划结果以及顾客导向的随机批量订单计划,利用生产转换时机作为组合维护机会,建立了系统层交互优化决策的提前延后平衡法算法。

大批量定制将在本书第 7 章中详细论述。

1.4.3　可重构制造系统

可重构制造系统(reconfigurable manufacturing system，RMS)是在应对市场需求突然变化时，可以快速改变结构、软硬件组成成分的制造系统。理想的可重构制造系统具有 6 个核心 RMS 特性：模块性、可集成性、自定义柔性、可伸缩性、可转换性和可诊断性。

可重构制造系统可以根据市场需求的变化，对原系统进行快速重构，通过改变自身的结构、增减设备等方式，满足生产要求。可重构制造系统在一次重构时，往往有多种重构方案，每一种方案的成本、可靠性和生产性能都有差异。选择重构方案时，需综合考虑每种方案的成本、可靠性和生产性能等因素。针对可重构制造系统的不同重构方案，探索其综合评价方法，为重构方案的选择提供科学的依据，有着重要的理论意义和很高的实用价值。

为了制定有效的可重构制造系统维护策略，需要全面考虑维护机会和系统的可重构性，以便对各种系统层的重新配置做出快速响应。一方面，与传统的将预防性维护延迟到预定时间的分组维护相比，机会性维护是一种更积极的策略，可以使系统保持良好的状态和更有效的维护调度；另一方面，考虑可重构制造系统的关键特征，响应速度应是先进制造系统运维调度的新目标。通过在市场增长时调整生产能力和在产品变化时增加功能，快速响应能力为可重构制造系统提供了一个关键的竞争优势。

因此，为了保持可重构制造系统的快速响应能力，本书围绕基于健康演化和动态重构的广义制造系统维护建模理论方法展开了研究，提出了面向可重构制造系统的机会维护方法。

可重构制造系统将在本书第 8 章中详细论述。

1.4.4　服务型制造

服务型制造是为了实现制造价值链中各利益相关者的价值增值，通过产品和服务的融合、客户全程参与、企业相互提供生产性服务和服务性生产，实现分散化制造资源的整合和各自核心竞争力的高度协同，达到高效创新的一种制造模式。服务型制造是新技术革命时期制造与服务有机融合发展的新产业形态。

服务型制造在中国现阶段的发展具有规模总量持续壮大、创新驱动稳固强化、商业路径持续衍生的特点，同时，服务型制造在我国的发展也暴露出以下 4 点问题。

1) 发展规模较初级，服务实力待提高

总体而言，目前制造企业服务化产出水平整体较低。数据显示，2017 年，我国制造企业服务收入占总收入比重不足 10%。我国制造业核心技术薄弱，产业主体技术依靠国外，拥有自主知识产权的产品少，依附于国外组装业的比重大，关键基础材料、核心基础零部件及元器件对外依存度高；重大技术装备的系统集成能力不强，与全球制造业强国相比差距较大，这些均阻碍了制造与服务的有机整合。

2) 社会认识较不足，商业模式待强化

(1) 对服务型制造的内涵和意义缺乏系统认识。受传统工业发展思维模式影响，部分政府和企业尚未建立全面的产业生态系统观念，依然存在重制造轻服务、重规模轻质量、重批量化生产轻个性化定制的现象。

(2) 对服务型制造的发展模式了解不多，服务模式较单一。

（3）对向服务型制造转型的路径不明。由生产型制造向服务型制造转型的过程中，产业链企业需要对原有的业务流程、组织架构、管理模式进行调整和重构。很多企业对转型的步骤以及在组织上、管理上需要做出哪些重新调整还不是很明确。

3）要素供给较缺乏，发展水平待提升

（1）资金问题。与传统的单纯销售产品便可快速回款相比，投资额较大的总集成总承包项目在建设初期，规划设计、设备制造采购、土建工程等支出环节需要总承包商垫资，回款周期较长，给相关企业造成资金压力。

（2）技术短板。服务型制造是基于企业核心产品和核心业务基础上的服务创新，需要技术能力支撑，缺乏核心技术是中小制造业企业开展服务型制造的普遍短板。基础配套能力不足，先进工艺、产业技术等基础能力整体薄弱，严重制约了服务型制造业集成能力。

（3）人才短缺。对于以制造为主的人员结构，多数企业缺乏既懂制造又懂服务，同时熟悉产品和运营的复合型人才。

（4）服务提供水平不平衡、不充分。一方面，很多制造业领军企业和优势企业积极拓展研发设计等业务板块，但大多数制造业企业尚未开展深度服务，服务范畴和对象禁锢在企业内部应用，市场开拓不足。另一方面，沿海发达省份企业开展服务型制造的主动性强，而中西部省份由于经济发展阶段和基础设施的局限，开展服务型制造的意愿较弱。

4）发展政策较缺位，制度环境待完善

（1）政策差别增加变革成本。服务业和制造业在审批、税收、金融、科技、土地等政策方面存在明显差异，这造成一些制造业企业发展服务业的制度性成本增加。

（2）制造业与服务业在管理机制上缺乏融合。制造业企业开展服务业务时难以享受与服务业同等的优惠政策，造成企业转型市场成本增加。

（3）缺少统一的服务型制造统计口径和标准，相关的知识产权管理和保护等规定有待进一步加强。相比于以往的工业产品或实物设计，服务类产品更容易被剽窃和模仿，这在一定程度上制约了服务型制造的健康可持续发展。另外，制造业企业服务差异化与个性化的平台支撑比较有限，社会化服务体系整体亟待加强。

服务型制造将在本书第9章中详细论述。

1.4.5　单元型制造

单元型制造是制造业发展到一定阶段，从流水线革新而来的一种制造模式。随着制造业由"多"向"精"转移，人们开始研究和尝试一种新的生产方式——单元型制造。单元型制造是随需而变的生产制造模式，其综合了单件生产与大批量生产的优点，既减少了单件生产的高成本，又避免了大量生产的过度刚性。单元型制造能迅速适应市场订单品种和数量高低起伏的变化，适合多品种小批量短交期的市场需求。

与流水生产相比，单元型制造具有如下优势。

（1）柔性高、弹性布局。

（2）建设周期短，节约生产空间。

（3）提高生产效率，缩短生产周期。

（4）减少在制品库存，降低生产成本。

单元型制造将在本书第 10 章中详细论述。

1.4.6　可持续制造

改革开放后,我国制造业迅猛发展,至 2010 年我国已成为世界第一制造大国。但我国制造业也存在一些问题,如产品实物量大但价值量较低,技术含量与劳动含量都较低;总体上产品结构处于低端,关键核心技术主要靠引入,且吸收消化效果不理想;高耗能、高污染的资源加工型产业发展过快,对能源、资源的依赖性过大;低效率的生产造成严重的环境污染,既影响居民身体健康,在国际上也遭受很大的舆论压力。中国制造业以便宜的劳动力、廉价的能源和几乎不计入产品价格的环境成本向全球提供低端产品,这种粗放型的低水平发展模式目前已经触及本国资源环境承载力的极限。《中国制造 2025》明确提出要构建绿色制造体系,"把可持续发展作为建设制造强国的重要着力点"。而"可持续制造"即是可持续发展研究的理论成果与制造范式转型的现实需求相融合的产物。

2022 年 10 月 7 日,美国发布《国家先进制造业战略》,针对开发和实施先进的制造技术部分提出实现清洁和可持续的制造的建议。其中包括以下 3 个方面:① 制造过程的去碳化。开发和示范先进的制造技术,在制造过程中采用低碳原料和能源。② 清洁能源制造技术。改进清洁发电和储存的材料、制造工艺和产品设计;加强先进的设备和材料的制造;制造具有高能量密度的先进电池。③ 可持续制造和回收。将有价值的材料从废物流中分离出来,并开发能源或污染密集型材料的替代品;在分类、净化等技术领域进行研发;扩大可持续材料的设计和制造、多种材料类别的回收和循环方法以及试点项目和设施的规模。

由上可见,可持续制造是从可持续性的角度构建的新制造系统范式。可持续制造研究的理论意义在于其可从以下 2 个方面充实可持续发展理论。

(1) 可持续发展理论现实化。虽然可持续发展思想在全世界不同经济水平和不同文化背景的国家都得到了普遍认同,但总体而言,它主要的意义还是提供了一种美好愿景,缺少思想对实际应用的指导。本书将可持续发展的抽象理论实际应用于制造领域,将这种愿景引入实践并变为现实。虽然可持续发展是一种规范性理论,但在何为可持续发展、如何度量可持续性和如何实现商业的可持续发展等基础性问题的认知上,学术界一直存在争议。可持续制造研究可为回答上述问题提供有益的帮助。

(2) 可持续发展理论与生态创新理论的融合。生态创新是一种新的、能够带来环境改善的产品/服务、生产过程、市场方法、组织结构和制度安排。向"可持续制造"转型,需要制造业在生产过程、产品、商业模式等方面进行突破性创新,还需要切实地对现有的生产体系和消费体系进行生态化重塑,从社会和制度上进行突破性创新。

总之,可持续制造是一种新的商业和价值创造途径,具有极高的研究价值。向可持续制造范式转型是制造系统对科学发展观的具体实践,是提高工业文明和生态文明水平的现实路径。

可持续制造将在本书第 11 章中详细论述。

1.4.7　广域网制造

广域网(wide area network,WAN)制造是指通过产品服务外包将生产线群组租赁给跨区域全球制造企业的先进制造模式。广域网制造一般涉及两方当事人：出租方(原始设备供应商)和承租方(制造企业)。出租方根据承租方的要求与选择,按计划生产加工相应产线,并将产线出租给承租方使用,同时为各区域承租方提供更多的产品配套服务。若在租赁周期内,租赁设备发生故障,出租方派遣维护团队进行运维。在租赁期间,由承租方按照租赁合同规定向出租方交付租金。租赁设备的所有权属于出租方,承租方在租赁期内享有使用权。在租赁期满时,设备可以由承租方按合同规定留购、续租或者退回出租方。

原始设备供应商在制定动态全局维护方案时面临以下 4 个挑战：综合运维成本、生产系统产量、广域网络建模和全球响应能力。本书通过分析综合运维成本、生产系统产量、广域网络建模和全球响应能力与广域网络维护方案之间的影响机制,为建立面向广域网制造的动态广域网络维护策略提供有效的解决方案。

广域网制造将在本书第 12 章中详细论述。

1.5　本章小结

基于大国竞争的背景下,先进制造技术是支持和发展国民经济的基石和动力保障,制造领域成为各国科技创新的主战场。近年来,制造领域提出了柔性制造、精益制造、敏捷制造、绿色制造等一系列先进制造模式。随着日益激烈的国际市场竞争和不断发展的先进制造模式,现代制造企业中的多设备制造系统,正在逐渐采用可重构制造、大批量定制、租赁化生产等先进的生产组织形式。以机会维护决策为核心的健康管理理念,依据各种制造模式的生产特征规划维护方案,在保障制造系统安全性、减少维护或停机成本、提高设备可用度等方面,体现出综合显著的可靠性、效率性、经济性等优势,对支撑和指导制造企业实施卓有成效的设备管理,具有十分重要的科学意义。

参考文献

[1] 中国电子技术标准化研究院.工业大数据白皮书(2019 版)[R].北京,2019.

[2] 房贵如,刘维汉.先进制造技术的总体发展过程和趋势[J].中国机械工程,1995(3)：7.

[3] 曹海旺.先进制造模式扩散的建模与分析[M].北京：国防工业出版社,2015.

[4] 杨学山.制造业转型升级的趋势、规律和路径[J].经理人,2016(11)：32‐33.

[5] 谷峰,李印结.国际先进制造技术的研究动态[J].制造技术与机床,2006(5)：40‐43.

[6] 石文天,刘玉德.先进制造技术[M].北京：机械工业出版社,2018.

第2章
基于工业大数据的智能维护决策理论

2.1 工业大数据简介

2.1.1 工业大数据的概述与分类

作为一个国家综合国力最重要与最直接的体现,制造业不仅关系到广大人民群众的生活质量,还影响到国家产业结构与经济发展。在第四次科技革命到来之际,为抢占新一轮制造业竞争的制高点,全球主要国家积极推动着新一轮以"智能制造"为代表的工业革命。全新的制造业格局已经成为世界各国竞争的主要战场,制造业的重振与转型均需要工业大数据在其中发挥核心驱动作用。在党的十九大报告中,习近平总书记明确指出"加快建设制造强国,加快发展先进制造业,推动互联网、大数据、人工智能和实体经济深度融合,在中高端消费、创新引领、绿色低碳、共享经济、现代供应链、人力资本服务等领域培育新增长点、形成新动能"。

可见,工业大数据将重新定义制造业场景的应用,是推动未来制造业竞争能力提升的关键因素。工业大数据,是指在工业领域中围绕智能制造模型,以数据采集集成、分析处理、服务应用为主的各类经济活动所产生的数据总称,包括从客户需求到销售、订单、计划、研发、设计、制造、采购、供应、库存、售后服务、运维等整个产品全生命周期各个环节产生的数据及相关技术应用。如图2-1所示,工业大数据始终以产品作为核心数据来源,同时在传统工业数据的基础上进行了极大拓展,进而发展出相应的工业大数据分析与应用技术。

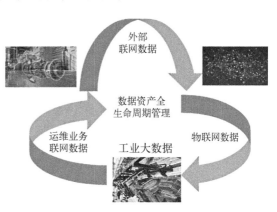

图2-1 工业大数据概念

如图2-1所示,工业大数据作为一种全新的数据资产,具备价值属性与产权属性的双重属性。通过借助工业大数据收集、监控、分析等关键技术,企业可以在采购、设计、工艺、制造、销售、服务、管理等各个环节提升智能化水平,满足客户的个性化需求,实现大批量定制化生产,显著提高生产效率并降低成本。在上述数据来源与应用场景中,工业大数据体现出明确的产权属性与价值属性。产权属性体现在企业通过一定的管理机制与管理方法明确内部数据资产目录、数据资源分布、数据所有权边界,为挖掘工业大数据的价值属性提供底层标准支撑;价值属性则体现在企业可以在工业大数据的收集、存储、分析过程中,借助一定技术手段实现工业生产、运维与服务价值的变现。

按照工业大数据的数据来源与场景应用价值,工业大数据被分为生产制造过程数据、企业运营业务内部数据和企业外部数据。

1) 生产制造过程数据

生产制造过程数据由产品生产过程中,原料、设备及实时过程工况状态、生产环境参数等数据组成。在目前大量传感器与智能设备部署的情况下,此类数据增长最快,是进行深层数据分析的基础支持。生产制造过程数据场景应用价值主要在设备层面与车间层面,旨在探寻如何更有效率地对设备进行修复、维护、预防诊断等;如何借助数据有效实现车间内部等待浪费、搬运浪费、不良品浪费、加工浪费、库存浪费、制造浪费的消除。

2) 企业运营业务内部数据

企业运营业务内部数据为制造型企业传统意义上的运营与管理数据,其数据量由企业信息化程度决定,来源主要包括产品数据管理(product data management,PDM)、客户关系管理(customer relationship management,CRM)、供应商关系管理(supplier relationship management,SRM)、供应链管理(supply chain management,SCM)、企业资源计划(ERP)等相关集成软件,如图 2-2 所示。数据的场景应用价值体现在研发设计、采购外协、生产组织、售后服务等各流程间的工作协同、创新优化,如集成设计、工艺、制造、销售部门的信息相互协同,高效推行并行工程;车间计划实时反馈并指导采购、维修业务的进行;加强上下级间的时间空间协作,建立智慧型组织等。随着工业大数据的深入挖掘与利用,这方面的价值会越来越丰富,同时,难度与复杂性也会同比例上升,更需要决策者在价值大小与落地代价间进行权衡。

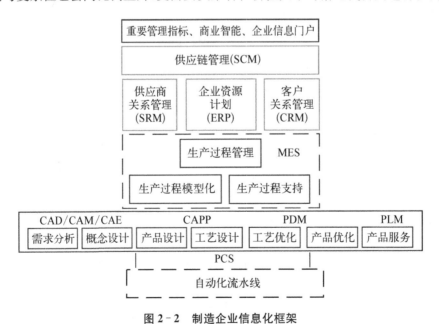

图 2-2 制造企业信息化框架

3) 企业外部数据

企业外部数据狭义上指工业产品在出售给客户后的使用、运维情况数据以及围绕工业产品的大量客户信息、供应商网络信息、外部互联网相关信息数据。企业外部数据广义上指以企业为中心,在运营过程中所涉及的供应链、企业生态、区域经济、社会尺度方面的信息。这些数据的价值往往存在于跨企业、跨区域间的分工与协作以及跨界跨行业企业的重新定义之中,也是工业大数据面向智能制造时代的利润新增长点,将有效支撑业务创新、转型升级。

总体来说,工业大数据广泛存在于各种各样的工业场景中。通过各场景所得到的大数据集合,采用工业大数据系列分析技术与应用方法,企业可以发现并创造新的价值。工业大数据的目标是借助已有的专业领域知识并结合数据科学,对大量工业数据集中进行分析,解决已有问题,训练处理模型,发现潜在问题,挖掘新知识,从而在根源上促进产品设计创新、运维质量提升、绩效管理科学。而企业需要根据自身行业特点与实际发展情况,侧重选择应用的重点,以期给企业带来最大的业务价值。例如,在流程型制造企业中,借助传感器采集数据,企业可以实现设备的故障诊断、预防性维护、能耗平衡,减少生产停机,降低运维成本;在离散型制造企业中,工业大数据则可以促进智慧供应链管理,实现客户大批量定制化需求,推动跨行业业务协调等新型制造范式的发展,提升企业精益能力与客户满意度。

2.1.2　工业大数据特点分析——制造思维转变

工业大数据具备鲜明的 3V 特征,即大规模(volume)、杂类型(variety)、真实性(veracity)。相较于传统数据,工业大数据的特点不仅体现在数量本身的大规模变化,更体现在所引发的思维方式转变。在非工业领域,尤其是商务领域,分析者往往关注的是隐藏在数据背后的现象与趋势;而在工业领域,分析者更加关注的是数据质量与完整程度,因为分析者需要高质量的数据来精确地从不同方面观察对象和过程。同时,在大数据时代的背景下,制造思维的转变受到工业大数据复杂关联性、高耦合性、稀疏性等特点的深刻影响,全新的思维方式已将工业大数据看作认识问题的途径与解决问题的方法,借助工业大数据分析预测需求与制造,解决和避免不可见的问题与风险,整合产业链和价值链。

理解工业大数据特点的关键在于理解如何利用大量优质数据与专业领域模型得到高质量的分析结果,所以工业大数据注重的是数据模型与专业机理模型的融合,依靠数据挖掘隐性知识,使得制造中的知识能够被高效地产生、继承与利用。尤其在当今时代,大数据的复杂化发展特征已经日益明显,作为大数据主要来源的工业系统,如何以数据为手段去解决已有问题、积累专业知识、挖掘潜在价值将是决定未来制造系统发展方向的重点(见图2-3)。下面将工业大数据分别与工业数据、商务大数据进行对比分析,详细描述工业大数据的特点,并解释其思维方式的转变。

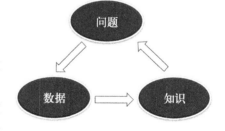

图 2-3　工业大数据思维方式

1) 工业数据与工业大数据

随着大数据与工业 4.0 时代的来临,传感器的部署、智能设备的更新、信息化软件的配置等变化使得制造企业产生与处理的数据量呈爆发式增长。为提高处理效率,各种分布式处理工具和并行算法也应运而生。常用的简单算法(如统计回归)或复杂模型(机器学习模型)应用在工业大数据集中都会产生与传统工业数据集不同的效果。以往一些简单的线性算法在大数据的支持下,其结果有效性可能会得到显著提升,适用范围会更广阔,会更容易发现隐性知识规律,原因主要在以下 3 个方面。

(1) 样本意义的变化。在数据集为工业大数据的前提下,传统意义上的样本已经由局部抽样转变为多维度全体样本。根据样本案例与数据模型提取解决问题的特征,将其总结为可继承、可量化的经验规律,形成系统的专家知识系统,而不必通过人的主观经验来转化指导决策,如 K-Means 聚类、层次聚类等系列简单算法,可以在资源开销较小的情况下,得到全局较优的效果。

(2) 泛化能力的提升。面向传统工业数据的算法与模型往往是针对具体领域与问题的,当模型的假设或约束条件发生了变动或改变对应算法的应用场景时,数据模型的泛化往往较差,很难适用于多种复杂的情况与场景。而在工业大数据的背景下,随着数据来源场景的丰富度、准确性的提升,这种现象可能会有本质的好转,在大数据分析算法发展应用的同时得到泛化能力强的模型。

(3) 数据全面性的改变。工业大数据采样于企业生产的各个环节与各种场景,来源极其广泛。分析者能分别在时间与空间两个维度,从不同的角度获取完整数据、分析优化模型,也有更好的条件提取主要特征,剔除相应噪声影响;有利于建立可靠性极高的模型,并在相应环节之间挖掘出新的专业知识。

目前制约工业大数据发展的并不是计算机存储和运算能力,而是具有复杂关联性的系列非结构化数据集,这些复杂的异构数据使得传统数据处理方法无法有效提取出高价值、可继承的知识。要解决此类问题,实现工业大数据的蓝海价值,需要将工程思想和领域方法结合到大数据算法实现的层面上,把数据变成可持续的价值。

2) 商务大数据与工业大数据

首先,数据来源的高精确程度与分析结果高可靠性要求,是工业大数据在采集与分析阶段的显著特点,也是工业大数据与商务大数据的最大区别。工业大数据分析结果的直接指导目标是产品的设计与制造,而如果这些规划设计、辅助生产的数据来源不够准确,其推向市场的系列产品往往会存在质量隐患或很难满足顾客,给企业带来巨大的损失,这就对数据来源提出了严格的准确性要求。与之相比,许多商务大数据更多分析的是客户主观倾向,即便分析错误,损失价值也不会过大。

其次,工业界需要大数据处理的对象往往是高度不确定的复杂系统,其内部包含大量复杂的前馈和反馈环节,这意味着对象间的相关性通常不是直观的因果关系,而是充满耦合的非线性复杂关系,得到的分析结果很容易出现严重不符合领域已知知识的错误结果(即有偏估计),这也是很难得到高可靠性结果的重要原因。工业大数据中信噪比也较低,意味着要在更差的条件下得到更精确有效的结果,而在商务大数据中,数据之间的“信噪比”与“相关性”本身就具有很大的参考分析价值。

最后,工业大数据与商务大数据之间存在另一个显著差异,即工业大数据中可发现的新知识十分贫瘠。根据以往应用经验,大数据分析的一个重要目的是要发现隐藏在数据间的新知识,然而在工业领域,人们对生产过程的研究和认识已经比较深刻,领域专业知识也很丰富,很难从数据中发现新的隐性知识。商务活动的大数据分析往往涉及人的偏好性,这些新知识恰恰是过去难以量化研究的,因此,在商务领域中,大数据的含金量明显较高。

由于工业大数据具有数据量大、关联性复杂、信息稀疏等特点,对工业大数据进行建模分析的困难程度也在增加。数据量的增长使得算法分析过程复杂化,尤其是面向工业大数据的算法分析,将会经历一个持续改善修正的过程。关联性复杂的特点导致建立的数据模型涉及因素很多、变量数目维度较高且机理未研究透彻,很难找到足够多、分布完整、质量良好的样本数据验证模型。针对信息稀疏这一特点,分析者需要结合领域专业知识对数据进行特征提取以实现降维,把数据变成知识,从"可见解决问题"延伸到"不可见问题",在隐性问题中发现更多新知识。对工业大数据的理解,不仅是将其作为一个技术体系,更重要的是我们要学会对工业大数据特点的理解,重新定义解决问题的逻辑和主动转变制造思维方式。

2.1.3　工业大数据技术体系与系统架构

作为一种新型资源与底层数据支持层,工业大数据本身并没有很高的价值,需要在一定的技术体系与系统架构中结合特定场景,才能发挥作用。工业大数据的落地实施需要以业务目标为核心出发点,由工业信息化部门牵头推动工业大数据架构的全盘规划设计。

工业大数据的技术体系如图 2-4 所示,以数据的全生命周期为主线,体系纵向自底向上包括工具与服务两部分。工具部分技术主要面向数据的采集、存储管理与分析的关键需求,为异构、多源、强联系、高通量的数据源提供技术支持;服务部分技术则是在数据源基础上,面向智能化生产、智能化运维、个性化定制等多场景,并通过可视化、应用开发等拓展服务,满足用户需求,创造全新价值源泉。

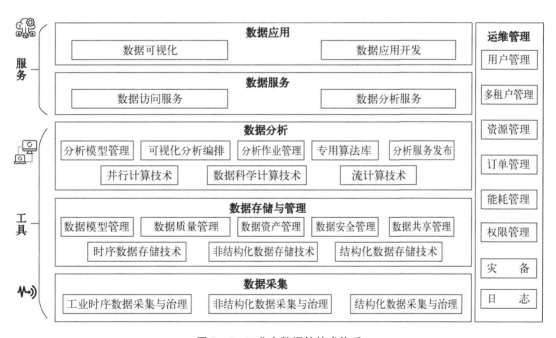

图 2-4　工业大数据的技术体系

技术体系自底向上各层级具体划分为数据采集层、数据存储与管理层、数据分析层、数据服务层和数据应用层。根据需要采集数据类型不同,数据采集层包括工业时序数据采集与治理、结构化数据采集与治理、非结构化数据采集与治理三部分,构建高性能、可扩展的数据采集系统并实时发送海量时序数据;数据存储与管理层,采用分布式储存技术,构建性能与容量均能拓展并适应异构化数据的管理系统,在特殊场景下可能会结合数据建模、资产管理、开放共享等需求;数据分析层,包括基础大数据计算技术和大数据分析服务功能,其中基础大数据计算技术包括并行计算技术、数据科学计算技术和流计算技术,是实现生产过程智能化、业务模式智能化、管理智能化等的核心支持层;而大数据分析服务功能包括分析模型管理、可视化分析编排、分析作业管理、专用算法库、分析服务发布;数据服务层是利用工业大数据技术对外提供服务的功能层,包括数据访问服务和数据分析服务,分别对应所有数据的服务化访问接口与模型的服务化访问接口,提供与外界设备和应用系统的访问共享接口;数据应用层主要面向工业大数据的具体拓展应用,包括数据可视化技术和数据应用开发技术,提供各种定制化智能服务,形成从车间到企业的持续优化模式;此外,运维管理层也是工业大数据技术体系的重要组成部分,贯穿从数据采集到服务应用的全生命周期环节,为技术体系提供管理支撑和实施场景。

在工业大数据技术体系基础支持下,为指导工业领域的具体实践与应用,需要一套完备的、可落实到各个活动中的工业大数据系统架构。如图 2-5 所示,工业大数据系统架构的构件包括 5 个组成部分,涵盖价值链全过程活动,分别为系统架构协调者、工业大数据提供者、工业大数据应用提供者、工业大数据框架提供者、工业大数据消费者。

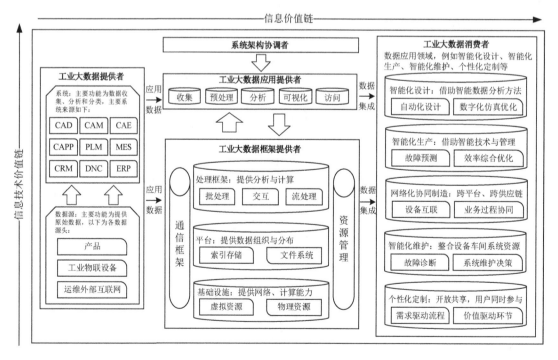

图 2-5 工业大数据系统级架构

系统架构协调者负责数据应用活动的规范与集成,为其他组成部分分配资源,监控组成部分运行情况,调度全局资源,确保各组成部分的运行质量满足系统要求;工业大数据提供者负责将经过预处理的原始数据提供给工业大数据应用提供者;工业大数据应用提供者围绕工业大数据消费者的需求,提供收集、预处理、分析、可视化和访问五个活动,这些活动可以结合目前先进的工业算法、数据清洗、3D 场景可视化等技术,最终呈现给消费者;工业大数据框架提供者则保障工业大数据应用提供者使用的资源和服务,工业大数据框架提供者具体由基础设施、平台、处理框架、通信框架和资源管理五个活动组成;工业大数据消费者可直接通过工业大数据应用提供者设计的接口访问感兴趣的信息,并根据消费的具体类型确定应用场景。

2.1.4 工业大数据的实施与产业发展

为充分理解工业大数据特点并积极应对技术框架中的难点,平衡工业大数据潜在价值与落地实施的代价,应分别从业务过程、技术体系、系统架构的现实与虚拟等方面考虑,并努力避免以下可能出现的问题。

(1) 避免在业务上设定不切实际的目标。工业大数据的运用作为一种解决问题的思维方式,其目的是获得领域内的新知识或深刻理解原有知识,而不是去验证专业领域内已有的常识。尤其是在数据分析师不了解专业情况时,很容易花费大量时间去研究一个已有答案的问题,在探索时间与探索成本上造成较大的浪费;同时需要考虑对工业大数据分析的经济可行性,获取新知识是为了更好地预测、控制与管理,但在企业价值流中必然有些环节研究投入较高、产出较低,这就要预先对数据工作的投入产出比进行评估。

(2) 避免在无机理、低效率的情况下处理数据。通常数据提供者、数据应用者等角色在拿到最新数据资源后,会第一时间对其进行数据驱动的分析,很少充分考虑到工业过程中的强机理性质,也缺乏闭环控制的分析逻辑,这就会导致虽然可用数据极其丰富(但质量可能不高),但不仅分析过程效率低下,得到的结果也不具有指导创新意义。分析者可考虑如何借助机理模型,为数据模型提供关键特征,作为后处理或多模型集合预测;采用计算密集型(CPU 多核)或内存密集型(GPU 并行化)进行数据分析以提高效率;建立工业对象间指标的关联关系模型,通过可测量对象去估计难测的对象,提升对生产对象的整体理解和控制。

(3) 避免目标控制的失误。根据传统数据分析理论,工业大数据分析人员通常把平均精度(mean average precision,MAP)作为衡量分析结果的唯一标准,但对于一些工业领域,如可靠性要求较高的航空产业工业,这种评价标准就会有较大的机理漏洞与潜在风险。例如,在设计中精度很高的涡轮叶片模型,在实际发动机装配中,却发现根本无法达到预定性能要求,甚至得到的结果与期望相差较大,最终对生产周期造成较大的影响。没有区分相关性和因果性是导致这种现象的典型原因。由于工业数据反映的是系统性特点,而复杂系统的涌现性、自组织性、无边界性都是无法用线性方法或目标处理的,这种目标无法有效约束过程的问题,在工业大数据的分析中是常见的。工业界对结论的可靠性要求很高,对分析结果的评估与目标要求,是值得针对具体领域提出相应指标与参考标准的,而很多制造企业或数据分析从业者还没有认识到这个问题的重要性。

在尽量避免上述常见问题的同时,遵循工业大数据技术体系与系统架构的指引,大数据具体实施策略可以总结为:人才支撑、业务牵引、技术推动。首先,实施工作的开展、应用与创新是以专业人才为基础纽带的,尤其需要跨学科的新兴工程学人才,将工程领域知识与数据信息科学融会贯通,这需要企业与社会共同制定复合型人才培养计划,营造可以加强人才理解和处理大数据的氛围,积极引进高水平大数据分析人才构建梯队。其次,业务牵引的实质含义是指从企业决策层考虑战略业务目标开始,以工业大数据作为优化、升级、转型的技术手段,制定并实施具体业务发展目标,同时企业管理层也需要考虑如何在业务与大数据双重视角下实现过程再造与组织结构动态调整。最后,技术推动是工业大数据统筹规划的关键要义,各企业信息化程度参差不齐,就需要有针对性地采取相关技术推动信息与数据业务发展,一般步骤为梳理数据资产、根据数据确定自身架构、结合原有系统、建设算法与领域模型融合。

本书根据相关框架体系与产业实际情况,将工业大数据典型产业应用概括为以下5种(见图2-6),分别为智能化设计、智能化生产、网络化协同制造、智能化维护和个性化定制:
① 智能化设计是指运用相关大数据技术,集成设计过程与产品生命周期大数据,智能辅助产品设计。例如,通用电气公司借助 Predix 平台,使用航线与工艺大数据辅助发动机设计改进与性能提升。② 智能化生产涵盖生产制造与产品交付阶段,通过智能设备改造与系统融合,实现制造过程自动化、生产流程智能化。例如,东方国信公司采用 BIOP 平台,建立了对炼铁、工业锅炉、水电多行业制造过程的数字孪生仿真与优化。③ 网络化协同制造借助大数据技术与框架体系,将传统数据孤岛转化为跨企业、跨行业信息化协同管理,因此企业可广泛利用社会资金资源,开展众包新模式。例如,河南航天工业公司基于航天云网 INDICS 平台,进行云端设计,协同研发设计,最终使产品研发周期缩短 35%,资源利用率提升 30%,生产效率提高 40%。④ 智能化维护则是贯穿生产制造至产品(设备)废弃阶段的制造服务模式,从被动定期维护转变为主动实时维护,实现产品(设备)的全生命周期质量追溯,这也是本书重点介绍的领域。例如,三一重工公司自主设计的根云平台,基于物联网与工业大数据接入超过 40 万台高价值设备,实时采集 PB 级数据,监控千亿级资产,为客户开拓百亿元的"制造+服务"新业务。⑤ 个性化定制则涵盖大数据全生命周期的热点行业场景,基于用户动态需求,将需求及时准确转化为工业订单,形成基于数据驱动的工业大规模定制化新模

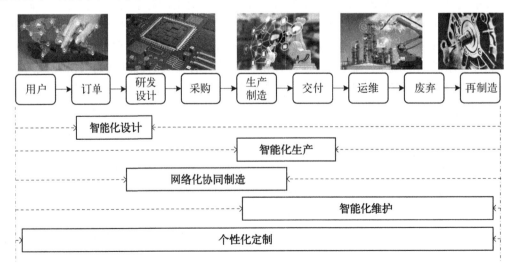

图 2-6 工业大数据应用产业场景

式。例如,联想集团构建的大规模数据与计算平台,形成了从用户需求、产品设计、研发、柔性生产制造、供应链和金融等关键环节的全价值链,并精准赋能,显著降低了服务客户的生产经营成本,提升了其理解处理数据的能力。

从全球范围来看,工业领域愈发成为大数据与实体经济融合的主战场。如图 2-7 所示,随着工业互联网的快速发展与两化融合的深入推进,供给侧的相应改革,我国工业大数据呈现爆发式增长趋势,工业大数据的应用深度与广度在同步加强,工业大数据领域也更加受到重视。

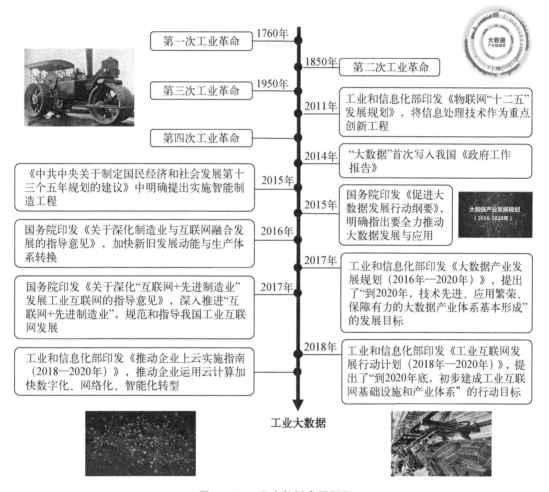

图 2-7　工业大数据发展历程

近年来,工业大数据的供给侧能力持续提升,一批新兴企业与转型企业涌现,成为推动我国工业大数据发展的中坚力量,具体如下:① 由传统工业制造企业,如航天云网、树根互联、石化盈科等公司,向具有较强数据汇聚能力的数字化、软件化、平台化衍生型企业发展;② 软件企业向工业领域渗透的技术型企业,如昆仑智汇数据科技有限公司、东方国信科技股份有限公司等企业在工业数据建模、分析处理等领域不断提供跨行业的创新成果;③ 积极进入工业领域的互联网企业,如推出"ET 工业大脑"等产品和服务的阿里云,推出工业互联网"木星云"平台的腾讯公司。对于需求侧一方,随着生产服务的新模式不断出现,智能制造、工业互联网等国家战略的深化推进,都将为工业大数据今后的快速发展提供有力保障。

2.2 工业大数据与工业互联网、智能制造

2.1节中简要介绍了工业大数据的概念内涵、特点应用、技术框架与行业发展,但工业大数据并非空中楼阁,它既需要应用载体作为数据来源,也需要应用场景与目标提升其价值。近年来,智能制造和工业互联网的蓬勃发展推动了大规模定制化、可重构制造模式、可持续制造模式、服务型制造模式等为代表的新兴制造模式的涌现,为人类理解、分析、优化工业系统提供了各生产阶段的宝贵数据。智能制造与工业互联网融合大数据、人工智能模型与工业机理模型,实现了对工业大数据的更高效的利用。因此可以说,工业大数据是智能制造与工业互联网的核心支持,智能制造与工业互联网同时又是根植行业业务、深耕工业大数据价值的发展方向。

2.2.1 工业互联网与工业大数据的关系

作为新一代信息技术与制造业深度融合的产物,工业互联网通过实现人、机、物的全面互联,构建起全要素、全产业链、全价值链全面连接的新型工业生产制造和服务体系,成为支撑第四次工业革命的基础设施,对未来工业发展产生全方位、深层次、革命性的影响。目前全球工业互联网市场保持高速增长态势,市场规模估算在百亿美元,而美国、欧洲和亚太地区国家始终是当前工业互联网发展的重点地区,众多巨头企业如通用电气公司 GE、微软公司、亚马逊、ABB 集团、博世、施耐德电气公司、SAP 公司、三菱集团、日本电气公司 NEC、发那科公司等均在积极布局工业互联网。作为一项复杂程度更高、运维部署难度更大的工程,工业互联网在商业领域、技术领域与产业领域仍处于发展初期。与典型智能化应用场景不同,工业大数据与工业互联网更关注制造业如何以工业为核心纽带,通过"工业互联网平台"整合产业链、技术链、供应链,辅助客户制定个性化需求,助力网络化协同制造、全生命周期服务延伸等新模式的推行,支持与发展企业、整体行业价值链或是区域产业集群。由此可见,工业大数据既来源于工业互联网,同时又为其服务,尤其在工业互联网平台的建设与应用中,工业大数据更是核心要素。

1) 工业互联网平台与工业大数据

工业互联网平台是贯穿全要素、全产业链、全价值链的新型制造和服务体系下的基础平台设施,支持和保障工业互联网。由大数据、人工智能技术驱动的工业大数据则有效支撑工业互联网平台,深入挖掘数据价值。如图 2-8 所示,工业大数据体系是工业互联网平台层[即工业 PaaS(plat as a service)层]功能架构中的核心组成部分。核心体现在以下两个方面:一方面,在工业互联网平台层需要借助工业大数据系统下的数据收集、预处理、处理、分析、应用等技术,实现对底部边缘层原始数据的收集,对 IaaS(infrastructure as a service)层的海量数据进行高质量储存与处理;另一方面,在平台顶部应用层的各种分析应用离不开工业大数据的支撑,工业大数据需要与生产实践相结合。

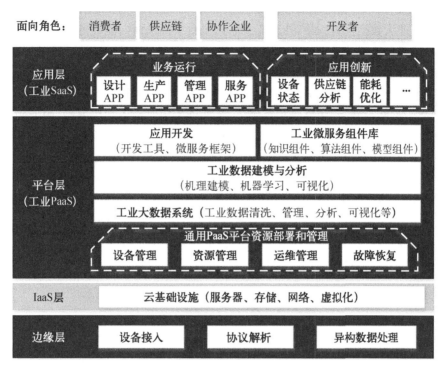

图 2-8　工业互联网平台架构

　　随着工业互联网平台的市场竞争加剧与产业日趋成熟,各类平台主体结合其在工业大数据上的核心优势重点发展 2～3 个业务是平台落地推进中的普遍共识。最终,聚焦不同业务的平台主体可通过工业大数据云协作方式共同打造完整平台解决方案。工业互联网平台产业体系主要由 5 类平台主体组成:① 聚焦工业设备和系统接入的连接与边缘计算平台,为企业提供设备接入管理与边缘计算功能,为其他类型的应用或平台提供"流量入口"。② 由传统云计算服务平台延伸而来的云服务平台,以公有云、私有云、混合云形式运行,为客户提供存储、计算和网络服务。③ 连接应用层与数据层的通用 PaaS 平台,集成微服务、容器等基础框架和软件开发工具,在云服务基础上有效分配 IT 资源、管理开发部署、调度应用资源。④ 工业大数据建模中应用较广泛与成功的工业数据分析与可视化平台,在对海量工业数据进行分析的同时,对数据分析结果、发展预测趋势呈现可视化功能,增强数据价值的联想性。⑤ 面向客户需求,快速构建适用于特定工业场景定制化工业 APP 的业务 PaaS 平台,支持设计仿真、生产优化、管理运行等业务开展。整体平台行业格局趋势呈现出中部平台层高度集中,两端的应用层与边缘层逐步碎片化的特点。

　　2) 工业互联网应用与工业大数据

　　大规模定制化、可重构制造模式、可持续制造模式、服务型制造模式等为代表的新兴制造模式涌现,离不开工业大数据在工业互联网中的应用。在大规模定制化业务场景下,企业借助业务 PaaS 平台,灵活地构建各类工业应用与解决方案,整合升级设计、生产、管理、运维等流程中的工业大数据,形成高度定制化服务,如工业软件厂商美国参数技术公司 PTC、达索系统、用友集团等将设计仿真、运营维护、销售服务领域软件转化成平台中独立的服务模块,以快速满足用户个性化定制需求。在业务 PaaS 平台,利用生产优化、资产运维、能耗优化等方面的工业大数据优势积累,在工业互联网平台中提供面向能耗的系统解决方案,形成了典型的可持续制造模式应用场景,此领域内通用电气公司 GE、西门子公司、ABB 集团、日立公司、三一集团、徐工集团等自动化、装备和制造企业达到了较高技术水平。将边缘层工业互联网技术结合工业大数据分析技术,对设备产生的数据进行实时采集、建模、边缘计算、分析,实现故障诊断检测、预防性维护等服务,从而催生出对设备利用率高、服务附加值较高的可重构制造模式和服务型制造模式,实现企业"制造+服务"转型升级。例如,霍尼韦尔公司在 Sentience 平台中利用集成工艺计算包对石化工艺实现优化;中联重科服务有限公司则依托机械设备故障模式的知识库服务客户,进行故障预测并规划最优维护计划。

3)工业互联网标准体系与工业大数据定位

根据 2019 年工业和信息化部、国家标准化管理委员会共同制定发布的《工业互联网综合标准化体系建设指南》,工业大数据被定义为工业互联网标准体系中的组成部分,隶属于标准体系中基础共性、总体、应用三大类标准下的应用标准,如图 2-9 所示。

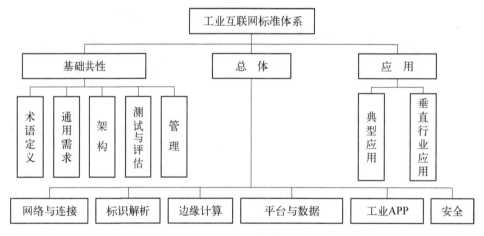

图 2-9　工业互联网标准体系

在工业互联网标准体系框架中,工业大数据标准的主要内容为工业数据交换标准,目的是规范工业互联网平台中不同系统、平台、应用之间的数据交换体系结构互操作、性能等要求;工业数据分析与系统标准用于规范工业互联网数据分析的流程及方法;工业数据管理标准用于规范工业互联网数据的存储结构、数据字典、元数据、数据质量要求、数据生命周期管理、数据管理能力成熟度等要求。

2.2.2　工业互联网纵深发展——设备管理服务介绍

工业互联网的应用路径逐步从以往的试点型运营发展至聚焦关键应用场景,国内与国外的工业互联网产业分别在应用场景上呈现出了不同的发展特点。无论开展情况与普及程度如何,工业互联网的发展层次与价值机理都在逐渐清晰,即从局部业务信息化走向全局跨域智能化。总体来说,工业互联网在垂直行业应用中向纵深发展,深耕设备的服务价值,高端制造装备行业围绕设备产品的全生命周期开展互联网平台应用,流程行业以设备资产、流程、价值链的管理与系统优化为发展重点,家电、汽车等行业则侧重大规模定制、产品质量管理与设备维修应用,设备管理服务正在工业互联网中扮演着重要角色,而本书所介绍的智能维护也是其中的一项典型应用。

如图 2-10 所示,当前工业互联网平台应用主要分布在设备管理服务、生产过程管控与企业运营管理三大场景中,占比分别为 49%、24% 与 18%,三者占据了 90% 以上的应用场景,与之相比,制造与工艺管理、产品与研发设计和资源配置协同处于初步应用状态,未来产业仍有待培育。这是由于随着制造企业数字化水平提升,企业更多地把目光放在制造过程以外的内外部利润点,更加侧重设备与运维方面。目前重点发展的设备健康管理、产品远程运维均已达到预测水平,部分基于管理信息系统的商业智能决策已初步实现。

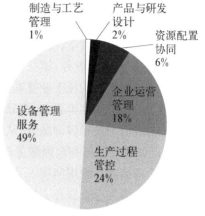

图 2-10　工业互联网平台应用分布统计

目前,以工业互联网为基础延伸出来的设备管理服务主要包括以下 4 种。

(1) 传统企业围绕设备重点聚焦"强化数据、创新模式"应用。传统制造企业在信息化基础较好的前提下,借助工业互联网平台提升设备层面数字化分析决策能力,布局高价值应用。具体表现为,围绕与设备有关的特定场景进行深度的数据分析挖掘,从而优化设备或相关的设计、生产、经营等具体环节,利用工业互联网平台减少设备能力与价值的损失。例如,为有效避免设备意外故障,减少生产停机与计划外维修造成的巨大的损失,西安陕鼓动力公司与北京工业大数据创新中心合作,基于工业互联网平台(PaaS)对远程机组状态进行实时的监控分析,为设备健康管理与定期维修保养计划提供有效的数据支持,使正常检修工期有效缩短 33.3% 以上,平均节约 42% 的设备管理内耗成本。又如 2.1 节所述河南航天工业公司建立的 INDICS 平台,将质量关键绩效指标(key performance indicator, KPI)与多种设备因素进行关联,利用关联模型对设备、工艺、检测等数据进行质量因子分析,使不良品率有效降低了 56%。

(2) 重点关注设备运维环节中高价值设备的预测性维护与预防性维护。借助工业互联网平台应用与算法分析检测故障发生前的设备状态,准确预测故障发生的时间节点,从而制定相应维护策略。树根互联公司与广州柴油机厂股份有限公司采用人工智能与预测性维护等新兴技术,结合边缘计算,直接面向中低速船用柴油发动机建立智能设备服务平台,为列装的万吨级船舶客户提供持续的设备保障,形成产业价值链上下游有效联动,帮助广州柴油机厂股份有限公司的设备管理成本降低了 30%,共节省 650 万元,提升柴油机运行稳定性。泰隆减速机公司则使用徐工信息汉云平台,对机床的实时数据通过传感器采集,结合机床专业机理,通过大数据分析技术对机床进行实时监测与预测性维护,使设备利用率提高了 7.65%,设备运维成本降低了 20%。中联重科公司同样基于中科云谷平台,建立工业机理和机器学习融合的模型,对主油泵等核心关键设备部件进行健康管理与预防性维护,从而降低计划外维修次数和停机概率,提高设备可靠性。

(3) 业务平台之间紧密合作,实现设备管理业务功能的同时扩展业务范围。例如,在生产运维业务方面,罗克韦尔自动化公司和发那科公司合作,分别将生产管理平台 Factory

Talk 与设备运维服务平台 FIELD system 对接,协同优化生产管理与设备管理,提升现场生产管控水平;绝大部分与设备服务、健康管理、能耗优化相关的工业互联网平台都以平台融合的方式提供服务。同时,与企业运营相关的管理软件服务平台也在依托这种方式进行部署,如用友集团利用精智平台的数据集成能力,为厦门侨兴工业有限公司提供服务产品全生命周期的定制化解决方案,统一已有的 ERP、PDM 和制造执行系统(manufacturing execution system,MES)接口。此外,第三方咨询服务也正在成为工业互联网平台中服务设备管理的重要方式。咨询企业依托工业互联网平台中集聚的设备数据资源,为客户提供设备价值管理、维护规划、资源调度等服务,指导设备业务拓展,例如,Salesforce 平台为用户提供一对一的设备数据增值等技术咨询服务,从而拓宽了咨询行业的盈利范围。

(4) 设备管理服务与金融服务模式结合的价值潜力是未来企业探索工业互联网平台与商业模式的新热点。脱虚向实一直是金融服务行业发展的重要方向,面向设备服务管理的产融结合正是增强金融服务实体功能的重要举措,目前制造业企业及金融机构基于工业互联网平台开展产融结合,实现设备管理服务与金融服务模式结合主要有 3 条路径:① "设备数据+保险"模式。例如,平安集团基于工业互联网平台,获取和分析工业排污企业的生产能力、排污设备能力、经营现状、信用等数据,利用人工智能与工业技术进行环境监管风险分析,实现环境责任保险的精准投放。② "设备数据+信贷"模式。例如,树根互联公司助力久隆保险推出 UBI 车险,联合慕尼黑再保险和德国工程机械巨头普茨迈斯特,推出在线延长设备保修定价服务,有效降低保费和理赔额,实现了保险公司和客户双赢。③ "设备数据+租赁"模式。徐工集团基于汉云平台的高性能设备管理能力,开辟租赁经营新模式,融资租赁率超过 80%;中科云谷基于工业互联网平台对租赁设备进行全生命周期过程管理,有效保证租赁回款管理等功能推行。

2.2.3 智能制造与工业大数据的关系

从工业大数据到智能制造,是一种从手段向知识转变的过程。在解决制造系统中具体工业领域问题的过程中会产生大量的数据,通过对这些工业大数据的分析和挖掘,不仅可以了解这些专业问题产生的过程、造成的影响和解决的方式,而且可将这些专业问题涉及的信息抽象化建模后转化为工业系统与计算机可以理解的知识,再利用这些知识去深刻认识、高效解决和避免类似问题的出现。

目前,基于工业大数据推进智能制造主要有 3 个方向,主要利用工业大数据分析技术、可视化技术等将不可见问题转化为显性化的问题,从历史知识中发展产生全新知识,从而避免可见的问题(产品外形、尺寸问题等)与不可见的问题(设备磨损状态、企业信息流通程度等问题)的发生。其中,具体的主要方向如下所述:

(1) 方向 1:从解决制造系统的可见问题到避免可见问题,是指把领域问题变成工业大数据,利用数据对问题和解决方式进行建模,把处理问题的知识与经验变成可持续利用与延续的价值。较成功的案例是美国在 20 世纪 90 年代开展的"2 mm 计划",利用数据科学与统计理论对汽车的设计和制造过程中发生的装配误差传递问题及其导致的产品质量问题进行建模和管理,通过误差流分析技术(stream of variation,SOV)将质量误差的积累过程进行解释与控制,使得车身波动降低至所有关键尺寸质量的 6 倍标准差值(6 - sigma 值),即

2 mm,同时将产品投入市场的提前期缩短至原有的 1/3,产品质量提升了 2.5 倍。

（2）方向 2：从工业大数据中挖掘隐性问题的深层原因,通过对隐性问题的预测分析,在其发展为显性问题前将其自动、智能化地解决。制造系统中广泛地存在着不可见因素导致的隐性问题,如设备性能的衰退、易耗件的磨损、能耗资源的浪费等,因此对不可见因素进行预测,实现隐性问题的管理,是发展方向 2 的关键。此类对制造系统中隐患因素的预测分析,需要在预测设备性能趋势的前提下,预判出设备未来的健康程度与衰退情况,评估最终会导致的故障模式以及对生产效率的影响,如图 2‑11 所示。基于时效性与经济性考虑,通常会采用数据驱动的方式对制造系统中隐性问题的发生过程进行建模预测。基于数据驱动的智能分析包括 6 个主要的实施步骤：数据采集、特征提取、性能评估、性能预测、性能可视化以及性能诊断。可用数据包括传感器监控状况、维护历史日志等;对这些数据采取特征提取的方法,即得到衰退特征;结合专业知识与性能特征,又可评估量化生产系统的健康置信值。

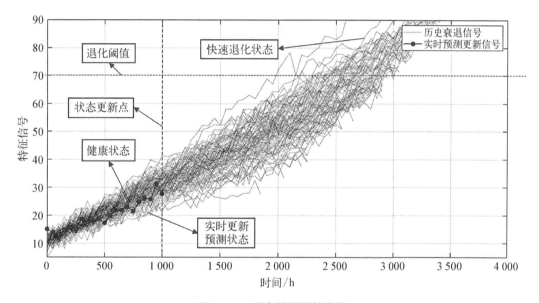

图 2‑11　设备的预测性诊断

（3）方向 3：利用反向工程,通过专业知识对全流程进行准确建模,从产品设计和制造系统设计端避免隐性问题的出现。与前两个方向不同,反向工程既不是从问题寻找知识,也不是通过工业大数据去分析问题,而是通过数据或专业知识去反向推导可能出现的隐性问题。简单来说,就是从结果里寻找原因,防患于未然。反向工程的发展方向,就是要在此基础上将可继承的知识再具象化,形成可以直接被理解、执行与解决问题的简单操作流程。

2.3　智能维护决策框架

2.3.1　智能维护决策理论分析框架与目标

智能维护决策系统是一个广泛且有深度的研究课题,不仅涵盖从实验设计、数据收集到运维决策的产品全生命周期,更需要工业大数据分析技术与智能制造相关应用场景的辅助支持,以做出最优维护决策。本质上,智能维护决策系统的理论基础是工业专业领域、数据科学和计算机科学的交叉范围。因此在构建智能维护决策系统时,不仅需要思考这3个学科所涉及的区域与智能维护决策问题的相互作用,同时还需要考虑如何实现可执行应用程序的有效落地。例如,计算机科学和数据科学已经分别在其工业应用场景中拓展了不同方式的应用,导致了形式化的模型差异、需要考虑的问题差异和计算能力环境(例如单机与分布式环境)差异。在智能维护决策系统中,由业务设计要求、工业互联网和智能制造应用产生的维护决策问题,在应用程序上的实现往往与传统类似研究有较大差异。因此,结合系统工程思想与专业领域知识,考虑到计算平台实现能力,需要有一套通用的智能维护决策理论分析框架以指导不同领域知识的融合与执行。如图2-12所示,本书所述智能维护决策理论分析框架将智能维护分为4个主要阶段:目标确定与系统分析、数据特征提取与监控、系统预测、维护决策策略,这4个主要阶段将在后续小节中进行详细介绍。

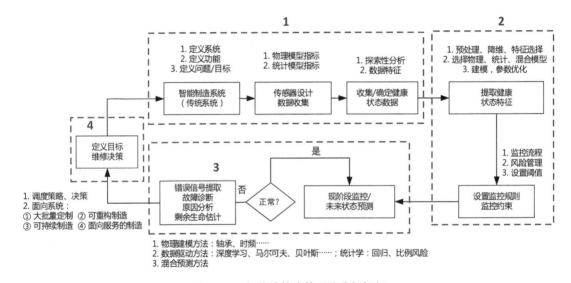

图2-12 智能维护决策理论分析框架

在分析框架的第1阶段——目标确定与系统分析中,首先应确定具体问题和面向目标,分析对象既可以是社会组织系统,也可以是复杂工程系统。随后根据所定义的系统与目标,选择合适的智能传感器装备监控系统中的设备,进一步调查、研究和分析所收集的具体数据。例如,对于工程系统和关键组件,在设备上布置的相关传感器类型则可能为热量、电气、机械、湿度、化学、光学磁传感器等。

框架的第2阶段是对设备生产条件和故障检测的数据特征提取与监控的研究。具体来说,基于可用的历史数据,对探索性数据进行分析,总结系统数据在正常状态下的特征条件。在这一阶段,需要采用数据预处理的方式,运用特征提取、特征选择、降维处理等关联模型,结合参数估计,挖掘设备数据的健康特点,确定规则和监测数据的可接受限度,便于提前发现任何存在异常健康状况的设备。数据特征提取与监控阶段是为了实现对设备健康状况的实时检测,监测异常早期现象发生并及时解决具体问题。

　　该框架的第 3 阶段——系统预测阶段,是在对设备或产品进行持续状态监控的基础上准确地提供如可靠性、故障可能性、剩余使用寿命等相关特征的预测,找出突发故障或意外故障的异常诊断原因,从而作为智能维护的决策依据。可用的预测方法包括物理建模法、数据驱动方法和混合预测方法 3 类。随着未来传感器技术的不断发展,对于有效诊断和设备故障预测技术,也需要提出更多的数据分析方法,以提高预测的准确性,解决实际应用中遇到的问题,推动理论方法向应用成果的转型。

　　框架的最终阶段为维护决策策略阶段,在机器层面需要解决如何将每台机器的特有信息与整个系统的智能维护方案连接;在系统层面需要解决如何针对系统结构的快速变化进行开放式智能维护优化,将理论概念推向商业用途的问题。具体执行方法如下:根据系统结构与目标定义,基于故障诊断和系统预测结果,预测关键设备部件剩余使用寿命(remaining useful life,RUL),评估预测性能,量化维护决策之前的不确定性,保证 RUL 预测建模与维护决策策略的高度相关,进而通过建立维修模型,实现经济损失最小、风险最低的最优决策。这种方式的根本目的是通过智能维护策略尽量减少停机经济损失和使系统关键部件剩余使用寿命最大化。

2.3.2　智能维护决策数据特征提取与监控

　　智能维护决策数据特征提取与监控阶段,强调使用统计方法来实现统计过程的控制和监视,在此阶段及早发现和预防需要特别关注的问题。此阶段首先要确定在监控目标系统中,什么是设备运行平稳过程的常见变化,然后对可以反映设备运行状态的特征进行监测。背后的统计思想是在一个相对稳定的平稳运行过程中,寻找导致异常运行过程的原因。数据特征提取与监控阶段有效地联系了早期检测预防与故障诊断、健康管理。

　　智能维护决策需要提取的特征,要能充分描述系统工程应用中的关键部件在给定的运行条件下工作的能力,因此通常需要借助可靠性分析和系统可靠性相关理论,描述预先确定的时期内,部件运行过程的特征与可靠程度,最终要得到各种关键部件在实践中使用的可靠性历史数据及预测数据总体。与此同时,智能维护决策框架中的特征提取与监控并不仅仅依赖于历史可靠性数据,还需要利用在线观测及时更新预测,以提高系统监控的性能。可以说,智能维护决策框架同时为系统工程应用和关键部件的监控提供了更准确的可靠性预测数据。在新一轮的特征分析中,则需要发挥更多数据挖掘的作用,各种数据挖掘算法如逻辑回归、支持向量机(support vector machine,SVM)、卷积神经网络、决策树等,在智能维护决策框架的数据特征提取与监控应用中都有广泛的适用场景。一些应用实例包括设备健康评估、关键部件故障诊断和 RUL 预测,各类数据挖掘算法就是解决它们的首选方案。

　　在智能维护决策框架的数据特征提取与监控阶段,尤其是监控阶段,需要试验设计(design of experiments,DOE)为后续传感器布置与分析数据收集提供重要的技术支持。DOE 作为一种典型的统计设计方法,主要用于确定流程中哪些变量是重要的,以及如何设计出优化这些变量流程的最佳设置,试验设计方法在工业领域中广泛地应用于质量优化,并且可以系统地描述在假设的条件下测量信息的变化,以反映真实世界的变化。以工程系统中的传感器为例,传感器位置的精准布置是获得高质量数据的先决条件,精准的布置有助于对复杂系统中的关键组件进行可靠的健康监测。数据挖掘后的原始数据转化为高价值特征值,数据挖掘包括发现隐藏的模式和联系、预测剩余使用寿命等。因此,通过使用合适的传感器装置,利用基于条件的退化信号(如振动、压力等)提取和健康预后特征参数,并实时更新机器设备的剩余使用寿命估计,企业可以实时获取企业机器的健康信息,更好地预测机器群的剩余使用寿命,可以推进基于当前状态的、符合系统目标定义的智能维修决策定制。

然而,目前大部分的数据分析时间资源与计算资源,被过多地分配在数据准备和预处理过程中,对于数据特征提取与监控这些不容易快速处理的问题,仍有许多深层数学知识与专业机理需要被完善,这并不是一个"框架"可以补充解决的。在该阶段的计算有两个典型问题:① 在设备生命周期所产生的工业大数据形成的数据库中,人们通常不管它们是如何生成得到的,也不希望直接在此处做出推论,而仅是对该数据库中的数据执行简单操作联系,这就导致了对数据预处理、清洗等一系列操作的过度关注;② 在计算机科学理论中,通常将计算本身表述为从输入转换为输出函数的过程,这样的处理显然会忽略工业领域数据中的噪声特性,在监控过程中如何理解计算与输入数据中的噪声属性交互,以及计算的输出和推理如何与其他下游目标相互作用,是决定计算资源进行分配的核心所在。

因此,今后在数据关联模型与计算科学方面的进展,都会对智能维护决策框架数据特征提取与监控阶段的发展起到显著的推动作用。

2.3.3 智能维护决策系统预测方法

智能维护决策系统的预测方法,在对设备或产品进行持续状态监控的基础上,服务于系统预测与健康管理(prognostics and health management,PHM)。基于持续状态监控的故障预测方法作为系统中的基础性任务,能够准确地提供如可靠性、故障可能性、剩余使用寿命等相关特征的预测,作为智能维护的决策依据。

目前智能维护决策系统预测方法大致分为物理建模方法、数据驱动方法和混合预测方法三类。物理建模方法是指对于一些可以对其磨损过程进行物理建模的部件进行退化过程建模,并根据监测数据获取模型参数,从而预测其剩余使用寿命,为维护决策提供参考;数据驱动方法是从设备的历史状态数据中提取故障特征,进行退化过程建模,结合监控得到的实时状态信息,分析设备退化趋势,从而进行故障预测;混合预测方法则充分结合了物理建模法与数据驱动方法的优点进行故障预测,辅助维修决策进行。

1. 物理建模方法

物理建模方法基于熵理论、领域经验、故障机理和一系列相关假设,利用数学模型对系统部件的退化过程进行建模,所建立的模型主要包括物理模型、结构性分析模型、接触分析模型、累积损伤模型、循环疲劳模型、裂纹扩展模型、剥落生长估计模型等。这些方法依据部件的故障模式及其特点,建立数学模型,直观地反映系统部件退化过程。因此,数学模型的准确性对故障预测效果来说至关重要,基于领域经验或实时状态数据的模型参数估计也会影响预测准确性。

在工业界与学术界的许多研究中,已提出了多种基于物理建模进行故障预测的方法。其中,一部分研究关注建模的理论方法:如借助单自由度模型准确直观反映轴承衰退过程,为轴承的故障预测提供模型参考;根据区间观测器和椭球算法,有效解决缓慢退化设备的故障预测问题;通过结合领域知识和故障机理,利用动态模型建立虚拟缺陷过程,模拟缺陷的演变与发展过程,最终达到故障预测的目的。还有一部分物理建模预测方法关注复杂系统中不同模式的故障:对于隐藏的故障模式,采取交互式多模型建模方法追踪难以探测的潜在隐藏故障,提高故障预测的准确性;对于更加复杂的多故障模式,则需要将离散时间系统中的近似建模方法拓展到复杂故障的预测中去。

物理建模方法的优点是能够直观地反映设备的退化过程,为故障预测提供物理模型参考。物理建模方法的缺点具体表现如下:物理模型的建立严重依赖领域经验及对故障机理的详细解读,人为因素对预测准确性影响过大;其次,模型中离散型或非线性变量的相互关系往往难以利用统计方法进行表征,这就使得模型的优化过程会变得十分困难,模型假设中的参数估计也没有考虑到外部环境对设备退化的影响。所以物理模型不具备较好的普适性,只能针对特定类型的设备进行故障预测。

2. 数据驱动方法

数据驱动方法直接从监测数据中推断设备的退化行为,其优点在于不需要理解失效演变过程或故障发生机理。目前数据驱动的故障预测方法可分为机器学习方法和统计学方法两大类。

1) 机器学习方法

机器学习方法基于采集到的设备运行数据,通过数据预处理、特征提取、数据标记、模型选择、模型训练与部署等步骤,输出包括潜在故障与剩余使用寿命预测等在内的设备状态监测结果。根据模型选择与建立过程的不同,机器学习方法主要包括人工神经网络、支持向量机、贝叶斯网络、马尔可夫模型等。

(1) 人工神经网络利用训练数据获取期望输出的方式进行建模,具有出色的自学能力和优异的鲁棒性,是具有代表性的数据驱动方法之一。人工神经网络包含众多类别,如反向传播神经网络、递归神经网络、模糊神经网络和信念网络学习等,典型的人工神经网络由输入层、隐藏层和输出层 3 部分组成。

目前,人工神经网络广泛应用于故障诊断和预测,如通过在线动态模糊神经网络对设备的健康状态进行实时预测;基于反向传播神经网络,对缺乏训练数据的退化过程进行预测。虽然人工神经网络已有大量较为成熟的应用,但仍存在许多问题。例如,没有确定网络结构的理论标准,如隐藏层的数量和相关神经元的数量等;大多数网络不仅需要足够的样本数据来进行训练,而且预测的准确性取决于训练样本,即使训练样本是相同的,训练后的网络结果可能是不同的,同时该训练过程又十分耗时,可能会造成时间与计算资源的浪费。

(2) 作为一种典型的有监督的学习方法,支持向量机是在分类和回归分析中最常用的算法之一。支持向量机的核心思想是寻找一个优化的分离超平面,使其与每类最近数据点的距离最大化。由于支持向量机采用核函数将输入隐式映射到高维特征空间,它在非线性分类方面具有优越的性能。与人工神经网络相比,支持向量机可以根据专家知识确定核函数,有效避免过拟合,更快地训练数据,高效处理大数据集并进行实时分析。由于上述优点,支持向量机广泛应用于故障预测中,如利用生存概率与支持向量机建立设备健康预测模型;采用最小二乘支持向量机的小样本方法对旋转轴承退化趋势进行估计;使用支持向量回归直接从监测数据中估计设备剩余使用寿命,而不需要估计退化状态或故障阈值。尽管支持向量机具有良好的泛化能力而被广泛应用于故障预测,但也存在局限性,主要问题是缺乏具体理论指导来确定支持向量机的核函数。

（3）贝叶斯推理是利用概率信息来表示所有事件的不确定性，而贝叶斯网络是一个概率无环图形模型，表示一组随机变量及其概率相关性。贝叶斯网络的核心理论是条件概率，即故障的先验信息或根本原因，抑或是集成专家知识。同时，在考虑事件或故障之间关系基础上，贝叶斯网络对多变量动态过程进行建模，可以有效避免过拟合现象，贝叶斯网络还可有效解决数据集不完整性的问题。目前贝叶斯网络方法广泛应用于故障预测框架的构型和配置中，如离散贝叶斯、粒子滤波、卡尔曼滤波方法等。

贝叶斯网络在基于先验知识、数据或根本原因的同时，结合不确定性，估计系统退化状态和剩余使用寿命。例如，在贝叶斯网络的基础上采用两相法，研究航天器二次电池的退化评估和剩余使用寿命；借助贝叶斯两阶段法预测设备剩余使用寿命。贝叶斯网络方法的缺点在于其需要一定的训练样本或测量数据，如果先验知识、数据或根本原因未知，就无法进行可信的建模。此外，预测结果对先验分布非常敏感，尤其是对非线性系统变量引起的密集计算。

（4）马尔可夫模型假设系统或部件处于有限状态集中的某一种状态，系统或部件以相应的概率从一种状态转换到另一种状态。对于稳态马尔可夫链而言，离开一个状态与进入其他不同状态的概率之和始终等于1；对于半马尔可夫模型而言，离开一种状态与进入不同状态的概率之和可以小于1，因为它并不要求在某一状态下的故障时间分布服从指数分布，而是可以服从任意分布。由于在某些情况下，并不是所有状态都直接可见，所以在马尔可夫链基础上进一步扩展得到隐马尔可夫模型，实现了各状态转移概率的间接分配。隐马尔可夫模型修正了故障率不恒定的假设，因此更适用于故障预测，如根据自适应隐马尔可夫模型建立多传感器设备诊断与故障预测整体框架。

马尔可夫模型综合考虑了设备状态间的转变，如果已知故障根本原因，马尔可夫模型还可有效处理不完整数据与多变量数据，进行设备剩余使用寿命的准确结果预测。此外，马尔可夫模型的优缺点与贝叶斯方法类似，马尔可夫模型的单调性、非暂时故障退化模式和失效过程时间分布的假设使得该模型在很多情况下并不适用。

2）统计学方法

统计学下的数据驱动方法使用更具有信息性与实用性的事件数据及监控数据，估计设备剩余使用寿命。这里的事件数据是指记录设备的故障或停机数据，需要注意的是，一些关键设备有着严格的可靠性要求，不允许发生故障，对于此类事件的故障或停机数据可能很稀少，这也是目前统计学方法存在的主要问题。典型的模型可以分为自回归方法、伽马过程、维纳过程和比例风险模型。

（1）自回归移动平均模型是一种典型的回归模型，由自回归部分和移动均值部分组成，广泛应用于时间序列数据分析中。自回归移动平均模型的优点是不需要历史故障数据和明确的故障机理，但是该算法的缺点是长期预测效果不佳。因此，可以结合外源性输入模型和自回归平均模型，采取非线性自回归模型的混合改进方法，改善设备长期状态预测精度。此外，该算法具有线性假设，如果存在非单调退化过程，该算法的应用将具有很大的局限性。

（2）伽马过程具有单调性，常用于描述在时间推移中退化呈正递增性的序列部件。例如，描述主动群体维护策略中的损伤演变的伽马过程、针对含噪声的Gibbs采样技术观测数据建立起的非均匀伽马过程模型，均可用于估算剩余使用寿命。对于单调的伽马过程而言，主要是对研究对象的损伤大小、裂纹增长和金属总浓度等测量结果进行建模。然而,在实际应用中,并不是所有的退化过程都遵循单调过程,这也是伽马过程在其他模式故障预测中受到限制的原因。

（3）维纳过程是对标准布朗运动的拓展,可以看作流体和空气中粒子的随机运动,具有描述非单调退化过程的数学优势。维纳过程对超过预定阈值的首次通过时间进行故障预测,建立设备退化模型。维纳模型逆高斯分布可以很好地对首次通过时间分布进行解释和分析,如进行剩余使用寿命预测的自适应偏维纳模型比传统的随机过程模型更加灵活。然而,维纳过程具有时间齐次过程约束的局限性,同时并不是所有设备的退化过程都具有这种性质。此外,维纳过程只使用当前退化中包含的信息,而不是利用整个观察序列的信息,对样本数据的利用率相对较低。

比例风险模型是最常用的设备故障预测模型之一,它将部件退化定义为基准风险和反应操作条件对基准风险影响正函数的乘积。比例风险模型包含两个重要假设:① 失效时间是独立的,且服从同一分布;② 影响某一部件寿命的协变量不会影响其他任何部件的故障时间。因此可以将设备生命周期划分为稳定区和退化区,建立两区比例风险模型预测设备的剩余使用寿命;同时,基于比例风险模型,可以实施多组分系统状态维护策略;混合威布尔比例风险模型也可用于预测多故障模式机械系统的故障概率。

由于上述假设,比例风险模型在某些情况下并不总是适用的,例如,当无法获得故障历史记录或相关的协变数据时或当故障模式之间的相互作用和协变量无法测量时,该模型并不适用。

3. 混合预测方法

混合预测方法综合上述两种方法的优点,可以使预测结果更加准确,其应用模型如图2-13所示。混合预测方法主要分为以下两类:① 物理建模方法与数据驱动方法结合;② 数据驱动方法与其他数据驱动方法结合。

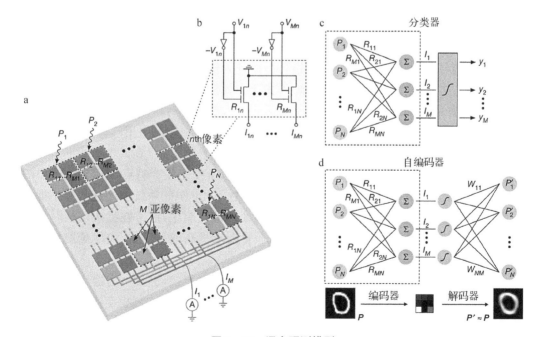

图 2-13　混合预测模型

物理建模方法与数据驱动方法结合的混合方法又主要包括两类：一类是融合物理建模方法与数据驱动方法的预测结果，如采用改进的多维自回归模型以修正相空间翘曲，以描述快速时间尺度上的缺陷演变历程，并采用时域分段算法对基于 Paris 公式的裂纹扩展模型进行修正，得到裂纹在慢时间尺度上的扩展特征；另一类方法是使用数据驱动的方法来估计当前或未来健康状态，进而基于物理的方法预测故障或剩余使用寿命，利用数据驱动的方法对故障物理模型进行标定，同时利用故障物理模型定义数据驱动方法的故障准则和阈值，有效实现剩余使用寿命的预测。

同样，数据驱动混合方法也分为两种类型：第一种是融合不同数据驱动方法得到最终预测结果，典型应用如使用反向传播神经网络映射振动信号与轴承运行时间之间的关系，通过加权各神经网络的输出来实现故障预测；另一种是使用某一数据驱动方法来估计当前或未来的健康状态，然后使用另一种数据驱动方法预测故障，如自回归移动平均模型、比例风险模型和支持向量机相结合的三阶段故障预测方法或采取维纳过程对系统退化进行建模，然后利用卡尔曼滤波进行剩余使用寿命估计等。

混合方法在避免不同算法的缺点的同时，巧妙利用各算法的优点，捕获故障机制、故障模式与缺陷传播过程。随着未来传感器技术的不断发展，在诊断和设备故障预测技术方面会出现更多有效的数据分析方法，提高预测的准确性，解决实际应用中遇到的问题，推动理论方法向应用成果的转型。

2.3.4 智能维护决策策略

随着先进制造模式的广泛应用，行业内智能维护的需求不断增加，智能维护决策所产生的附加价值越来越受到企业关注，智能维护决策策略变得越来越重要。智能维护决策是通过提取故障预测的结果，根据不同先进制造模式下的系统结构、生产特性和调度复杂性进行研究和建模，制定符合系统性能要求的维护策略。

1) 大规模定制模式下的智能维护决策策略

大规模定制模式以广泛地提供个性化产品/服务为核心，将制造业从"推动"模式转变为"拉动"模式。在当今竞争激烈的市场环境中，由于大规模定制既可以快速响应客户需求，又具备大规模生产的效率，因此逐渐被制造企业采用。大规模定制在保证制造过程敏捷性、灵活性和集成性的同时，还可以批量处理大小可变的生产订单。目前通用汽车公司、福特汽车公司、克莱斯勒公司、丰田汽车公司和其他一些大型制造企业已陆续在其生产线上采用这种制造模式。不同于传统流水线生产，大规模定制具有以下 4 个生产特点：① 根据客户的定制化需求，各生产批量订单均是独立的，且批量大小各不相同；② 系统中处理的顺序批次通常需要在短时间内完成生产排程；③ 为了逐周期处理批次顺序，通常在批次切换时进行配置工作；④ 面对客户需求波动、市场变动频繁、质量要求提高的新趋势，应尽量避免中断当前周期内的批次生产。

大规模定制将生产方式从按库存备货生产转变为按订单拉动生产，为适应这种高度定制化、低容错率的生产方式，相应的智能维护策略也应随之改进。大规模定制下智能维护决策的智能化应从以下 3 点出发：① 随着目前大多数制造系统内现有生产设备数量的增加，维护决策应更加智能化；② 智能维护策略需要对大规模定制中提前或推迟维护作业的后果进行智能化的分析;③ 大批量、离散化生产工业产品的制造企业,在此类随机的需求与生产过程中尤其需要系统层实时与智能化的决策策略。

因此在大规模定制生产模式中,维护策略需要在传统基础上向智能维护策略拓展,消除不必要的生产停机,降低生产与运维成本,平衡系统层维护与生产调度的复杂性。该模式中典型的智能维护决策主要有以下 4 种:① 将维护决策与生产决策相结合,根据生产计划对制造系统的预防性维护进行联合决策,以应对大规模定制下需求的不确定性。② 集成批量生产的预防性智能维护策略,以最小化预防性维护成本、安装成本、持有成本、延期订单成本和生产成本的总和为决策目标,制定智能化维护策略。③ 针对大规模定制中设备退化的问题,制定单设备与设备群的双层智能维护策略,不仅考虑单个设备的退化过程,同时综合考虑批量生产的变化过程。④ 协调产品设计、制造过程、资源配置、维护点检等活动,制定智能维护决策策略。大规模定制下的智能维护决策策略的关键是对批量订单的实际变化与更新做出快速反应。

2) 可重构制造模式下的智能维护决策策略

为在不可预测的市场变化中始终保持竞争力,有效应对产品系列的快速升级和多样化需求,可重构制造模式应运而生,并在各类制造企业中得到了广泛的研究与应用。相较于在完成初始设计后便固定系统结构的传统大批量生产,可重构制造模式具有动态调整制造系统功能、开放式配置系统结构及其设备的特点,因此可对消费者的需求作出快速反应,并将专用生产线的高吞吐量与柔性制造系统的灵活性相结合,提供高质量的产品。可重构制造模式在有限的时间内通过调整其系统结构和设备布局来响应产品需求的动态变化,得到了结构可调的新型制造系统,这有助于保障制造系统的柔性生产与响应能力。

这种新颖的生产系统特性也给智能维护策略提出了新的要求。具体表现如下:制造系统对产量和功能需求的变化不仅会导致系统的重新配置,还将生产过程划分为具有对应系统结构的顺序制造阶段,而在实际应用可重构制造模式进行生产的过程中,对不同类型制造系统进行切换时的经济性、随机性和结构依赖性,均会导致智能维护策略的复杂性上升,也使得可重构制造模式下的智能维护策略具有巨大的价值和难度。现有大多数可重构制造模式的系统层维护策略均是在面向不同的系统结构基础上开发的,如串联、并联、串并联系统等固定结构,并不能广泛地适用于可重构制造模式。

为制定面向可重构制造模式的智能维护决策策略,需要重点关注可重构制造系统的核心生产特性——快速响应能力,即在市场需求增加时调整生产能力,在产品设计要求变化时改变系统功能结构。可重构制造模式为满足当前的生产需求,分别对系统在不同时段进行了重新配置,使得分离的顺序制造阶段均有它们独自的系统结构。若按照这些不同结构分别构建系统层维护策略,则会严重影响可重构制造系统的响应性能和柔性。因此,需要全面整合可重构制造系统特性和维护机会进行智能维护决策。

可重构制造模式下的策略典型智能维护决策包括以下两种:① 在可重构制造系统配置更改时间节点进行预防性维护作业,通过集成系统配置更改时间节点和基于役龄的维护策略,实现预期总维护成本的最小化,提高系统性能;② 重建可重构制造系统的运行过程,并根据运行过程重建进行机会维护决策,为可重构制造系统开发智能维护时间窗策略。

可重构制造概念的首次提出者 Y. Koren 教授强调,智能化维护的敏捷性和效率将在具有可重构制造系统特性的下一代制造系统中发挥重要作用。可重构制造模式下的智能维护决策策略能够有效地重构系统,降低维护决策调度复杂性,避免不必要的故障,优化维护成本。

3) 可持续制造模式下的智能维护决策策略

随着人们对生态环境问题的日益关注,工业领域有义务也有责任尽快采用可持续制造模式。可持续制造模式是指在市场对产品需求的增加情况下,制造系统需要在满足政府对绿色制造的立法要求和可持续发展的未来需求的同时,对能源消耗控制做出更大的努力。据统计,目前工业领域能源消耗已占全球总能源消耗的37%以上,工业制造过程对能源消耗有着主要影响,其中约19%的温室气体排放是由工业活动造成的。因此,可持续制造已经成为定义制造的标准之一,制造系统也逐步从单纯关注成本优化,转向综合考虑环境、能源与其他社会目标。由于不必要的生产能源浪费会导致更多的碳排放,造成更高的生产成本,所以制造厂商要承担起相应社会责任,应用创新型绿色可持续技术,减少工业污染排放。因此,开发面向可持续制造模式下的智能维护决策策略方法,全面优化设备退化、生产成本与能源消耗的协调具有重要的现实意义。

可持续制造模式下的智能维护决策典型策略包括以下5种:① 在智能维护决策中加入可持续性指标,基于能源消耗和有效产出的可持续性指标被认为是评估可持续绩效的主要标准,符合社会上呼吁的可持续制造导向,可以更好地控制维护系统,使制造符合可持续性的要求。在设备层面,相关的能源效率指标通常根据关键特征(如电压、温度和谐波)的监控进行评估;在系统层面,系统能源效率指标不仅需要考虑设备行为及其相互作用,同时需要考虑集成系统行为与维护决策。② 从制造系统设计阶段进行改善,对机床进行改进和结构升级以建立新型控制方法,如通过控制进给系统同步主轴加速度降低能耗。③ 侧重优化制造工艺参数以降低能耗,如改善五轴机床切削的条件,特别是针对刀具角度和切削速度进行改善,从而降低能耗。④ 借助生产优化实现制造系统节能,通过数学模型估计生产边界和能源需求边界,利用工厂层面生产和能源消耗数据对制造业的能源效率进行评估。⑤ 优化维护方案以降低能耗,为解决智能维护及可持续制造的问题,集成在线预测维护和持续质量控制,如开发应用于可持续制造且基于大数据驱动的预防性维护框架、基于大数据的产品生命周期分析的总体架构,重点研究复杂产品的清洁制造和维护过程,综合集成能耗交互、批量生产特性和系统层维护机会,以降低整条生产线的能耗。综上所述,可持续制造模式下的智能维护决策策略需要在设备层和系统层分别提出可持续的维护策略,综合有效利用系统内关键的能源、维护、机器资源。

4) 面向服务型制造模式下的智能维护决策策略

随着市场竞争压力的增加,许多制造企业更倾向于根据设备技术的复杂性和机器的可用性来租赁机械设备;与此同时,领先的原始设备制造厂商,如通用电气公司和普惠公司,其客户(承租人)遍布世界各地,他们通过租赁实物资产并提供维护服务获得新的利润。面向服务型制造模式下的智能维护因其具有诸多优势已经成为一种大受欢迎的服务。首先,承租人租赁并使用高科技设备可以避免高额的购置投资;其次,设计和制造机器的原始设备制造商是在设备生命周期中维护这些资产的最佳服务供应商;再次,根据客户的需求和偏好,原始设备制造厂商在促进柔性制造的同时实现承租人对租赁设备的多样化选择;最后,承租人可以显著节省内部维护部门的费用(如员工工资、员工培训费用、仪器采购费用、设备运维费用等)。

许多原始设备制造商开始转型为产品服务供应商,提供设备资产交付(通常是租赁)服务以及资产维护服务。目前面向服务的制造模式已广泛应用于矿山、加工厂、制造厂和发电厂,截止到 2011 年,美国设备租赁渗透率(租赁设备投资/设备总投资)已达到 21%,维护服务外包的成本也逐步成为客户(承租人)运营预算的重要组成部分。然而,由于缺乏专业的资产知识和智能预测工具,很多原始设备制造商对机器状态大数据的管理还存在较多不足。为改善租赁设备的运行状态,大多数原始设备制造商都会定期安排维护作业,但大多数租赁设备都在经历着复杂的退化过程,并最终发生故障,导致运行中断。在此背景下,原始设备制造商需要开发一套基于机器状态大数据、用于管理和智能维护租赁设备的系统框架,旨在用更有效的智能维护方式延长设备使用寿命,提高设备可靠性,降低维护成本。

面向服务型制造模式下的智能维护决策典型策略包括以下 4 种:① 集中在单台租赁机器的智能维护调度决策,通过制定周期性的预防性智能维护策略,在维护成本和租赁损失之间取得平衡;② 针对几种重要的租赁设备采取最优预防性维护策略,预防性维护作业以固定的维护等级顺序执行,同时考虑设备的剩余价值,将租期长度的影响整合到维护模型中;③ 将市场环境改变带来的影响考虑到预防性维护的预期总成本模型中,优化租赁设备的智能维护决策策略;④ 通过整合系统结构的交互性、产线维护机会与租赁服务合同的智能维护决策,实现面向服务制造业的利润最大化,降低调度复杂性,结合重心法开发与租赁设备相关的成组预防性维护策略,利用维护机会对系统进行预防性维护调度,优化租赁利润的维护策略。目前,智能维护决策策略主要集中在设备层与系统层两方面:在设备层面,有效连接每台机器的特有信息与整个系统的智能维护方案,这是设备层面智能维护的关键;在系统层面,则需要进一步探索如何针对系统结构快速变化进行开放式智能维护优化,将理论概念推向商业用途。同时,随着新型生产制造模式的不断涌现,相应的智能维护调度策略也需要不断创新,提出涵盖故障预测与智能维护调度的整体性预测、健康管理框架体系。

2.4　本章小结

随着制造业的迅速发展,制造业中的经济活动环节不断延伸,产生的数据体量持续增加。工业大数据在制造业中起到至关重要的作用,如何充分且高效地利用工业大数据,是重新定义制造业场景应用的全新思考方式,更是推动未来制造业竞争能力提升的关键。在设备智能维护决策理论中,工业大数据的作用日渐凸显,基于工业大数据的维护决策理论与方法不断发展,为准确高效的设备健康管理提供了强有力的支撑。

本章首先对工业大数据进行了概述,涵盖了工业大数据的概念、分类、技术体系与系统架构、产业实施与发展。随后,详细分析了工业大数据与工业互联网、智能制造之间的紧密关联。最后,对基于工业大数据的智能维护决策框架进行了完整展现,对涉及的数据特征提取与监控、系统预测方法、维护决策策略所应用的技术进行了阐述,为推动工业大数据在智能维护决策理论中应用的深入提供理论支持与发展见解。

参考文献

[1] 李杰.工业人工智能[M].上海：上海交通大学出版社，2019.

[2] 李杰，倪军，王安正.从大数据到智能制造[M].上海：上海交通大学出版社，2016.

[3] Friedli T, Mundt A, Thomas S. Strategic management of global manufacturing networks[M]. Berlin: Springer, 2014.

[4] Koren Y. The global manufacturing revolution: product-process-business integration and reconfigurable systems[M]. Hoboken: N.J. Wiley, 2010.

[5] Lee J, Kao H A, Yang S. Service innovation and smart analytics for industry 4.0 and big data environment[J]. Procedia CIRP, 2014, 16(2): 4-8.

[6] Jin X N, Siegel D, Weiss B A, et al. The present status and future growth of maintenance in US manufacturing: results from a pilot survey[J]. Manufacturing review, 2016, 3: 10.

[7] Xia T, Dong Y, Xiao L, et al. Recent advances in prognostics and health management for advanced manufacturing paradigms[J]. Reliability Engineering & System Safety, 2018, 178(10): 255-268.

[8] Tsui K L, Zhao Y, Wang D. Big data opportunities: system health monitoring and management[J]. IEEE Access, 2019, 7: 68853-68867.

第3章
基于人工智能方法的设备健康诊断预测

3.1 故障诊断与预测

3.1.1 故障诊断预测背景

随着现代科学技术的进步和生产的发展,现代企业的生产设备日益向大型、复杂、精密和自动化方向发展,具体表现如下：① 设备功能增多,各工作单元间的关系日趋复杂,影响设备安全和工作性能的因素越来越多;② 设备结构日趋复杂,规模逐渐庞大,造价也越来越高;③ 设备向系统极限效率与速度方向发展,安全隐患增多,机电故障、连锁影响造成的损失十分惊人;④ 现代设备与生产系统在国民经济的发展和社会物质财富的生产中,扮演着越来越重要的角色,影响面广。设备一旦发生故障,将影响到整个生产系统的安全、稳定运行,严重影响生产效率,造成重大经济损失。因此,现代企业对生产设备的监测与故障诊断系统的研究十分必要。

无论是远程运维服务,还是企业研发的设备监测与故障诊断系统,故障诊断预测都是其主体内容。当一个系统或者元器件偏离正常运行状态时,都会对产品的质量造成影响,严重时甚至会发生生产停机,此时的系统或者元器件就被认为发生了故障。故障诊断(fault diagnosis)是一项结合理论与技术的工程性科学,是通过设备表现、工程师经验或者传感器数据找出其故障原因与故障劣化趋势的过程。

人类开始研究故障诊断技术的时间可以追溯到工业革命时期,之后随着技术的不断革新,现阶段可以大致将故障诊断预测的技术发展流程分为 3 个阶段：原始诊断阶段、传统诊断阶段与智能诊断阶段,如表 3 - 1 所示。

表 3 - 1 故障诊断预测发展历程

阶 段	原始诊断阶段	传统诊断阶段	智能诊断阶段
时 间	19 世纪末至 20 世纪初	20 世纪 60 年代至 80 年代	20 世纪末至今
理论依据	工程经验	经典与现代控制理论	智能控制理论
研究对象	简单设备	多因素	多层次、多因素
分析方法	专家经验传承	状态方程、时频域方法	智能算法、人工智能技术
技术手段	经验手册分析	传感器与电子计算机	智能机器系统
应用场景	单一部件	部件组	复杂系统

3.1.2 故障诊断系统的评价指标

故障诊断系统的评价指标有以下7点。

(1)诊断系统的及时性:故障诊断系统能够及早发现故障的能力。诊断故障花费的时间越少,其及时性就越好。

(2)诊断系统的灵敏度:故障诊断系统能够识别可能表征故障的微小信号的能力。

(3)诊断系统的结果误报率和漏报率:故障诊断系统对被测系统的运行状态的诊断结果错误或者不上报的概率。

(4)诊断系统的分离能力:区分被测试系统的故障的运行状态的能力。

(5)诊断系统的辨识能力:通过对故障状态的分析,故障诊断系统能够识别表征故障的能力。

(6)诊断系统的鲁棒性:当被测系统存在外部干扰及噪声的情况下,故障诊断系统依然能够准确地进行系统的故障诊断的能力。

(7)诊断系统的自适应能力:故障诊断系统能够针对被测对象进行自适应调节,并且能通过新信息来改善自身的诊断系统的能力。

面向制造系统故障诊断的运维服务,运用数据挖掘方法,综合生产设备信息,动态评估各台设备的健康状态,及时预测潜在故障,并预先采取有效的维护措施。一般而言,复杂设备健康诊断预测流程如图3-1所示,实现复杂制造系统的健康管理需要集成如下系统与功能。

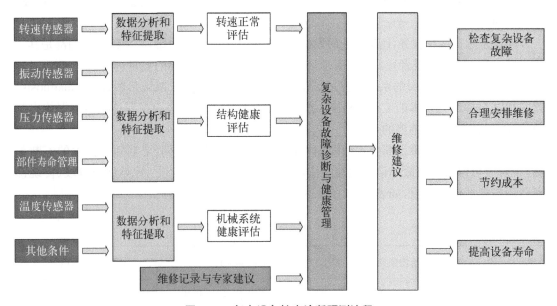

图3-1 复杂设备健康诊断预测流程

(1)数据采集监测系统。对复杂制造系统进行健康管理,首先要获取其劣化过程的状态信号。不同类型的生产设备可选择各自的待监测参数,主要包括速度、流速、压力、温度、功率、电流等。根据专用标准和工程实践的指导,侧重应用现有的成熟监测技术,综合考虑经济性和适用性,利用相应类型的传感器,采集生产设备的实时参数信号,作为预知维护决策的数据基础。

(2) 信息处理系统。在数据监测与采集的基础上,运用信号处理方法进行数据融合、特征提取和性能评估,从而量化分析生产设备的健康状态。信号处理的典型方法包括时域分析方法(如时域同步平均法、时间序列分析法、相关分析法)、频域分析法(如快速傅里叶变换法、功率谱分析法、倒频谱分析法),以及时频域分析法(如短时傅里叶变换法、小波变换法、Wigner-Ville 分布法)。结合上述信号处理的各自特点,采取具有针对性的分析方法提取设备运行中的当前健康状态。

(3) 状态识别系统。提取被测设备的各个运行状态的信号特征,获得所有状态的运行特征,通过分析被测数据,我们可以根据当前的数据特征与之前获得的各种运行状态进行对比,即可判断设备的运行状态。

(4) 诊断决策系统。经过对被测设备的信号提取、分析、识别等环节后,操作人员可以制定相应的检修及维护对策与手段,也可以根据诊断结果预测设备在一段时间内的运行状况。

3.1.3　故障诊断预测研究现状

美国在 X-34 和 X-37 运载火箭(reusable launch vehicles,RLV)研制过程中的统计数据表明,为保证航天飞机执行任务的成功,每个任务期内要安排 200 人左右的工作小组来进行预防性维修工作,耗费 400 万美元。由美国、英国以及其他国家军方合作开发的联合攻击战斗机(joint strike fighter,JSF)项目中就明确提出,"经济可承受性"是其四大目标之一。系统的维修方式经历了 3 个阶段的转变,即反应性维修、预防性维修和预计性维修。其中,预计性维修是指基于设备状态进行维修计划制定,又可称为视情维修(on-condition maintenance),视情维修具有后勤保障规模小、经济可承受性好、自动化、高效率以及可避免重大灾难性事故等显著优势,具有很好的前景。视情维修要求系统自身具有对其故障进行预测并对其健康状态进行管理的能力,可以实现"经济可承受性"的目标,也由此产生了故障预测与健康管理(prognostic and health management,PHM)概念。PHM 是指利用尽可能少的数据采集系统的各种数据信息,借助各种智能推理算法(如物理模型、神经网络、数据融合、模糊逻辑、专家系统等)来评估系统自身的健康状态,在系统故障发生前对其故障进行预测,并结合各种可利用的资源信息提供一系列的维修保障措施,实现系统的视情维修。故障诊断预测则是 PHM 的主要内容之一。

对一个元器件或者复杂系统进行故障诊断预测,首先需要确定可以直接表征其故障模式或者健康状态的参数指标,或者可以间接推断出故障模式与健康状态的数据信息。因此,数据采集检测系统是故障诊断预测的基础。目前,市场上可供 PHM 系统选用的传感器类型很多,比如温度传感器、湿度传感器、振动传感器、压力传感器以及冲击传感器等。此外,还有一些专用的传感器如声发射传感器、腐蚀传感器等。目前对于复杂设备,其健康参数一般为其环境参数,如温度、湿度、压力、压强以及位置等;对于工作环境苛刻的复杂设备,其健康参数一般与化学因素有关,且均可以通过相应的传感器进行采集。例如,英国罗尔斯-罗伊斯公司在航空发动机中安装若干个传感器,通过实时采集发动机振动信号并分析其振动情况来判断故障模式。

通过信息处理得到带有故障信息的参数数据是进行故障诊断预测的必要条件。由于一般复杂设备的振动信号是非平稳和非线性信号,目前主要的信息处理方法与技术针对振动信号处理。目前常用的方法有 Hilbert-Huang 变换、小波变换和经验模态分解(empirical mode decomposition,EMD)等。小波变换中,小波基函数的确定会使得分解和重建不再改变且不再适应信号分析。为了解决选择小波基函数的问题,Huang 等学者提出了经验模态分解(EMD),将原始复杂信号分解为若干个本征模态函数(intrinsic mode function,IMF)分量之和,而每个 IMF 分量都是一个调幅或调频的单分量信号。目前,EMD 已在轴承故障诊断中得到了广泛的应用,然而在 EMD 方法中,本征模态函数的断续将造成模态混淆现象,算法并不稳定。针对这一问题,Wu 和 Huang 又提出了集合经验模态分解(ensemble empirical mode decomposition,EEMD),当向原始信号中加入高斯白噪声后,不同尺度上的信号将具有连续性,这样可以促进抗混叠分解,有效地避免 EMD 分解出现的模态混叠和端点效应等问题(见图 3 - 2)。

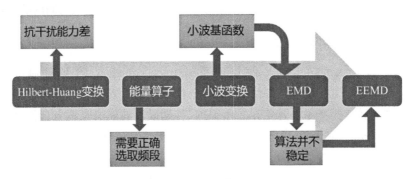

图 3 - 2　信号分析方法

预知维护决策不仅需要评估衰退设备当前的健康状态,更要通过数据挖掘和分析,迅速预判生产设备未来的劣化趋势走向。综合研究领域的各种理论与方法,健康趋势预测算法主要可以分为基于模型、基于知识和基于数据的健康预测。面向企业实际需求的健康预测算法应在健康状态样本有限的前提下,提供实时高效且准确性高的趋势分析,支持健康管理更好地服务于生产全局。

(1) 基于模型的健康预测方法(model based prognosis),是领域专家设计建立的数学模型,描述影响生产设备劣化趋势的物理过程,深入研究对象的本质,从而提供可靠的预测。建模前提是对象设备具有充足的健康信息,经过数据验证拟定出准确的模型参数,这需要特定的领域专家有深厚的机械原理与技术相关的专业知识。健康特征与模型参数的相关分析是建模的关键,残差值通常被用作这类预测方法的特征值。在正常误差下,其数值小于设定值;若设备故障时,其数值将会大于预设值,而故障阈值则可通过统计方法获得。这类物理模型适用于不同的工作变量,无论是稳定状态、转换状态还是各种负载情况下,使用者都可以借助对设备物理状态的参数映射关系,对模型做出相应的细微调整。

(2) 基于知识的健康预测方法(knowledge based prognosis),是基于已有知识构建起来的知识库,通过科学有效的预测推理技术和方法,对目标设备开展知识获取、知识表达和模型建立,从而预测潜在故障的类型、程度、发生时间,并规划采取相应的维护措施。知识库的全面构建和推理机制的系统性,既需要能表达领域专家所遵循经验、规则、决策的静态知识,也包含可以反映设备随役龄增长而健康劣化的动态知识,还要求具有处理知识库内大量规则的高效运算能力。具有代表性的应用形式是专家系统和人工智能。

(3) 基于数据的健康预测方法(data based prognosis),是从生产设备的健康状态样本数据中,通过数理统计和数据挖掘等先进方法,提取出健康演化的内在规律和有效信息,在大量已有数据的基础上预测设备未来的劣化趋势,利用历史记录和观测数据的挖掘分析来支持维护决策过程,其已成为系统健康管理的研究前沿之一。在解决实际生产中的设备健康预测问题时,当建立复杂制造系统的精确物理模型存在经济性和可行性难题,而领域专家的知识和经验又难以准确地获取、表达和建模的情况下,基于数据的预测方法可以依据收集的设备健康状态数据,在多样性数据的输入与输出中挖掘出隐藏的趋势规律,这一方式成为分析设备性能劣化和预测未来健康状态的有效手段和途径。

作为故障诊断预测的核心组成部分,基于数据的健康预测方法被分为以下两类。

(1) 人工智能方法(artificial intelligence approaches),包括人工神经网络(artificial neural network,ANN)、模糊逻辑系统(fuzzy logic system,FLS)、模糊神经网络(fuzzy-neural network,FNN)和遗传算法(genetic algorithms,GA)等。这类方法在数据量大的时候优势更明显,并且应对噪声的效果较好。

(2) 统计方法(statistical approaches),包括马尔可夫模型(Markov model,MM)、高斯过程回归(Gaussian process regression,GPR)、支持向量机(support vector machine,SVM)和统计过程控制(statistical process control,SPC)等。这种方法相对于人工智能方法实施难度更大,但计算要求更低,通常适用于噪声较小、数据量少的项目和简单退化模式。基于物理模型的方法与数据驱动方法的比较如表 3 - 2 所示。

表 3 - 2　健康预测算法对比

模 型 分 类		具 体 模 型	优 点	缺 点
基于物理模型的方法		指数型退化模型等	解释性强	不适合复杂系统
数据驱动方法	人工智能方法	人工神经网络、遗传算法等	应对噪声效果好、适用于大量数据	计算要求高
	统计方法	马尔可夫模型、高斯过程回归等	计算要求低、易于实施	适用于简单模式

近年来,计算机人工智能和机器学习技术的快速进步使故障诊断预测逐步向智能化发展。专家系统、人工神经网络和支持向量机等技术得到了广泛应用,也因此促进了复杂设备智能故障诊断预测的发展。

在许多情况下,对于由很多不同的信号引发的历史故障数据或者统计数据集,很难确认何种预测模型适用于预测,或者在研究许多实际的故障预测问题时,建立复杂部件或者系统的数学模型是很困难甚至是不可能的。然而,通过人工智能算法可以有效地找出故障数据与故障模式之间的关系,从而准确地预测出系统的故障模式。人工智能是利用数字计算机或者数字计算机控制的机器模拟、延伸和扩展人的智能,感知环境、获取知识并使用知识获得最佳结果的理论、方法、技术及应用系统。人工智能始于20世纪50年代,至今大致经过了三个发展阶段:第一阶段是从20世纪50年代至20世纪80年代。这一阶段人工智能刚诞生,基于抽象数学推理的可编程数字计算机已经出现,符号主义快速发展,但由于很多事物不能形式化表达,建立的模型存在一定的局限性。此外,随着计算任务的复杂性不断加大,人工智能发展一度遇到瓶颈。第二阶段是从20世纪80年代至20世纪90年代末。在这一阶段,专家系统得到快速发展,数学模型有了重大突破,但由于专家系统在知识获取、推理能力等方面的不足以及开发成本高等原因,人工智能的发展又一次进入低谷期。第三阶段是从21世纪初至今。随着大数据的积聚、理论算法的革新、计算能力的提升,人工智能在很多应用领域取得了突破性进展,迎来了又一个繁荣时期。"大数据+深度学习+人工智能芯片"驱动了本轮人工智能发展。在强大算力的支持下,将大数据输入深度学习模型并进行训练,机器可以比人类专家更快得到更优的模型,这些将使人工智能技术的广泛应用成为一种可能。

3.1.4 智能故障诊断预测

目前,故障诊断预测技术已经进入智能故障诊断预测阶段,最新的传感器技术、通信技术、人工智能技术、模糊逻辑系统与模糊神经网络模型等都融入故障诊断预测的应用中,从而使传统的故障诊断预测技术迎来了突破性的发展,往真正的智能化方向发展。其具体表现如下:

(1) 以专家系统为代表的人工智能算法已经应用于故障诊断预测中,但是仍然具有局限性,接下来会出现混合型智能模型解决局限性问题。

(2) 最新型传感系统的开发将会能够更加准确地采集设备的运行状态及数据,同时这些数据可以在本地处理和传输。

(3) 建立云服务器,基于互联网进行故障诊断预测,利用大数据等手段对设备的状态进行评估。

(4) 将故障诊断预测技术与设备的自动控制技术相结合,在对设备进行故障诊断后进行本地的自处理恢复。

常用的方法包括概率统计方法,支持向量机(support vector machine,SVM)和人工神经网络(artificial neural networks,ANN)等,Miriam和Anna成功地使用朴素贝叶斯分类器对橡胶-纺织传送带中的冲击损坏类型进行分类。Saari等将从振动信号中提取的故障特征作为支持向量机的输入数据用于模型训练,实现了风力涡轮机轴承故障的自动识别。Ben Ali等综合使用经验模态分解(empirical mode decomposition,EMD)和人工神经网络(artificial neural networks,ANN)实现了轴承性能退化的自动评估。在这些方法的基础上,许多学者通过算法结构改进或者运用其他算法进行了提升,并且取得了有效的故障诊断预测效果。许迪等通过基于改进量子遗传算法的SVM滚动轴承故障诊断方法,在保证聚类性能的基础上提高了滚动轴承的诊断精度。时小虎等在Elman神经网络的基础上提出了输出-隐层反馈Elman(output-hidden feedback Elman,OHF Elman)神经网络,并证明了OHF Elman神经网络相比于Elman神经网络的优越性。

实际应用中采用的人工智能诊断预测算法很多,但大部分智能算法都需要满足一定的假设条件与人为设置的参数要求,其智能化诊断能力还比较薄弱。因此,研究中通过仿真进行验证的故障诊断预测算法较多,这就导致智能诊断算法的推广性得不到很好的验证。要实现真正的智能化诊断,仅靠单纯的一两种方法难以满足要求,应用也会受限,若将不同算法进行结合,利用不同算法的优势对方式进行优化,其智能诊断的效果则会大大提高。因此,需要重点研究目前人工智能算法在故障诊断预测领域的应用,要避免只是简单借助人工智能算法与技术,从而忽略其在现实工程问题的解决能力。接下来将重点介绍人工智能算法及其在实际工程问题中的应用效果。

3.2　遗传算法

遗传算法(genetic algorithms,GA)由美国密西根大学的 John Holland 教授创建,是一种基于群体遗传学的自适应启发式搜索方法。他将自然界的生物进化原理运用到智能优化参数的算法中,他创建的遗传算法是一个迭代算法。该算法采用将需要搜索的参数组成向量代表基因编码,用基因编码代表生物个体,使用适应度函数作为生物个体的优劣进化程度指标的方法,其特点是不需要求解问题的任何信息而仅需要目标函数的信息,不受搜索空间是否连续或可微的限制。

在遗传算法中,优化问题的解被称为个体,它表示为一个变量序列,叫作染色体。染色体一般被表达为简单的字符或数字向量,这一过程称为编码。算法首先根据限制生成随机数,组成问题的向量解,这些向量解的个体组成了初始种群,种群的大小一般取决于实际的问题和需求。在每一次迭代中,通过计算所有个体的适应度值来评估每个解决方案的适应性,进行选择操作,通常适应性更高的解决方案会被优先选择。适应度函数可以是求解最优化问题的目标函数或是误差函数。然后通过对向量解个体的交叉和变异操作模拟生物进化的过程,以产生下一代种群,种群中适应度值高的个体继续保留,适应度值低的向量解个体被删除,然后开始一个新的迭代周期。在每一代,种群规模都会被保留下来,新一代的个体继承了优秀的上一代个体的大部分信息。由于适应度值高的染色体被选择的概率较高,新一代染色体的平均适应度值一般高于老一代。反复迭代选择、交叉和变异的过程,直到种群中具有最大适应度值的个体性能满足要求。

选择、交叉和变异是遗传算法中三个重要的遗传算子,是模拟种群生物进化过程的关键。从种群中选择优胜的个体,淘汰劣质个体的操作称为选择,其目的是把优化的个体直接遗传到下一代或通过配对交叉产生新的个体再遗传到下一代。选择操作建立在种群中个体的适应度评估基础上,常用的选择算子有适应度比例方法、随机遍历抽样法、局部选择法等。遗传算法中起核心作用的是遗传操作的交叉算子,交叉操作如图 3-3 所示。该算子从种群中随机选择两个个体,通过两个染色体的交换组合,把父代的优秀特征遗传给子代,

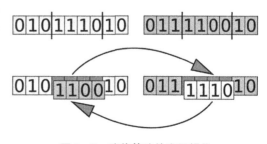

图 3-3　遗传算法的交叉操作

从而产生新的优秀个体。常见的交叉算子包括单点交叉、双点交叉、多点交叉、均匀交叉或算术交叉。通过交叉操作,遗传算法的搜索能力得以快速提高。为了防止遗传算法在优化过程中陷入局部最优解,在搜索过程中,需要对个体应用变异算子。在实际应用中,主要采用单点变异,即只需要对基因序列中的某一个位进行变异,以二进制编码为例,即 0 变为 1,而 1 变为 0。

遗传算法是一类特殊的进化算法(evolutionary algorithm,EA),它的使用受进化生物学启发的技术,如遗传、变异、选择和交叉。目前,该算法已被用于寻找各种领域中复杂问题的最优解或者较优解。在一些需要进行参数寻优的情况下,遗传算法可用于创建与参数数据以及结果非常接近的拟合。使用遗传算法中的突变、交叉等算子来培育给定问题的最高适应度值个体,这将完美地将参数变量与最优参数匹配,其他时候它会生成一组非常接近所需结果的参数数据,具有很高的可靠性。

3.3　支持向量机

当今世界处于"大数据"时代,在气象学、地理学、经济学、复杂物理仿真、工业生产甚至体育等各个领域都可以发现"大数据"这一日益被强调的概念。随着网络的迅速发展,数据的体积也变得越来越庞大。然而"大数据"并不是指大量数据的简单叠加,而是指需要对包含大量不同来源、不同结构的数据进行统一处理和考虑的要求,以及实时更新的动态处理要求。在这样的背景下,传统的数据处理方法和理论受到了挑战,显现出了很大的局限性。因此,需要高效地基于数据的机器学习方法。近年来,支持向量机由于其优越的学习性能,成为机器学习领域炙手可热的研究重点。作为机器学习领域中正在迅速发展的一种技术,支持向量机在模式识别、回归预测等方面都有着广泛的应用,例如,图像识别、语音识别、垃圾邮件审查、故障诊断等。支持向量机的优良性能主要源于以下特点:

(1)支持向量机根植于统计学习理论中的结构风险最小化原则,舍弃了传统机器学习方法中的经验风险最小化原则,既考虑经验风险,又考虑置信范围,在两者间寻求折中,大大增强了其泛化能力。

(2)支持向量机的算法是一个凸优化问题,所求得的解一定是全局最优解,且理论上针对样本数量有限的情形,所求的是现有有限样本信息下所能达到的最优解。

(3)支持向量机采用了核方法,完美地解决了样本非线性的问题。

核函数的引入是 SVM 最大的优越性之一。核方法的发展已有数十年的历史,很多传统的方法由于核函数的引入而得以发展为应用更广的方法,比如核主成分分析(kernel principal component analysis,KPCA)、核聚类(kernel clustering,KC)、核费舍尔判别分析(kernel fisher discriminant analysis,KFDA)和核偏最小二乘(kernel partial least squares,KPLS)等等。对于 SVM,核函数的引入使之获取了非线性问题的处理能力,大大拓宽了其应用范围。核函数之所以对 SVM 起到举足轻重的作用,是因为它具有以下特点:

(1)通过将高维空间中向量的内积运算转化为原空间中向量的函数,核函数的引入有效地处理了高维向量输入,避免了"维数灾难",很大程度上减少了计算量,而与此同时可以不考虑非线性变换的具体显式解析形式。

（2）不同种类的核函数或者同种核函数的不同参数都隐式地定义了一个从原空间到新空间的非线性映射，进而对应着不同的特征空间的性质，从而导致核函数不同的性能和适用情况。

（3）核函数方法可以与包括支持向量机在内的许多其他算法很好地结合，进而形成多种不同的核方法。

核函数和 SVM 的实现及其性能的提高有很大的关系。然而，包括高斯核函数［也称径向基函数（radial basis function，RBF）］等常用核函数在内的核函数种类众多，且性质各有所不同，适用的情况也不尽相同。正确地选择核函数及其关键参数，对分类的效果起到至关重要的作用。因此，对 SVM 中核函数及其关键参数选择的研究具有很重要的意义。

SVM(支持向量机)是一种二类分类的模型，其基本模型为定义在特征空间上的间隔最大的线性分类器，间隔最大化使它比感知机有更优越的性能。核函数是 SVM 的一大特点，不仅能使 SVM 拟合大量的高次函数，还可以避免高次空间上的复杂运算。

支持向量机(SVM)是一种基于统计学习理论的监督学习方法，适用于分类和回归问题。自从 1995 年引入 SVM，SVM 就因其坚实的理论基础而受到广泛应用。

在统计学习框架中，学习意味着从一组训练集中估计函数。要做到这一点，学习算法必须从给定的一组函数中选择一个函数，从而使某种误差最小化，即估计的函数不同于实际的理想函数。误差取决于所选功能和训练集的复杂性。

3.3.1　线性支持向量机

线性支持向量机是一种针对特定问题的完美分类模型。假设存在一组具有两个类别的数据集合，在特征空间中，存在平面能将该数据集的两个类别完美切分。将该数据集输入线性支持向量机模型，可以得到一个平面方程，该平面方程满足离该平面最近的特征空间数据点与该平面的距离为可行平面方程中最大的，其工作原理如图 3-4 所示。

假设存在线性可分的数据对 $(\boldsymbol{x}_i,\boldsymbol{y}_i)$ 样本的集合，其中 $y_i \in \{-1,1\}$，通过线性支持向量机可以获得一个高次平面方程，将不同的数据点输入该高次平面方程得到的输出分类都能够对应该数据点的实际类别，不存在被错分类的样本，并满足离该平面最近的特征空间数据点与该平面的距离为可行平面方程中最大的这一条件，与高次平面

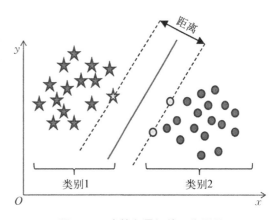

图 3-4　支持向量机的工作原理

最近的数据点称为支持向量，因为线性支持向量机模型输出的平面方程由这些支持向量决定。

假设该超平面为 $\boldsymbol{w}^{\mathrm{T}}\boldsymbol{x}+b=0$，其中 $\boldsymbol{w}$ 为法向量，决定超平面的方向；b 为位移量，决定超平面与原点之间的距离。划分平面可由法向量 $\boldsymbol{w}$ 和位移量 b 确定。则支持向量机的假设函数为

$$y = \text{sign}(\boldsymbol{w}^{\mathrm{T}}\boldsymbol{x} + b) \tag{3-1}$$

由于该数据集线性可分,存在约束

$$\boldsymbol{y}_i(\boldsymbol{w}^{\mathrm{T}}\boldsymbol{x}_i + b) > 0 \tag{3-2}$$

任意点到超平面的距离为

$$\text{distance}(\boldsymbol{w},\ \boldsymbol{x},\ b) = \frac{|\boldsymbol{w}^{\mathrm{T}}x + b|}{\|\boldsymbol{w}\|} = \frac{\boldsymbol{y}_i(\boldsymbol{w}^{\mathrm{T}}\boldsymbol{x}_i + b)}{\|\boldsymbol{w}\|} \tag{3-3}$$

由于我们假设训练样本是可分的,我们可以重新调整 $\boldsymbol{w}$ 和 b,使得最接近超平面的点满足 $\boldsymbol{y}_0(\boldsymbol{w}^{\mathrm{T}}\boldsymbol{x}_0 + b) = 1$。因此,对线性可分的数据集,对上述约束与求解目标稍作放缩与调整,为了寻找最优的、能够完美切分数据集中两个类别数据的平面方程,求解高次平面方程的问题可化为一个求解二次规划的问题,即

$$\min \frac{1}{2}\boldsymbol{w}^{\mathrm{T}}\boldsymbol{w}$$

$$\text{s.t.}\ \boldsymbol{y}_i(\boldsymbol{w}^{\mathrm{T}}\boldsymbol{x}_i + b) \geqslant 1 \tag{3-4}$$

该二次规划不仅能够寻找间隔最大的超平面,目标函数还可以在一定程度上解决过拟合的问题。

在使用数据集的过程中,常采用的方法是将数据集投影到更高维度的空间以充分利用数据集。

采用拉格朗日乘数法解决该二次规划问题,引入拉格朗日乘子 $\alpha_i(\alpha_i \geqslant 0)$,在总训练样本数为 k 的条件下,得到如下拉格朗日方程式:

$$L(\boldsymbol{w},\ \alpha,\ b) = \frac{1}{2}\boldsymbol{w}^{\mathrm{T}}\boldsymbol{w} - \sum_{i=1}^{K}\alpha_i[\boldsymbol{y}_i(\boldsymbol{w}^{\mathrm{T}}\boldsymbol{x}_i + b) - 1] \tag{3-5}$$

对式(3-5)求出最优的 $\{\boldsymbol{w},\ \alpha,\ b\}$ 组合,使得式(3-5)的值最小化,通过对 $\boldsymbol{w}$, b 求偏导得到各变量之间的关系:

$$\frac{\partial L}{\partial b} = 0,\ \frac{\partial L}{\partial \boldsymbol{w}} = 0 \tag{3-6}$$

$$\sum_{i=1}^{K}\boldsymbol{y}_i\alpha_i = 0 \tag{3-7}$$

对于原始的二次规划问题,可以通过将原问题转化为其对偶形式,减少计算的复杂度。将原数据集投影到高维空间时,将原问题化为对偶形式可能是求解问题的唯一方式。因此,利用拉格朗日乘数法的推导,将原二次规划问题化为了如下的对偶形式:

$$\max \frac{1}{2}\sum_{i=1}^{K}\sum_{j=1}^{K}\alpha_i\alpha_j\boldsymbol{y}_i\boldsymbol{y}_j\boldsymbol{x}_i^{\mathrm{T}}\boldsymbol{x}_j - \sum_{i=1}^{K}\alpha_i \tag{3-8}$$

$$\text{s.t.}\ \sum_{i=1}^{K}\boldsymbol{y}_i\alpha_i = 0$$

$$\alpha_i \geqslant 0$$

这也是一个二次函数寻优的问题,存在如下唯一解:

$$w^* = \sum_{i=1}^{n} \alpha_i^* \boldsymbol{y}_i \boldsymbol{x}_i \tag{3-9}$$

求解问题后,最终的分类函数为

$$f(\boldsymbol{x}) = \operatorname{sign}\left(\sum_{i=1}^{n} \alpha_i^* \boldsymbol{y}_i \boldsymbol{x}_i^{\mathrm{T}} \boldsymbol{x} + b\right) \tag{3-10}$$

由于在目标函数中存在 $\boldsymbol{x}_i^{\mathrm{T}} \boldsymbol{x}_j$ 项,在 $\boldsymbol{x}$ 项通过 $\boldsymbol{z} = \boldsymbol{\varphi}(\boldsymbol{x})$ 投影到高维空间时,求解对偶二次规划计算依旧十分复杂,此时,通过核函数的形式可消除投影到高维空间带来的计算复杂问题。

3.3.2　核函数

对于原始数据而言,能够直接寻找到的线性分类器函数的情况非常有限;对于非线性可分的数据样本而言,有时无法找到适合该组训练数据集的线性分类器函数。在这种情况下,可以使用核函数建立分类器函数模型,使新模型同时具有线性模型的特征和非线性决策函数的特征。在支持向量机中引入核函数的方法为对输入变量 $\boldsymbol{x}$ 进行非线性变换 $\boldsymbol{z} = \boldsymbol{\varphi}(\boldsymbol{x})$,把原 $\boldsymbol{x}$ 空间内的非线性问题转为新的 $\boldsymbol{z}$ 空间内线性问题,通常 $\boldsymbol{z}$ 空间具有比原始输入空间高得多的维度。利用核函数技巧,对变换数据 $[\boldsymbol{\varphi}(\boldsymbol{x}), \boldsymbol{y}]$ 进行相同的线性算法。在使用对偶形式求解高次平面方程的算法中,数据以点积的形式出现:$\boldsymbol{x}_i^{\mathrm{T}} \boldsymbol{x}_j$。现在,该求解算法依赖于新的 $\boldsymbol{z}$ 空间中的点积的数据,即关于形式 $\boldsymbol{\varphi}(\boldsymbol{x}_i)^{\mathrm{T}} \boldsymbol{\varphi}(\boldsymbol{x}_j)$ 的函数。如果存在使得 $K(\boldsymbol{x}_i, \boldsymbol{x}_j) = \boldsymbol{\varphi}(\boldsymbol{x}_i)^{\mathrm{T}} \boldsymbol{\varphi}(\boldsymbol{x}_j)$ 的核函数 K,那么我们只需要在求解最优高次平面方程算法中使用 K,并且永远不需要明确 $\boldsymbol{\varphi}$ 是什么。当向量 $\boldsymbol{x}$ 通过 $\boldsymbol{z} = \boldsymbol{\varphi}(x)$ 投影到高维空间时,若 $\boldsymbol{z}$ 是一个 n 维向量,计算 $\boldsymbol{z}_i^{\mathrm{T}} \boldsymbol{z}_j$ 的复杂度为 $O(n)$,随着 n 的增加,求解问题的复杂度也在不断上升;若将 $\boldsymbol{x}$ 投影到无穷维空间时,$\boldsymbol{z}_i^{\mathrm{T}} \boldsymbol{z}_j$ 甚至无法计算,最优超平面也因此无法计算。解决因投影到高维空间带来的复杂度问题的一个方法是使用核函数,这种方法可使计算在向量 $\boldsymbol{x}$ 之间进行。

常见的核函数有三种,分别为线性核函数、多元核函数以及高斯核函数(RBF)。其中,多元核函数的形式为

$$\boldsymbol{z}_i^{\mathrm{T}} \boldsymbol{z}_j = K(\boldsymbol{x}_i, \boldsymbol{x}_j) = (\varepsilon + \gamma \boldsymbol{x}_i^{\mathrm{T}} \boldsymbol{x}_j)^Q \tag{3-11}$$

多元核函数对应的支持向量机为一个 Q 次多项式分类器,ε 和 γ 均为超参数,ε 可看作平移因子;γ 可看作缩放因子。而高斯核函数的形式为

$$\boldsymbol{z}_i^{\mathrm{T}} \boldsymbol{z}_j = K(\boldsymbol{x}_i, \boldsymbol{x}_j) = \exp(-\gamma \| \boldsymbol{x}_i - \boldsymbol{x}_j \|^2) \tag{3-12}$$

将式(3-12)代入式(3-10)中,可得到高斯核函数对应的支持向量机为无穷维空间上的分类器:

$$f(x) = \operatorname{sign}\left(\sum_{i=1}^{n} \alpha_i^* \boldsymbol{y}_i \exp(-\gamma \| \boldsymbol{x} - \boldsymbol{x}_j \|^2) + b\right) \tag{3-13}$$

此处采用高斯核函数的方法,将数据集投影至无穷维空间的同时,不增加计算量,降低了求解问题占用的资源。

但在使用核函数的过程中,一些参数需要人为选择,选取不合适的参数会造成过拟合或

欠拟合的问题,可通过使用智能搜索算法中的软间隔支持向量机方式解决这一类问题。

3.3.3 软间隔支持向量机

上述方法的前提条件是数据集中的全部训练样本均被正确分类,在该条件下寻找最大间隔超平面。然而,在实际模型训练中常会遇到一些噪声数据,导致没有能够将两类不同的训练样本完全分开的分类面,无法满足将全部训练样本正确分类的前提条件。

为了解决这个问题,研究者采用软间隔支持向量机。该方式引入一个非负的松弛变量ξ,加入原二次规划的约束中,使得部分样本可以跨越分类超平面与原支持向量构建的最大间隔。

为了对绝大部分数据样本进行正确分类,避免因为松弛变量的产生而造成大量错分类的情况,在目标函数中加入对每个松弛变量ξ的惩罚项C,C为对错分类样本的惩罚程度,通过合理控制C的大小,在求解问题复杂度与训练集中的错分类样本数量间进行平衡。新的二次规划模型如下:

$$\min \frac{1}{2}\boldsymbol{w}^{\mathrm{T}}\boldsymbol{w} + C\sum_{i=1}^{K}\xi_i \tag{3-14}$$

$$\text{s.t. } \boldsymbol{y}_i(\boldsymbol{w}^{\mathrm{T}}\boldsymbol{x}_i + b) \geqslant 1 - \xi_i$$

式中K代表数据点个数。当$0 < \xi < 1$时,该数据样本被正确分类,但是进入了超平面两侧的最大间隔;当$\xi > 1$时,该数据样本越过了平面方程的分界线和最大间隔被错误分类。

与非软间隔不容错的SVM类似,将以上数学模型化为对偶形式,求解时可使用核函数增加求解效率:

$$\max \frac{1}{2}\sum_{i=1}^{K}\sum_{j=1}^{K}\alpha_i\alpha_j\boldsymbol{y}_i\boldsymbol{y}_j\boldsymbol{x}_i^{\mathrm{T}}\boldsymbol{x}_j - \sum_{i=1}^{K}\alpha_i \tag{3-15}$$

$$\text{s.t. } \sum_{i=1}^{K}\boldsymbol{y}_i\alpha_i = 0$$

$$0 \leqslant \alpha_i \leqslant C$$

3.4 神经网络

3.4.1 反向传播神经网络

反向传播(back propagation,BP)神经网络算法由于其强大的非线性仿真能力被广泛应用,且其反向增长速度最快。然而,BP神经网络很容易陷入局部极小值的问题,因此无法找到全局最优值,这限制了它在许多领域的应用。以税收创新教学评估为例,有研究者提出了一种基于改进BP神经网络算法的评估算法。首先,通过分析创新教学需求的具体特点,设计了税收专业创新教学评估指标体系;其次,为了克服原BP神经网络算法收敛速度慢的缺点,将BP算法与蚁群算法相结合,改进BP算法,最终改进了算法的搜索方法。

近年来,BP 神经网络在各个学科中得到了广泛的应用,但其收敛速度慢,易陷入局部极小值的缺点容易限制算法的使用。运用 Levenberg-Marquardt 优化算法可以对 BP 神经网络算法的工作原理进行改进,可通过重新设计计算流程克服其存在的不足。

1) BP 神经网络结构

在 BP 神经网络迭代过程中,数据通过输入层输入,然后通过隐含层后逐层向后传播。当训练权重矩阵时,主要向着误差减小的目标调整。从输出层输出后,网络的权重矩阵通过中间层向前调整,随着学习次数的增加,目标误差会越来越小。

简单来说,就是已知一系列的输入向量,输入向量可能会有许多维度,而每一维度就是输出层的一个节点。这些数据以向量形式输入,并通过权重矩阵的处理到达隐含层,然后隐含层的向量再通过权重矩阵与激活函数传至输出节点。

2) BP 神经网络学习模型

BP 神经网络数学模型如下:

$$\boldsymbol{x}(k) = f\big[\boldsymbol{w}^{I1}\boldsymbol{u}(k-1)\big] \tag{3-16}$$

$$\boldsymbol{y}(k) = \boldsymbol{w}^{I2}\boldsymbol{x}(k) \tag{3-17}$$

式中,$\boldsymbol{w}^{I1}$ 与 $\boldsymbol{w}^{I2}$ 分别为馈入隐藏层和输出层的权重矩阵;$f(x)$ 为激活函数,通常取 Sigmoid 函数,即

$$f(x) = \frac{1}{1 + \mathrm{e}^{-x}} \tag{3-18}$$

误差函数为

$$E(k) = \frac{1}{2}\big[\boldsymbol{y}_d(k) - \boldsymbol{y}(k)\big]^{\mathrm{T}}\big[\boldsymbol{y}_d(k) - \boldsymbol{y}(k)\big] \tag{3-19}$$

3) BP 神经网络算法学习过程

为得出 BP 神经网络权重矩阵的迭代过程,将 $E(k)$ 对 $\boldsymbol{w}^{I1}$,$\boldsymbol{w}^{I2}$ 分别求偏导,有

$$\Delta\boldsymbol{w}_{ij}^{I2} = \eta_2\delta_i^0 x_j(k) \qquad i=1,2,\cdots,m \qquad j=1,2,\cdots,n \tag{3-20}$$

$$\Delta\boldsymbol{w}_{jq}^{I1} = \eta_1\delta_j^h u_q(k-1) \qquad j=1,2,\cdots,n \qquad q=1,2,\cdots,r \tag{3-21}$$

式中,η_1、η_2 分别是权重矩阵 $\boldsymbol{w}^{I1}$、$\boldsymbol{w}^{I2}$ 在网络迭代中的学习步长参数。其中

$$\delta_i^0 = y_{d,i}(k) - y_i(k) \tag{3-22}$$

$$\delta_j^h = \sum_{i=1}^m (\delta_i^0\boldsymbol{w}_{ij}^{I3}) f_j'\big[x_j(k)\big] \tag{3-23}$$

4) BP 神经网络的缺陷

(1) BP 神经网络在训练过程中很容易无法跳出局部循环。在这种情况下,可以选择改变初始输入值,通过多次运行与调整,最终达到全局最优点,同样也可以通过改变算法的结构,加入动量项或其他方法,使得存在一定概率让权重矩阵跳出局部最优。

(2) 由于结构比较简单,BP 神经网络训练速率低,收敛速度也慢。

（3）当新数据进入 BP 神经网络时，没有对之前状态样本的记忆。

（4）初始权重敏感性。最开始的训练会给出一个较小的随机权重即权重矩阵，但由于矩阵是随机的，所以 BP 神经网络存在不可重现性。

（5）样本依赖性。网络模型的逼近与学习样本之间有很大的关系，算法的最终结果也会受样本影响。

3.4.2 Elman 神经网络

在应用上，与 BP 神经网络相比，Elman 神经网络有更好的反馈处理效果，而这主要是其改变的结构造成的。Elman 神经网络在 BP 神经网络的基础上增加了一层反馈，当第一组样本数据进入时，并不会产生反馈，但此时隐含层会将输入数据储存在隐含层与输入层之间的权重矩阵里；当第二组与之后的输入数据输入时，隐含层的输入会增加前一组输入数据的反馈，这样 Elman 神经网络会考虑到时间的变化，这也是 Elman 神经网络整体性的一种体现。

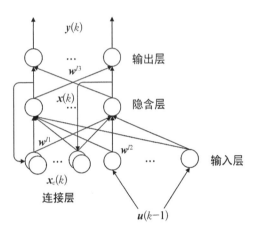

图 3-5 Elman 神经网络结构

1）Elman 神经网络结构

Elman 神经网络在 BP 神经网络的基础上增加了连接层，连接层的输出会作为隐含层的输入，而连接层的输入是隐含层的输出，如图 3-5 所示。因此，Elman 神经网络可以对具有历史状态的数据进行动态分析。除此之外，Elman 神经网络还保留着 BP 神经网络的基本功能，具有以确定精度逼近任意非线性映射的能力。一旦输入和输出数据确定，模型也就可以确定了。

2）Elman 神经网络学习模型

Elman 神经网络在 BP 神经网络的基础上增加了隐含层数据对下次输入产生动态影响的功能，在处理叶片的动态数据上会更加具有优势，且会充分利用数据之间的相关性与依赖性。

基于图 3-6 所示的神经网络计算流程，Elman 神经网络的数学模型为

$$\boldsymbol{x}(k) = f\left[\boldsymbol{w}^{I1}\boldsymbol{x}_c(k) + \boldsymbol{w}^{I2}\boldsymbol{u}(k-1)\right] \quad (3-24)$$

$$\boldsymbol{x}_c(k) = \alpha\boldsymbol{x}_c(k-1) + \boldsymbol{x}(k-1) \quad (3-25)$$

$$\boldsymbol{y}(k) = \boldsymbol{w}^{I3}\boldsymbol{x}(k) \quad (3-26)$$

其中，$f(x)$ 通常为 Sigmoid 函数，即式（3-18）。α 为反馈增益因子，其取值范围为(0, 1)。

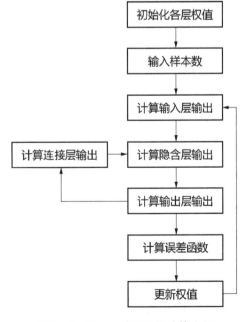

图 3-6 Elman 神经网络计算流程

当 $\alpha = 0$ 时,该神经网络为普通 Elman 神经网络;当 $\alpha \neq 0$ 时,该神经网络在迭代过程中会考虑历史数据的时间序列性,与 BP 神经网络相同,可得误差函数为式(3-19)。

3) Elman 神经网络算法学习过程

Elman 神经网络采用优化的梯度下降算法,这种算法既可以有效降低 Elman 神经网络在训练过程中陷入局部最小值的可能性,又可以提高 Elman 神经网络的训练速率。

根据梯度下降法,将 $E(k)$ 对连接权 $\boldsymbol{w}^{I1}$、$\boldsymbol{w}^{I2}$、$\boldsymbol{w}^{I3}$ 求偏导,并置 0。Elman 神经网络中 $\Delta \boldsymbol{w}_{ij}^{I3}$、$\Delta \boldsymbol{w}_{jq}^{I2}$ 和 $\boldsymbol{w}_{jl}^{I1}$ 的迭代算法与 BP 神经网络类似,有

$$\Delta \boldsymbol{w}_{ij}^{I3} = \eta_3 \boldsymbol{\delta}_i^0 \boldsymbol{x}_j(k) \quad i=1,2,\cdots,m \qquad j=1,2,\cdots,n \qquad (3-27)$$

$$\Delta \boldsymbol{w}_{jq}^{I2} = \eta_2 \boldsymbol{\delta}_j^h \boldsymbol{u}_q(k-1) \quad j=1,2,\cdots,n \qquad q=1,2,\cdots,r \qquad (3-28)$$

$$\Delta \boldsymbol{w}_{jl}^{I1} = \eta_1 \sum_{i=1}^{m} (\boldsymbol{\delta}_i^0 \boldsymbol{w}_{ij}^{I3}) \frac{\partial \boldsymbol{x}_j(k)}{\partial \boldsymbol{w}_{jl}^{I1}} \quad j=1,2,\cdots,n \qquad l=1,2,\cdots,n \qquad (3-29)$$

式中,η_1、η_2、η_3 分别是 $\boldsymbol{w}^{I1}$、$\boldsymbol{w}^{I2}$、$\boldsymbol{w}^{I3}$ 在神经网络迭代过程中的学习步长参数;$\boldsymbol{\delta}_i^0$、$\boldsymbol{\delta}_j^h$ 的运算与式(3-22)和式(3-23)类似,有

$$\boldsymbol{\delta}_i^0 = \boldsymbol{y}_{d,i}(k) - \boldsymbol{y}_i(k) \qquad (3-30)$$

$$\boldsymbol{\delta}_j^h = \sum_{i=1}^{m} (\boldsymbol{\delta}_i^0 \boldsymbol{w}_{ij}^{I3}) f_j'(\cdot) \qquad (3-31)$$

3.4.3 OHF Elman 神经网络

优化 Elman 神经网络、提高 Elman 神经网络的预测效率与精准度主要可以通过以下两种途径。第 1 种是对输入数据进行优化,可以通过融合其他方法进行处理。例如,通过对输出信号建立故障树模型,进而通过粗糙集筛选提取的故障信号。第 2 种是对算法模型进行优化,包括对于模型结构的改进以及模型训练与学习算法的改进。

由于神经网络各层神经元的反馈对整个网络信号处理效果都会产生影响,因此,为了提高神经网络预测的精确度,选择在标准 Elman 神经网络模型的第二层增加输出节点的反馈,即连接层 2,与隐含层共同作为输出层的输入。增加输出一层隐含层反馈机制的 Elman 神经网络称为 OHF(output-hidden feedback) Elman 神经网络。

1) OHF Elman 神经网络结构

OHF Elman 神经网络在传统的 BP 神经网络的基础上增加了两个连接层,可以有效地保证数据的反馈性,具体网络结构如图 3-7 所示。

2) OHF Elman 神经网络学习模型

OHF Elman 神经网络的进一步改进主要是通过对 Elman 神经网络结构的思考,在 Elman 神经网络的基础上又增加了反馈,即输出层与隐含层之间的连接层,扩大了神经网络对于处理动态数据的优势。

基于图 3-8 所示的神经网络计算流程,OHF Elman 神经网络的数学模型如下:

$$\boldsymbol{x}(k) = f[\boldsymbol{w}^{I1} \boldsymbol{x}_c(k) + \boldsymbol{w}^{I2} \boldsymbol{u}(k-1)] \qquad (3-32)$$

$$\boldsymbol{x}_c(k) = \alpha \boldsymbol{x}_c(k-1) + \boldsymbol{x}(k-1) \qquad (3-33)$$

$$\boldsymbol{y}_c(k) = \gamma \boldsymbol{y}_c(k-1) + \boldsymbol{y}(k-1) \tag{3-34}$$

$$\boldsymbol{y}(k) = g\left[\boldsymbol{w}^{I3}\boldsymbol{x}(k) + \boldsymbol{w}^{I4}\boldsymbol{y}_c(k)\right] \tag{3-35}$$

其中，$f(x)$ 通常为 Sigmoid 函数，即式(3-18)，α 与 γ 均为反馈增益因子，它们的取值范围为$(0, 1)$。

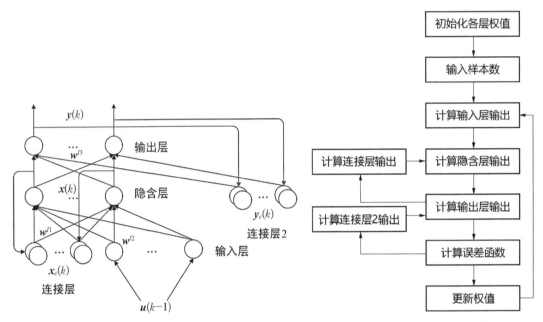

图 3-7　OHF Elman 神经网络结构　　　　图 3-8　OHF Elman 神经网络计算流程

3.4.4　自组织映射神经网络

1）自组织映射神经网络简介

竞争学习基于一定的学习规则和有效的迭代算法进行特征提取，具有较强的分类与聚类能力。根据以上的一些机制，结合一些函数，如墨西哥草帽函数的权值传递规律，芬兰学者 Kohonen 构建了具有确定侧反馈的网络结构，也根据这一特征，Kohonen 提出了自组织特征映射，用来模拟大脑的分类过程。一个典型的自组织映射(self-organizing map, SOM)神经网络分为两层，输入层(input layer)负责输入，模拟各种触感、视觉等；输出层(output layer)负责模拟大脑的学习、分类过程。典型的 SOM 神经网络有一维线阵和二维平面阵列两种形式。其学习方式由竞争学习和自稳定学习两部分构成。

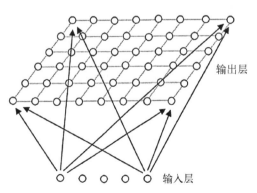

图 3-9　竞争学习网络结构

2）竞争学习机制

竞争学习网络是一个二层结构，如图 3-9

所示。假设输入层有 N 个神经元,输出层有 M 个神经元,输入层对输入向量 $\boldsymbol{x}_i = [x_{i1}, x_{i2}, \cdots, x_{ip}]$ 进行归一化处理后得到归一化向量 $\boldsymbol{s}_i = [s_{i1}, s_{i2}, \cdots, s_{ip}]$,其中 $|\boldsymbol{s}_i| = 1$。

输出层的输入向量为 $\boldsymbol{T}$,$\boldsymbol{T} = [t_1, t_2, \cdots, t_{M-1}]$,$t_i = \sum_{j=1}^{N} w_{ij} s_j$,$i = 1, \cdots, M$。网络的输出向量为

$$\boldsymbol{Y} = [y_1, y_2, \cdots, y_M] \in \{0, 1\}^M \tag{3-36}$$

竞争学习的意义是指,假如

$$t_I = \max_i \{t_i\} \tag{3-37}$$

那么

$$y_i = \begin{cases} 1, & i = I \\ 0, & i \neq I \end{cases} \tag{3-38}$$

式中,第 I 号神经元为竞争胜利的神经元,即所谓的赢者通吃。而学习规则采用

$$\Delta \boldsymbol{w}^t = a^t \boldsymbol{s}_j^k y_j^k - \beta y_j^k \boldsymbol{w}^{t-1} \tag{3-39}$$

式中,β 为学习率系数。在引入的竞争规则的作用下变为

$$\begin{cases} \Delta \boldsymbol{w}^t = a^t \boldsymbol{s}_j^k y_j^k - \beta y_j^k \boldsymbol{w}^{t-1}, & i = I \\ \Delta \boldsymbol{w}^t = 0, & i \neq I \end{cases} \tag{3-40}$$

即只对竞争胜利的神经元进行权重矢量的调整。式(3-40)的物理意义为,假如权重与输入向量的每一个分量距离很大,则进行较大的调整;假如权重与输入向量的每一个分量距离比较小,则进行较小的调整。竞争学习的机制会使得某一类具有相同性质的权重向量神经元与一个权重向量越来越相似,并且使得该向量的净输入最大,即

$$t_J \rightarrow \max_i \{t_i\} \tag{3-41}$$

从而具有一定的分类功能。竞争学习有许多类似的别称,如聚类(cluster)、编码(coding)、分类(classification)等,它们从不同的角度描述了这一类研究。需要注意的是,使用该类网络需要有以下 4 个条件。

(1) 输入的训练数据应该具有较明显的分类特征。

(2) 同一类别的数据特征在空间上比较集中。

(3) 不同类别的数据在一定构造空间上的距离较大。

(4) 类别的数目要小于可以分类使用的神经元的数量。

3) 权值调整邻域

SOM 神经网络在竞争学习过程中找到获胜神经元后,由于其对邻域神经元存在影响,因此需要对周围神经元的权值进行调整。其影响一般是模仿生物学上的神经元,由近及远,由兴奋逐渐变为抑制。目前主流的模拟这类影响的函数有以下 3 种。

(1) 墨西哥草帽函数。如图 3-10(a)所示,竞争获胜的节点即距离为 0 的节点有最大的权值调整量,距离较近的节点有较大的权值调整量,但是随着距离的增加,权值调整函数

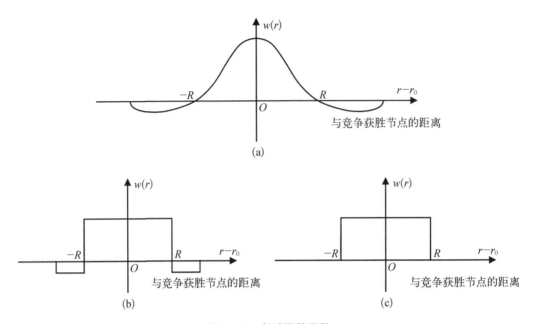

图 3 - 10　邻域调整函数

(a) 墨西哥草帽函数；(b) 大礼帽函数；(c) 厨师帽函数

逐渐减小。当距离为 R 时，权值调整函数为零；当距离再增加时，神经元进入抑制状态，权值调整函数变为负值；随着距离的继续增加，权值调整函数最后变为 0。

(2) 大礼帽函数。图 3 - 10(b) 所示是墨西哥草帽函数的简化版本。所有兴奋的神经元都具有相同的权值调整函数，所有抑制的神经元也具有相同的权值调整函数。

(3) 厨师帽函数。如图 3 - 10(c) 所示，该函数简化了抑制神经元的部分，只保留了兴奋神经元的权值调整函数。

在获胜神经元的半径 R 范围内属于优胜邻域，优胜邻域在神经网络训练初期可以取的范围很大，但是随着训练迭代次数的增加，应该逐渐缩小，最终为 0。其缩减函数可以是一个随迭代次数增加而线性增加的函数，当然也可以选择其他描述函数。

4) 网络设计细节及迭代过程

(1) 输出层设计。输出层神经元数量的设计与需要分类识别的样本种类和其拓扑结构相关。但是在实际操作过程中，我们往往不能确定需要区别的样本的实际类别数目。假如输出层神经元的数量过多，则容易出现大量死节点的情况，同时会出现分类过细，对同一类别的数据分为两类甚至更多类，不能达到想要的效果；但是如果神经元数量过少，则不能对类别进行有效的分类，会将两种甚至更多的类别归为一类，这也是我们需要避免的情况。

而在实际操作过程中，如果对实际类别没有大概的了解，最好多设计一些神经元进行训练，这样能够保留一定的数据样本内拓扑结构，当出现大量的死节点时，再调整神经元数量。

(2) 权值初始化。权值初始化的原则是尽量使初始化的权值可以与样本分类区域能够大致吻合，同时不要出现大量的死节点，但这是十分困难的。目前常用的初始化方案有 3 种。第 1 种便是随机初始值，通过生成一系列的归一化常量来初始化网络，通过后期的学习逐步形成有用的网络，这样的方法最常见，其初始化方便，但是有时候训练时间十分长。第 2

种方案是从训练集中抽取一些向量来初始化网络,这样的样本初始化方法可以极大地缩短训练的时间。第 3 种方案则是逐步初始化,先在网络中心点初始化,再随着距离的增加,逐渐叠加一些较小的随机数初始化其他节点,这样的初始化方法使得网络在一开始就具有一定的拓扑结构,但这些拓扑结构不一定是想要的。

(3)优胜邻域和学习率设计。优胜邻域的设计原则是优胜邻域随着迭代次数的增加逐渐缩小,最后到 0。优胜邻域的设计范围多种多样,可以是有限的四边形、六边形等,也可以通过墨西哥草帽函数等函数表示。优胜邻域的衰减函数目前也没有统一的设计规则。常用的衰减函数有线性衰减函数和指数衰减函数。

$$r(t)=C\left(1-\frac{t}{T}\right) \tag{3-42}$$

$$r(t)=Ce^{-Bt/T} \tag{3-43}$$

学习率的设计和优胜邻域的设计相似,学习率也需要随着迭代次数的增加逐渐缩小,最后到 0。因此可以采用与优胜邻域相似的函数进行设计。

(4)Kohonen 学习算法。传统 SOM 神经网络的学习迭代过程采用 Kohonen 学习算法,网络的迭代过程如下:

初始化网络结构、优胜邻域和学习率等。权值初始化并检查归一化状态。

对输入的数据训练集进行归一化处理。

竞争学习,计算获胜神经元。在一般的欧氏距离下,距离最近的神经元,其内积值也是最大的。

计算优胜邻域,一般初始化的时候优胜邻域 $r(0)$ 较大,随着迭代次数的增加,$r(t)$ 逐渐缩小。

(5)调整权值,对邻域内的激活神经元进行权值的调整,有

$$w^{t+1}=w^t+\eta^t r(t)(x-w^t) \tag{3-44}$$

(6)迭代结束,检查网络拓扑结构是否符合要求以及学习率是否缩减到 0。

3.5 贝叶斯网络

3.5.1 贝叶斯网络的简介

贝叶斯网络属于概率图模型,它由两种元素组成,一种元素是节点,代表随机变量;一种是箭头,用以联系两个节点。网络中蕴含着众多的先验分布和条件概率分布。通常来看,贝叶斯网络结构图中有多个节点,这些节点有相应的含义,每个节点都代表一个随机变量。有的节点与节点之间会通过箭头联系,这表示这两个随机变量是有因果关系的,没有因果关系的意思就是一个变量的取值不会影响另外一个变量的取值;没有箭头的时候就称这两个随机变量互相独立。如果一个节点通过箭头指到了另一个节点,那么箭头出发的节点是"因",另一个是"果",两节点间就会蕴含一组条件分布概率,结构图必须满足"不成环"的要求,图 3-11 为贝叶斯网络的示意图。

可以用一个例子来很好地阐述贝叶斯网络。医生可以使用贝叶斯网络辅助进行医疗诊断,医生需要判断当前这名患有肺部疾病的患者到底患了哪种病,是肺癌、肺结核还是支气管炎。首先,这三种疾病各自代表一个节点,近期有没有出国旅游也作为一个节点变量,且这个节点变量对是否患有肺结核有直接的影响;是否抽烟也是一个节点变量,是否抽烟直接影响着患肺癌和支气管炎的概率;此外,病人的 X 射线检查结果也是一个节点变量,肺结核和肺癌会导致 X 射线检查结果出现异常;是否咳嗽也是一个节点变量,三种疾病都会导致咳嗽,但不同点在于不同疾病导致咳嗽的概率不一样。如果建立好了这样一个贝叶斯网络结构,并且通过历史信息得到了其中蕴含的各种条件概率和先验概率,当医生询问完患者是否出国旅游、是否抽烟、是否咳嗽以及得到了他的肺部 X 射线检查结果后,可以利用该网络来推断患者患三种疾病的概率,概率最大的那种疾病即为该患者最有可能患的病。

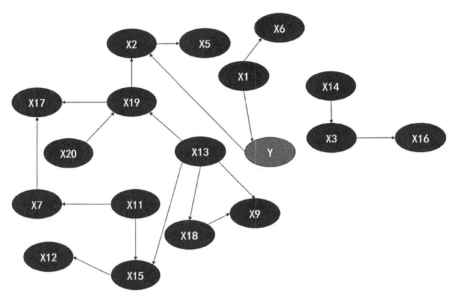

图 3 - 11   贝叶斯网络示意图

3.5.2   贝叶斯网络的结构建立

贝叶斯网络的结构非常重要,它直接决定了变量与变量之间的因果关系,如果没有正确的、符合逻辑的因果关系,也就无法得到准确的推断,因为推断的过程就是知道结果后去推测原因,网络没有因果逻辑支撑,自然无法保证推断准确率。具体来讲,常见的因果逻辑错误包括忽略了存在的因果逻辑以及错误添加了本不存在的因果逻辑,前者会因为信息不足而导致推断失准,后者会因为无关噪声的存在使真实的结果淹没。因此,建立贝叶斯网络结构是非常重要的一步。通常来讲,有 3 种建立结构的方式:① 直接根据因果关系来建立,这适用于一些简单、因果关系十分明确的网络,这种方法容易出错且不适用于高复杂度的网络;② 根据历史经验和专家知识来建立,这种方法要求查阅相关的文献,咨询领域内的专家,这种方法与第 1 种方法比较类似,但准确程度有所提高,对于复杂的网络也能适用;③ 基于数据和算法,通过结构学习的方法来建立,这种方法是最客观的,因为它有明确的评分指标来表征结构的优劣,这种方法的劣势在于需要足够的数据,此外,在面对大型网络时,给出的结果可能是局部最优解而非全局最优。贝叶斯网络结构学习包括两个步骤:第 1 步是选择评分标准,评分是指某一网络结构在当前数据基础上的优劣程度,选择评分标准旨在为各种结构提供一个统一的评价优劣的标准;第 2 步是模型优化,是基于网络结构评分标准来找出评分最优或者近优的网络结构,有众多的算法可以应用。

1) 评分标准选择

评分标准是用于评判不同网络结构优劣的标准,在给定一组数据的条件下,贝叶斯网络结构的好坏可以用评分函数来衡量,评分函数有很多种,可以根据实际情况选择合适的评分函数。

最优参数对数似然函数是一个基于似然函数的评分标准,虽然这种标准很易于理解,但它存在很大的缺陷,即无论原生模型如何,它都会得到一个完全(完全是指任何两个节点之间都有一条边)的有向无环图,如果原生模型结构稀疏,那么变量之间很多条件独立的关系不能被揭示;Cooper-Herskovits 评分函数(Cooper-Herskovits score, CH)在假设结构先验分布时选用了均匀分布,应用该评分时首先要找到参数先验分布中的超参数,一般来说这是非常困难的;贝叶斯信息准则(Bayesian information criterion, BIC)适用于数据量充足的情况,它是对边缘似然函数的近似,它的意义明了易懂,使用方法简单,是应用过程中较常见的评分函数;另外还存在其他的评分标准,比如最短描述长度、赤池信息量准则(Akaike information criterion,AIC)、验证数据似然度等。

2) 模型优化

模型优化是基于评分函数找出评分最优或近优的模型,有非常多的算法可以使用,包括求精确解和近似解的算法,常见的方法有如下 4 种:

(1) 穷举法:将所有可能的网络结构一一罗列出来,对各个结构进行评分,找出评分最高的结构。当网络节点较少时,穷举法是可行的,但网络结构的数量随着节点数目的增加呈指数增长,要完全列举出所有的网络结构是不现实的,虽然它能保证找到最优网络结构,但对于节点过多的网络,穷举法是不适用的。

(2) K2 算法:这是一种启发式算法,能够求出近似解,它的要求和限制比较多。K2 算法需要一个正整数 u 和一个节点排序 p,根据节点排序 p 一个一个地考虑变量,最先考虑排在前面的变量,找出其所有的父节点。如果当前节点 X_j 的父节点数目小于正整数 u,则考虑继续为它添加一个父节点;如果父节点数目大于正函数 u,则不需要继续添加父节点并考虑 X_j 之后的变量。添加父节点优先考虑在变量排序 p 中位于 X_j 之前的变量,如果有 n 个节点可以作为 X_j 的父节点,则得到 n 个备选网络,找出这 n 个备选网络中评分最高的,然后将其与当前网络评分比较。如果网络评分高于当前的结构,则保留,X_j 增加了一个父节点;然后判断是否需要继续为 X_j 添加父节点,判断的标准是 X_j 的父节点数是否超过了正整数 u,如果不需要继续添加父节点则开始考虑 X_j 之后的变量;如果网络评分不高于当前的结构,则仍保持当前网络结构下 X_j 的父节点不变。

(3) 爬山法:用搜索算子对当前模型进行部分修改,例如添加或者减少一条节点与节点之间的联系,或者改变边的指向,然后对得到的新结构打分,对比当前结构与修改后的最优结构。如果最优候选结构的评分高,那么它将作为新的结构,然后在此结构上继续搜索,否则停止搜索。

（4）其他启发式算法：例如蚁群算法、禁忌搜索（tabu search）、遗传算法（genetic algorithm，GA）。

3.5.3　贝叶斯网络的参数学习

对于一些简单的贝叶斯网络而言，它的参数可以人为给定，而对于较大型的贝叶斯网络而言，如果要保证网络具有足够的准确性，要确定它的参数则需要进行参数学习。在进行参数学习时，首先需要收集数据集 D，它包含很多样本，一个样本记录了网络中所有节点的取值，根据这些数据，确定网络中节点之间的条件概率 θ。学习的方法分为两种：一种称作最大似然估计；另外一种是贝叶斯估计，贝叶斯估计考虑到了先验分布。

1）最大似然估计

给定结构后，对于确切的条件概率参数 θ，数据 D 发生的概率 $P(D \mid \theta)$ 称为 θ 的似然度 $L(\theta \mid D)$，即 $L(\theta \mid D) = P(D \mid \theta)$。估计 θ 的最优值，就是要使条件概率最大，也就是说，使 $L(\theta \mid D)$ 取最大值的 θ^* 就是参数 θ 的最大似然估计。

$$\theta^* = \arg \sup_\theta L(\theta \mid D) \tag{3-45}$$

$$\theta_{ijk}^* = \frac{m_{ijk}}{\sum_{k=1}^{r_i} m_{ijk}}$$

$$\text{若} \sum_{k=1}^{r_i} m_{ijk} > 0$$

$$\theta_{ijk}^* = \frac{1}{r_i} \tag{3-46}$$

$$\text{若否}$$

$$\theta_{ijk} = P(X_i = k \mid \pi(X_i) = j) \tag{3-47}$$

式中，n 是随机变量的数量；r_i 为变量 X_i 值的个数，即 X_i 可取 $1, 2, \cdots, r_i$；m_{ijk} 为数据 D 中符合 $X_i = k$ 且 $\pi(X_i) = j$ 的个例数量。这种方法有着相应的缺陷，下面介绍另一种方法。

2）贝叶斯估计

贝叶斯估计使用了先验分布，计算的方式如下：

$$\theta_{ijk}^* = \frac{\alpha_{ijk} + m_{ijk}}{\sum_{k=1}^{r_i} (\alpha_{ijk} + m_{ijk})} \tag{3-48}$$

式中，α_{ijk} 是先验 $P(\theta_{ij.})$ 中的超参数，一般是已知的；$\theta_{ij.}$ 表示所有分布 $P(X_i \mid \pi(X_i) = j)$ 中的参数。

3.5.4　贝叶斯网络的求解方法

贝叶斯网络的推理方法又称为求解方法，是指在网络结构和网络参数确定的条件下，已知一部分节点变量的取值，去推断其他未知节点的条件概率分布。求解方法主要包含两种。一种是精确推理的方法，例如变量消元法以及枚举推理法。然而，当网络节点较多、节点间联系较多时，网络变得非常复杂，要解出条件概率分布就不能再使用精确推理方法，使用精确推理方法会使问题变得极其复杂并且很难计算,确切地说,求解贝叶斯网络属于 NP 完全问题(NP-complete problem)的范畴,因此必须使用其他的方法。另一种是随机推理方法,又称蒙特卡罗法,包括直接取样法、拒绝取样法、概似加权法以及马尔可夫链蒙特卡罗法等。

本研究采用的是随机推理方法中的重要性抽样方法,重要性抽样方法是从根节点出发,根据网络的条件概率表(conditional probability table,CPT),通过生成随机数的方式,获得 m 个互相独立的样本,样本中符合 $E=e$ 的有 m_e 个,符合 $Q=q$ 的有 $m_{q,e}$ 个,那么概率 P 符合 $P(Q=q \mid E=e) \approx m_e/m_{q,e}$。

3.6　AdaBoost 算法

AdaBoost 是典型的自适应提升(Boosting)算法,是 Boosting 家族的一员。Boosting 也称为增强学习或提升法,是一种重要的集成学习技术,能够将预测精度仅比随机精度略高的弱学习器增强为预测精度高的强学习器。在直接构造强学习器非常困难的情况下,Boosting 为学习算法的设计提供了一种有效的新思路和新方法。作为一种元算法框架,Boosting 几乎可以应用于目前流行的所有机器学习算法,提高原算法的预测精度,而 AdaBoost 算法正是其中最成功的代表。一般在使用 AdaBoost 算法的时候会选择一种弱学习器,目前常用的有分类树、支持向量机与神经网络等。AdaBoost 算法主要是通过在下一次弱学习器训练之前适当调整训练数据分布中的权重,来突出先前学习效果不佳或者学习误差较大的样本。因此,集成每一步的弱学习器可以更好地对测试数据进行预测诊断。

AdaBoost 算法流程如图 3-12 所示,首先通过初始训练集训练出一个弱学习器,再根据该学习器的表现调整训练样本分布,使得先前弱学习器分类错误的训练样本在后续受到更多关注;其次,利用调整后的样本分布训练下一个弱分类器;最后,将所有弱学习器进行加权组合,每个弱学习器的权重依赖于自身分类误差。

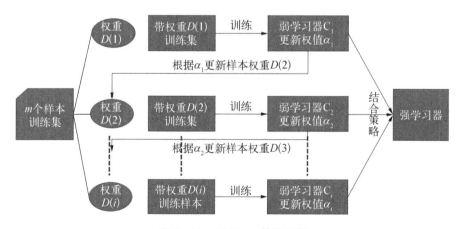

图 3-12　AdaBoost 算法流程

AdaBoost 算法主要解决分类与回归问题,目前分类算法主要有 AdaBoost 基本算法、AdaBoost M1 与 AdaBoost M2 算法,分别适用于两类分类、多类离散分类与多类连续分类问题。回归算法主要有 AdaBoost R2 与 AdaBoost RT 算法。AdaBoost 算法构建强学习器时比较灵活且结果不易发生过拟合。AdaBoost R2 集成算法迭代过程如下所示：

输入：
原始样本集：$T:\{(X_i,Y_i)\}_{i=1}^N$
弱学习器：$H(x)$
弱学习器数量：l

迭代过程

01：权重归一化：$w_1(t)=1/N$，$t=1,\cdots,N$

02：$j=1,2,\cdots,l$ 循环训练

03：基于样本集的 $H(x)$ 模型训练，得到不同的弱学习器：$H_j(x)$

04：计算弱学习器在样本数据上的最大误差：$E_j=\max\limits_t|O_{jt}-Y_{jt}|$，$t=1,\cdots,N$

计算弱学习器在各个样本上的相对误差如下：

线性误差：$\widehat{E}_{jt}=\dfrac{|O_{jt}-Y_{jt}|}{E_j}$，$t=1,\cdots,N$

平方误差：$\widehat{E}_{jt}=\dfrac{(O_{jt}-Y_{jt})^2}{E_j{}^2}$，$t=1,\cdots,N$

指数误差：$\widehat{E}_{jt}=1-e^{\frac{-|O_{jt}-Y_{jt}|}{E_j}}$，$t=1,\cdots,N$

05：计算弱学习器的误差率：$e_j=\sum\limits_{t=1}^N w_j(t)\widehat{E}_{jt}$

06：计算弱学习器的权重系数：$\alpha_j=\dfrac{e_j}{1-e_j}$

07：训练集样本权重的更新：

$$w_{j+1}(t)=w_j(t)\,\alpha_j{}^{1-\widehat{E}_{jt}}，t=1,\cdots,N$$

$$w_{j+1}(t)=\frac{w_{j+1}(t)}{\sum_{t=1}^N w_{j+1}(t)}$$

08：结束

09：整合并得到 $G(x)=G_{l*}(x)$

$G_{l*}(x)$：$\ln\dfrac{1}{\alpha_j}$，$j=1,2,\cdots,l$ 中值对应序数 l^* 的对应弱学习器

输出：强学习器：$G(x)$

3.7　算例分析

　　燃气轮机作为一种先进的动力装置，短短几十年，因具有卓越的性能获得了迅速的发展。燃气轮机具有功率大、体积小、效率高、污染小等优点，所以广泛应用于航空、天然气工业等机械设备领域。由于燃气轮机具有复杂的内部结构，经常在高温、高压和高转速的环境中工作，因此容易发生故障。一旦燃气轮机发生故障，将会对复杂的机械设备造成严重的影响。比如，工作质量低下甚至停机。因此，为了提高其运行可靠性，减少事故发生，燃气轮机

应当进行状态监测和故障预测。

燃气轮机的轴承部件是其运转中重要的组成部分。当燃气轮机系统处于工作状态时，轴承需要承受大部分的负载，并传递负载。因此，轴承是燃气轮机的零部件中较脆弱的一种部件，十分容易被损坏或是发生各类故障。

在燃气轮机运行期间，叶片需要在高温气体的作用下驱动涡轮机的旋转，所以燃气轮机的涡轮叶片在工作的时间内基本需要承受严重的温度负荷、离心负荷和空气动力负荷，同时叶片会受到气体与其他部件带来的复杂的压力、应力应变。不仅如此，由于长时间处于恶劣的工作环境，它也受到气体腐蚀与氧化等影响，所以燃气轮机叶片是燃气轮机中最容易发生故障的部件，也是发生故障种类与原因最多的部件。燃气轮机叶片支持着整个燃气轮机的运行，一旦叶片发生异常，将导致燃气轮机停止工作。如果一个叶片磨损严重，其在高速旋转的情况下，也会影响其他涡轮叶片的运转情况。

燃料系统是燃气轮机的重要组成部分，由喷油泵、出油阀、针阀、高压油管、喷油器等组成，直接影响燃气轮机的燃烧过程，决定燃气轮机的性能。数据表明，燃气轮机停机后果的各种原因中，燃料系统故障占比为 27%。

因此，为了有效地对燃气轮机进行健康诊断预测，选择燃气轮机的轴承、叶片与燃料系统三个部分或者零部件分别进行健康管理。

3.7.1　基于支持向量回归的燃气轮机轴承退化状态及剩余使用寿命预测研究

1) 数据介绍及预处理

本次研究所采用的轴承数据集为记录轴承从正常工作直至完全退化过程中的振动信号数据，如图 3-13 所示。数据集一共有 3 个变量，包括轴承工作总时间、轴承水平方向的振动加速度以及轴承竖直方向的振动加速度。轴承加速度的数据单位为重力加速度 g，随着

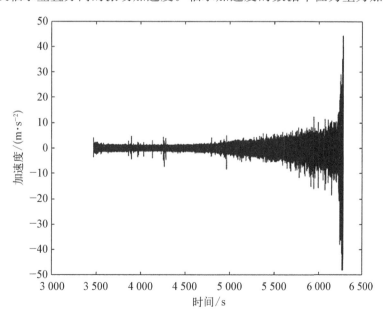

图 3-13　轴承振动信号原始数据

轴承不断退化,轴承的振动信号振幅逐渐变大,直至振动加速度超过 $20g$,轴承完全退化。数据采集由安装在轴承两侧的加速度传感器完成,加速度传感器每秒检测 2 560 次轴承的加速度振动信号,每十秒采集一次数据。

时域特征是信号随时间变化的特征,能够很好地反映滚动轴承的运行状态,基于频域分析的特征提取技术旨在利用信号的频域信息,如不同频率上的振幅或相位。通过对频域特征进行提取,能够更全面地获取轴承的振动特性,得到更多的轴承退化信息。本次实验选取的时频域特征指标如表 3-3 所示。

表 3-3 时频域特征及其表达式

时 域 特 征		频 域 特 征	
特征名称	特征表达式	特征名称	特征表达式
裕度指标	$\mathrm{CL}_f = X_{\mathrm{rms}}/X_r$	重心频率	$\mathrm{FC} = \dfrac{\sum_{i=1}^{N} \bar{x}(i)x(i)}{2\pi \sum_{i=1}^{N} x(i)^2}$
峰峰值	$X_{\mathrm{p-p}} = X_{\max} - X_{\min}$	均方频率	$\mathrm{MSF} = \dfrac{\sum_{i=1}^{N} \bar{x}(i)^2}{4\pi^2 \sum_{i=1}^{N} x(i)^2}$
均方根值	$X_{\mathrm{rms}} = \sqrt{\sum x(i)^2/N}$	均方根频率	$\mathrm{RMSF} = \sqrt{\mathrm{MSF}}$
波形指标	$S_f = X_{\mathrm{rms}}/\mid \bar{X}\mid$	频率方差	$\mathrm{VF} = \mathrm{MSF} - (\mathrm{FC})^2$
脉冲指标	$I_f = X_{\max}/\mid \bar{X}\mid$	—	—
峭度指标	$K_v = \beta/X_{\mathrm{rms}}^4$	—	—
峰度指标	$C_f = X_{\max}/X_{\mathrm{rms}}$	—	—

其中,x 指代所计算的样本,$x(i)$ 指各振动信号的数据点;N 的数值为 2 560 表示加速度传感器每秒检测 2 560 次轴承的加速度振动信号。$\bar{X} = \sum_{i=1}^{N} \sqrt{x(i)}/N$;$X_r = \sum_{i=1}^{N} \sqrt{\mid x(i)\mid}/N$;$\beta = \sum_{i=1}^{N} x(i)^4/N$;$\bar{x}(i) = [x(i) - x(i-1)] 2 560$。

时域特征中的均方根值和波形指标均代表信号的能量,峰峰值表示信号的波动水平。峰度指标、脉冲指标和裕度指标的物理意义是相似的,峰度指标和脉冲指标都是用来检测信号中有无冲击的指标,裕度指标常用来检测机械设备的磨损状况。峭度指标也反映对振动信号冲击特性。频域特征中的重心频率、均方频率和均方根频率用于监测功率谱主频带位置的变化,而频率方差用于监测谱能量的分散程度。

2) 数据降维

由于特征提取数量较多,训练模型采用的训练数据维度较高,计算量巨大;并且这些高位数据通常包含大量重复的冗余信息,可能会导致过拟合,这会对预测结果产生影响。因此,采用数据降维的方法压缩数据,在保留绝大部分原数据信息的基础上,减少训练数据存储空间，加快训练模型速度。通常情况下，数据降维是对于 N 维空间上的向量 $x \in R^N$，找到一个映射函数 f，将原向量投影至远小于 N 的 n 维空间，即 $y = f(x) \in R^n$，y 为 x 降维后的向量数据。

本次研究采用的数据降维方法为主成分分析法（principal component analysis，PCA）。主成分分析法的降维原理为将高维向量通过线性变换投影至低维空间，并在数据降维的同时使降维后的数据方差尽量大。

利用主成分分析法求线性变换的主要方法为拉格朗日乘数法。假设有 K 个 N 维向量数据，希望将其降至 n 维。首先，将高维的向量数据利用线性变换投影至一维空间，并使得投影后的数据方差尽量大，即寻找一个 N 维单位行向量 w^1，将其与所有向量做内积，$z_i = w^1 x_i$，则有

$$\bar{z} = \frac{1}{K} \sum_{i=1}^{K} z_i = \frac{1}{K} \sum_{i=1}^{K} w^1 x_i = w^1 \bar{x} \tag{3-49}$$

则投影后的数据方差为

$$\mathrm{Var}(z) = \frac{1}{K} \sum_{i=1}^{K} (z_i - \bar{z})^2$$
$$= (w^1)^\mathrm{T} \frac{1}{K} \sum_{i=1}^{K} (x_i - \bar{x})(x_i - \bar{x})^\mathrm{T} w^1 \tag{3-50}$$

定义

$$S = \mathrm{Cov}(X) = \frac{1}{K} \sum_{i=1}^{K} (x_i - \bar{x})(x_i - \bar{x})^\mathrm{T} \tag{3-51}$$

则原问题化为

$$\max(w^1)^\mathrm{T} S w^1$$
$$\mathrm{s.t.} \ (w^1)^\mathrm{T} w^1 = 1 \tag{3-52}$$

采用拉格朗日乘数法，定义

$$g(w^1) = (w^1)^\mathrm{T} S w^1 - \alpha [(w^1)^\mathrm{T} w^1 - 1] \tag{3-53}$$

为求 $g(w^1)$ 最大值，对 $g(w^1)$ 进行求导，得

$$S w^1 = \alpha w^1 \tag{3-54}$$

两边同时乘以 $(w^1)^\mathrm{T}$，得

$$(w^1)^\mathrm{T} S w^1 = \alpha \tag{3-55}$$

原问题即转化为对半正定矩阵 S 找到最大的特征值 λ_1，满足将原数据投影到对应的特征向量方向上时方差最大。

在找到了线性变换矩阵的第一个投影向量后，寻找与 w^1 正交的 N 维单位行向量 w^2，使得投影后的数据方差尽量大，问题转化为

$$\max (\boldsymbol{w}^2)^{\mathrm{T}} S \boldsymbol{w}^2$$
$$\mathrm{s.t.} (\boldsymbol{w}^2)^{\mathrm{T}} \boldsymbol{w}^2 = 1$$
$$(\boldsymbol{w}^2)^{\mathrm{T}} \boldsymbol{w}^1 = 0 \tag{3-56}$$

继续采用拉格朗日乘数法,定义

$$g(\boldsymbol{w}^2) = (\boldsymbol{w}^2)^{\mathrm{T}} S \boldsymbol{w}^2 - \alpha [(\boldsymbol{w}^2)^{\mathrm{T}} \boldsymbol{w}^2 - 1] - \beta [(\boldsymbol{w}^2)^{\mathrm{T}} \boldsymbol{w}^2 - 0] \tag{3-57}$$

对 $g(\boldsymbol{w}^2)$ 进行求导,得

$$S \boldsymbol{w}^2 - \alpha \boldsymbol{w}^2 - \beta \boldsymbol{w}^1 = 0$$

两边同乘 $(\boldsymbol{w}^1)^{\mathrm{T}}$,得

$$(\boldsymbol{w}^1)^{\mathrm{T}} S \boldsymbol{w}^2 - \alpha (\boldsymbol{w}^1)^{\mathrm{T}} \boldsymbol{w}^2 - \beta (\boldsymbol{w}^1)^{\mathrm{T}} \boldsymbol{w}^1 = 0 \tag{3-58}$$

即

$$(\boldsymbol{w}^2)^{\mathrm{T}} S \boldsymbol{w}^1 - \beta = 0 \tag{3-59}$$

由于 $S \boldsymbol{w}^1 = \alpha \boldsymbol{w}^1$,因此 $\beta = 0$,$S \boldsymbol{w}^2 - \alpha \boldsymbol{w}^2 = 0$,原问题即转变为,对于半正定矩阵 S,找到第二大的特征值 λ_2,满足将原数据投影到对应的特征向量方向上方差第二大。

依此继续计算,找到 S 从大到小的前 n 个特征值 λ_i 以及其对应的特征向量 $\boldsymbol{w}^i$,将原向量与特征向量 $\boldsymbol{w}^i$ 分别做内积,得到降维后的 n 维训练数据。

3)轴承退化状态预测实现

(1)轴承退化状态单步预测。本次研究采用的方法为 k 折交叉验证(k-fold cross validation)。该方法将原先的训练集随机分成 5 组,进行 5 次训练。在每次训练中,选择 1 组没有使用过的数据作为验证集,其余 4 组数据作为训练集。用训练集训练支持向量回归(support vector regression, SVR)预测模型,用验证集计算组合误差,计算 5 次训练的组合误差均值作为适应度,将组合误差输入遗传算法,计算最优的参数组合。

利用得到的模型进行单步预测,即每次进行预测后更新数据,用这个时间点的真实值对下个时间点的特征值进行预测,预测结果如图 3-14 所示。

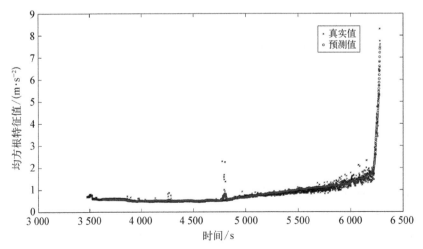

图 3-14 单步预测结果

从图中可以看到,支持向量回归已经成功学习到轴承的变化趋势,对轴承的单步预测结果都较准确。

(2) 轴承退化状态多步预测。在实际情况下,仅进行轴承退化状态的单步预测并没有实际意义,需要进行多步预测。轴承退化状态多步预测方法如下:把步长设置为5,即预测5个数据点后的振动信号,与单步预测相同,使用从正常工作至完全退化的轴承生命周期中的横纵轴振动信号数据作为训练集,预测另一个轴承的均方根特征值的时间序列数据,即该轴承的退化状态,预测结果如图 3 - 15 所示。

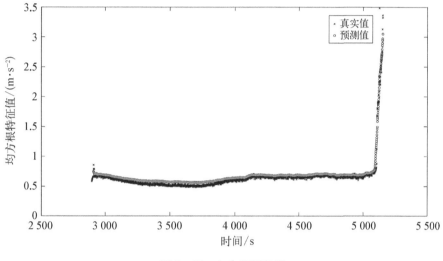

图 3 - 15　多步预测结果

轴承退化状态多步预测的平均绝对误差(mean absolute error,MAE)、平均绝对百分比误差(mean absolute percentage error,MAPE)和均方根误差(root mean square error,RMSE)如表 3 - 4 所示。

表 3 - 4　多步预测误差　　　　　　　　　　　　　　　　　　　　单位: m/s^2

使 用 模 型	MAE	MAPE	RMSE
改进后的 GA - SVR	0.053 8	0.078 5	0.087 1
支持向量回归	0.061 7	0.103 2	0.623 0
BP 神经网络	0.094 6	0.114 1	0.295 7

由表 3 - 4 可得,在本次实验中主要使用的 GA - SVR 预测模型,在进行轴承退化状态预测实验中产生的 3 类误差均低于普通的支持向量回归模型和 BP 神经网络模型。因此,在对轴承退化状态的时间序列数据的预测中,GA - SVR 模型具备不错的性能,预测结果精度较高。

4) 基于 ratio 值预测的轴承寿命预测

轴承寿命预测在实际工作中意义重大,但实现较为困难,定义一个 ratio 值:即轴承的工作总时间与轴承总寿命的比值,ratio值与轴承剩余使用寿命(remaining useful life,RUL)呈负相关。利用GA-SVR模型预测ratio值,通过对该值的预测间接地对轴承剩余使用寿命进行了预测。ratio值预测的优势主要是其预测值介于0和1之间,更适用于支持向量回归模型,便于加快训练速度,使建立的预测模型具备更好的精度。

(1)对轴承数据进行特征提取,共提取7个时域特征和4个频域特征,共11个特征,由于水平方向上的振动数据和垂直方向上的振动数据均要进行特征提取,所以共提取了22个特征。为了使特征具有一定的线性变化特性,对所有特征另外再取自然对数,这样总共得到了44个特征变量。

(2)对特征变量用主成分分析法(PCA)降维,以降维后的数据作为输入数据,以ratio值作为输出变量,进行模型训练。

(3)使用遗传算法对SVR模型中需要人为决定的参数进行寻优,得到最终的预测模型,使用测试集对轴承在每个时间点对应的ratio值进行预测,实现了对轴承寿命的预测。

5)实验结果

在实际实验中,使用PCA对特征数据进行正交变换后,前5个向量组成了原数据集95%以上的方差,因此选择将数据降至五维,再进行参数寻优,并对ratio值进行预测,得到的预测结果如图3-16所示。

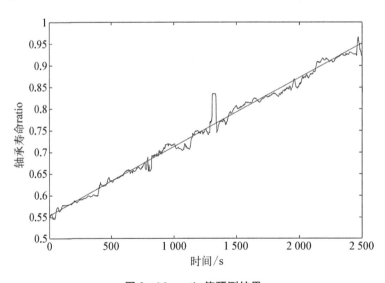

图3-16 ratio值预测结果

从图3-16中可以看出,本次实验对实验轴承数据的预测效果较好,能够较准确地预测轴承的ratio值。

轴承剩余使用寿命预测实验的定量结果如表3-5所示。

由表3-5可以看出,在预测轴承剩余使用寿命的实验中,本次实验主要采用的GA-SVR模型,其预测结果的3种误差均低于普通的支持向量回归模型和BP神经网络模型预测结果的误差。因此,在对轴承剩余使用寿命的预测中,GA-SVR模型具备不错的性能,预测结果精度较高。

表 3‑5　轴承剩余使用寿命预测误差　　　　　　　　　　　　　单位：m/s²

使 用 模 型	MAE	MAPE	RMSE
改进后的 GA‑SVR	0.009 5	0.012 8	0.014 3
支持向量回归	0.030 9	0.042 4	0.036 2
BP 神经网络	0.022 5	0.032 0	0.029 4

3.7.2　基于改进神经网络的燃气轮机叶片故障诊断研究

根据故障模式所需的测量参数选取相应的故障信号，通过建立的三种神经网络模型（BP 神经网络、Elman 神经网络和 OHF Elman 神经网络）进行训练与分析，设定误差为网络输出的故障模式结果与期望输出之间的差距。

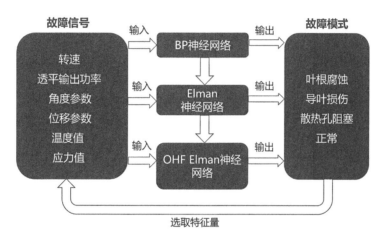

图 3‑17　算法研究思路图

1）故障信号的提取

建立了三种神经网络的模型后，首先要确定的是网络输入即故障信号，通过文献查阅及对采集的燃气轮机叶片数据进行分析之后，确定了燃气轮机叶片故障信号的特征向量。依据特征量对不同故障敏感度的差异，选取如下 12 个特征量作为实验数据：转速（单位：rpm）、涡轮输出功率（单位：kW）、温度值（单位：℃）、应力值（单位：N）、4 种位移参数与 4 种角度参数，分别用 $X_1 \sim X_{12}$ 表示，使用以上特征量诊断涡轮叶片的故障。由于实际燃气轮机运行数据的获取受到限制，本研究仅以 3 种涡轮叶片的故障模式数据集作为神经网络模型的实验数据，3 种故障模式为叶根腐蚀、导叶损伤、散热孔阻塞，此外还应把正常状态计入，正常、叶根腐蚀、导叶损伤、散热孔阻塞分别用(1, 0, 0, 0)、(0, 1, 0, 0)、(0, 0, 1, 0)、(0, 0, 0, 1)表示。

选取 32 组数据作为训练数据，4 种状态模式下（三种故障模式与正常状态）各有 8 组数据，并从每种状态模式下选取 1 组数据作为测试。叶片测试故障模式集如表 3‑6 所示。

为了便于处理数据，简化神经网络模型的处理过程，防止输入向量过大而造成输出神经元的饱和，因此对输入向量进行归一化处理。

表 3-6　叶片测试故障模式集

No.	X_1	X_2	X_3	X_4	X_5	X_6	X_7	X_8	X_9	X_{10}	X_{11}	X_{12}	故障模式
1	3 601.2	258.42	5.55	105.49	29.67	27.14	29.65	99.41	107.81	101.49	654.3	440.2	(1, 0, 0, 0)
2	3 601.9	247.46	9.60	95.67	31.53	28.65	30.70	96.75	100.01	95.68	743.8	671.3	(0, 1, 0, 0)
3	3 600.2	250.29	7.87	97.25	30.48	28.03	30.37	98.60	102.26	99.75	768.9	851.2	(0, 0, 1, 0)
4	3 600.5	240.24	12.75	91.21	32.39	29.74	31.24	91.55	92.43	90.01	928.4	642.2	(0, 0, 0, 1)

归一化是数学上的一种处理方法,通过简单的计算,可以将数据从有量纲的状态变为无量纲的纯量。在机器学习中,可以将各个维度的数据都限制在0~1,从而避免不同分量对学习过程影响不同的情况。常用的归一化公式为

$$x = \frac{x_i - x_{\min}}{x_{\max} - x_{\min}} \tag{3-60}$$

式中,x 是归一化后的结果;x_i 是归一化前每组样本的真实数据;$x_{\max}$ 是归一化前每组样本中的最大值数据;$x_{\min}$ 是归一化前每组样本中的最小值数据。

2) 神经网络的设计

在完成故障信号的提取后,首先要做的就是确定网络的各层节点数,主要包括以下三种节点数:

(1) 确定输入层节点数。由于本研究中提取的故障信号为12种,所以本研究输入层节点数为12个。

(2) 确定输出层与连接层2的节点数。本研究设置三种故障模式,计入正常情况后共四种模式,所以输出层与连接层2的节点数皆为4个。

(3) 确定隐含层与连接层1的节点数。为了确定隐含层的节点数,通常是参照经验公式

$$m = \sqrt{n+l} + a \tag{3-61}$$

或

$$m = 2n + 1 \tag{3-62}$$

式中,a 是1~10之间的常数;l 是输出结果维数;n 是输入数据维数;m 是选定的隐含层数。通过经验公式得出隐含层节点数的大概范围为(5, 25)区间,所以本次数据实验选取10、15、20、25,作为隐含层分别进行训练,其他层的神经元数与相关参数保持不变,根据训练收敛速度和平稳度,综合确定最优的隐含层节点数。

本研究选取的误差函数为MSE(mean square error)

$$\mathrm{MSE} = \frac{\sum_{i=1}^{n}(T_i - Y_i)^2}{n} \tag{3-63}$$

式中,T_i 为网络训练期望输出;Y_i 是神经网络的输出结果。

　　将每组输入数据对应的输出值与其期望输出值利用误差函数 MSE 进行求解，MSE 越小，说明该叶片在这组状态监测数据下，属于该对应故障的可能性更高。

　　3）不同神经网络实验结果及分析

　　（1）BP 神经网络的训练过程与测试结果。不同的隐含层数对神经网络造成很大的影响，所以本研究在建立神经网络模型的时候选择 10、15、20、25 作为隐含层数分别训练与测试，结果如图 3-18 所示。

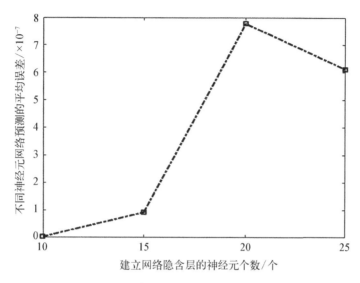

图 3-18　不同隐含层数下 BP 神经网络的误差曲线图

　　根据图 3-18 可以得到，当隐含层数为 10 的时候，MSE 最小，也就是在故障诊断中误差最小，说明 BP 神经网络在 $n=10$ 的时候训练结果最优，所以确定其隐含层数为 10。

　　在确定隐含层数为 10 之后进行 BP 神经网络训练与测试分析，结果如图 3-19 所示。

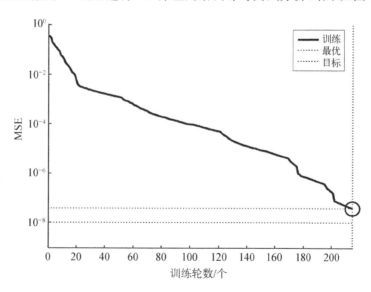

图 3-19　BP 神经网络训练迭代过程误差折线图

根据图 3-19 可以得到,MSE 在第 215 个训练轮数达到要求,所以 BP 神经网络在迭代 215 次停止,此时目标函数为 3.7×10^{-8}。

根据式(3-63)可得误差公式

$$\mathrm{MSE} = \frac{\sum_{i=1}^{n} (y - T_{\mathrm{test}})^2}{n} \tag{3-64}$$

所以最终可得 MSE 为 2.03×10^{-7}。

(2) Elman 神经网络的训练过程与测试结果。同样,在确定 Elman 神经网络的隐含层数为 10 后,进行了神经网络训练与测试,结果如图 3-20 所示。

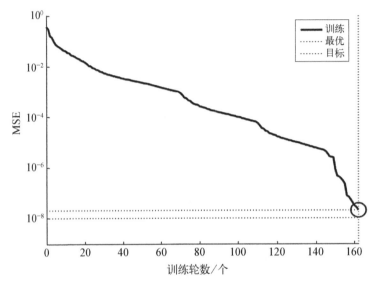

图 3-20　Elman 神经网络训练迭代过程误差折线图

根据图 3-20 可以得到,MSE 在第 162 个训练轮数达到要求,所以 Elman 神经网络在迭代 162 次后停止,此时目标函数为 2.036×10^{-8}。

根据式(3-64),最终可得 $\mathrm{MSE} = 5.39 \times 10^{-8}$,且根据网络输出数据可以看出,Elman 神经网络较 BP 神经网络而言有所改善,且大幅提高对于第 2 种故障模式——导叶损伤的故障诊断判断精度。

(3) OHF Elman 神经网络的训练过程与测试结果。为了保证神经网络的改进对比的有效性,也确定 OHF Elman 神经网络的隐含层数为 10,其测试结果如图 3-21 所示。

根据图 3-21 可以得到,OHF Elman 神经网络在迭代至 63 次时,MSE 就已到达迭代目标,且在迭代 63 次时 $\mathrm{MSE} = 4.35 \times 10^{-9}$。

根据式(3-64),本研究最终可得 $\mathrm{MSE} = 7.9 \times 10^{-9}$。

从表 3-7 可以看出,在训练时间上,BP 神经网络经历 215 次迭代,Elman 神经网络经历 162 次迭代之后停止,且并未达到要求的精准度,而 OHF Elman 神经网络经历 63 次迭代时就已经达到误差要求。在目标值 MSE 上,BP 神经网络的结果约为 2.03×10^{-7},Elman 神经网络的结果为 5.4×10^{-8},OHF Elman 神经网络的结果为 7.9×10^{-9},所以可得结论:

OHF Elman 神经网络在迭代过程中,误差收敛到 0 的速度更快,结果更优。

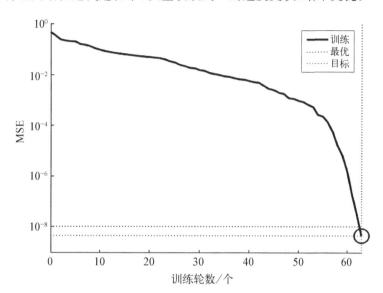

图 3 - 21　OHF Elman 神经网络训练迭代过程误差折线图

表 3 - 7　神经网络输出结果对比

神经网络类型	训练轮数/个	训练最优状态	MSE
BP	215	3.7×10^{-8}	2.03×10^{-7}
Elman	162	2.03×10^{-8}	5.39×10^{-8}
OHF Elman	63	4.35×10^{-9}	7.9×10^{-9}

3.7.3　基于 SOM 神经网络的燃料系统故障诊断研究

在工程应用中,对燃料系统的检测主要依据油压传感器采集高压油管的油压信息。当燃料系统中有部件发生故障时,供油状态的波形发生改变,使得测得的波形信息发生变化。而大量实验和实践表明,高压油管的压力信息也可以反映燃料系统的状态信息。因此对压力波形进行分析也可以提取出足够的信息,推测燃料系统的工作状态,从而达到故障诊断的作用。

在燃气轮机燃料系统的故障诊断问题中,由于燃料系统是由针阀、出油阀等一系列系统部件组成的复杂多层系统,结构异常复杂,因此难以构建准确的物理模型对其进行有效的描述。大部分物理模型仅限于单一部件的实验室阶段的仿真。

燃气轮机燃料系统的状态模式主要包含正常、75%供油量、25%供油量、怠速供油、针阀卡死(小油量)、针阀卡死(标定油量)、针阀泄漏和出油阀失效。以上 8 种常见的故障模式分为油管油量、针阀、出油阀 3 类部件故障。大量事实表明,这 3 类部件出现的物理状态的改变会直接影响到燃料系统的高压油管内的压力信号,也就是说,对压力信号进行特征提取可以有效表征出这 3 类部件的状态。因此对高压油管进行数据检测并对其进行分析,可以有效地区别以上 8 类故障。

1) 特征提取

燃料系统的压力波形图包含丰富的系统状态信息,可以有效监测到油管油量、针阀、出油阀出现的故障信息。因此可在压力波形图中选取一些有效的特征参数进行测量。起喷压力、落座压力、次最大压力、上升沿宽度、波形宽度、最大余波宽度、波形面积 8 个特征参数可以有效描述其工作状态,如图 3-22 所示。因此我们选择的特征参数为以上 8 个。

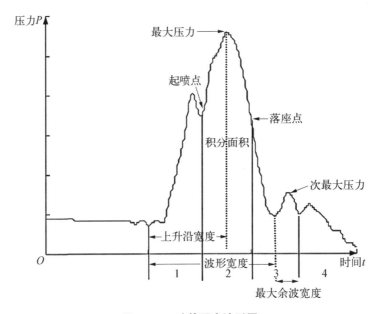

图 3-22 油管压力波形图

2) SOM 神经网络构建

(1) 网络结构确定。我们既要保证网络对训练集有很好的拟合度,同时对测试集也要有较高的准确性以保证网络的泛化能力。因此通过计算误差 error 指标来衡量训练效果:

$$\text{error} = \sum_{i=1}^{D} (x_i - w_{ij})^2 \tag{3-65}$$

对训练集而言,$\text{error}_{\text{train}}$ 越低,则拟合度越高;对测试集而言,$\text{error}_{\text{test}}$ 越低,则代表诊断的准确性越高,因此可以定义目标函数

$$\min \text{error}_{\text{train}} \times \text{error}_{\text{test}} \tag{3-66}$$

在该目标下,由于预先得知有 8 类故障模式,同时需要预留一定的空间给未知的故障模式。因此分别对 $x = 7, 8, 9$,$y = 7, 8, 9$ 这 9 种网络结构迭代 1 600 次,随后进行测试。最终得出最优的网络结构为 $8 \times 8(x=8, y=8)$ 的网络结构。

由于这四个函数是属于离散化的选择,每种函数都有 3~4 个预备的选择函数,因此通过遗传算法对其进行优化。最后经过遗传算法的选择,最终的学习率和衰减函数均为线性衰减,激活函数为高斯激活函数,响应邻域为方形响应邻域。

（2）网络神经元初始化。由于本次实验的数据具有标记,因此我们可以对网络进行预划分之后再进行分类区域内的神经元初始化。具体操作步骤如下。

步骤 1: 创建一个 8×8 的二维 SOM 神经网络。

步骤 2: 除了八类故障模式外,再预留两类未知的故障模式,将 8×8 的网络结构拓扑连续、均匀地分为 10 块,并进行 $1\sim10$ 的标记。

步骤 3: 对八类故障模式进行 $1\sim8$ 标记,并使用相同的数值对具有同一数字的标记块进行随机初始化。$9\sim10$ 标记块不做处理或者采用随机数初始化。

这样完成的初始化神经元网络在开始时就具有一定的拓扑结构,对收敛性有一定的保证,同时可以缩短网络的训练速度。

图 3-23 所示为本研究的技术路线,在完成初始准备后,提取特征值,搭建和测试网络。其中较创新的方法是在数据预处理过程中采用 PCA 方法和归一化对原始数据进行降维和归一化,在 SOM 神经网络模型中,采用一些算法改进网络初始化,使得其更适应于燃料系统的故障预测,最后分析对比算法性能和准确性。

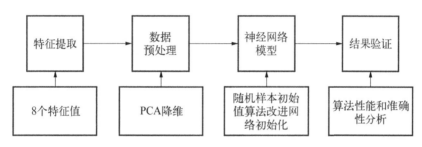

图 3-23 技术路线

3）数据预处理

（1）归一化。我们采用归一化公式对 48 组数据进行处理,归一化后的部分数据如表 3-8 所示。

表 3-8 部分归一化后的数据

故障类型	序号	最大压力	次最大压力	波形幅度	上升沿宽度	波形宽度	最大余波宽度	波形面积	起喷压力
正常情况	1	1.000	0.802	−0.027	0.549	0.556	0.400	−0.706	0.631
	2	1.000	0.837	−0.092	0.901	0.556	0.400	−0.882	0.620
	3	0.920	0.744	0.114	0.930	1.000	0.600	−0.824	0.464
	4	0.952	0.674	−0.481	0.479	0.556	0.400	−0.765	0.473
	5	0.936	0.605	−0.341	0.747	1.000	0.600	−0.924	0.486
	...	...	...	...	...	...	...	...	...

（2）PCA 降维算法。对于本次燃料系统的训练集的 PCA 降维,经过一定的计算决定将八维降至四维,这一步骤通过程序内的算法包实现。

4）结果分析

在网络初始化完成后，利用 40 组训练数据对网络进行 1 600 次迭代，再利用 8 组测试集对其进行测试，其中数据集经过了归一化和降维预处理，初始化网络采用了随机初始化，结果如图 3-24 所示。图中的数字标号为对应的故障模式，共 8 种故障模式。其中网格中的填充颜色代表了神经元之间的距离，色标于训练集结果右侧展示。可以看出，8 种故障模式在网络中以聚类的形式展现，网络已经训练出了故障识别的拓扑结构。通过测试集可以看出，网络对故障的识别率几乎高达 100%。

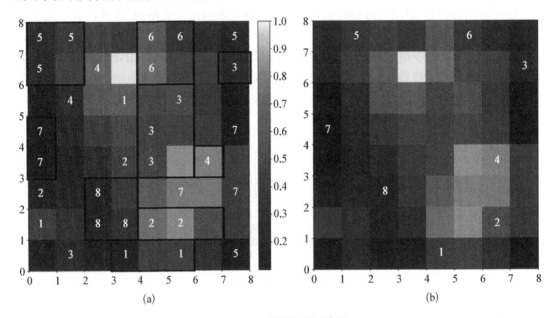

图 3-24 训练结果示意图

(a) 训练集效果；(b) 测试集效果

对比其他网络，SOM 神经网络的无监督学习能力为其对故障的诊断提供了坚实的基础，面对燃料系统结构复杂，层次多样，特征信号难以分离等特点也能很好应对；此外，面对不同型号的燃料系统，只要给予神经网络足够多的训练数据集和合理网络结构，其便能很好地完成故障诊断任务；最后，由于 SOM 神经网络可以提供一定的网络拓扑空间给训练集中未出现的故障类型提供一定的网络拓扑空间，因此可以识别出一些前所未有的故障模式。当观测到一个故障模式与前面的聚类结果的获胜神经元距离都比较远且超过一个范围值的时候，我们有理由相信该类故障模式为一类新的故障模式。结合以上故障准确率和网络的特点，可以认为 SOM 神经网络在处理燃料系统故障诊断问题上有很好的效果。

5）性能分析

在完成对网络的改进后，我们采用了结果对比法，对改进前的网络和改进后的网络进行对比。其中对比了四类网络，分别为普通 SOM 神经网络、经过 PCA 降维预处理后进行训练的网络（SOM_PCA）、随机样本初始值的网络（SOM_random）和经过 PCA 降维预处理后进行训练的样本随机初始值的网络（SOM_PCA_random）。

其中采用的评价指标为网络的误差,可由式(3-65)得出。

图 3-25 为不同方法的误差和迭代次数关系图,由图 3-25 可以得出以下结论。

(1) 经过 PCA 处理过的数据集收敛结果和收敛速度均好于普通的 SOM 神经网络。普通 SOM 神经网络需要经历 1 000 次左右迭代,才能将误差降低至 0.12 左右。经过 PCA 处理过的数据集进行训练时,可以在 500 次左右达到收敛,且收敛误差低于 0.1。

(2) 样本随机初始值网络迭代速度优于普通的初始值网络,大概在 200 次左右便能达到收敛的效果,但是由于其初始化时间要长于普通神经网络,因此该网络适用于大数据样本进行训练,且该网络测试训练效果也好于普通神经网络。

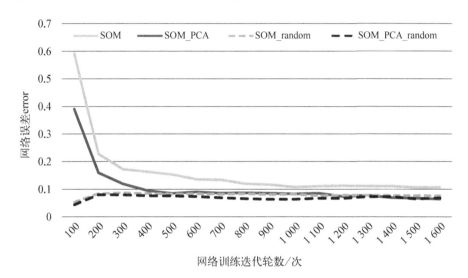

图 3-25　神经网络训练效果对比

同时,我们对网络的训练时间进行分析。训练 CPU 型号为 i5-7500,GPU 型号为 NVIDIA GTX1060。由于样本随机初始值网络的初始化时间较长,因此我们通过是否对数据集采用了 PCA 算法降维,将网络分成 SOM 和 SOM_PCA 两类。分别对每种网络训练 100 次,取时间的平均值。由于训练集的数据较少,因此训练时间在秒级别上。表 3-9 所示为训练结果。

表 3-9　不同网络训练时间对比

类　别	训练时间/s
SOM	1.71
SOM_PCA	1.17

可以看出,经过 PCA 处理过的数据集训练网络速度快于普通的数据集,训练时间减少约 30%。因此结合了 PCA 的 SOM 神经网络在大数据、高维度数据处理面前具有明显的速度优势。

3.7.4 基于 OHF Elman‑AdaBoost 算法的滚动轴承故障诊断研究

滚动轴承作为大型复杂设备的重要组成部分,其性能退化或者失效将影响整机性能,甚至导致设备非计划停机,造成经济损失甚至人员伤亡。据统计,约30%的旋转机械故障是由滚动轴承的损伤造成的。滚动轴承的故障诊断可以有效降低事故发生率,提高经济效益,具有重要的社会意义。滚动轴承由滚动体、外圈、内圈和保持架4个部件组成,滚动体通常在外圈与内圈之间转动;保持架保证滚珠在内圈、外圈之间均匀分布,保证轴承的正常转动;内圈通常与转轴接触,配合转轴转动;外圈一般固定在机械设备的轴承座上,起到固定、支撑与保护的作用。滚动轴承的故障主要包括磨损、疲劳、腐蚀、保持架损坏和裂纹等形式,而当滚动轴承发生故障时,内圈、外圈与滚动体会产生不同程度的振动,因此,从振动信号来判别轴承的故障模式成为最有效的方式。

1) 故障特征提取

本次研究的原始数据来自凯斯西储大学(Case Western Reserve University)轴承中心。选择0.007、0.014和0.021英寸直径的SKF轴承用于故障严重程度的实验,振动信号由连接到驱动器端的加速度计收集。本研究选择电机转速为1 797 rpm,采样频率为12 kHz的内圈、滚动体与外圈故障数据,因此,包括正常模式在内,共有10种状态模式,每种故障状态选择120 000个样本点,正常状态选择240 000个样本点。内圈、滚动体、外圈故障分别记为IR007、b007、OR007,其中后三位数字"007"表示故障严重程度,有"007""014""021"三种情况。

轴承故障振动信号通常表现为周期性瞬态脉冲,为了有效地显示时频域内的特征,采样信号应至少覆盖2个或3个周期。考虑到采样频率和特征频率,本研究选择2 000个样本点来代表故障振动信号的特征。因此,按时序每2 000个样本点设定为一组输入数据,即每种故障状态共有60组样本数据,正常状态共有120组样本数据。

2) 信号分解

集合经验模态分解(ensemble empirical mode decomposition, EEMD)原理如下:当附加的白噪声均匀分布在整个时频空间时,该时频空间就由滤波器组分割成的不同尺度成分组成。EEMD在经验模态分解(empirical mode decomposition, EMD)基础上增加了一个添加噪声的步骤,白噪声在信号的时频空间上均匀分布,添加的次数足够多时,即可消除信号的噪声影响,最终获得全体本征模函数(intrinsic mode function, IMF)分量的均值,即有效且准确的IMF分量。

正常信号的EEMD分解波形图如图3-26所示,2 000个样本点的数据分解出9个IMF分量和1个残余分量R。

(1) 信号重构。由于噪声与原时序信号完全无关,且峭度K对信号的冲击成分比较敏感,因此可将IMF分量与原时序信号的相关系数及分量的峭度作为IMF分量选择的指标。本研究选取相关系数0.1作为筛选阈值,保留相关系数高于0.1的IMF分量,移除相关系数低于0.1的IMF分量。不同故障模式保留的IMF分量不相同,正常模式选择保留IMF1~IMF5,而OR007故障模式选择保留IMF1与IMF2。通过计算保留的IMF分量峭度发现,内圈与外圈故障保留的IMF分量峭度较高,且在故障直径上存在较大差异。选取峭度较高的前两个IMF分量进行信号重构:正常状态选择IMF3与IMF5;b007与b021故障状态选择 IMF1 与 IMF3；b014 故障状态选择 IMF1 与 IMF4；IR007、IR014、IR021、OR007 与 OR021 故障状态选择 IMF1 和 IMF2；OR014 故障状态选择 IMF3 和 IMF4。

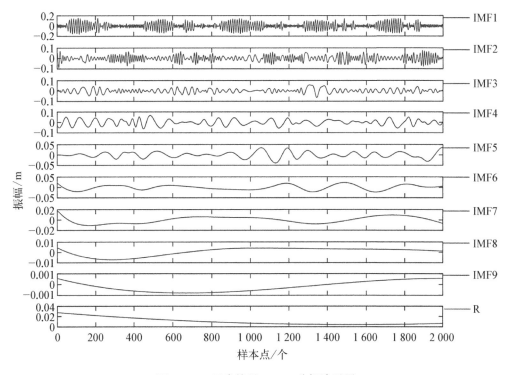

图 3-26　正常信号 EEMD 分解波形图

(2) 故障特征提取。选择合适的故障特征是准确进行故障诊断的前提，通过 EEMD 的重构信号分析可以计算信号的特征参数，以此来判断轴承是否发生故障以及发生故障的类型。在时域内分别选择三种有量纲特征(均值、标准差、均方根值)与三种无量纲特征(偏度、峭度、裕度)，量纲及计算方式如表 3-10 所示。

表 3-10　有量纲特征与无量纲特征

名　　称	公　　式
有量纲特征　均值	$\bar{x} = \dfrac{1}{N} \sum_{i=1}^{N} x_i$
标准差	$\sigma = \dfrac{1}{N} \sum_{i=1}^{N} (x_i - \bar{x})^2$
均方根值	$x_{\mathrm{rms}} = \sqrt{\dfrac{1}{N} \sum_{i=1}^{N} x_i^2}$

名　　称	公　　式
无量纲特征 偏度	$S = \dfrac{\frac{1}{N}\sum_{i=1}^{N}(x_i-\bar{x})^3}{\left[\frac{1}{N}\sum_{i=1}^{N}(x_i-\bar{x})^2\right]^{3/2}}$
峭度	$K = \dfrac{\frac{1}{N}\sum_{i=1}^{N}(x_i-\bar{x})^4}{\left[\frac{1}{N}\sum_{i=1}^{N}(x_i-\bar{x})^2\right]^{2}}$
裕度	$L = \dfrac{\max_i x_i - \min_i x_i}{\left(\frac{1}{N}\sum_{i=1}^{N}\sqrt{\mid x_i\mid}\right)^2}$

3）OHF Elman‑AdaBoost 算法模型

为了进一步提高对滚动轴承故障多时期诊断的准确性,本研究构建了一种 OHF Elman‑AdaBoost 算法:选择以 OHF Elman 神经网络作为弱学习器,反复训练 OHF Elman 神经网络预测输出,通过 AdaBoost 算法集成,得到一个由多个 OHF Elman 神经网络组成的强学习器。

OHF Elman‑AdaBoost 集成算法如下:

输入:	原始样本集:$T: \{(X_i,Y_i)\}_{i=1}^{N}$,$X_i$ 是特征提取的六种参数,Y_i 由 $[0,\cdots,0,1,0,\cdots,0]^{\mathrm{T}}$ 表示;其中,1 所在位置 c 表示为该样本为第 c 种故障模式,其余为 0 弱学习器:OHF Elman 神经网络 $C_j(x)$　　$j=1,\cdots,K$ 弱学习器数量:K

迭代过程

01：权重归一化:$w_1(t)=1/N$,$t=1,\cdots,N$

02：$j=1,2,\cdots,K$ 循环训练

03：基于样本集的 $C(x)$ 模型训练,得到不同的弱学习器:$C_j(x)$

04：计算弱学习器 $C_j(x)$ 在各个样本数据上的绝对误差 error_i:

$$\mathrm{error}_i = \sum_{h=1}^{10}\mid(O_{hi}-Y_{hi})\mid,\ i=1,\cdots,N$$

05：计算弱学习器 $C_j(x)$ 的误差率 e_j:

$$e_j = \sum w_j(i),\ \mathrm{error}_i > \tau$$

τ 为预先设定的阈值,高于 τ 即为预测不准确

06：　　　　　计算弱学习器 $C_j(x)$ 的权重系数 α_j

07：　　　　　训练集样本权重的更新：

$$w_{j+1}(i) = \begin{cases} w_j(i) \times 1.1, & \text{error}_i > \tau \\ w_j(i), & \text{error}_i \leqslant \tau \end{cases}, i=1,\cdots,N$$

$$w_{j+1}(i) \leftarrow \frac{w_{j+1}(i)}{\sum_{i=1}^{N} w_{j+1}(i)}$$

08：　　　　　弱学习器 $C_j(x)$ 权重系数归一化　　$\alpha_j \leftarrow \dfrac{\alpha_j}{\sum_{j=1}^{K} \alpha_j}$

09：　　　　　结束

10：　　　　　整合并得到强学习器 $G(x)$：

$$G(x) = \sum_{j=1}^{K} \alpha_j C_j(x)$$

输出：　　　　强学习器：$G(x)$

OHF Elman - AdaBoost 模型与 AdaBoost R2 模型的区别有以下 3 点。

（1）在计算弱学习器的误差率部分，OHF Elman - AdaBoost 模型使用样本的绝对预测误差阈值进行样本划分。因为当阈值设置合理时，小于阈值的样本预测误差已经可以达到要求，只考虑预测误差较大样本会加快模型迭代。

（2）在计算弱学习器的权重系数部分，OHF Elman - AdaBoost 模型借鉴了 AdaBoost 分类模型，使用对数函数减慢了弱学习器的权重系数变化速度，从而得到了更好的强学习器。

（3）在训练样本权重更新部分，OHF Elman - AdaBoost 模型选择使用不同的常数系数来更新，这样会加快样本权重的变化，中和弱分类器权重变化速度，从而加快强学习器的集成。

4）参数确定

样本数据的输入由故障特征提取的 6 种时域参数组成，每种故障状态下选择 60 组样本数据，正常状态下选择 120 组样本数据。样本数据的输出则由 $[0, \cdots, 0, 1, 0, \cdots, 0]^T$ 向量表示（1 对应的位置 i 表示为第 i 种状态模式，其余为 0），正常、b007、b014、b021、IR007、IR014、IR021、OR007、OR014、OR021 分别代表第 1~10 种状态模式。同时将样本数据按照 5:1 分成训练数据与测试数据。

OHF Elman 神经网络算法的参数主要有精度指标与隐含层神经元数。参数确定过程与结果如下。

（1）精度指标选取均方误差 MSE：

$$\text{MSE} = \sum_{i=1}^{s} (T_i - O_i)^2 / s \qquad (3-67)$$

式中，T_i 为真实输出数据；O_i 为网络输出数据；s 为数据维度。

（2）神经网络隐含层神经元数 n 的确定：

$$n = \sqrt{r+m} + a \qquad (3-68)$$

式中，n 为隐含层神经元数；r 为输入层神经元数；m 为输出层神经元数；a 为 $1\sim10$ 的常数。

根据式(3-65)，首先确定隐含层神经元数在 $4\sim14$ 范围内。通过 OHF Elman 神经网络在不同隐含层神经元数下进行训练，选择测试误差 MSE 较小的神经元数作为隐含层神经元数。如图 3-27 所示，隐含层数 n 确定为 10。

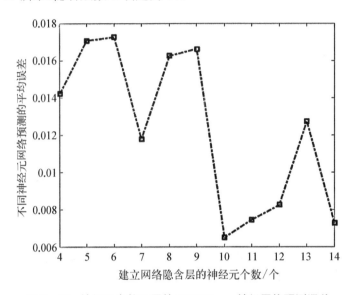

图 3-27　神经元个数不同的 OHF Elman 神经网络预测误差

OHF Elman-AdaBoost 模型的参数主要是阈值 τ 与弱学习器数量 K，参数确定过程与结果如下：

(1) 阈值 τ 的确定。阈值 τ 的确定直接决定了样本的权重变化，从而决定了强学习器对样本的预测误差水平。为了确定阈值 τ，首先选择弱学习器 OHF Elman 神经网络进行样本数据训练与测试，结果如下：平均绝对误差为 0.051 1，最大绝对误差为 2，最小绝对误差为 $8.427\,2\times10^{-19}$，因此 τ 确定为 0.01。

(2) 弱学习器数量 K 的确定。首先选择 $8\sim15$ 作为弱学习器的数量范围，分别利用 OHF Elman-AdaBoost 算法进行测试训练，试验结果如图 3-28 所示。

为了选择弱学习器数量，以所有测试样本的 MSE 误差之和作为判别准则，如图 3-28 中的纵轴所示。图 3-28 中的结果说明了弱学习器数量对强学习器的影响是非线性的，并且在弱学习器数量为 13 个时，预测误差之和较小，因而确定弱学习器的数量，即 $K=13$ 个。

5) 模型训练及结果分析

时小虎等在理论上证明了 OHF Elman 神经网络的收敛性与其相较于 Elman 神经网络的优越性，但是这些结论还需要进行实例验证。因此，在进行 OHF Elman-AdaBoost 模型的测试训练之前，首先进行 Elman 神经网络与 OHF Elman 神经网络的对比训练，其结果如图 3-29 所示。

两种神经网络对各个测试样本的诊断效果如图 3-29 所示。可以看出，除有一组样本数据的预测误差基本相同外，OHF Elman 神经网络在其他样本数据上的预测误差皆小于

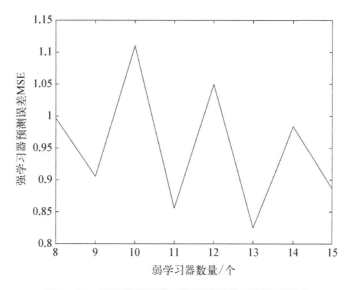

图 3-28　不同数量弱学习器下的强学习器预测误差

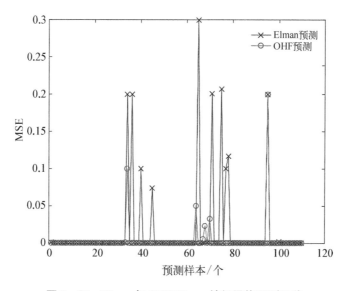

图 3-29　Elman 与 OHF Elman 神经网络预测误差

Elman 神经网络,证明 OHF Elman 神经网络的预测性能确实优于 Elman 神经网络。

　　在证明了 OHF Elman 神经网络更适合滚动轴承的故障诊断后,进行 OHF Elman - AdaBoost 的训练与测试,测试结果如图 3-30 与图 3-31 所示。

　　图 3-30 中展示了每个弱学习器与强学习器对滚动轴承样本数据的平均诊断效果。如图 3-30 所示,强学习器的预测误差要远小于每一个弱学习器的预测误差。

　　图 3-31 展示了 OHF Elman - AdaBoost 算法得到的强学习器与 OHF Elman 神经网络弱学习器对各个测试样本的预测误差效果。可以看出,除在一组样本上强学习器与弱学习器的预测误差几乎相等外,强学习器基本上在所有测试样本中都取得了更好的预测效果。

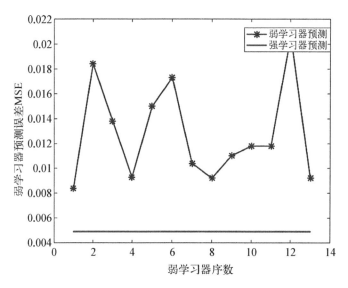

图 3-30　强学习器与各个弱学习器的预测误差对比

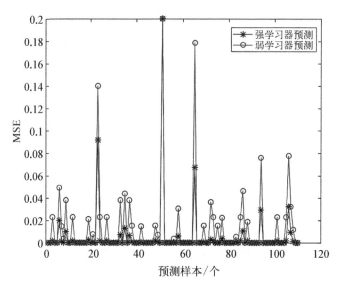

图 3-31　强、弱学习器在测试样本上的预测误差 MSE 对比

　　表 3-11 所示为所有弱学习器预测误差的均值,并与强学习器预测误差进行了对比。结果可见,通过 OHF Elman-AdaBoost 算法得到的强学习器在弱学习器 OHF Elman 神经网络的基础上预测误差降低了 61.7%。

表 3-11　强、弱学习器预测误差对比

类　型	均值-弱学习器	强学习器	误差降低比例/%
预测误差	0.012 8	0.004 9	0.617

　　表 3 - 12 中对比了所有弱学习器对于不同故障时期的平均预测误差与强学习器对于不同故障时期的预测误差,强学习器在不同故障时期的预测效果均优于弱学习器,其中在故障晚期预测效果提升最为明显,同时也在故障初期与故障中期上降低了约 25% 与 66.5% 的预测误差。

表 3 - 12　强、弱学习器在不同故障时期诊断预测误差

学习器类型	正常	故障初期	故障中期	故障晚期
弱学习器平均预测误差	0.010 6	0.005 5	0.024 8	0.001
强学习器预测误差	0.002 5	0.004 1	0.008 3	0.000 121 5

　　研究人员进一步细分对比了弱学习器对于不同故障在不同时期的平均预测误差与强学习器对于不同故障在不同时期的预测误差。如表 3 - 13 所示,故障初期与故障中期的诊断误差主要集中于滚动体故障诊断,与弱学习器诊断结果相比,强学习器同时提高了三种故障在不同时期的诊断精度。由此可以验证,OHF Elman - AdaBoost 算法在滚动轴承故障多时期诊断的精确性方面有性能优势。

表 3 - 13　强、弱学习器下 3 种元件在故障的不同时期诊断预测误差

故障时期	学习器类型	内　圈	外　圈	滚 动 体
初期	强学习器	1.72×10^{-4}	8.30×10^{-9}	0.008 9
	弱学习器	0.001 79	6.55×10^{-8}	0.010 84
中期	强学习器	6.66×10^{-5}	0.004 2	0.020 2
	弱学习器	0.002 22	0.019 8	0.051 73
晚期	强学习器	1.44×10^{-10}	2.12×10^{-4}	1.70×10^{-4}
	弱学习器	1.17×10^{-9}	0.001 82	0.001 5

3.8　本章小结

　　随着现代科学技术的进步和生产的发展,现代企业的生产设备日益向大型、复杂、精密和自动化方向发展。由于设备故障带来的停产会带来巨大的损失,因而对生产设备的监测与故障诊断系统的研究变得十分必要,这成为企业远程服务的重要组成部分。

　　故障诊断预测包括数据采集、数据处理、故障模式识别与故障诊断决策部分,其中故障模式识别与故障诊断决策是关键环节。通过几十年甚至上百年的发展后,人工智能算法实现了智能故障诊断。在许多情况下,对于由很多不同信号引发的历史故障数据或者统计数

据集,很难确认何种预测模型适合预测,或者在研究许多实际的故障预测问题时,建立复杂部件或者系统的数学模型是很困难甚至是不可能的。因此,通过人工智能算法可以有效地找出故障数据与故障模式之间的关系,从而准确地预测系统的故障模式。

本章在简单介绍了人工智能的发展历程后,详细介绍了数据驱动的健康预测算法,包括遗传算法、支持向量机、神经网络、贝叶斯网络与 AdaBoost 集成算法等,并通过基于支持向量回归的燃气轮机轴承退化状态及剩余使用寿命预测研究、基于改进神经网络的燃气轮机叶片故障诊断研究、基于 SOM 神经网络的燃料系统故障诊断研究与基于 OHF Elman - AdaBoost 算法的滚动轴承故障诊断研究 4 个案例分析,论证了人工智能算法在实际工程的故障诊断问题上的预测有效性。

参考文献

［1］ 孙博,康锐,谢劲松.故障预测与健康管理系统研究和应用现状综述[J].系统工程与电子技术,2007,29(10):1762-1767.

［2］ Huang N E, Shen Z, Long S R, et al. The empirical mode decomposition and the Hilbert spectrum for nonlinear and non-stationary time series analysis[J]. Proceedings of the Royal Society A: Mathematical, Physical and Engineering Sciences, 1998, 454(1971): 903-995.

［3］ Wu Z, Huang N E. Ensemble empirical mode decomposition: a noise-assisted data analysis method[J]. Advances in Adaptive Data Analysis, 2009, 1(01): 1-41.

［4］ Miriam A, Anna G. Classification of impact damage on a rubber-textile conveyor belt using Naïve-Bayes methodology[J]. Wear, 2018, 414-415: 59-67.

［5］ Saari J, Strömbergsson D, Lundberg J, et al. Detection and identification of windmill bearing faults using a one-class support vector machine (SVM)[J]. Measurement, 2019, 137: 287-301.

［6］ Ben Ali J, Fnaiech N, Saidi L, et al. Application of empirical mode decomposition and artificial neural network for automatic bearing fault diagnosis based on vibration signals[J]. Applied Acoustics, 2015, 89(Mar.): 16-27.

［7］ 许迪,葛江华,王亚萍,等.量子遗传算法优化的 SVM 滚动轴承故障诊断[J].振动、测试与诊断,2018, 38(4): 843-851,879.

［8］ Shi X H, Liang Y C, Lee H P, et al. Improved Elman networks and applications for controlling ultrasonic motors[J]. Applied Artificial Intelligence, 2004, 18(7): 603-629.

［9］ Kohonen T. Self-organized formation of topologically corred feature maps[J]. Biological cybernetics, 1982, 43(1): 59-69.

［10］ Hu R, Ratner K, Ratner E, et al. ELM－SOM＋: a continuous mapping for visualization[J]. Neurocomputing, 2019, 365(Nov.6): 147-156.

［11］ Freund Y, Schapire R E. A decision-theoretic generalization of on-line learning and an application to boosting[J]. Journal of Computer and System Sciences, 1997, 55(1): 119-139.

［12］ Jia X, Jin C, Buzza M, Wang W, Lee J. Wind turbine performance degradation assessment based on a novel similarity metric for machine performance curves[J]. Renewable Energy, 2016, 99(Dec.): 1191-1201.

［13］ 刘文朋,刘永强,杨绍普,等.基于典型谱相关峭度图的滚动轴承故障诊断方法[J].振动与冲击,2018, 37(08): 87-92.

第 4 章
深度学习理论与设备的剩余使用寿命预测

4.1 基于深度学习的剩余使用寿命预测发展背景

4.1.1 剩余使用寿命预测方法分类

目前设备剩余使用寿命预测方法主要分为 3 类：基于物理模型的预测方法、数据驱动的预测方法以及混合预测方法。

基于物理模型的预测方法即通过研究故障内在机理，建立数学模型，预测设备退化趋势。比如通过建立有限元模型、动力学模型和损伤传播模型，模拟齿轮裂纹的扩展过程，预测齿轮的剩余使用寿命。基于物理模型的故障预测方法一般要求对象系统的数学模型是已知的，这类方法提供了一种可以掌握被预测组件或系统的故障模式过程的技术手段，在系统工作条件下，通过对功能损伤的计算评估关键零部件的损耗程度，并可在有效寿命周期内评估零部件使用过程中的故障累积效应，通过集成物理模型和随机过程建模，评估部件剩余使用寿命的分布状况。基于模型的故障预测方法具有能够深入对象系统本质的特点和能够实时预测故障的优点。然而这种方法对较复杂的系统，比如涡扇发动机等不大适用，因为该类方法需要做一些简化假设，其预测精度受到限制。

数据驱动的预测方法是指采用数理统计和机器学习等方法，通过捕捉设备状态、监测数据和剩余使用寿命的内在关系进行寿命预测。在许多情况下，对于由很多不同的信号引发的历史故障数据或者统计数据集，研究者很难确认何种预测模型适用于预测。或者在研究许多实际的故障预测问题时，建立复杂部件或者系统的数学模型是很困难甚至是不可能的。因此，运用部件或者系统设计仿真、运行和维护等各个阶段的测试、传感器历史数据就成为掌握系统性能的主要手段。机器学习和统计分析方法是数据驱动故障预测与健康管理（prognostics and health management，PHM）的主流算法。数据驱动 PHM 方法以其较好的适应性和易用性获得了广泛的应用和推广。基于数据驱动的故障预测技术不需要对象系统的先验知识（数学模型和专家经验），以测试和状态监测数据为对象，估计对象系统未来的状态演化趋势，从而避免了基于模型和基于知识的故障预测技术存在的问题。该类方法便捷高效，在学术圈和工业界获得了广泛应用。传统的数据驱动方法有支持向量机、贝叶斯方法等，随着深度学习的发展，越来越多的深度学习方法被应用于设备剩余使用寿命预测领域。

混合预测方法是以上两者的结合，旨在取长补短。比较典型的做法是使用数据驱动的预测方法推断测量模型，然后使用基于物理模型的预测方法预测剩余使用寿命。由于传感器测量通常不能直接表征复杂系统的内部系统状态,需要通过测量进行推断以间接估计内部系统状态,然后基于该内部系统状态预测剩余使用寿命。测量模型是从测量到内部系统状态的映射,许多数据驱动方法已被应用于构建测量模型,该模型也可用于检测早期故障,从而触发 RUL 预测。此外,也可使用数据驱动模型和基于物理的模型进行预测,并融合两者的结果。这种类型的混合方法同时使用两种预测模型即数据驱动模型和基于物理的模型预测系统的 RUL。通过融合两个预测模型的结果来计算最终的 RUL 预测结果,可以提高预测精度,缩小置信边界。其中,基于物理的模型结合了系统退化过程的知识,而数据驱动模型可以基于历史观察,使用诸如时间序列预测之类的技术来预测系统状态。总而言之,混合方法兼顾准确性和可解释性,然而开发一种有效的混合预测方法仍然非常具有挑战性,目前的应用相对较少。

4.1.2 深度学习在剩余使用寿命预测领域的应用

深度学习是机器学习领域的前沿技术,深度学习通过多层特征转换,把原始数据转变为更高层次、更抽象的表示,并将其进一步输入预测函数得到最终结果。深度学习适用于大样本的高维数据,由于状态监测数据具有样本量大、维度高的特点,数据驱动的剩余使用寿命预测很适合采用深度学习的方法。

随着深度学习技术的不断发展,越来越多的深度学习模型被应用到设备剩余使用寿命预测的研究中。卷积神经网络(convolutional neural network,CNN)具有参数共享和稀疏连接的特点,可以有效地从输入数据中学习特征,在机器视觉等领域得到了广泛的应用。已有学者提出基于卷积神经网络的 RUL 预测模型,利用卷积层和池化层捕捉状态监测数据的内在特征,比传统机器学习方法预测精度更高。深度学习模型中的长短期记忆(long short-term memory,LSTM)神经网络适用于处理较长的序列信息,也广泛应用于机器翻译、语音识别等领域,针对状态监测时间序列数据也有很好的适用性。学者已将 LSTM 应用于 RUL 预测,并通过多层 LSTM 堆叠或者采用 LSTM 的各种变种,提高预测精度。此外,许多学者通过结合不同的深度学习架构,或者在现有的模型上进行改动,优化模型性能。比如将自编码神经网络(Autoencoder)和 LSTM 结合的混合预测模型。其中,Autoencoder 负责从退化数据中提取特征,LSTM 输入提取的特征进行时序建模。Autoencoder 是一种基于无监督学习算法的神经网络,因其可将输入数据转换为较低维度的表示,已被广泛应用于故障诊断和寿命预测领域。

在采用深度学习方法预测剩余使用寿命时,往往可以结合一些模型独立的学习方式来提高模型的预测精度和泛化能力。这类学习范式主要有集成学习方法和迁移学习方法。

1) 集成学习方法

集成学习方法是指先产生一组学习器进行学习,然后采用某种策略将学习结果结合起来。集成学习方法通常可获得比单一学习器更加优越的泛化性能。目前已有部分学者将集成学习方法应用到 RUL 预测研究中。要构建一个具有强泛化能力的集合模型,基模型应该兼具准确性和多样性。如今,学者往往通过采用深度学习模型作为基模型的方式来保证其准确性。在多样性方面,经典的方法是对数据样本进行扰动。从给定初始数据集中产生不同的数据子集,再利用不同的数据子集训练产生不同的基模型。数据样本扰动通常基于采样法,如 Bagging 方法和 AdaBoost 方法。当基模型为深度神经网络等"不稳定模型"时,此类做法往往很有效。除了数据扰动,学者还通过采用不同的机器学习算法进行集成的方法提高模型多样性,即异质集成方法(heterogeneous ensemble)。负相关学习(negative correlation learning,NCL)是一种常用于神经网络集成的集成学习算法,它把基模型之间预测结果的相关性作为一个惩罚项,并将其引入神经网络的损失函数中,进而影响神经网络的训练以增强基模型的多样性。比如有学者设计了一种应用负相关学习的选择性堆叠去噪自动编码器,进行齿轮箱故障诊断,结果表明应用负相关学习的模型诊断精度优于普通模型。在集成学习框架中,如果基模型的数目增多,集成学习的预测速度明显下降,其所需的存储空间也迅速增加。而且研究表明,在某些情况下,对基模型的选择性子集进行集成,优于对所有基模型进行集成。因此,集成修剪(ensemble pruning)可改善集成学习框架的预测效果,并降低其存储需求。综上所述,集成学习的主要提升思路有两条:① 提高基模型的准确性和多样性;② 优化集成策略,输出并放大精确模型的影响。在 RUL 预测领域,集成学习的应用相对较少,但具有较大的研究前景。

2) 迁移学习方法

在使用深度学习方法预测时,首先要准备一定规模的训练数据,这些训练数据的分布需要与真实数据的分布一致,然后设定一个目标函数和优化方法,利用训练数据学习模型。此外,不同任务的模型往往都是从零开始训练的,一切知识都需要从训练数据中得到。这也导致每个任务都需要准备大量的训练数据。然而,在实际应用中,我们面对的任务往往难以满足上述要求,可能出现训练数据和目标任务的故障模式不一致,可使用的运行至失效训练数据过少等情况。此时可采用迁移学习方法提高模型的准确性。迁移学习是指利用数据、任务或模型之间的相似性,将在旧领域(源域)学习过的模型,应用于新领域(目标域)的一种学习过程。归纳迁移学习(inductive transfer learning)是迁移学习中的一类典型方法,它首先通过源域数据学习相关规律,然后在目标域任务中利用所学规律提升模型性能。例如,可以在目标域任务中运用预训练的模型提取深层特征,配合浅层分类器实现目标域任务的准确预测;也可以采用精调(fine-tuning)的方式,在目标域复用预训练模型并对部分组件的参数进行调整。与归纳迁移学习和复用学习归纳的规律不同,转导迁移学习(transductive transfer learning)则同时利用源域和目标域的样本进行迁移学习。例如,针对源域与目标域数据分布不一致的问题,可以利用领域适应方法(domain adaptation)来保障模型的预测性能。

4.2　卷积神经网络

卷积神经网络(convolutional neural network,CNN)是一种专门用来处理具有类似网格结构的数据的神经网络,例如时间序列数据(可以认为是在时间轴上有规律地采样而形成的一维网格)和图像数据(可以看作二维的像素网格)。卷积神经网络一般由卷积层、池化层和全连接层构成。针对状态监测时间序列数据,一般采用 1D CNN 进行处理,其结构如图4-1所示。

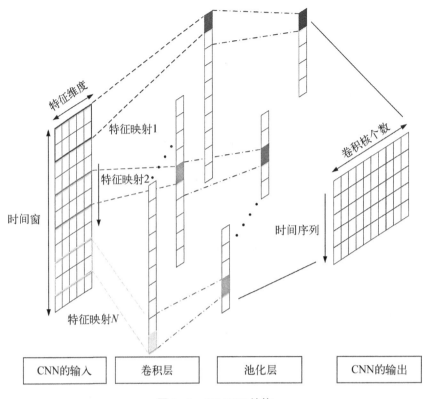

图 4-1　1D CNN 结构

4.2.1　卷积层

卷积层的作用是提取一个局部区域的特征,不同的卷积核相当于不同的特征提取器。特征映射(feature map)为数据在经过卷积后提取到的特征,每个特征映射可以作为一类抽取的特征。为了提高卷积网络的表示能力,更好地表示特征,可以在每一层使用多个不同的特征映射。卷积核将输入数据卷积并生成特征图,卷积操作如下所示:

$$f = \varphi(\boldsymbol{u} * \boldsymbol{k} + b) \tag{4-1}$$

式中,f 代表所得特征映射;$\boldsymbol{k}$ 代表卷积核;$\boldsymbol{u}$ 是输入特征;$*$ 代表卷积操作;b 和 φ 分别代表偏差项和激活函数。激活函数往往采用线性整流函数(rectified linear unit,ReLU)。通过卷积运算压缩原始传感器数据,提取出重要特征。根据卷积的定义,卷积层有两个很重要的性质:

(1) 稀疏连接。在卷积层中的每一个神经元都只与下一层中某个局部窗口内的神经元相连,构成一个局部连接网络。这一结构使卷积层与下一层之间的连接数大大减少。

(2) 权重共享。滤波器的功能对于第一层所有的神经元都是相同的,即一个滤波器检测某种特征的功能是固定的,这个滤波器可用于输入数据的不同区域。

4.2.2　池化层

池化层也称为子采样层(subsampling layer),其作用是进行特征选择,降低特征数量,从而减少参数数量。卷积层虽然可以显著减少网络中连接的数量,但特征映射组中的神经元个数并没有显著减少。如果后面接一个分类器,分类器的输入维数依然很高,很容易出现过拟合。为了解决这个问题,可以在卷积层之后加上一个池化层,从而降低特征维数,避免过拟合。同时,池化层还可以缩短特征图的长度,进一步提取显著的特征,并提高计算速度。

常用的池化方法有以下两种:

(1) 最大池化(maximum pooling):一般是取一个区域内所有神经元的最大值,如图 4 - 2 所示。在图像分类等计算机视觉任务中,最大池化的表现较好。

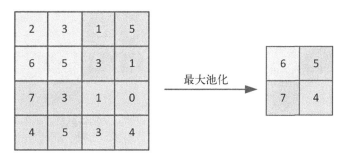

图 4 - 2　最大池化示例

(2) 平均池化(mean pooling):一般是取区域内所有神经元的平均值。

典型的池化层是将每个特征映射划分为 2×2 大小的不重叠区域,然后使用最大池化的方式进行下采样。池化层也可以看作一个特殊的卷积层,卷积核为 max 函数或 mean 函数。过大的采样区域会急剧减少神经元的数量,造成过多的信息损失。

一个典型的卷积网络由卷积层、池化层和全连接层交叉堆叠而成。一个卷积块由连续2~3个卷积层和0~1个池化层构成。一个卷积网络中可以堆叠1~100个连续的卷积块,末端连接0~2个全连接层。目前,整个网络结构趋向于使用更小的卷积核(比如1×1和3×3)以及更深的结构(比如层数大于50层)。此外,由于卷积的操作性越来越灵活(比如可采用不同的步长),池化层的作用也变得越来越小,因此目前比较流行的卷积网络中,池化层的比例也逐渐降低,趋向于全卷积网络。

4.2.3　几种经典的卷积神经网络

1) LeNet

虽然 LeNet 被提出的时间比较早,但它是一个非常成功的神经网络模型。在 20 世纪90 年代,美国很多银行使用基于 LeNet 的手写数字识别系统识别支票上面的手写数字。LeNet 的网络结构如图 4 - 3 所示。

LeNet 由卷积块和全连接块两部分组成。卷积块中的基本单元是卷积层和随后的平均池化层(此处需注意的是,虽然最大池化效果更好,但它在 20 世纪 90 年代尚未被发明)。卷积层被用于识别图像中的空间图案,随后的平均池化层用于降低维度。卷积层块由这两个基本单元的重复堆栈组成。每个卷积层使用一个 5×5 卷积核,并使用 Sigmoid 激活函数处理每个输出。第一卷积层具有 6 个输出通道,第二卷积层将通道深度进一步增加到 16。

然而,随着通道数量的增加,卷积层的高度和宽度显著缩小。因此,各个卷积层的参数

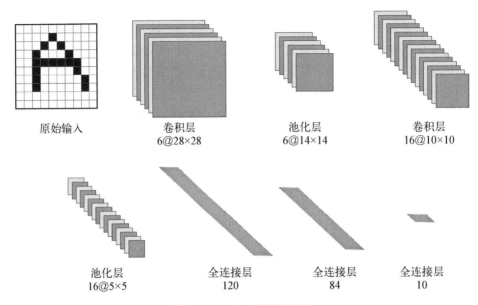

图 4-3 LeNet 的网络结构

大小相似。两个平均池化层的大小为 2×2,并且采取步长为 2。换句话说,池化层将特征图下采样到原大小的四分之一。

卷积块输出的大小由批量大小、通道、高度、宽度决定。将卷积块的输出传递给全连接块之前,必须将其展平,即采用 4D 输入并将其转换为完全连接层所期望的 2D 输入。LeNet 的全连接层模块具有 3 个全连接层,分别具有 120、84 和 10 个输出。最后一个全连接层的 10 维输出对应 10 个可能的输出类别。

2) AlexNet

AlexNet 于 2012 年推出,采用 8 层卷积神经网络的 AlexNet 以巨大的准确率优势赢得了 2012 年 ImageNet 大规模视觉识别挑战赛。该网络首次证明,通过学习获得的功能可以超越手动设计功能,这打破了以前的计算机视觉范式。AlexNet 与 LeNet 的架构非常相似,两者的结构如图 4-4 所示。

AlexNet 与 LeNet 的设计理念非常相似,但两者也存在显著差异。AlexNet 比 LeNet 要深得多。AlexNet 由五个卷积层、两个完全连接的隐藏层和一个全连接的输出层组成,一共八层。另外,AlexNet 使用 ReLU 作为其激活函数,而 LeNet 使用 Sigmoid 作为其激活函数。

在 AlexNet 的第一层中,卷积窗口形状为 11×11。由于 ImageNet 中的大多数图像的大小比手写数字识别图像高十倍以上,因此 ImageNet 数据中的对象往往占用更多像素,需要更大的卷积窗口来捕获对象。AlexNet 第二层中的卷积窗口形状减小到 5×5,第三层及之后的窗口形状 3×3。此外,在第一、第二和第五卷积层之后,网络添加最大池化层,窗口形状为 3×3,步长为 2。此外,AlexNet 的卷积通道比 LeNet 多十倍。在最后一个卷积层之后是两个完全连接的层,具有 4 096 个输出。这两个巨大的全连接层产生大约 1 GB 的模型参数。由于早期 GPU 的内存有限,原始的 AlexNet 使用双数据流设计,因此它们的两个 GPU

中的每一个都可以负责存储和计算模型的一半。幸运的是,现在 GPU 内存比较高,所以我们现在很少需要在 GPU 上分解模型。

AlexNet 将 Sigmoid 激活函数更改为更简单的 ReLU 激活函数。一方面,ReLU 激活函数的计算更简单,例如它没有 Sigmoid 激活函数中的取幂运算;另一方面,当使用不同的参数初始化方法时,ReLU 激活功能使模型训练更容易。这是因为当 S 形激活函数的输出非常接近 0 或 1 时,这些区域的梯度几乎为 0,因此反向传播不能继续更新某些模型参数。相反,正区间中 ReLU 激活函数的梯度始终为 1。因此,如果模型参数未正确初始化,Sigmoid 函数则可能在正区间中获得几乎为 0 的梯度,模型从而不能得到有效的训练。

此外,AlexNet 通过 Dropout 控制完全连接层的模型复杂性,而 LeNet 仅使用权重衰减。为了进一步增强数据,AlexNet 的训练使用了大量的图像增强,例如翻转、剪裁和颜色变化。这使得模型更加稳健,其更大的样本量有效地减少了过度拟合。

3) VGG 网络

虽然 AlexNet 证明深度卷积神经网络可以取得良好的效果,但它并没有提供可以指导后续研究人员设计新网络的通用模板。神经网络架构的设计逐渐变得更加抽象,研究人员从单个神经元的思考转向整个层,再到现在转向多个层组成的块。在 VGG 网络中,通过使用循环和子程序,可以很容易地实现不同现代深度学习框架的重复结构。经典卷积网络的基本构建块是以下层的序列:① 卷积层(使用填充来保持分辨率);② 非线性层,例如 ReLU。一个 VGG 网络块由卷积序列组成图层,后跟最大池化层,用于空间下采样。在最初的有关 VGG 网络的论文中,研究者使用 3×3 卷积核和 2×2 最大池化,步长为 2(每个块后的分辨率减半)。

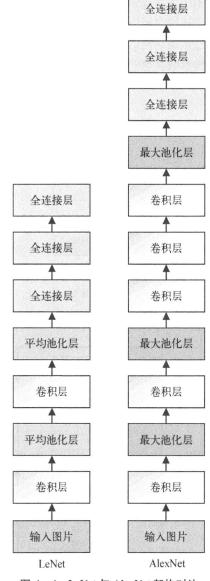

图 4-4　LeNet 与 AlexNet 架构对比

与 AlexNet 和 LeNet 一样,VGG 网络可以分为两部分:第一部分主要由卷积和池化层组成;第二部分由全连接层组成,其结构如图 4-5 所示。网络的卷积部分连续连接几个 VGG 网络卷积块。最初的 VGG 网络有 5 个卷积块,其中前两个各有一个卷积层,后三个各包含两个卷积层。第一个块有 64 个输出通道,后续每个块使输出通道的数量加倍,直到该数量达到 512 个。

4) 网络中的网络

网络中的网络(network in network, NiN)相较于 LeNet、AlexNet 和 VGG 的改进主要集中在卷积层、池化层与全连接层的数量及尺寸上。三个模型均遵循同样的主干结构设计方式,即采用全连接层处理由卷积模块提取的特征。然而,由于特征输入全连接层前需要展平,使用全连接层会破坏特征中固有的空间结构信息。此外,全连接层并不具备权值共享的特性,引入全连接层会使得模型的参数数量大幅增加。NiN 提供了一种新的解决方案,其在卷积核后的连接参数共享的多层感知机(multiple layer perception,MLP),可降低对全连接层的需求。

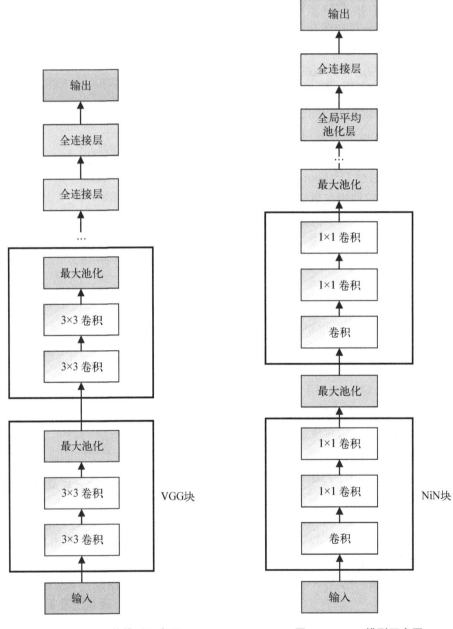

图 4‑5 VGG 网络模型示意图   图 4‑6 NiN 模型示意图

卷积层的输入和输出数据的尺寸由四维数组决定,四个维度分别是批量大小、通道数、特征高度和特征宽度。而全连接层的输入和输出数据的尺寸则对应批量大小和神经元数量的二维数组。NiN 在卷积核的输出处附加了与卷积核中每个像素位置相连的 MLP 层。由于该 MLP 层的权重与像素在卷积核中的位置绑定,我们可以把它视为 1×1 的卷积层。在 NiN 中,采用全局平均池化代替了全连接层前的展开操作。图 4 - 6 中展示了 NiN 的主要结构。

5）Inception 网络

在卷积网络中,如何设置卷积层的卷积核大小是一个十分关键的问题。在 Inception 网络中,一个卷积层包含多个不同大小的卷积核,这样的卷积层称为 Inception 模块。Inception 网络是由多个 Inception 模块和少量的汇聚层堆叠而成。Inception 模块受到 NiN 的启发。Inception 模块同时使用 1×1,3×3,5×5 等不同大小的卷积核,并将得到的特征映射在深度上拼接(堆叠)起来,作为输出特征映射。图 4 - 7 所示为 v1 版本的 Inception 模块,采用了 4 组平行的特征抽取方式,分别为 1×1,3×3,5×5 的卷积和 3×3 的最大池化。同时,为了提高计算效率,减少参数数量,Inception 模块在进行 3×3,5×5 的卷积之前,3×3 的最大池化之后,进行一次 1×1 的卷积来减少特征映射的深度。如果输入特征映射之间存在冗余信息,1×1 的卷积相当于先进行一次特征抽取。

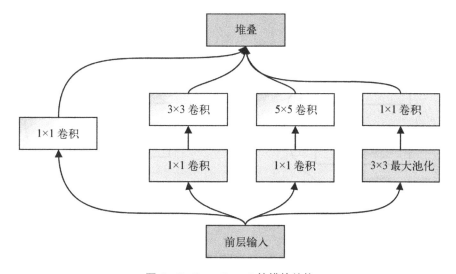

图 4 - 7　Inception v1 的模块结构

Inception 网络的 v1 版本就是非常著名的 GoogLeNet,它赢得了 2014 年 ImageNet 图像分类竞赛的冠军。Inception 网络有多个改进版本,其中比较有代表性的有 Inception v3 网络。Inception v3 网络用多层的小卷积核替换大的卷积核,以减少计算量和参数量,并保持感受野不变。具体包括以下两种方式:① 使用两层 3×3 的卷积替换 v1 中的 5×5 的卷积;② 使用连续的 $n×1$ 和 $1×n$ 来替换 $n×n$ 的卷积。Inception v3 网络同时也引入了标签平滑以及批量归一化等优化方法。

6）ResNet

传统的卷积神经网络随着模型深度的增加,会出现精确度饱和并迅速下降的现象。针对该问题,何恺明等提出了 ResNet 模型,该模型通过使用残差学习模块的方式降低网络参数数量,在收敛性能、分类性能等多个方面均有较大的提升,并且其推广性非常好,甚至可以直接用到 Inception 网络中。ResNet 模型将训练好的浅层结构与自身映射的增加层通过残差模块连接在一起,在增加层数的同时,模型的训练误差不会高于浅层的网络模型。在传统的神经网络中,一般会直接通过训练学习产生一个非线性最优映射 $H(X)$。 而 ResNet 模型则将最优映射改写为 $H(X) = F(X) + X$,通过逼近残差函数 $F(X)$ 来学习产生最优映射 $H(X)$。 当 $H(X)$ 过于复杂时,深度学习模型直接学习最优映射较为困难,ResNet 模型通过引入恒等映射(identity mapping),在输入、输出之间建立了一条直接的关联通道,使得有参层可以集中精力学习输入、输出之间的残差,从而很好地缓解了深度学习模型退化问题。

在具体实现残差网络时,一般用 $F(X, W_i)$ 来表示残差映射,输出即为 $Y = F(X, W_i) + X$。 如果输入与输出维度不同,有两种选择: 直接使用恒等,不足的通道都用补零来对齐;或增加一个线性投影,使得 $Y = F(X, W_i) + W_s X$,使用卷积核大小为 1×1 的卷积层 Conv 来实现 W_s 映射,从而使得输入、输出维度相同。普通残差模块结构如图 4-8(a)所示,在网络层数达到 50 层及以上的深度时,为了进一步减少模型的训练时间,残差模块被设计为瓶颈式架构,即在 3×3 的卷积层前后都增加一个 1×1 的卷积层,分别用于减少和恢复特征图尺寸,如图 4-8(b)所示。

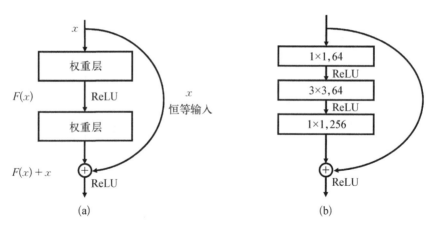

图 4-8 残差模块结构

(a)普通残差模块;(b)瓶颈式残差模块

7) DenseNet

2017 年提出的 DenseNet 脱离了利用网络层数(ResNet)和加宽网络结构(Inception)来提升网络性能的定式思维,从特征的角度考虑,通过特征重用和旁路设置,既大幅度减少了网络的参数量,又在一定程度上缓解了梯度消失问题。DenseNet 模型在 ResNet 的基础上使用了更简单的特征传递方式,将每层的输出直接连接到后续每层的输入中,从而使得每层卷积层产生的特征数量相对 ResNet 而言有一定的减少,其结构可如图 4-9 所示。但是,在整个网络中使用稠密连接依然是低效的,同时,网络中的池化结构会产生不同尺寸的特征图,导致无法直接连接。因此,DenseNet 使用了一种分块的设计方式,仅在每个块内使用稠密连接,每个块的输出在经过池化层后会作为下一个块的输入(见图 4-9)。

DenseNet 结构块的构造与其他网络不同,其每个块内是一系列 BN-ReLU-Conv 的组

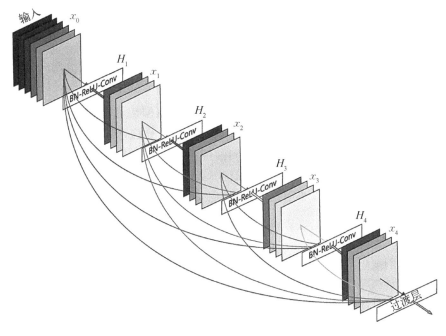

图 4‑9　DenseNet 结构

合,即批归一化层、ReLU 层与卷积层。并且在每个块内都可以使用一个额外的瓶颈层来减少网络的参数,进一步提升计算效率,图 4 - 10 所示即为一个具有瓶颈层的 DenseNet 结构块。

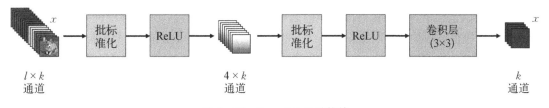

图 4‑10　DenseNet-B 结构块

4.3　循环神经网络

在前馈神经网络中,信息的传递是单向的,这种限制虽然使得网络变得更容易学习,但也在一定程度上减弱了神经网络模型的能力。在生物神经网络中,神经元之间的连接关系要复杂得多。前馈神经网络可以看作一个复杂的函数,每次输入都是独立的,即网络的输出只依赖于当前的输入。但是在现实中,很多任务要求网络的输入不仅与当前时刻的输入相关,也与其过去一段时间的输出相关。例如,一个有限状态自动机,其下一个时刻的状态(输出)不仅仅与当前输入相关,也与当前状态(上一个时刻的输出)相关。此外,前馈网络难以处理时序数据,比如视频、语音、文本等。时序数据的长度一般是不固定的,而前馈神经网络要求输入和输出的维数都是固定的,不能随意改变。因此,当处理这一类和时序相关的问题时,就需要一种能力更强的模型。

循环神经网络(recurrent neural network,RNN)是一类具有短期记忆能力的神经网络。在循环神经网络中,神经元不但可以接收其他神经元的信息,也可以接收自身的信息,形成具有环路的网络结构。与前馈神经网络相比,循环神经网络更加符合生物神经网络的结构。循环神经网络已经被广泛应用在语音识别、语言模型构建以及自然语言生成等任务上。循环神经网络的参数学习可以通过随时间反向传播算法来学习。随时间反向传播算法,即按照时间的逆序将错误信息一步步地向前传递。当输入序列比较长时,会存在梯度爆炸和消失问题,也称为长期依赖问题。为了解决这个问题,人们对循环神经网络进行了很多改进,其中最有效的改进方式就是引入门控机制。

4.3.1 简单循环神经网络

在一个两层的前馈神经网络中,相邻的层与层之间存在连接,隐藏层的节点之间是无连接的。而简单循环网络增加了从隐藏层到隐藏层的反馈连接。

假设在时刻 t 时,网络的输入为 $\boldsymbol{x}_t$,隐藏层状态(即隐藏层神经元活性值)为 $\boldsymbol{h}_t$,它不仅与当前时刻的输入 $\boldsymbol{x}_t$ 相关,也与上一个时刻的隐藏层状态 $\boldsymbol{h}_{t-1}$ 相关,有

$$\boldsymbol{z}_t = \boldsymbol{U}\boldsymbol{h}_{t-1} + \boldsymbol{W}\boldsymbol{x}_t + \boldsymbol{b} \qquad (4-2)$$

$$\boldsymbol{h}_t = f(\boldsymbol{z}_t) \qquad (4-3)$$

式中,$\boldsymbol{z}_t$ 为隐藏层的净输入;f 是非线性激活函数;通常为 logistic 函数或 Tanh 函数;$\boldsymbol{U}$ 为状态-状态权重矩阵;$\boldsymbol{W}$ 为状态-输入权重矩阵;$\boldsymbol{b}$ 为偏置。

如果我们把每个时刻的状态都看作前馈神经网络的一层的话,循环神经网络可以看作在时间维度上权值共享的神经网络。图 4-11 所示为时间维度为 T 的简单循环神经网络结构。

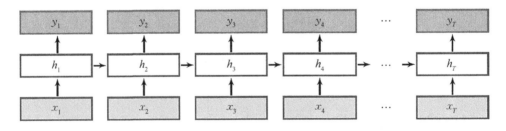

图 4-11 简单循环神经网络结构

4.3.2 长短期记忆神经网络

长短期记忆(long short-term memory,LSTM)神经网络是循环神经网络的一个变体,它可以有效地解决简单循环神经网络的梯度爆炸或消失问题。与简单循环神经网络相比,LSTM 新增了三个门控单元,即输入门、遗忘门和输出门。在数字电路中,门(gate)为一个二值变量{0,1},"0"代表关闭状态,不允许任何信息通过;"1"代表开放状态,允许所有信息通过。LSTM 网络中的"门"是一种"软阈值"门,取值在 0 和 1 之间,表示以一定的比例允许信息通过。

通过更新门控单元控制信息,LSTM 能避免传统循环神经网络在反向传播过程的梯度消失问题,实现对状态监测数据中有用信息的长时记忆。LSTM 的细胞结构如图 4-12 所示。x_t 代表 t 时输入 LSTM 神经网络的数据,在 t 时刻,LSTM 各组成部分有如下更新:

$$\boldsymbol{i}_t = \sigma(\boldsymbol{W}_i \boldsymbol{x}_t + \boldsymbol{U}_i \boldsymbol{h}_{t-1} + \boldsymbol{b}_i) \tag{4-4}$$

$$\boldsymbol{f}_t = \sigma(\boldsymbol{W}_f \boldsymbol{x}_t + \boldsymbol{U}_f \boldsymbol{h}_{t-1} + \boldsymbol{b}_f) \tag{4-5}$$

$$\boldsymbol{o}_t = \sigma(\boldsymbol{W}_o \boldsymbol{x}_t + \boldsymbol{U}_o \boldsymbol{h}_{t-1} + \boldsymbol{b}_o) \tag{4-6}$$

$$\tilde{\boldsymbol{c}}_t = \mathrm{Tanh}(\boldsymbol{W}_c \boldsymbol{x}_t + \boldsymbol{U}_c \boldsymbol{h}_{t-1} + \boldsymbol{b}_c) \tag{4-7}$$

$$\boldsymbol{c}_t = \boldsymbol{f}_t \,^{\circ} \boldsymbol{c}_{t-1} + \boldsymbol{i}_t \,^{\circ} \tilde{\boldsymbol{c}}_t \tag{4-8}$$

$$\boldsymbol{h}_t = \boldsymbol{o}_t \,^{\circ} \mathrm{Tanh}(\boldsymbol{c}_t) \tag{4-9}$$

式中,$\boldsymbol{i}$、$\boldsymbol{f}$、$\boldsymbol{o}$ 分别代表输入门、遗忘门和输出门;$\tilde{\boldsymbol{c}}$ 表示记忆细胞的候选值;$\boldsymbol{c}$ 表示更新后的记忆细胞状态;$\boldsymbol{h}$ 表示最终的输出;$\boldsymbol{W}$ 和 $\boldsymbol{U}$ 分别表示输入权重矩阵和循环权重矩阵;$\boldsymbol{b}$ 为偏置向量;σ 和 Tanh 分别是 Sigmoid 函数和双曲正切函数;$^{\circ}$ 表示元素乘运算。

　　其计算过程如下:① 首先利用上一时刻的外部状态 $\boldsymbol{h}_{t-1}$ 和当前时刻的输入 $\boldsymbol{x}_t$,计算出三个门以及候选状态 $\tilde{\boldsymbol{c}}_t$;② 结合遗忘门 $\boldsymbol{f}_t$ 和输入门 $\boldsymbol{i}_t$ 更新记忆单元 $\boldsymbol{c}_t$;③ 结合输出门 $\boldsymbol{o}_t$,将内部状态的信息传递给外部状态 $\boldsymbol{h}_t$。

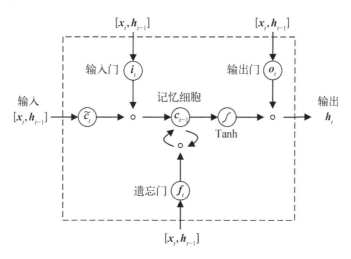

图 4-12　LSTM 细胞结构

　　循环神经网络中的隐状态 $\boldsymbol{h}$ 存储了历史信息,可以看作一种记忆(memory)。在简单循环网络中,每个时刻隐状态都会被重写,因此可以看作一种短期记忆(short-term memory)。在神经网络中,长期记忆(long-term memory)可以看作网络参数,隐含了从训练数据中学到的经验,并且更新周期要远长于短期记忆。而在 LSTM 网络中,记忆单元 $\boldsymbol{c}$ 可以在某个时刻捕捉到某个关键信息,并有能力将此关键信息保存一定的时间。记忆单元 $\boldsymbol{c}$ 中保存信息的生命周期要长于短期记忆 $\boldsymbol{h}$,但又远远短于长期记忆,因此称为长的短期记忆(long short-term memory)。

在一些任务中,一个时刻的输出不但和过去时刻的信息有关,也与后续时刻的信息有关。比如一个句子中,其中一个词的词性由它的上下文决定,即由左右两边的信息决定。在这些任务中,我们可以增加一个按照时间的逆序来传递信息的网络层,增强网络的能力。双向长短期记忆网络(bidirectional long short-term memory, BLSTM)由两层长短期记忆神经网络组成,它们的输入相同,只是信息传递的方向不同。LSTM 在处理状态监测数据这类时间序列时,只从历史数据中学习设备退化趋势,忽视了未来的信息。而BLSTM 可以综合考虑序列信息的历史数据和未来数据,增加模型可利用的信息,这有助于提升模型的性能。

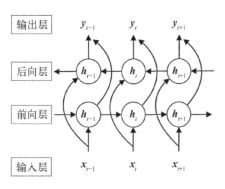

图 4-13 BLSTM 展开结构

BLSTM 的展开结构如图 4-13 所示,BLSTM 由两个方向相反的 LSTM 层构成,这两个 LSTM 层连接着同一个输出层。每个时刻的输入会分别传到前向层和后向层中,它们各自根据 LSTM 运算产生输出,两者的输出合并后形成最终的输出。

BLSTM 的更新过程如下所示,其中 LSTM($\cdot$)表示 LSTM 细胞运算,$\boldsymbol{W}_{\vec{h}y}$ 表示前向层到输出层的权值,$\boldsymbol{W}_{\overleftarrow{h}y}$ 表示后向层到输出层的权值,$\boldsymbol{b}_y$ 表示输出层的偏置。可见在 t 时刻,BLSTM 同时访问了历史和未来的信息,并利用这些信息进行学习。

$$\vec{\boldsymbol{h}}_t = \text{LSTM}(\boldsymbol{x}_t, \vec{\boldsymbol{h}}_{t-1}) \tag{4-10}$$

$$\overleftarrow{\boldsymbol{h}}_t = \text{LSTM}(\boldsymbol{x}_t, \overleftarrow{\boldsymbol{h}}_{t+1}) \tag{4-11}$$

$$\boldsymbol{y}_t = \boldsymbol{W}_{\vec{h}y}\vec{\boldsymbol{h}}_t + \boldsymbol{W}_{\overleftarrow{h}y}\overleftarrow{\boldsymbol{h}}_t + \boldsymbol{b}_y \tag{4-12}$$

4.3.3 门控循环单元

门控循环单元(gated recurrent unit,GRU)网络是一种比 LSTM 网络更简单的循环神经网络。门控循环单元网络也用门控机制控制输入、记忆等信息,而在当前时间步做出预测。在 LSTM 网络中,输入门和遗忘门是互补关系,用两个门比较冗余。GRU 网络将输入门与和遗忘门合并成一个门:更新门,其结构如图 4-14 所示。同时,GRU 也不引入额外的记忆单元,直接在当前状态 $\boldsymbol{h}_t$ 和历史状态 $\boldsymbol{h}_{t-1}$ 之间引入线性依赖关系。

在 GRU 网络中,当前时刻的候选状态 $\tilde{\boldsymbol{h}}_t$ 为

$$\tilde{\boldsymbol{h}}_t = \text{Tanh}\left[\boldsymbol{W}_h\boldsymbol{x}_t + \boldsymbol{U}_h(\boldsymbol{r}_t \circ \boldsymbol{h}_{t-1}) + \boldsymbol{b}_h\right] \tag{4-13}$$

式中,$\boldsymbol{r}_t$ 为重置门(reset gate),$\boldsymbol{r}_t \in [0, 1]$,用来决定上一时刻的状态 $\boldsymbol{h}_{t-1}$ 对候选状态 $\boldsymbol{h}_t$ 的影响程度。

$$\boldsymbol{r}_t = \sigma(\boldsymbol{W}_r\boldsymbol{x}_t + \boldsymbol{U}_h\boldsymbol{h}_{t-1} + \boldsymbol{b}_r) \tag{4-14}$$

当 $\boldsymbol{r}_t = 0$ 时,候选状态 $\tilde{\boldsymbol{h}}_t = \text{Tanh}(\boldsymbol{W}_h\boldsymbol{x}_t + \boldsymbol{b}_h)$,即候选状态只与当前输入 $\boldsymbol{x}_t$ 相关,与历史状态无关;当 $\boldsymbol{r}_t = 1$ 时,候选状态 $\tilde{\boldsymbol{h}}_t = \text{Tanh}(\boldsymbol{W}_h\boldsymbol{x}_t + \boldsymbol{U}_h\boldsymbol{h}_{t-1} + \boldsymbol{b}_h)$,即候选状态与当前输入 $\boldsymbol{x}_t$ 和历史状态 $\boldsymbol{h}_{t-1}$ 相关,与简单循环网络一致。

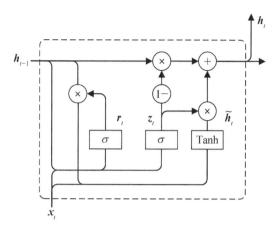

图 4 - 14　GRU 细胞结构

GRU 网络的隐状态 $\boldsymbol{h}_t$ 更新方式为

$$\boldsymbol{h}_t = \boldsymbol{z}_t \circ \boldsymbol{h}_{t-1} + (1 - \boldsymbol{z}_t)\tilde{\boldsymbol{h}}_t \tag{4-15}$$

式中，$\boldsymbol{z}$ 为更新门(update gate)，$\boldsymbol{z}_t \in [0,1]$，用来决定当前状态需要从历史状态中保留多少信息(不经过非线性变换)，以及需要从候选状态中接受多少新信息。

$$\boldsymbol{z}_t = \sigma(\boldsymbol{W}_z \boldsymbol{x}_t + \boldsymbol{U}_z \boldsymbol{h}_{t-1} + \boldsymbol{b}_z) \tag{4-16}$$

当 $\boldsymbol{z}_t = 0$ 时，当前状态 $\boldsymbol{h}_t$ 与历史状态 $\boldsymbol{h}_{t-1}$ 之间为非线性函数。若同时有 $\boldsymbol{z}_t = 0$，$\boldsymbol{r} = 1$ 时，GRU 网络退化为简单循环网络；若同时有 $\boldsymbol{z}_t = 0$，$\boldsymbol{r} = 0$ 时，当前状态 $\boldsymbol{h}_t$ 只和当前输入 $\boldsymbol{x}_t$ 相关，和历史状态 $\boldsymbol{h}_{t-1}$ 无关。当 $\boldsymbol{z}_t = 1$ 时，当前状态 $\boldsymbol{h}_t$ 等于上一时刻状态 $\boldsymbol{h}_{t-1}$，与当前输入 $\boldsymbol{x}_t$ 无关。

4.4　自编码神经网络

在处理高维数据(如状态监测数据)时，进行维数约减工作可降低计算复杂度，提高模型的泛化能力。传统的降维方法有主成分分析(principal components analysis，PCA)和线性判别式分析(linear discriminant analysis，LDA)等。被誉为深度学习之父的 Geoffrey Hinton 率先提出采用自编码神经网络(AutoEncoder)进行数据降维，在 MNIST 手写数字数据集上的验证结果表明自编码神经网络的特征提取能力明显优于主成分分析，如图 4 - 15 所示。

自编码神经网络是一种基于无监督学习算法的神经网络，因其可将输入数据转换为较低维度的表示，自编码神经网络已被广泛应用于故障诊断和寿命预测领域，被用来挖掘可用的故障特征。除了特征提取外，近些年自编码神经网络还被用于学习数据的生成模型(generative model)，一些强大的深度学习模型中都包含了自编码神经网络结构。

4.4.1　简单自编码器

一个简单的自编码器由输入层、隐藏层和输出层神经网络组成。一般情况下，输入层和

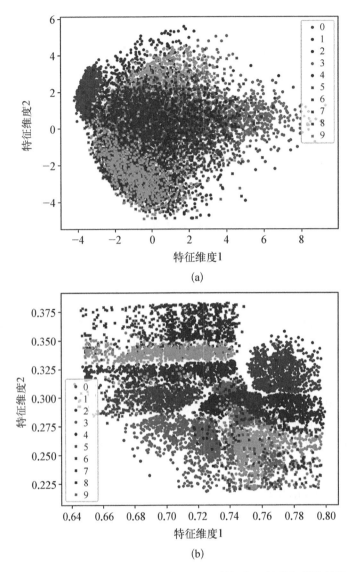

(a)

(b)

图 4 - 15 PCA 和 AutoEncoder 在 MNIST 数据集上的特征提取结果

（a）PCA 降维结果；（b）AutoEncoder 降维结果

输出层节点数一致且大于隐藏层节点数，其拓扑结构如图 4 - 16 所示。

自编码神经网络对输入的状态监测信号 x 进行编码，得到新的特征 z，并期望通过 z 重构产生原始的输入信号 x。编码过程为

$$z = f(Wx + b) \tag{4-17}$$

式中，f 一般为非线性激活函数；W 和 b 分别表示权重矩阵和偏置向量。利用新的特征 z 对输入信号 x 进行重构，解码过程为

$$x' = f'(W'z + b') \tag{4-18}$$

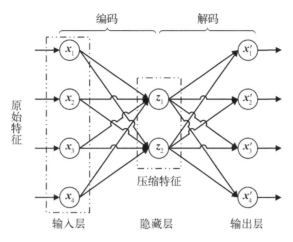

图 4 - 16　简单自编码器结构

一般采用均方误差作为损失函数来训练自编码神经网络,有

$$L(\boldsymbol{x}, \boldsymbol{x}') = \| \boldsymbol{x} - \boldsymbol{x}' \|^2 = \| \boldsymbol{x} - f'(\boldsymbol{W}'f(\boldsymbol{Wx} + \boldsymbol{b}) + \boldsymbol{b}') \|^2 \qquad (4-19)$$

由于可在隐藏层得到输入层的压缩表示,自编码神经网络可应用于前摄数据降维。在自编码神经网络训练结束后,将隐藏层的压缩特征作为后续预测模型的输入,对预测模型进行训练。

4.4.2　堆叠自编码器

对于很多数据来说,仅使用两层神经网络的自编码器不足以获取一种好的数据表示。为了获取更好的数据表示,我们可以使用更深层的神经网络。深层神经网络作为自编码器提取的数据表示一般会更加抽象,能够更好地捕捉到数据的语义信息。在实践中经常使用逐层堆叠的方式训练一个深层的自编码器,形成的自编码器称为堆叠自编码器。堆叠自编码器是一个由多层自编码器组成的神经网络,其将前一层自编码器的输出作为其后一层自编码器的输入。

堆叠自编码一般可以采用逐层训练(layer-wise training)来学习网络参数。具体过程如下:① 给定初始输入,采用无监督方式训练第一层自动编码器,减小重构误差达到设定值;② 把第一个自动编码器隐含层的输出作为第二个自动编码器的输入,采用同样的方法训练自动编码器;③ 重复第二步,直到堆叠足够数量的自动编码器;④ 把最后一个堆叠自动编码器的隐含层的输出作为分类器的输入,然后采用有监督的方法训练分类器的参数。

4.4.3　稀疏自编码器

在简单自编码器中,隐藏层神经单元数小于输入层神经单元数。但即使隐藏层单元的数量很多,我们仍然可以通过对自编码器网络施加稀疏性约束来挖掘有用的特征,如图4-17所示。

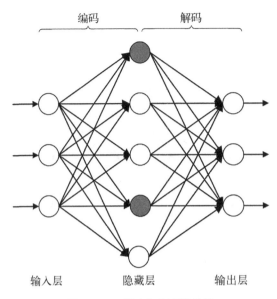

编码　　　　　解码

输入层　　　　　隐藏层　　　　　输出层

图 4 - 17　稀疏自编码器结构

在稀疏自编码器中,中间隐藏层的维度大于输入样本的维度,并让隐藏层神经元尽量稀疏,即其输出接近于零。稀疏自编码器的损失函数为

$$L(\boldsymbol{x}, \boldsymbol{x}') = \parallel \boldsymbol{x} - \boldsymbol{x}' \parallel^2 + \eta \rho(\boldsymbol{z}) \tag{4-20}$$

式中,$\rho(\cdot)$ 为稀疏性度量函数,为一组训练样本中每一个神经元激活的频率;η 为损失权重。给定 N 个训练样本,隐藏层第 j 个神经元平均活性值为

$$\hat{\rho}_j = \frac{1}{N} \sum_{n=1}^{N} \boldsymbol{z}_j^{(n)} \tag{4-21}$$

$\hat{\rho}_j$ 可以近似看作第 j 个神经元激活的概率。我们希望 $\hat{\rho}_j$ 接近于一个事先给定的值 ρ^*,比如 0.05,可以通过 KL 距离来衡量 $\hat{\rho}_j$ 和 ρ^* 的差距,即

$$\mathrm{KL}(\rho^* \parallel \hat{\rho}_j) = \rho^* \log \frac{\rho^*}{\hat{\rho}_j} + (1 - \rho^*) \log \frac{1 - \rho^*}{1 - \hat{\rho}_j} \tag{4-22}$$

如果 $\hat{\rho}_j = \rho^*$,则 $\mathrm{KL}(\rho^* \parallel \hat{\rho}_j) = 0$。稀疏性度量函数定义为

$$\rho(\boldsymbol{z}^{(n)}) = \sum_{j=1}^{p} \mathrm{KL}(\rho^* \parallel \hat{\rho}_j) \tag{4-23}$$

4.4.4　去噪自编码器

我们使用自编码器是为了得到有效的数据表示,而有效的数据表示除了具有最小重构错误或稀疏性等性质之外,我们还可以要求其具备其他性质,比如对数据部分损坏(partial destruction)的鲁棒性。高维数据(如图像)一般都具有一定的信息冗余,例如我们可以根据一张部分破损的图像联想出其完整内容。因此,我们希望自编码器也能够从部分损坏的数

据中得到有效的数据表示,并能够恢复完整的原始信息。

去噪自编码器就是一种通过引入噪声来增加编码鲁棒性的自编码器。对于一个向量 x,我们首先根据一个比例 μ 随机将 x 的一些维度的值设置为 0,得到一个被损坏的向量 $\tilde{x}$,然后将被损坏的向量 $\tilde{x}$ 输入自编码器得到编码 z,并重构出原始的无损输入 x。普通的自编码器的本质是学习一个相等函数,即输入和重构后的输出相等,这种相等函数的表示存在一个缺点,即当测试样本和训练样本不符合同一分布时,其效果不好,而去噪自编码器对于这类情况的处理有所进步,它通过引入噪声来学习更具鲁棒性的数据编码,并提高模型的泛化能力。

4.4.5　与主成分分析对比

当自编码神经网络的编码器和解码器各自为一层全连接神经网络,且激活函数为线性函数时,自编码神经网络的作用等效于主成分分析。自编码神经网络因具有一些优点而得以广泛应用,其相对于主成分分析的优点包括以下 5 个方面。

(1) 通过采用各式非线性激活函数(如 ReLU 和 Tanh 等),自编码神经网络可以习得非线性转换,而主成分分析仅可做先行转换,特征提取能力受到限制。

(2) 就模型参数而言,使用堆叠自编码神经网络学习多个层可能比使用主成分分析学习一个巨大的转换更有效。

(3) 在堆叠自编码神经网络中,每一层都可以输出一个维度的表示,而主成分分析仅能给出单个维度的表示,在某些情况下,有多个不同维度的表示是有用的。

(4) 在自编码神经网络中,编码层和解码层除了采用全连接神经网络外,也可以使用卷积层或者长短期记忆层,这对于视频、图像和时间序列数据来说可能有更好的结果。

(5) 自编码神经网络可以使用来自另一个模型的预训练层,即应用迁移学习来启动编码器/解码器以提升效果。

4.5　集成学习概述

集成学习(ensemble learning)是指先产生一组学习器进行学习,然后采用某种策略将学习结果结合起来。集成学习通常可获得比单一学习器更加优越的泛化性能。图 4-18 所示

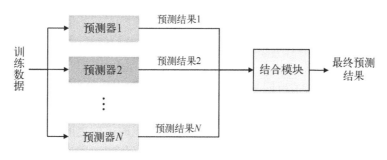

图 4-18　集成学习结构

为集成学习的一般结构：先产生一组"个体学习器"（individual learner），再用某种策略将它们结合起来。个体学习器通常由一个现有的学习算法训练获得，例如决策树、神经网络等。

1995年，有学者推导出误差-分歧分解（error-ambiguity decomposition）公式。此公式表明，在单个数据点处，集成模型的预测误差保证小于或等于个体学习器预测误差的均值。

$$(f_E - d)^2 = \sum_{i=1}^{M} w_i (f_i - d)^2 - \sum_{i=1}^{M} w_i (f_i - f_E)^2 \qquad (4-24)$$

式中，M 为个体学习器个数；d 为真实值；f_i 为个体学习器的预测值；f_E 为集成模型的预测值，是个体学习器预测值的加权平均：

$$f_E = \sum_{i=1}^{M} w_i f_i \qquad (4-25)$$

误差-分歧分解公式的左侧代表的是集成模型的预测误差，右侧由两部分组成，其中第一项 $\sum_{i=1}^{M} w_i (f_i - d)^2$ 是个体学习器的加权平均误差，衡量个体学习器的准确性；第二项 $\sum_{i=1}^{M} w_i (f_i - f_E)^2$ 是个体学习器的集成分歧，衡量个体学习器之间的多样性。由于集成分歧总是大于等于零，集成模型的预测误差总是小于等于个体学习器的加权平均误差。可见集成学习模型的性能提升，主要取决于个体学习器的多样性。如果所有个体学习器提供相同的输出，则可能无法纠正错误。但是随着个体学习器多样性的增加，个体学习器的加权平均误差也会增大。这说明多样性本身是不够的，我们需要在多样性和准确性之间取得适当的平衡。个体学习器应该兼具准确性和多样性，才能构建一个具有强泛化能力的集合模型。

一般来说，整体过程可分为3个步骤。第1步是集成模型生成，这一步通常生成一组个体学习器；第2步是集成模型修剪，由于通常在第1步中会生成许多冗余模型，在集成模型修剪步骤中，筛选之前生成的一些模型来修剪集成；第3步是集成模型融合，这一步中定义了组合个体学习器的策略，获得最终的集成模型预测结果。总的来说，集成学习需要解决以下两个问题：① 如何生成个体学习器；② 如何整合来自个体学习器的预测，以获得最终的集成预测。

4.6　集成模型生成

集成学习的第一步是集成模型生成，目标是获得一组个体学习器。如果个体学习器是用相同的算法生成的，则称为同质集成（homogeneous ensemble），否则称为异质集成（heterogeneous ensemble）。目前同质集成应用较广泛，在同质集成中，在生成过程中可以系统地控制多样性。相反，当使用异质集成时，控制生成的模型之间的差异可能并不容易。这种困难可以通过使用过度生成模型和集成模型修剪来解决。即通过生成大量模型，增加获得准确且多样化的预测变量子集的概率，然后在修剪阶段选择该子集。一般来说，可以通过操纵数据和操纵模型这两个方法来获得多样且准确的个体学习器。

4.6.1　操纵数据方法

可以通过以下 3 种方式操纵数据：从训练集中进行子采样、操纵输入特征以及操纵输出变量。

1. 从训练集中进行子采样

该方法使用来自训练集的不同子样本生成模型，并假设算法不稳定，即训练集中的小变化会导致结果中的重要变化。这类不稳定算法的典型代表是决策树和神经网络。给定初始数据集，可从中产生不同的数据子集，再利用不同的数据子集训练产生不同的个体学习器。数据样本扰动通常是基于采样法，例如在 AdaBoost 中使用序列采样。此类做法简单高效，使用最广。

1）自助投票

自助投票类方法是通过随机构造训练样本、随机选择特征等方法来提高每个基模型的独立性，代表性方法有自助投票（bagging）和随机森林等。

（1）Bagging 通过不同模型的训练数据集的独立性来提高不同模型之间的独立性。我们在原始训练集中进行有放回的随机采样，得到多个比较小的训练集，并训练相应数量的模型，然后通过投票的方法进行模型集成。

（2）随机森林（random forest）是在 bagging 的基础上引入了随机特征，进一步提高每个基模型之间的独立性。在随机森林中，每个基模型都是一棵决策树。

2）Boosting

Boosting 类方法是按照一定的顺序训练不同的基模型的方法，每个模型都针对前序模型的错误进行专门训练。根据前序模型的结果来调整训练样本的权重，从而增加不同个体学习器之间的差异性。Boosting 类方法是一种非常强大的集成方法，只要基模型的准确率比随机猜测高，就可以通过集成方法来显著提高集成模型的准确率。Boosting 类方法的代表性方法有 AdaBoost 等。

AdaBoost 算法是一种迭代式的训练算法，通过改变数据分布来提高弱分类器的差异。在每一轮训练中，增加分错样本的权重，减少分对样本的权重，从而得到一个新的数据分布。

2. 操纵输入特征

从初始训练数据的特征集中抽取出若干个特征子集，再基于每个特征子集训练个体学习器也可以操纵数据。对包含大量冗余特征的数据，在子空间中训练个体学习器不仅能产生多样性的个体，还会因特征数据的减少而大幅节省时间，同时由于冗余特征多，减少一些特征后训练出的个体学习器也不至于太差。另外，使用特征提取而不是特征选择，可以通过随机组合原始特征，将其投射到新空间中。除了随机抽取特征子集，还可采用遗传算法等方法来优化特征选择，选择标准可以是个体误差的最小化和多样性的最大化。

3. 操纵输出变量

操纵输出变量的基本思路是为了增强多样性，对输出表示进行操纵。可对训练样本的标签稍作变动，比如将高斯噪声添加到训练集的目标变量中。这类改进可以和 Bagging 结合使用，即使不出众，也会减少泛化误差。

4.6.2　操纵模型方法

作为操纵数据的替代方案,操纵模型方法可以通过改变模型属性来增加多样性。具体而言,可以通过使用不同的参数集或操纵预测算法来执行。

1. 操纵参数集

每个预测算法都对输入参数的值敏感。对于不同的输入参数,算法的灵敏度是不同的。可以操纵这些参数以获得具有多样且准确的预测器的集合。神经网络集合方法经常使用不同的初始权重以获得不同的模型。这样做是因为得到的模型可能因初始权重的不同而有很大差异。例如,使用随机生成的种子(初始权重)来获得不同的模型,或者采用不同的神经网络层数和神经单元数。

2. 操纵预测算法

通过改变算法优化的方向也可以实现多样性,因此,相同的学习算法可能对相同的数据具有不同的结果。用于此的两种主要方法可以被识别为顺序和并行。在顺序方法中,模型的归纳仅受先前的影响。在并行方法中,可以在学习过程中进行更广泛的协作:① 每个过程都考虑到整体的整体质量;② 在过程之间交换关于模型的信息。常见的顺序方法为在优化目标函数中添加去相关惩罚项,顺序训练获得神经网络集合。使用这种方法,每个网络的训练试图最小化集合误差的协方差分量,从而减少其泛化误差和增加多样性。

4.7　集成模型修剪

在集成学习框架中,如果个体学习器的数目增多,集成学习的预测速度明显下降,其所需的存储空间也迅速增加。而且研究表明,在某些情况下,对个体学习器的选择性子集进行集成优于对所有个体学习器进行集成。因此,集成修剪(ensemble pruning)可以改善集成学习框架的预测效果,并降低其存储需求。用于集成修剪的方法可以分为两类:基于分区的修剪和基于搜索的修剪。

4.7.1　基于分区的修剪

此方法假定个体学习器池包含许多类似的模型,并且只有少数模型不冗余。基于分区的修剪是使用分区标准将模型划分为若干子组,并从每个子组中选择代表性模型(一个或多个)。所有基于分区的方法都考虑使用聚类算法生成子组。就从分区中选择模型而言,如前所述,目标是生成最佳可能的集合,这通常意味着所选模型必须准确且多样。通过聚类算法生成子组保证了子组间的模型多样性。通过选择来自不同组的模型,在整体中保证了多样性。因此,在实践中,基于分区的修剪方法的选择组件的评估测量通常与基于搜索的方法中使用的评估测量不同,前者更简单,这通常有利于集合的准确性。

4.7.2　基于搜索的修剪

基于搜索的方法通过根据给定的评估度量和搜索算法(即从候选子集添加或移除模型

的策略)迭代地添加或移除候选子集中的模型来搜索原始模型池的子集。基于搜索的方法有以下 3 个要点：① 评估对象；② 搜索算法；③ 评估措施。就评估对象而言,可以评估单个模型或模型子集。搜索算法取决于评估的对象。评估单个模型的方法称为排名方法,对于排名方法,搜索是详尽的,这意味着评估所有基础模型。另一方面,评估模型子集的方法可以使用详尽的、随机的或顺序的搜索算法。关于集合修剪的评估措施的研究与对集合的泛化误差的研究密切相关。可以使用附加的分类标准来表征基于搜索的集合修剪方法。停止标准定义何时应停止搜索。如果给出的模型数量是给定的,则直接计算；如果它取决于集合的质量(单个模型或模型的子集),则需评估后进行。

4.8　集成模型融合

集成模型融合可能会从以下 3 个方面带来好处：① 从统计方面看,由于学习任务的假设空间往往很大,可能有多个假设在训练集上达到同样性能,此时若使用单一学习器,可能会因为误选而导致泛化性能不佳,结合多个学习器可减少这一风险；② 从计数方面看,学习算法往往会陷入局部极小,有的局部极小点所对应的泛化性能可能很糟糕,而通过多次运行之后进行结合,可降低陷入局部极小点的风险；③ 从表示方面看,某些学习任务的真实假设可能不在当前学习算法所表示的假设空间中,此时若使用单学习器则肯定无用。而通过结合多个学习器,由于相应的假设空间扩大,则有可能学得更好的近似。集成模型融合可以分为静态集成方法和动态集成方法两种。

4.8.1　静态集成方法

静态集成方法意味着对于任意测试样本,其集成策略是固定不变的。这其中最常见的是平均法和学习法。平均法又可分为简单平均法和加权平均法。

1) 简单平均法(simple averaging)

在简单平均法中,给予不同个体学习器一致的权重,表示为

$$f_E = \frac{1}{M} \sum_{i=1}^{M} f_i \tag{4-26}$$

2) 加权平均法(weighted averaging)

在加权平均法中,不同的个体学习器有不同的贡献程度。加权平均法的权重一般是从训练数据或者验证数据中学习而得,常见的是根据训练误差或者验证误差来衡量个体学习器的优劣。现实任务中,训练样本通常不充分或存在噪声,这将使学习得出的权重不完全可靠。尤其是对规模比较大的集成模型来说,要学习的权重比较多,较容易导致过拟合。一般而言,在个体学习器性能相差较大时宜使用加权平均法,而在个体学习器性能相近时宜使用简单平均法。

$$f_E = \sum_{i=1}^{M} w_i f_i \tag{4-27}$$

$$w_i = \frac{1/E_{\text{train}}^i}{\sum\limits_{i=1}^{M} 1/E_{\text{train}}^i} \tag{4-28}$$

式中，w_i 为个体学习器的权重；E_{train}^i 为个体学习器的训练误差，一般来说是均方根误差。

3) 学习法

当训练数据很多时，一种更强大的结合策略是使用"学习法"。我们把个体学习器称为初级学习器，将用于结合的学习器称为次级学习器或元学习器。首先从初始数据集训练出初级学习器，然后使用一个新数据集训练次级学习器。在这个新数据集中，初级学习器的输出被当作样例输入特征，而初始样本的标记仍被当作样例标记。例如，可以将原始训练数据划分为训练集和验证集，在训练集中训练初级学习器，然后在验证集中训练次级学习器。次级学习器的输入属性表示和次级学习算法对集成的泛化性能有很大影响。学习法有较大的过度拟合倾向，可以通过交叉验证过程获得估计来解决这种过度拟合的问题。

4.8.2 动态集成方法

在动态集成方法中，个体学习器的选择是即时完成的。对于给定的某个测试样本，它选择预期做出最佳组合预测的个体学习器。有时在动态集成方法中，只有个体学习器整体的一个子集用于预测，避免使用可能对给定测试示例而言不准确的模型，这种选择称为后期修剪。一般而言，动态集成方法由以下 3 步构成。

（1）在训练数据或者验证数据中寻找给定测试样本的近邻。衡量近邻的度量可为欧氏距离或者余弦距离。

（2）根据个体学习器在近邻的表现，从生成的个体学习器集合中选择出一个子集，这是后期修剪操作。

（3）将测试样本输入选择好的模型中，获得预测结果。然后可以采用简单平均法，或者根据个体学习器各自的表现，计算权值进行集成，以获得最终的集成模型预测结果。

4.9　迁移学习

标准机器学习的假设是训练数据和测试数据的分布是相同的。如果不满足这个假设，在训练集中学习到的模型在测试集中的表现会比较差。而在很多实际场景中，经常碰到的问题是由于标注数据的成本十分高，无法为一个目标任务准备足够多相同分布的训练数据。因此，如果有一个相关任务已经有了大量的训练数据，虽然这些训练数据的分布和目标任务不同，但是由于训练数据的规模比较大，假设我们可以从中学习某些可以泛化的知识，那么这些知识对目标任务会有一定的帮助。如何将相关任务的训练数据中的可泛化知识迁移到目标任务上，就是迁移学习(transfer learning)要解决的问题。

迁移学习根据迁移方式又分为两个类型：归纳迁移学习(inductive transfer learning)和转导迁移学习(transductive transfer learning)。这两个类型分别对应两个机器学习的范式：归纳学习(inductive learning)和转导学习(transductive learning)。一般的机器学习是指归纳学习,即希望在训练数据集中学习到使得期望风险(即真实数据分布的错误率)最小的模型。而转导学习的目标是学习一种在给定测试集上错误率最小的模型,在训练阶段可以利用测试集的信息。归纳迁移学习是指在源领域和任务上学习出一般的规律,然后将这个规律迁移到目标领域和任务上;而转导迁移学习是一种从样本到样本的迁移,直接利用源领域和目标领域的样本进行迁移学习。

4.9.1　归纳迁移学习

在归纳迁移学习中,源领域和目标领域有相同的输入空间,输出空间可以相同也可以不同,源任务和目标任务一般都不相同。一般而言,归纳迁移学习要求源领域和目标领域是相关的,并且源领域有大量的训练样本,这些样本可以是有标注的样本也可以是无标注样本。

当源领域只有大量无标注数据时,源任务可以转换为无监督学习任务,比如自编码和密度估计任务。通过这些无监督学习任务,学习一种可迁移的表示,然后再将这种表示迁移到目标任务上。这种学习方式与自学习(self-taught learning)以及半监督学习比较类似。例如,在自然语言处理领域,由于语言相关任务的标注成本比较高,很多自然语言处理任务的标注数据都比较少,这导致在这些自然语言处理的任务上深度学习模型经常会受限于训练样本数量而无法充分发挥自身的能力。同时,由于我们可以低成本地获取大规模的无标注自然语言文本,一种自然的迁移学习方式因此产生了,它是将大规模文本上的无监督学习(比如语言模型)中学到的知识迁移到一个新的目标任务上。

当源领域有大量的标注数据时,可以直接将源领域上训练的模型迁移到目标领域。比如在计算机视觉领域有大规模的图像分类数据集 ImageNet。由于在 ImageNet 数据集上有很多预训练的图像分类模型,比如 AlexNet、VGG 和 ResNet 等,我们可以将这些预训练模型迁移到目标任务上。在归纳迁移学习中,由于源领域的训练数据规模非常大,这些预训练模型通常有比较好的泛化性,其学习到的表示通常也适用于目标任务。归纳迁移学习一般有下面两种迁移方式:

(1) 基于特征的方式,将预训练模型的输出或者是中间隐藏层的输出作为特征,将其直接加入目标任务的学习模型中。目标任务的学习模型可以是一般的浅层分类器(如支持向量机等)或一个新的神经网络模型。

(2) 微调的方式,在目标任务上复用预训练模型的部分组件,并对其参数进行微调(fine-tuning)。

如果预训练的模型是一个深层神经网络,不同层的可迁移性也不尽相同。通常来说,网络的低层学习一些通用的低层特征,中层或高层学习抽象的高级语义特征,而最后几层一般学习与特定任务相关的特征。因此,根据目标任务的自身特点以及和源任务的相关性,可以针对性地选择预训练模型的不同层迁移到目标任务中。将预训练模型迁移至目标任务上通常会比从零开始学习的方式更好,其优势主要体现在以下 3 点:① 初始模型的性能一般比随机初始化的模型要好;② 训练时模型的学习速度比从零开始学习更快,收敛性更好;③ 模型的最终性能更好,具有更好的泛化性。

4.9.2　转导迁移学习

转导迁移学习是一种从样本到样本的迁移方法,直接利用源领域和目标领域的样本进行迁移学习。转导迁移学习可以看作一种特殊的转导学习(transductive learning)。转导迁移学习通常假设源领域有大量的标注数据,而目标领域没有(或有少量)标注数据,但是有大量的无标注数据。目标领域的数据在训练阶段是可见的。转导迁移学习的一个常见子问题是领域适应(domain adaptation)。在领域适应问题中,一般假设源领域和目标领域有相同的样本空间,但是数据分布不同。

根据贝叶斯公式:$P(x,y)=P(x|y)P(y)=P(y|x)P(x)$,数据分布的不一致通常由以下3种情况造成:

(1) 协变量偏移(covariate shift):源领域和目标领域的输入边际分布不同,但后验分布相同,即学习任务相同;

(2) 概念偏移(concept shift):输入边际分布相同,但后验分布不同,即学习任务不同;

(3) 先验偏移(prior shift):源领域和目标领域中的输出 y 先验分布不同,条件分布相同。在这种情况下,目标领域必须提供一定数量的标注样本。

广义的领域适应问题可能包含上述一种或多种偏移情况。目前,大多数的领域适应问题主要关注协变量偏移,这样领域适应问题的关键就在于如何学习领域无关(domain-invariant)的表示。

4.10　算例分析:基于循环神经网络的滚珠轴承剩余使用寿命预测

滚珠轴承作为大型复杂设备的重要基础零部件,广泛应用于国民经济和国防事业的各个领域,其健康状态直接影响设备的运行效率,一旦机器因轴承故障停机,将造成巨大的经济损失。在实际应用中,滚珠轴承一般安装在齿轮轴与支撑架之间,传统的检修措施,如肉眼观察与敲击听声等,通常无法在轴承失效初期发现其异常,只能在轴承基本失去旋转功能时发现故障,并进行事后维修,这会产生巨大的停机成本。因此,对轴承进行全寿命周期的故障预测具有重要的现实意义。有了故障预测手段,技术人员可以在适当的时刻对轴承采取适当的维护保养措施,从而大大降低因轴承故障而造成的设备停机成本,并提高设备的可靠性。

滚珠轴承是一种滚动体为球形钢珠的滚动轴承,也称为球轴承,其基本结构有外钢圈、内钢圈、滚珠与保持架(见图4-19)。

本文研究的球轴承基本结构参数如表4-1所示。

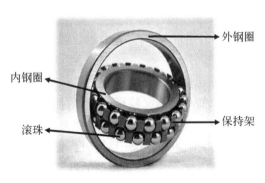

图 4-19　滚珠轴承结构

外钢圈

内钢圈

滚珠

保持架

表 4‑1　滚珠轴承结构参数

部　件	参　数	参　数　值
滚珠	直径/mm	3.5
滚珠	数量/个	11
外钢圈	直径/mm	29.1
内钢圈	直径/mm	22.1

在实际工作状态下,很多因素会加快滚珠轴承的衰退速度,比如载荷超出规定范围、受力不均、环境湿度过大、酸度过高等。一般而言,滚珠轴承失效的时刻取决于其材料失效的程度和表面的磨损程度。滚珠轴承主要的失效模式有疲劳、磨损、塑性形变、腐蚀等,失效位置多样,如图 4‑20 所示。在轴承失效的早期,其衰退速度缓慢,只出现一种失效模式,很难被发现。随着其失效程度的不断提升,衰退速度呈指数上升趋势,至完全失效时,多种失效模式并存,传统的维护策略一般在此阶段才能探测出轴承的故障,但此时已经给系统造成了较大的损失。

图 4‑20　滚珠轴承失效

1) 原始数据说明

由于轴承在实际工作状况下衰退过程缓慢,采集全寿命周期的振动信号非常困难,因此使用轴承加速寿命试验采集的数据。在试验中,对于轴承出现的一些轻微故障均不进行维修,直至轴承完全失效。试验轴承为球轴承,实验在转速为 1 800 rpm、负载为 4 000 N 的工况下进行,记录了 7 个轴承在该工况下的工作时间、振动信号以及当时的环境温度等。其中,振动信号的采样频率为 25.6 kHz,采样周期为 10 s,采样时长为 0.1 s,即每十秒连续采集

2 560个数据点,每个采样点分别记录了轴承的横向与纵向振动加速度,以十秒为单位,每2 560个采样点存入一个振动信号表格中。温度信号的采样频率为 10 Hz,每分钟记录 600个样本数据,同一分钟采集的数据存入同一个温度信号表格中。

7个轴承中,轴承 1-1 和轴承 1-2 为训练集,提供轴承从开始工作直至失效的全寿命周期振动加速度的数据;轴承 1-3、轴承 1-4、轴承 1-5、轴承 1-6、轴承 1-7 为测试集,记录了轴承从开始工作至某一时刻的振动数据,需预测其该时刻的剩余使用寿命。数据集详细信息如表 4-2 所示。

表 4-2 数据集信息

	轴承数据集	表格数/个	记录时长	信号数/个	信号类型
训练集	轴承 1-1	3 269	7 h:47 min:00 s	3	振动、温度
	轴承 1-2	1 015	2 h:25 min:00 s	3	振动、温度
测试集	轴承 1-3	1 802	5 h:00 min:10 s	2	振动
	轴承 1-4	1 327	3 h:09 min:49 s	3	振动、温度
	轴承 1-5	2 685	6 h:23 min:30 s	3	振动、温度
	轴承 1-6	2 685	6 h:23 min:30 s	3	振动、温度
	轴承 1-7	1 752	4 h:10 min:11 s	3	振动、温度

考虑到轴承 1-3 温度数据的缺失,后续只选择了轴承横向与纵向振动信号作为原始数据进行研究。其中,轴承 1-2 的使用寿命最短,但也记录了两百多万条振动信号数据。测试集轴承的实际寿命如表 4-3 所示,不同轴承间的寿命差异较大。

表 4-3 测试集轴承实际剩余使用寿命

测试数据集	当前时间/s	实际剩余使用寿命/s
轴承 1-3	18 010	5 730
轴承 1-4	11 380	339
轴承 1-5	23 010	1 610
轴承 1-6	23 010	1 460
轴承 1-7	15 010	7 570

2) 基于振动信号的特征提取

(1) 相关相似性(related similarity,RS)特征。经典的振动信号特征有时域特征与频域特征两类。时域特征的自变量是时间,即代表轴承振动幅度或加速度等随时间的变化,时域特征的提取直接对传感器采集的数据进行处理即可。常见的时域特征及其计算公式如表4-4所示。

表 4 - 4　经典时域特征及其计算公式

序　号	时 域 特 征	计 算 公 式
1	平均值	$\mu = \dfrac{1}{N} \sum\limits_{i=1}^{N} x_i$
2	均方根值	$\text{RMS} = \sqrt{\dfrac{1}{N} \sum\limits_{i=1}^{N} x_i^2}$
3	峰峰值	$\text{Peak} = \max(\mid x_i \mid)$
4	幅值	$\mid \mu \mid = \dfrac{1}{N} \sum\limits_{i=1}^{N} \mid x_i \mid$
5	偏度	$\text{Skewness} = \dfrac{\dfrac{1}{N} \sum\limits_{i=1}^{N} (x_i - \mu)^3}{\sigma^3}$
6	峭度	$\text{Kurtosis} = \dfrac{\dfrac{1}{N} \sum\limits_{i=1}^{N} (x_i - \mu)^4}{\sigma^4}$
7	波形因子	$\text{Waveform factor} = \dfrac{\text{RMS}}{\mid \mu \mid}$
8	裕度因子	$\text{Margin factor} = \dfrac{\text{Peak}}{\left(\dfrac{1}{N} \sum\limits_{i=1}^{N} \sqrt{\mid x_i \mid} \right)^2}$
9	峰值因子	$\text{Peak factor} = \dfrac{\text{Peak}}{\text{RMS}}$
10	脉冲因子	$\text{Impulse factor} = \dfrac{\text{Peak}}{\mu}$

频域特征的自变量是频率,代表振动信号随频率的变化。提取轴承振动信号频域特征时,为避免故障特征频率受低频振动等因素的影响,需要使用希尔伯特变换(Hilbert transform)对时域信号进行解调分析,再进行包络处理,最后通过傅里叶变换转换为频域信号。

定义 $x(t)$ 为振动信号,希尔伯特变换公式如下:

$$\hat{x}(t) = \frac{1}{\pi} \int_{-\infty}^{+\infty} \frac{x(\tau)}{t - \tau} \mathrm{d}\tau \tag{4 - 29}$$

包络信号 $a(t)$ 可通过公式(4 - 30)计算得到。

$$a(t) = \sqrt{x(t)^2 + \hat{x}(t)^2} \tag{4 - 30}$$

常见的频域特征及其计算公式如表 4 - 5 所示。

表 4-5　经典频域特征及其计算公式

序　号	时域特征	计　算　公　式
1	平均频率	$\dfrac{1}{K}\sum\limits_{i=1}^{K}\lvert y_i\rvert$
2	中心频率	$\dfrac{\sum\limits_{i=1}^{K}(f_i y_i)}{\sum\limits_{i=1}^{K}y_i}$
3	频率均方根	$\sqrt{\dfrac{\sum\limits_{i=1}^{K}(f_i^{\,2}y_i)}{\sum\limits_{i=1}^{K}y_i}}$
4	频率标准差	$\sqrt{\dfrac{\sum\limits_{i=1}^{K}\left[(f_i-f_c)^2 y_i\right]}{\sum\limits_{i=1}^{K}y_i}}$

对于表 4-5 中各公式，y_i 是第 i 条谱线的频谱值；f_i 是第 i 条谱线的频率值；$i=1$，2，$\cdots$，K；K 是谱线数。

经典的信号特征一般可以较好地反映出轴承失效的特征，但是对于轴承早期的衰退并不敏感，并不适用于轴承的健康指标与剩余使用寿命预测。针对此问题，根据相关论文，采用了一种新颖的特征提取方式，使用相关系数公式对经典时域特征和频谱进行处理。首先，提取轴承的振动信号时域特征，构成一个时域特征数列；其次，通过傅里叶变换得到频域信号，并按照频率大小等分为四个区间，四个子区间的频谱与全区间的频谱一起组成五个数列；最后，使用公式对上述一个时域特征数列和五个频谱数列进行处理，得到六个新特征，分别命名为 F_1，F_2，F_3，F_4，F_5，F_6。公式如下：

$$\mathrm{RS}_t=\frac{\left|\sum_{i=1}^{k}(f_0^i-\widetilde{f}_0)(f_t^i-\widetilde{f}_t)\right|}{\sqrt{\sum_{i=1}^{k}(f_0^i-\widetilde{f}_0)^2\sum_{i=1}^{k}(f_t^i-\widetilde{f}_t)^2}} \tag{4-31}$$

式中，f_0^i 是初始工作时刻的数列中第 i 个数的值；f_t 为时刻 t 的数列中第 i 个数的值；k 代表数列长度；$\widetilde{f}_0$ 与 $\widetilde{f}_t$ 是 $\{f_0^i\}_{i=1:k}$ 和 $\{f_t^i\}_{i=1:k}$ 的均值。

上述处理将时刻 t 的原始特征数列与初始时刻特征数列之间的相关系数值作为时刻 t 的新特征值，该特征值对于轴承健康状态的变化更敏感，更适合用于轴承的健康指标与剩余使用寿命预测。

（2）时-频域特征。本例使用小波包变换来提取轴承的时-频域特征，该方法由小波变换发展而来，弥补了小波变换只能分解低频信号的不足，使得分析更加全面。小波包变换通过一系列中心频率不同的滤波器，对振动信号进行滤波处理，分解成若干个子信号，图 4-21 展示了它的分解过程。其中，S 代表原始振动信号；A 代表信号经过分解的低频成分；D 代表信号经过分解的高频成分。

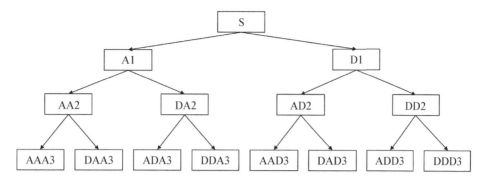

图 4 - 21　三层小波包分解示意图

小波包变换的分解过程如下。

定义低通滤波系数为 $g(k)$，高通滤波系数为 $h(k)$，正交尺度函数 $u_n(t)$ 和小波函数 $u_{2n}(t)$ 之间的递推关系如下：

$$u_{2n}(t) = \sqrt{2} \sum_{k \in Z} h(k) u_n(2t - k) \tag{4-32}$$

$$u_{2n+1}(t) = \sqrt{2} \sum_{k \in Z} g(k) u_n(2t - k) \tag{4-33}$$

信号 $x(t)$ 在某个子空间 $\Omega_{j,n}$ 的分解公式如下：

$$x_j^n(t) = \sum_{k \in Z} D_k^{j,n} u_n^{j,n}(i) \tag{4-34}$$

$$x(t) = \sum_{n=1}^{2^{j-1}} x_j^n = \sum_{n=1}^{2^{j-1}} \sum_{k \in Z} D_k^{j,n} u_n^{j,n}(i) \tag{4-35}$$

式中，$D_k^{j,n}$ 表示节点 (j,n) 的小波包系数，小波包系数越大，代表该子频带信号与原始信号相似度越高，正交小波包即由 $u_n(t)$ 组成的集合 $\{u_n(t)\}$。振动信号经过小波包变换可分解为若干个子频带，各子频带信号的能量由对应节点 (j,n) 的小波包系数 $D_k^{j,n}$ 平方后得到，归一化后的节点能量即为该子频带的时频域特征，公式如下：

$$\bar{E}_{j,n} = \frac{E_{j,n}}{\sum_{n=0}^{2^j} E_{j,n}} = \frac{\sum_{k \in Z} |D_k^{j,n}|^2}{\sum_{n=0}^{2^j} \sum_{k \in Z} |D_k^{j,n}|^2} \tag{4-36}$$

本例提取 8 个子频带归一化后的能量作为时频域特征，按照频率从低到高的顺序分别命名为 F_7，F_8，F_9，F_{10}，F_{11}，F_{12}，F_{13}，F_{14}，与 6 个 RS 特征结合，组成 14 个健康特征。考虑到横向与纵向振动信号，一共提取出 28 个特征。

（3）特征选择与处理。为保证健康特征的质量与有效性，需要对于每个振动方向提取出的 14 个特征进行筛选，剔除寿命敏感性较差的特征参数。因此，本例将对振动特征数据进行相关性分析，并根据相关系数值确定将要被剔除的特征参数。首先，为了消除各特征的量纲不同对于相关系数值的影响，需要对各特征数据进行归一化。由于本次研究中各特征参数的数据并不符合高斯分布,且分布较集中,因此选用了最大最小标准化的方法,将所有数据映射到[0,1]区间,转换函数如下:

$$X_{norm} = \frac{X - X_{min}}{X_{max} - X_{min}} \tag{4-37}$$

特征数据归一化后,根据公式计算其与轴承役龄的相关系数 r,公式为

$$r = \frac{\left| \sum_{i=1}^{N} (x_i - \bar{x})(y_i - \bar{y}) \right|}{\sqrt{\sum_{i=1}^{N} (x_i - \bar{x})^2 \sum_{i=1}^{N} (y_i - \bar{y})^2}} \tag{4-38}$$

轴承 1-1 与轴承 1-2 的横向振动特征相关系数如表 4-6 所示。

表 4-6 训练集轴承横向振动相关系数

振动特征	轴承 1-1 相关系数	轴承 1-2 相关系数	平均相关系数值
F_1	0.439 864	0.068 01	0.253 937
F_2	0.760 594	0.685 727	0.723 16
F_3	0.422 851	0.110 107	0.266 479
F_4	0.586 655	0.150 692	0.368 673
F_5	0.780 99	0.394 184	0.587 587
F_6	0.731 225	0.318 862	0.525 043
F_7	0.879 003	0.007 575	0.443 289
F_8	0.849 997	0.765 718	0.807 858
F_9	0.888 062	0.768 19	0.828 126
F_{10}	0.759 749	0.821 275	0.790 512
F_{11}	0.203 981	0.747 205	0.475 593
F_{12}	0.664 157	0.472 179	0.568 168
F_{13}	0.899 985	0.481 702	0.690 844
F_{14}	0.910 529	0.179 024	0.544 776

如图 4-22 所示,根据相关系数值,本次研究选择相关系数值位于直线上方的 10 个特征,即 F_2,F_5,F_6,F_8,F_9,F_{10},F_{11},F_{12},F_{13},F_{14},考虑到横、纵两个方向,共组成 20 个特征参数。

由经过相关系数分析筛选得到的特征参数构成的特征空间,基本可以完备地表征轴承的衰退过程,但是由于其维度较大,可能会存在信息冗余等问题。因此,为了优化特征区间还需要对其进行降维处理。降维处理是指适当变换已有样本的 d 个特征,将其转变为 $d'(d' < d)$ 个新特征。在这里,选用较为常见的主成分分析(principal component analysis,PCA)法。PCA 法的原理如下。

假设原样本点 x_i 与投影重构后的样本点 $\hat{x}_i$ 之间的距离为

$$\sum_{i=1}^{m}\left\|\sum_{j=1}^{d'}z_{ij}\boldsymbol{\omega}_j - \boldsymbol{x}_i\right\|_2^2 = \sum_{i=1}^{m}\boldsymbol{z}_i^{\mathrm{T}}\boldsymbol{z}_i - 2\sum_{i=1}^{m}\boldsymbol{z}_i^{\mathrm{T}}\boldsymbol{W}^{\mathrm{T}}\boldsymbol{x}_i + \sum_{i=1}^{m}\boldsymbol{x}_i^2$$
$$\propto -\,\mathrm{tr}\left[\boldsymbol{W}^{\mathrm{T}}\left(\sum_{i=1}^{m}\boldsymbol{x}_i\boldsymbol{x}_i^{\mathrm{T}}\right)\boldsymbol{W}\right] \tag{4-39}$$

式中, $\boldsymbol{\omega}_i(1 \leqslant i \leqslant d)$ 为投影变换后的标准正交基向量, 满足 $\|\boldsymbol{\omega}_i\|_2 = 1$, $\boldsymbol{\omega}_i^{\mathrm{T}}\boldsymbol{\omega}_j = 0$; $\boldsymbol{z}_i$ 为 $\boldsymbol{x}_i$ 在低维坐标系中的投影: $\boldsymbol{z}_i = (z_{i1}; z_{i2}; \cdots; z_{id})$, $z_{ij} = \boldsymbol{\omega}_j^{\mathrm{T}}\boldsymbol{x}_i$, $\hat{x}_i = \sum_{j=1}^{d'}z_{ij}\boldsymbol{\omega}_j$。

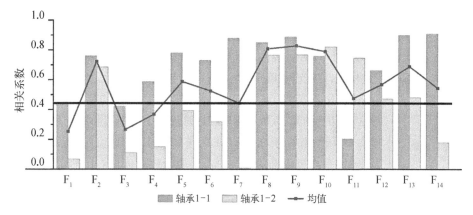

图 4-22　训练集轴承横向振动相关系数图

根据上述距离公式, 考虑到最大可分性, 得到如下优化目标与约束:

$$\max_{\boldsymbol{\omega}}\quad \mathrm{tr}(\boldsymbol{W}^{\mathrm{T}}\boldsymbol{X}\boldsymbol{X}^{\mathrm{T}}\boldsymbol{W}) \tag{4-40}$$

$$\mathrm{s.t.}\ \boldsymbol{W}^{\mathrm{T}}\boldsymbol{W} = \boldsymbol{I} \tag{4-41}$$

PCA 算法步骤如下:

输入: 样本集 $\boldsymbol{D} = \{x_1, x_2, \cdots, x_m\}$; 低微空间维数 d'

过程:

1: 对所有样本进行中心化

2: 计算样本的协方差矩阵 $\boldsymbol{X}\boldsymbol{X}^{\mathrm{T}}$

3: 对协方差矩阵 $\boldsymbol{X}\boldsymbol{X}^{\mathrm{T}}$ 做特征值分解

4: 取最大的 d' 个特征值所对应的特征向量

输出: 投影矩阵 $\boldsymbol{W}^* = (\boldsymbol{\omega}_1, \boldsymbol{\omega}_2, \cdots, \boldsymbol{\omega}_{d'})$

在实验中, 使用 PCA 对特征数据进行正交变换后, 前 10 个向量组成了原数据集 95% 以上的方差, 因此选择将数据降至十维。

3) 健康指标预测

处理后的特征数据是一个多变量时间序列, 考虑到循环神经网络具有记忆功能, 是预测时序数据的首选, 因此选择循环神经网络作为轴承健康指标的预测方法。但是简单 RNN 在预测较长的时间序列时存在梯度消失的问题, 而作为简单 RNN 变体的长短期记忆神经网络可以较好地解决这个问题, 实现长短期时间序列的预测, 因此本例的预测模型以 LSTM 神经网络为基础。考虑到对轴承进行全寿命周期的健康指标预测使用的数据时间跨度非常大,LSTM 神经网络并不能充分提取样本数据的特征,因此本例将首先使用卷积神经网络对数据进行特征提取,再使用双向长短期记忆神经网络,同时利用过去与未来时刻的信息对轴承健康指标进行预测。在本例中,健康指标(health index,HI)是用来衡量轴承衰退程度的参数,用轴承当前已服役时间与总寿命的比值来表示。健康指标为"0"表示轴承刚投入使用,健康指标为"1"表示轴承已经完全失效。

卷积双向长短期记忆神经网络(CNN-BLSTM)由 CNN 与 BLSTM 神经网络组成,即在 BLSTM 神经网络之前添加一个 CNN,首先使用 CNN 提取处理后的振动信号特征数据的特征,再将 CNN 网络的输出作为 BLSTM 神经网络的输入,进行轴承健康指标的预测。在模型构建过程中,首先需要确定网络的层数,各层的神经元个数以及其拓扑结构。在本例中,CNN 的输入节点数将根据振动信号的特征维度来确定,隐藏层与输出层的节点数则需要在训练过程中根据实际数据来分析确定。同时,由于输出的健康指标是在 0 到 1 之间的一维变量,BLSTM 神经网络的输出节点可以确定为一个。模型搭建完成后,开始训练神经网络,并优化其中一些尚未确定的参数。模型整体结构如图 4-23 所示。

在训练卷积双向长短期记忆神经网络预测模型时,首先需要根据轴承特征时序数列的长度设置各个基模型时间窗的大小,据此设置滤波器的大小与数量以及与卷积层、BLSTM 层的层数,并在训练过程中不断优化各参数的设置。为保证网络既不欠拟合也不过拟合,本例从训练集轴承的特征数据中随机划分了十分之一的数据为验证集,根据训练集与验证集迭代过程中的损失值确定合适的迭代次数。

在实际训练过程中,绝大多数基模型收敛速度很快,如图 4-24 所示,当迭代次数达到

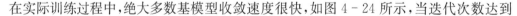

图 4-23 CBLSTM 模型结构

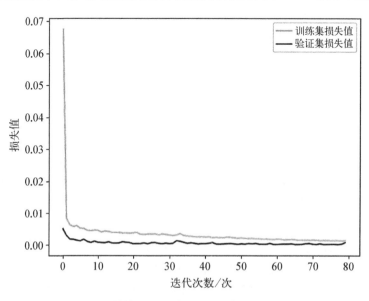

图 4-24 基模型训练过程训练集与验证集损失值

80 次时,训练集与验证集的损失值基本趋于稳定,基模型对于训练集轴承健康指标的拟合效果良好,说明神经网络参数设置较为合适。图 4 - 25 所示为某个基模型经过训练后对训练集轴承健康指标的拟合值。

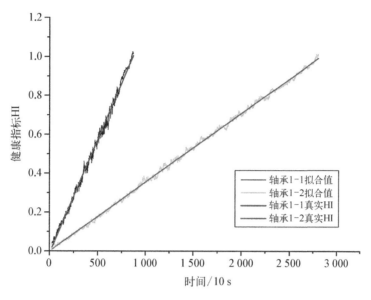

图 4 - 25 训练集轴承健康指标基模型拟合值

模型完成训练后,将对测试集轴承进行健康指标预测,图 4 - 26 所示即为模型对测试集轴承健康指标的预测结果。

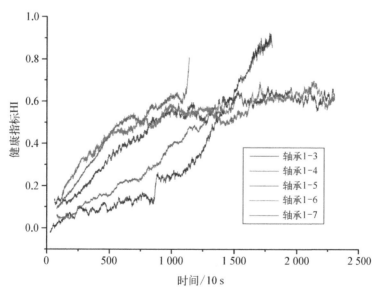

图 4 - 26 测试集轴承健康指标预测值

从图 4 - 26 中可发现,每个轴承的衰退过程都不尽相同,但总体上衰退程度都呈上升趋势,说明以卷积双向长短期记忆网络为基学习器的集成模型预测效果良好。

4) 剩余使用寿命预测

神经网络的输出变量是健康指标,只能代表轴承当前时刻的衰退程度,需要利用该健康指标进行进一步预测才能得到轴承的剩余使用寿命。将轴承从开始工作至当前时刻的健康指标作为输入,通过预测模型学习其与时间的关系,预测其从当前时刻往后的发展趋势,找到健康指标值为"1"对应的时刻,该时刻减去当前时刻的时间即为轴承的剩余使用寿命。

在轴承的衰退过程中,存在许多影响其衰退速度的因素,考虑到高斯过程回归在低维非线性数据预测上的优势,并且该方法可在预测时提供一个置信区间,本例选择高斯过程回归算法建立剩余使用寿命预测模型。常见的回归算法一般是提供一个关于因变量 y 与自变量 x 的函数关系式,通过数据训练确定函数中各参数的值,而高斯过程回归是直接生成 y 关于 x 的分布关系 $P(y \mid x)$,其可以模拟不确定性与任何黑箱函数。

在高斯过程回归中,首先需要将自变量 x 映射到高维空间,映射函数为 $\phi(x)$,假设

$$f(\boldsymbol{x}) = \phi(\boldsymbol{x})^{\mathrm{T}} \boldsymbol{w} \tag{4-42}$$

$$y = f(\boldsymbol{x}) + \varepsilon \tag{4-43}$$

$$\varepsilon \sim N(0, \sigma_n^2) \tag{4-44}$$

$$\boldsymbol{w} \sim N(0, \textstyle\sum_p) \tag{4-45}$$

式中, x 是输入向量; w 为模型的权重向量; f 是函数值; y 是观测目标值。

根据贝叶斯法则,可以得到

$$f_* \mid \boldsymbol{x}_*, \boldsymbol{X}, y \sim N\left(\frac{1}{\sigma_n^2} \boldsymbol{\phi}_*^{\mathrm{T}} \boldsymbol{A}^{-1} \boldsymbol{\Phi} y, \boldsymbol{\phi}_*^{\mathrm{T}} \boldsymbol{A}^{-1} \boldsymbol{\phi}_*\right) \tag{4-46}$$

式中, $\boldsymbol{\phi}_* = \phi(\boldsymbol{x}_*)$; $\boldsymbol{\Phi} = \Phi(\boldsymbol{X})$; $\boldsymbol{A} = \sigma_n^{-2} \boldsymbol{\Phi}\boldsymbol{\Phi}^{\mathrm{T}} + \sum_p^{-1}$

式(4-46)可改写为

$$f_* \mid \boldsymbol{x}_*, \boldsymbol{X}, y \sim N\left[\begin{array}{c} \boldsymbol{\phi}_*^{\mathrm{T}} \sum_p \Phi(\boldsymbol{K} + \sigma_n^2 \boldsymbol{I})^{-1} y \\ \boldsymbol{\phi}_*^{\mathrm{T}} \sum_p \boldsymbol{\phi}_* - \boldsymbol{\phi}_*^{\mathrm{T}} \sum_p \Phi(\boldsymbol{K} + \sigma_n^2 \boldsymbol{I})^{-1} \Phi^{\mathrm{T}} \sum_p \boldsymbol{\phi}_* \end{array}\right] \tag{4-47}$$

式中, $K = \boldsymbol{\Phi}^{\mathrm{T}} \sum_p \boldsymbol{\Phi}$; $\boldsymbol{\phi}_* = \boldsymbol{\phi}(\boldsymbol{x}_*)$

其次,引入核函数的概念,定义

$$k(\boldsymbol{x}, \boldsymbol{x}') = \phi(\boldsymbol{x})^{\mathrm{T}} \sum_p \phi(\boldsymbol{x}') \tag{4-48}$$

定义 $\psi(\boldsymbol{x}) = \sum_p^{1/2} \phi(\boldsymbol{x})$,可将上式简化为

$$k(\boldsymbol{x}, \boldsymbol{x}') = \psi(\boldsymbol{x})\psi(\boldsymbol{x}') \tag{4-49}$$

在高斯过程回归中,求解均值与方差都可以直接利用核函数,这大大减小了计算复杂度。均值与协方差的计算公式如下:

$$E[f(\boldsymbol{x})] = \phi(\boldsymbol{x})^{\mathrm{T}} E[\boldsymbol{w}] = 0 \tag{4-50}$$

$$E[f(\boldsymbol{x})f(\boldsymbol{x}')] = \phi(\boldsymbol{x})^{\mathrm{T}} E[\boldsymbol{w}\boldsymbol{w}^{\mathrm{T}}] \phi(\boldsymbol{x}') = \phi(\boldsymbol{x})^{\mathrm{T}} \sum_{p} \phi(\boldsymbol{x}') \tag{4-51}$$

因此，两个随机变量之间的协方差值为

$$\mathrm{cov}[f(x_p), f(x_q)] = k(x_p, x_q) = \exp\left(-\frac{1}{2} \mid x_p - x_q \mid^2\right) \tag{4-52}$$

在利用高斯过程回归进行预测时，根据上述先验分布，训练集实际输出 y 与测试集输出 f_* 的联合分布如下：

$$\begin{bmatrix} y \\ f_* \end{bmatrix} \sim N\left(0, \begin{bmatrix} K(\boldsymbol{X}, \boldsymbol{X}) + \sigma_n^2 \boldsymbol{I} & K(\boldsymbol{X}, \boldsymbol{X}_*) \\ K(\boldsymbol{X}_*, \boldsymbol{X}) & K(\boldsymbol{X}_*, \boldsymbol{X}_*) \end{bmatrix}\right) \tag{4-53}$$

$$f_* \mid \boldsymbol{X}_*, y, \boldsymbol{X} \sim N[\bar{f}_*, \mathrm{cov}(f_*)] \tag{4-54}$$

根据式(4-47)，可得

$$\bar{f}_* \triangleq E[f_* \mid \boldsymbol{X}, y, \boldsymbol{X}_*] = K(\boldsymbol{X}_*, \boldsymbol{X})[K(\boldsymbol{X}, \boldsymbol{X}) + \sigma_n^2 \boldsymbol{I}]^{-1} y \tag{4-55}$$

$$\mathrm{cov}(f_*) = K(\boldsymbol{X}_*, \boldsymbol{X}_*) - K(\boldsymbol{X}_*, \boldsymbol{X})[K(\boldsymbol{X}, \boldsymbol{X}) + \sigma_n^2 \boldsymbol{I}]^{-1} K(\boldsymbol{X}, \boldsymbol{X}_*) \tag{4-56}$$

因此，只需要选择合适的核函数，并给定噪声的方差 σ_n^2，即可求出测试集输出 f_* 的分布，从而得出预测结果。

在本例中，将采用常见的高斯核函数求出轴承未来健康指标值随时间的分布函数，从而预测其未来的发展趋势，确定它到达"1"的时刻，并求出剩余使用寿命。根据神经网络集成模型预测的健康指标值的分布特点，本文选择高斯核函数对轴承的剩余使用寿命进行预测，图4-27所示即为测试集轴承1-3剩余使用寿命预测。

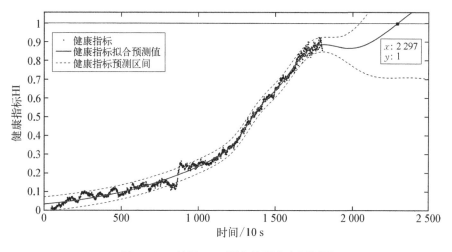

图4-27　轴承1-3剩余使用寿命预测图

图4-27中，点表示神经网络集成模型根据特征数据预测得出的健康指标值，虚线表示高斯过程回归拟合预测的健康指标值，坐标框中的 X 值表示健康指标为1时对应的时刻，该时刻减去最右边的点的横坐标值即为预测的剩余使用寿命。

采用相对误差率 E_r 与得分计算公式评估模型的预测效果。由于在实际情况中，剩余使用寿命预测值比实际值大带来的损失，远大于预测值比实际值小带来的损失，因此在得分计算公式中，同等大小的负相对误差率得分低于正相对误差率得分。

$$\%E_{r_i} = 100 \times \frac{\text{实际剩余使用寿命} - \text{预测剩余使用寿命}}{\text{实际剩余使用寿命}} \qquad (4-57)$$

$$A_i = \begin{cases} \exp[-\ln(0.5)(Er_i/5)], & Er_i \leqslant 0 \\ \exp[+\ln(0.5)(Er_i/20)], & Er_i \leqslant 0 \end{cases} \qquad (4-58)$$

$$\text{Score} = \frac{1}{5} \sum_{i=1}^{5} (A_i) \qquad (4-59)$$

卷积双向长短期记忆神经网络的预测结果如表 4-7 所示。

表 4-7　剩余使用寿命预测结果比较

测试数据集	实际剩余 使用寿命/s	CBLSTM 预测 剩余使用寿命/s	LSTM （%E_r）	CBLSTM （%E_r）
轴承 1-3	5 730	4 030	43.28	29.67
轴承 1-4	339	260	67.55	23.30
轴承 1-5	1 610	1 440	−22.98	10.56
轴承 1-6	1 460	2 290	21.23	−56.85
轴承 1-7	7 570	7 150	17.83	5.55
E_r 平均值	—	—	34.57	25.19
得分	—	—	0.275 8	0.464 5

从表 4-7 中可发现，卷积双向长短期记忆神经网络的预测效果要明显优于长短期记忆神经网络的预测效果，平均相对误差率下降了 9.38%，得分提高了 0.188 7，这证明了结合 CNN 与 BLSTM 对于滚珠轴承健康特征这种时间跨度很大的时序数据的有效性，这是因为 CNN 可以充分学习长时序数据的特征，而相较于单向 LSTM 而言，双向 LSTM 可以更明显地发现数据随时间变化的特征。

本例首先采用新颖的方式提取轴承的振动信号特征。针对经典的时域、频域振动特征对于轴承早期的衰退并不敏感的问题，采用了一种创新的特征提取方式，使用相关系数公式处理经典时域特征与频域谱值，计算得出新的 RS 特征，特征随时间变化的曲线表明，相较于经典特征，RS 特征能够更好地表示轴承的衰退过程，证明了该方法的有效性。随后，通过轴承的健康指标值预测其剩余使用寿命。考虑到轴承的寿命长度存在较大的个体差异，直接通过特征数据预测其剩余使用寿命会出现神经网络训练困难的情况，可能导致预测效果非常不理想，通过预测健康指标的趋势的方式间接计算剩余使用寿命，有效地提高了神经网络训练效果以及剩余使用寿命预测效果。并且，将卷积神经网络与双向长短期记忆神经网络结合，应用于轴承的健康指标预测。考虑到卷积神经网络强大的特征提取能力，本例将其用于提取滚珠轴承长时序特征数据的特征,结合双向长短期记忆网络对轴承全寿命周期的健康指标进行预测,相较于单向长短期记忆神经网络,利用该方法进行剩余使用寿命预测,平均相对误差率下降了 9.38%。

由于诸多因素,本例仍存在许多不足之处,未来还有很大的改进空间。本例在建立预测模型时只将振动特征作为输入,在后续研究中可以考虑更多环境因素,如温度、湿度等,以提高模型的预测精度。此外,由于每个轴承的寿命差异较为明显,单个学习器可能无法准确地训练出适用于预测所有测试集轴承剩余使用寿命的模型,因此,在后续的研究中,可以通过集成学习进一步提升预测效果。

4.11　算例分析:基于集成学习的涡扇发动机剩余使用寿命预测

涡扇发动机是航空领域的核心部件,其结构复杂、工况恶劣、可靠性和安全性要求严苛。为了避免运行失效和相应的严重后果,涡扇发动机的维护成本通常达到其全生命周期(采购、运维、报废)总成本的 70%,致使航空运营商承担高昂的维护费用,因此迫切需要制定更加合理的维护策略来降低运维成本。针对涡扇发动机的健康管理需求问题,越来越多的企业采用基于状态的预知维护策略(condition-based maintenance,CBM)。CBM 通过监控和分析系统的健康状态来制定维护计划,不仅可以降低维护成本,而且可以减少系统的总停机时间。剩余使用寿命预测是 CBM 中的核心环节,已得到研究者的广泛关注。准确地预测涡扇发动机的剩余使用寿命,可以评估系统的健康状态,及时预测潜在故障,为预知维护决策提供依据,防止出现维护过度和维护不足的情况,进而显著降低维护成本。

在使用数据驱动模型进行 RUL 预测时,往往需要对输入的状态监测时间序列数据做滑动时间窗处理。如图 4-28 所示,在训练过程中将前一段时间的状态监测数据作为输入,下一刻的 RUL 作为标签,随着时间窗的滑动完成样本的制作,将时间序列预测转化为监督学习问题。在测试阶段,将测试数据的最后一段与时间窗大小长度相同的数据输入模型中获得预测结果。

将经过滑动时间窗处理的数据输入模型进行学习,实际模型学习的是如式(4-60)所示的映射关系。在预测时间序列时,时间窗的大小显著影响模型的性能,往往需要对其进行决策。然而在前面的研究中,普遍采用一种固定且较小的时间窗设置,这影响了 RUL 的预测精度。

$$\hat{y}_{t+1} = f(x_t, x_{t-1}, \cdots, x_{t-w}) \tag{4-60}$$

在涡扇发动机 RUL 预测领域,广泛采用的研究对象是 NASA CMAPSS FD001 数据集,其数据特征描述如表 4-8 所示。数据集由训练集和测试集组成,训练集记录了 100 个相同类型的涡扇发动机从正常运行到完全失效的状态监测数据,测试集记录了相同数量的涡扇发动机的退化数据,但在完全失效之前中断记录。这些状态监测数据受到传感器噪声污染,使得准确预测 RUL 成为具有挑战性的任务。可以看到测试数据中涡扇发动机的运行周期最小为 31,这意味着如果采用的是一种单一的模型,或者集成学习模型中基模型的时间窗大小固定不变,那么时间窗的大小不应超过 31,否则无法处理部分测试数据。因此,在前

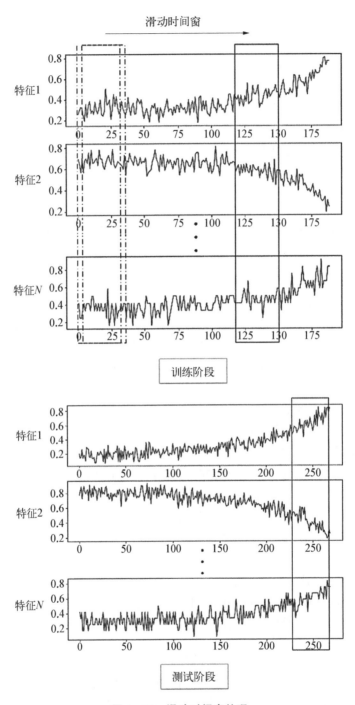

图 4-28　滑动时间窗处理

人的研究中,普遍采用 30 的时间窗大小。这样的设置有两个问题:① 模型仅仅学习到了一种较短的时间依赖关系,训练误差较大;② 测试数据的利用率较低,由于在测试时的输入仅仅是最后一段时间窗大小的测试数据,如果时间窗较小的话,会抛弃大量测试信息,也会影响测试时的预测精度。

表 4 - 8 NASA CMAPSS FD001 数据集特征

CMAPSS	训 练 数 据	测 试 数 据
发动机个数/个	100	100
样本个数/个	20 631	13 096
最小运行周期数	128	31
最大运行周期数	362	303

然而,在测试数据中,不同涡扇发动机的运行周期数是不一致的,这是因为在任何时候都有 RUL 预测的需求。训练数据的运行周期也是波动的,这是涡扇发动机的初始磨损和制造误差不一致导致的。训练数据和测试数据的运行周期数的分布如图 4 - 29 所示,测试数据中涡扇发动机的运行周期通常小于训练数据中发动机的运行周期,许多发动机的运行周期小于训练数据中的发动机的最小运行周期。这是因为训练数据记录了完整的从运行到失败的数据,而测试数据只包括其中的一部分。对于训练数据来说,未必只有一种时间尺度的依赖关系,应训练不同时间窗大小的模型来捕捉各种长度的时间依赖。对于测试数据来说,不同测试单元最适合的时间窗大小是不一致的,应对其进行分组处理。

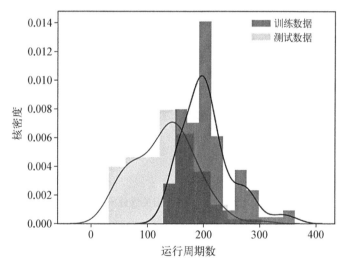

图 4 - 29 训练数据和测试数据运行周期数的分布和核密度估计

针对上述问题,研究人员设计了一种采用不同时间窗大小的 CNN-BLSTM 混合模型作为基模型的集成学习框架,以提高 RUL 预测精度,并结合基模型的输出设计了一种新型的集成策略。

1)特征选择

状态监测数据中有 21 个传感器信号和 3 个操作参数,总特征数为 24,特征相关性如图 4 - 30 所示。特征方差计算显示某些特征值不会波动,并且它们对 RUL 预测没有贡献。为了提高计算效率并节省训练时间,这些特征被删除。本例中删除的特征是传感器第 1、5、10、

16、18、19 个信号和第 3 个操作参数。此外,选择训练样本的当前循环数作为特征之一。它可以标记样本在退化曲线上的位置,有助于模型学习。特征选择之后,特征维度更改为 18。

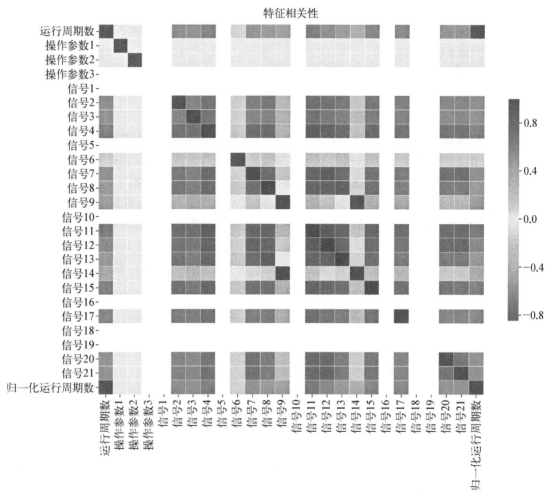

图 4‑30 特征相关性分析

2) 数据归一化

采用下式对数据进行归一化处理:

$$x_{\text{normal}}^{i,j} = \frac{x^{i,j} - x_{\min}^j}{x_{\max}^j - x_{\min}^j} \qquad \forall\, i,j \tag{4-61}$$

式中,$x^{i,j}$ 表示第 j 个特征的第 i 个数据点;$x_{\max}^j$ 和 $x_{\min}^j$ 分别代表第 j 个特征的最大值和最小值;$x_{\text{normal}}^{i,j}$ 是 $x^{i,j}$ 归一化后的值。

3) 标签矫正

如果根据当前运行周期和总运行周期直接设置训练 RUL 标签,则该模型将倾向于高估 RUL。因此,需要矫正训练标签,分段线性函数通常用于矫正训练标签。如果运行周期小于固定转折点,则 RUL 标签不变;如果运行周期大于该转折点,则 RUL 标签随着运行周期的增加而线性下降。根据以前的文献,将转折点设定为 130。图 4‑31 中显示了训练集中发动机的矫正后的 RUL 标签。值得注意的是,我们处理的是测试装置中的测试标签没有得到矫正的情况,这在工业上较常见。

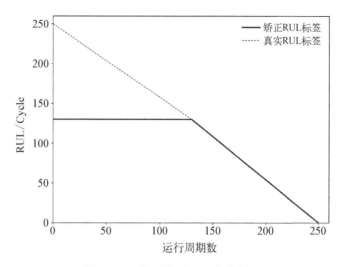

图 4‑31　训练数据 RUL 标签矫正

4) 训练基模型

CNN-BLSTM 混合模型由两个主要模块组成:一个是作为状态监测数据的特征提取工具 1D CNN;另一个是时序建模工具 BLSTM。首先,在数据预处理之后将原始状态监测数据输入 CNN,CNN 通过卷积层和池化层学习数据的显著特征;其次,将特征提取后的显著特征输入 BLSTM,以捕捉特征之间的双向长程依赖关系;最后,在 BLSTM 之上构建了一个双层前馈神经网络(feedforward neural network,FNN)来处理 BLSTM 的输出,FNN 擅长将学习的特征表示映射到样本标签。所提出的 CNN-BLSTM 模型的整个框架如图 4‑32 所示。

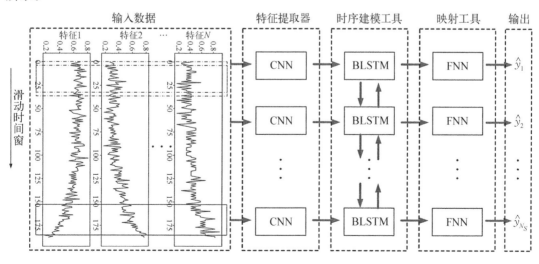

图 4‑32　CNN-BLSTM 基模型框架

假设训练集中存在 P 个不同的运行至失效的发动机单元,则时间窗过程之后的整个样本数是

$$N_S = \sum_{i=1}^{P} (C_i^{\text{training}} - S_{\text{TW}}) \qquad (4-62)$$

式中,C_i^{training} 代表第 i 个训练发动机的总生命周期数,$i \in (1, P)$;S_{TW} 表示时间窗大小。设 N_{feature} 是特征数目;N_{filter} 是卷积层的滤波器个数;S_{pooling} 是池化核大小;S_{BLSTM} 和 S_{FNN} 分别是 BLSTM 神经网络和 FNN 层中神经元的个数。每个神经网络层中的输入和输出数据格式如表 4-9 所示。可以观察到模型的输入是时间窗处理后的训练数据,最终输出的是 N_S 个 RUL 预测值。

表 4-9 各层神经网络的输入输出数据格式

层 的 种 类	输 入 大 小	输 出 大 小
卷积层	$N_S \times S_{\text{TW}} \times N_{\text{feature}}$	$N_S \times S_{\text{TW}} \times N_{\text{filter}}$
池化层	$N_S \times S_{\text{TW}} \times N_{\text{filter}}$	$N_S \times \lfloor S_{\text{TW}}/S_{\text{pooling}} \rfloor \times N_{\text{filter}}$
BLSTM 层	$N_S \times \lfloor S_{\text{TW}}/S_{\text{pooling}} \rfloor \times N_{\text{filter}}$	$N_S \times S_{\text{BLSTM}}$
第一全连接层	$N_S \times S_{\text{BLSTM}}$	$N_S \times S_{\text{FNN}}$
第二全连接层	$N_S \times S_{\text{FNN}}$	$N_S \times 1$

在 FD001 数据集中,测试单元最小运行周期数为 31,而训练单元最小运行周期数为 128。在所提出的集合框架中,这意味着训练四个不同的 CNN-BLSTM 基础模型。为了便于计算,在不同的 CNN-BLSTM 模型中分别选择大小为 30、60、90 和 120 的时间窗。在数据预处理之后,以不同的时间窗口大小处理训练数据,然后输入训练模型。

CNN-BLSTM 模型的详细参数设置如下:卷积滤波器数量与 BLSTM 和第一 FNN 层的神经元数量被设置为等于时间窗口大小。这有助于增加基础模型的多样性。第二 FNN 层仅具有一个神经元,并且应用线性激活功能。该层的作用是将学习的特征映射到标签。Glorot 均匀初始化器用于 BLSTM 层中的权重初始化,而在其他层中,采用均匀初始化器进行权重初始化。批量大小为 128,最大训练时期设置为 100。通过反向传播算法不断更新模型权重,最后得到四个具有不同时间窗口大小的 CNN-BLSTM 模型。

在多个 CNN-BLSTM 训练阶段中,在根据初始化自适应地选择超参数并且将权重初始化之后,研究人员将具有不同的训练数据放入 CNN-BLSTM 模型中。选择均方误差函数(mean squared error,MSE)作为损失函数,并使用均方根传播(root mean square propagation,RMSProp)优化器来最小化损失函数。在训练深度学习模型时容易发生过度拟合,为了避免该情况应用如下两种正则化技术。

(1)随机失活。随机失活是一种功能强大且被广泛使用的技术,用于减轻在训练深度神经网络时出现的过度拟合。它指的是在训练过程中随机丢弃神经元子集及其相应的神经

连接。应用随机失活方法的网络可以近似看作集成学习框架,因为随机丢弃神经元相当于从原始网络中对子网络进行采样。随机失活增加了基本模型的泛化能力,避免了过度拟合。默认随机失活率被设置为 0.5。

（2）提早终止。在训练过程中,选择最后 10% 的训练数据以验证模型性能。如果验证错误在十个连续时期内没有呈现下降趋势,训练过程将被提前终止。

综上所述,CNN-BLSTM 训练过程如图 4 - 33 所示。在训练结束后,获得若干权值确定的基模型,这些基模型分别捕捉了不同时间长度的依赖关系。

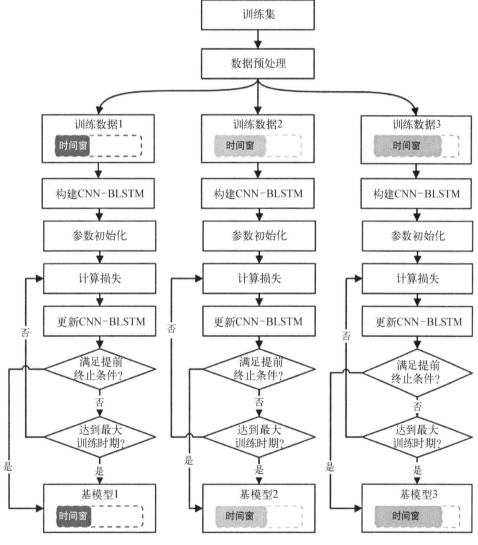

图 4 - 33　CNN-BLSTM 训练过程

5）测试集成

预测测试时,根据测试数据时间序列长度按从小到大的顺序对测试单元进行排序,然后分组。对于不同组内的涡扇发动机,采用不同的时间窗处理,应用可用的基模型;将基模型所得结果加权集成,并合并得到最终结果。

首先,根据运行周期对测试集中的单元进行排序,然后将测试集分成四个子集。这四个子集分别命名为测试子集1、2、3和4。在不同子集中,根据运行周期选择训练的基模型以进行 RUL 预测。图 4-34 中显示了测试集按运行周期数分区。最后一个子集,即测试子集4,包含大多数测试单元。将测试子集 4 中单位的时间窗口大小设置为120,这将有效地提高预测精度。其次,计算基模型的权重。对基础模型的结果进行加权,以获得每个子集的集合结果。最后,将每个子集中的预测结果连接在一起,构建最终预测。

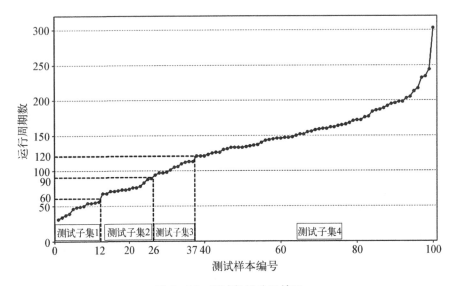

图 4-34 测试数据分区情况

假设生成 3 个基模型,其集成策略如图 4-35 所示。

6)结果对比

为了呈现集合 CNN-BLSTM 框架的有效性,选择来自测试数据 4、单元号为 24 的引擎单元来验证基础模型。图 4-36 中显示了该测试单元上每个基本模型的性能。根据相应的时间窗口大小,四个训练模型分别被命名为 TW_30、TW_60、TW_90、TW_120。可以观察到样本数随着时间窗口尺寸变大而下降。由于训练标签被校正为不超过 130,当实际 RUL 高于 130 时,预测误差相对较大。当实际 RUL 较小时,预测 RUL 和实际值非常接近。随着时间窗口大小的增加,基本模型的预测精度变得更高。最后一个预测值是输出 RUL 结果,它被 TW_30 高估,被 TW_60 低估。这些预测误差将在随后的集合运算中消除,并且预测精度将进一步提高。

图 4-37 中显示了使用集合 CNN-BLSTM 框架对测试集中 100 个发动机引擎预测的 RUL 结果。为了更好地观察预测精度的变化,按照从小到大的运行周期对测试引擎进行分类。当引擎的运行周期很小时,测试数据中包含的退化趋势信息不多。此外,发动机是健康的,并没有开始迅速退化。这就是测试子集 1 中预测误差相对较大的原因。随着发动机运行周期的增加,预测误差变得非常小,如测试子集 4 所示。这是由于发动机的状态监测数据显示出明显的退化趋势。通常在该状态下,预测结果与实际值非常接近。

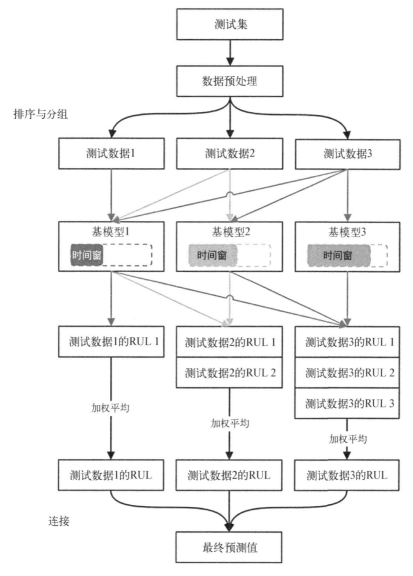

图 4 - 35　测试集成策略

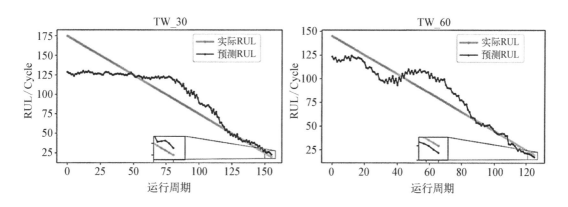

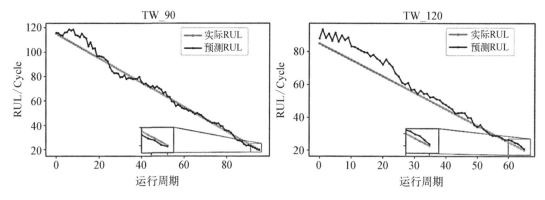

图 4-36 示例中基模型的预测

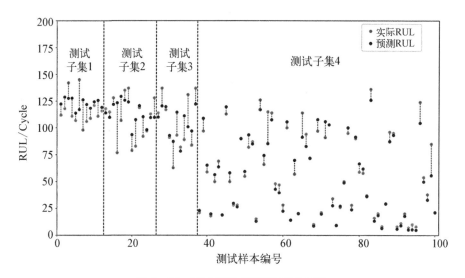

图 4-37 测试 RUL 和真实 RUL 对比

集成学习模型与其他模型的性能度量值如图 4-38 所示。可以观察到,与传统 DNN 模型相比,CNN、BLSTM 和混合模型显著改善了性能。在三个单独的模型中,BLSTM 具有更高的预测准确度,而 CNN 的表现相对较差。从 RMSE 来看,集成学习模型的性能类似,并且明显优于相应的单个基准模型。此外,集成学习模型中的性能度量值的标准差小于相应的单个基准模型的性能度量值。它表明集成学习策略使模型更加鲁棒。从计算时间的角度来看,集合 BLSTM 模型的计算时间比其他模型长得多,因为随着时间窗口大小的增加,BLSTM 需要处理的信息会迅速增加。集合 CNN-BLSTM 可以在保持几乎相同的精度的前提下,节省大量的计算时间。

图 4-39 中显示了每个测试子集中单个 CNN-BLSTM 模型和集合 CNN-BLSTM 模型的 RMSE。在测试数据 1 中,所提出的集合框架中仅应用了一个基本模型,单个模型和集成学习模型的性能几乎相同。在测试数据 2 和测试数据 3 中,与单个模型相比,集成学习模型的预测误差减少了约 7%。在测试数据 4 中,集成学习模型的预测误差比单个模型的预测误差小 32%,这种下降非常显著。在所提出的框架中,预测精度的提高主要来自两个方面:

① 与固定时间窗口大小为 30 的传统模型相比,所提出的框架开发了具有不同时间窗口大小的多个基础模型。该策略扩大了基础模型的时间窗口大小,有利于减少训练误差。测试数据的利用率也会提高,这有助于提高测试精度。利用率可以由各个测试样本所用的最大时间窗的大小与测试样本长度的比值计算。当时间窗口大小固定为 30 时,测试数据的利用率为 23%,而在提议的框架中,利用率增加到 74%。② 性能提升的另一个来源是集成操作,利用加权平均法聚合基础模型的结果,可充分利用已训练的模型,进一步提高预测精度。

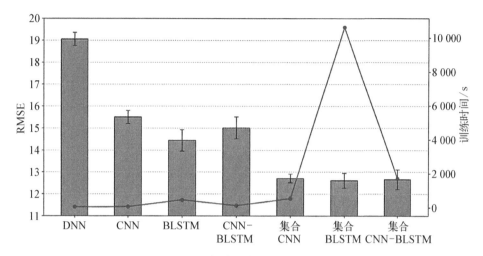

图 4‑38　集成学习模型与其他模型对比

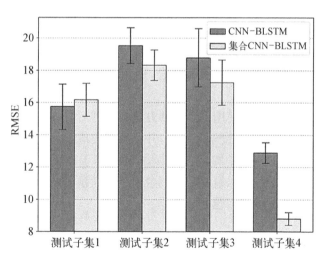

图 4‑39　集成学习模型与单个模型对比

在本例中,研究人员提出了一个独特的集合 CNN‑BLSTM 框架来预测涡轮风扇的 RUL。该集合框架考虑了状态监视数据在运行周期中广泛存在的不一致性。通过利用这种不一致性,研究人员构建了几种训练模型,并在测试数据上实现了不同的集合策略。在所提出的框架中,应用 CNN‑BLSTM 神经网络作为基础模型,获得了较高的预测精度和计算速度。然后训练具有各种时间窗口大小的多个 CNN‑BLSTM,以捕获特征之间的各种时间依赖性。在测试阶段,根据测试数据的运行周期,将测试数据划分为若干子集,并且将具有不同时间窗口大小的 CNN-BLSTM 模型自适应地应用于不同的子集中,并输出预测结果。最后,利用加权平均法聚合基础模型的结果。利用 CMAPSS 涡扇发动机数据集验证了该框架的性能。与现有的 RUL 预测方法相比,所提出框架获得的结果实现了最佳的整体性能。随后的效果分析表明,所提出的各种时间依赖建模策略和自适应集成策略可以显著提高 RUL 的预测精度。

尽管这种集合模型已经取得了很好的性能,但仍有很大的改进空间,主要表现在以下两个方面:基础模型质量改进和集合方法改进。未来的工作计划是优化神经网络架构,以提高基础模型的预测准确性,并采用异构集合来增加多样性。目前在所提出的模型中应用的集合策略是加权平均方法,应用元学习器或 AdaBoost 集合策略可用于进一步改进 RUL 预测精度。

4.12 本章小结

随着航空航天、汽车制造等生产运营系统复杂程度的不断提高,系统对可靠性和安全性的要求日益严苛,对 PHM 的需求也日益提升。在 PHM 中,设备剩余使用寿命预测是核心环节,它可为预知维护提供决策基础。

数据驱动的预测方法通过捕捉设备状态监测数据和剩余使用寿命的内在关系来进行寿命预测,具有准确、高效的特点。其中,深度学习预测方法因其强大的表示能力、自动化的特征学习能力和在解决复杂映射问题中的优越表现,得到了学术界和工业界的广泛认可。深度学习具有的性能可以很好地应对状态监测数据样本量大、维度高的建模难点。此外,深度学习预测方法还可与其他机器学习范式相结合,进一步提升剩余使用寿命预测模型的泛化能力。

本章在简要介绍了设备剩余使用寿命预测方法的发展后,详细介绍了卷积神经网络、循环神经网络、自编码神经网络等深度学习算法,并介绍了集成学习与迁移学习范式以及它们与深度学习在剩余使用寿命预测中的结合。最后,通过基于循环神经网络的滚珠轴承剩余使用寿命预测和基于集成学习的涡扇发动机剩余使用寿命预测两个算例分析展示了深度学习算法在设备剩余使用寿命预测问题上的性能。

参考文献

[1] He K M, Zhang X Y, Ren S Q, et al. Deep residual learning for image recognition[C]//Proceedings of the IEEE conference on computer vision and pattern recognition. Las Vegas, NV, USA: 2016: 770 - 778.

[2] Xia T B, Dong Y F, Xiao L, et al. Recent advances in prognostics and health management for advanced manufacturing paradigms [J]. Reliability Engineering & System Safety, 2018, 178(Oct.): 255 - 268.

[3] Zhao F, Tian Z, Zeng Y. Uncertainty quantification in gear remaining useful life prediction through an

integrated prognostics method[J]. IEEE Transactions on Reliability, 2013, 62(1): 146-159.

[4] Baraldi P, Compare M, Sauco S, et al. Ensemble neural network-based particle filtering for prognostics[J]. Mechanical Systems and Signal Processing, 2013, 41(1-2): 288-300.

[5] Nieto P J G, Garcia-Gonzalo E, Lasheras F S, et al. Hybrid PSO-SVM-based method for forecasting of the remaining useful life for aircraft engines and evaluation of its reliability[J]. Reliability Engineering & System Safety, 2015, 138(Jun.): 219-231.

[6] Liu D, Zhou J, Pan D, et al. Lithium-ion battery remaining useful life estimation with an optimized Relevance Vector Machine algorithm with incremental learning[J]. Measurement, 2015, 63: 144-151.

[7] Mosallam A, Medjaher K, Zerhouni N. Data-driven prognostic method based on Bayesian approaches for direct remaining useful life prediction[J]. Journal of Intelligent Manufacturing, 2016, 27(5): 1037-1048.

[8] Wang M, Wang J. CHMM for tool condition monitoring and remaining useful life prediction[J]. The International Journal of Advanced Manufacturing Technology, 2012, 59(5-8): 464-471.

[9] Ma M, Sun C, Chen X. Discriminative deep belief networks with ant colony optimization for health status assessment of machine[J]. IEEE Transactions on Instrumentation and Measurement, 2017, 66(12): 3115-3125.

[10] Zhong S S, Xie X L, Lin L, et al. Genetic algorithm optimized double-reservoir echo state network for multi-regime time series prediction[J]. Neurocomputing, 2017, 238(May 17): 191-204.

[11] Liu W, Wang Z, Liu X, et al. A survey of deep neural network architectures and their applications[J]. Neurocomputing, 2017, 234(Apr. 19): 11-26.

[12] Babu G S, Zhao P, Li X L. Deep convolutional neural network based regression approach for estimation of remaining useful life[C]//International Conference on Database Systems for Advanced Applications. Cham, Switzerland: Springer, 2016: 214-228.

[13] Zheng S, Ristovski K, Farahat A, et al. Long short-term memory network for remaining useful life estimation[C]//International Conference on Prognostics and Health Management. Piscataway, USA: IEEE, 2017: 88-95.

[14] Wu Y, Yuan M, Dong S, et al. Remaining useful life estimation of engineered systems using vanilla LSTM neural networks[J]. Neurocomputing, 2018, 275(Jan. 31): 167-179.

[15] Zhao G Q, Zhang G H, Liu Y F, et al. Lithium-ion battery remaining useful life prediction with deep belief network and relevance vector machine[C]//IEEE International Conference on Prognostics and Health Management (ICPHM). Piscataway, USA: IEEE, 2017: 7-13.

[16] Elsheikh A, Yacout S, Ouali M S. Bidirectional handshaking LSTM for remaining useful life prediction[J]. Neurocomputing, 2019, 323(Jan. 5): 148-156.

[17] Zhao R, Yan R, Wang J, et al. Learning to monitor machine health with convolutional bi-directional LSTM networks[J]. Sensors, 2017, 17(2): 273.

[18] Yang J, Zeng X, Zhong S, et al. Effective neural network ensemble approach for improving generalization performance[J]. IEEE transactions on neural networks and learning systems, 2013, 24(6): 878-887.

第5章
基于设备衰退演化的多目标维护模型

5.1 设备维护的历史和价值

　　随着我国经济、科技、工业实力的持续增强,柔性制造、敏捷制造等新型制造技术迅速发展,由不同类型多台生产设备按工序需求组成的串并联复杂制造系统在当今工业界得到广泛应用。我国制造企业正面临着生产规模扩大化、设备健康多样化、系统结构复杂化、客户订单随机化、决策需求动态化的发展趋势。在这样的时代背景下,技术含量高、生产强度大、系统特性强的多设备制造系统,一方面有力地帮助企业适应了客户需求导向的市场竞争,提高了生产多样化产品的能力,另一方面也对系统的可靠性与安全性提出了越来越高的要求,新问题的不断涌现对企业设备管理提出了新的要求。现代设备管理根据企业的生产经营方针,从设备的调查研究入手,对主要设备进行规划、设计、选型、购置、制造、安装、验收、使用、维护、检修、改造、更新,直至报废(见图5-1)。随着工业技术的飞速发展,先进设备逐渐转向复杂化、精细化和大型化,使得设备维护的难度和重要度都大幅提高。为了保证生产过程的稳定和可持续,设备的维护成为影响企业经济效益中非常重要的一部分。

规划　设计　选型　购置　制造　安装　验收　使用　维护　检修　改造　更新　报废

图 5-1　设备的一生

5.1.1 维护的意义和价值

　　安全性、经济性、效率性、敏捷性是现代企业设备维护管理的核心价值。对于先进复杂制造系统而言,不同类型生产设备的健康状态独立性、失效模式差异性、决策目标多样性、衰退过程随机性,在理论和实践方面给维护决策提出了全新的挑战。各台生产设备随着役龄增加而呈现出健康衰退以及设备故障的突然发生,这不仅会造成严重的生产损失,增加巨额的经济负担,甚至可能导致人员的安全受到伤害,损害企业的社会信誉。据调查,即使在科技发达的西方国家,设备维护管理的费用也非常高。例如,美国每年用于设备维护管理的费用超过 2 000 亿美元,德国每年的设备维护开销也达到其国内生产总值的 13%～15%。再看国内,近年来制造业设备工器具购置费用维持在 7 万亿水平(见图 5-2),大量的设备储备意味着广阔的维护需求和市场。

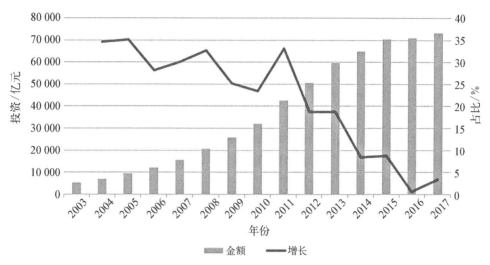

图 5-2　制造业固定资产投资(不含农户)设备工器具购置指标(来源:国家统计局)

注:设备工器具购置指报告期内购置或自制的,达到固定资产标准的设备、工具、器具的价值。新建单位及扩建单位的新建车间,按照设计或计划要求购置或自制的全部设备、工具、器具,不论是否达到固定资产标准,均计入"设备工器具购置"中。

5.1.2　设备维护的历史及发展

设备维护是随着经济的发展、科学技术水平的不断进步以及管理科学的发展而逐步发展起来的。设备维护的发展过程可以分为四个时期:事后维护时期、预防维护时期、预知维护时期和主动维护时期(见图 5-3)。

图 5-3　设备维护发展历程

1) 事后维护

事后维护就是在一些未列入预防维护计划的生产设备发生故障后或性能、精度降低到不能满足生产要求时,再进行修理。采用事后维护(即坏了再修)的方式,可以发挥主要零件的最大寿命,维护经济性好。一般适用的设备包括以下 3 类:① 故障停机后再修理不会给生产造成损失的设备;② 修理技术不复杂而又能及时提供配件的设备;③ 一些利用率低或有备用的设备。随着工业生产发展,设备结构逐渐复杂,设备修理难度逐渐提高,设备的维护费用不断增加,设备维护需要由专门人员来承担,这样就从生产操作人员中逐步分离出一部分专门人员从事设备维护和管理。

2）预防维护

预防维护是根据设备的磨损规律,按预定修理周期及修理周期结构对设备进行维护、检查和修理,以保证设备处于良好的技术状态的一种以备维护制度。主要特征包括以下3点:① 按规定要求对设备进行日常清扫、检查、润滑、紧固和调整等,以延缓设备的磨损,保证设备正常运行;② 按规定的日程表对设备的运动状态、性能和磨损程度等进行检查和调整,以便及时消除设备隐患,掌握设备技术状态的变化情况,为设备定期修理做好物质准备;③ 有计划有准备地对设备进行预防性修理。

3）预知维护

预知维护即监测机器运行的状态,如果检测到不良趋势,则识别机器中容易发生故障的零件并确定维护的时间。该种维护方法的优点是可以系统安排的方式确定维护时间。因为维护工作仅在需要时才进行,因此可以提高生产能力。缺点是由于对机器劣化的不正确评价,实际上增加了维护工作量。为了跟踪振动、温度或润滑的不良趋势,要求公司具备监测这些参数的专业设备,并且对员工进行培训。

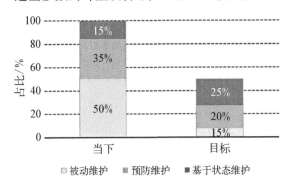

图 5 - 4　维护类型目标［来源: 托马斯市场信息中心(**Thomas Marketing Information Center**),1997 年］

4）主动维护

当计算机系统和高新技术与维护程序有更直接的关系时,它们将被更广泛地用来支持维护工作。维护专业人员需要综合的、有效的维护技能如图 5 - 4 所示,一项调查研究表明,综合高效的计划可以减少50％的维护,同时改变各类型维护的占比。在工业领域,维护是生产、质量和安全的集成体,维护将从一个消费中心转变为利润中心,也就是从一个财务资源的消费者,转变为利润的贡献者。领导层将会认识到优良有效的维护直接影响到产品的质量和售后服务的质量,从而对企业的利润有直接的贡献。

5.1.3　设备维护应用现状分析

美国《工厂工程学》(*Plant Engineering*)杂志在 2018 年刊登了一份维护研究报告,该份报告的受访者在工厂或工程相关领域有平均 25 年的工作经验。根据该报告可以得知,影响当今制造业的 7 个最重要的调查结果如下。

(1) 维护策略:80％的制造工厂遵循预防维护策略;57％的制造工厂使用失效后维护策略(run-to-failure method);51％的制造工厂使用分析工具实施预知维护(predictive maintenance,PdM)方法。

(2) 计划维护(scheduled maintenance):52％的工厂分配给维护作业的预算不足其年度运营成本的 10％;35％的工厂维护预算超过运营成本的 10％以上。工厂平均每周花费 19 小时完成计划维护。详细数据如图 5 - 5 所示。

(3) 关注系统:旋转设备(电机,电力传输等)和工厂自动化系统是获得最多维护支持的两个领域,其次是流体动力系统、内部配电系统和物料搬运设备。

(4)计划外停机:受访工厂发生计划外停机的主要原因仍然是老化设备(44%),其次是操作员错误(16%)和缺乏时间(15%)。半数的工厂计划升级设备并改善或增加培训。

(5)培训:维护团队主要接受过安全(84%)、基本电气(68%)和机械技能(67%)培训。其他类型的培训包括预防性维护(58%)和润滑(57%)。

(6)技术:用于监控/管理维护的最常用技术手段是内部电子表格或时间表(55%),计算机维护管理系统(computerized maintenance management system,CMMS)(53%)和纸质的维护报告记录(44%)。

(7)外包:工厂平均外包20%的维护操作,主要原因为现有员工缺乏时间或人力和技能不足。

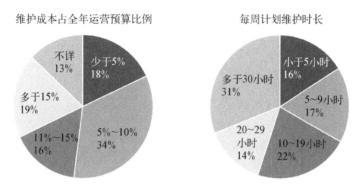

图 5‑5 维护作业预算及时长分布

来源:《工厂工程学 2018 维护报告》(*Plant Engineering 2018 Maintenance Study*)

与 2017 年同报告中的数据相比,使用预防维护策略的工厂的比例从 78% 升至 80%,使用失效后维护策略的工厂的比例从 61% 降至 57%(见图 5‑6)。另外,2018 年的报告中指

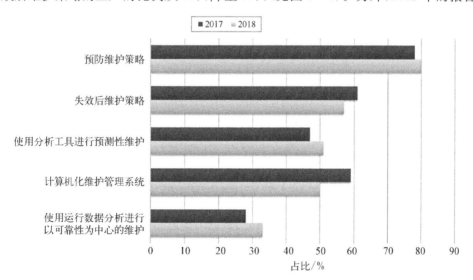

图 5‑6 各类维护策略使用情况

来源:《工厂工程学 2018 维护报告》(*Plant Engineering 2018 Maintenance Study*)

出,39%的工厂每年仅停机一到两次自动化专业生产机器,15%的工厂每季度停机一次,仅14%的工厂每月都停机。

面积超过 250 平方英尺(约 2.3 万平方米)的中型和大型工厂的不同资产使用预知维护(PdM)的情况如图 5-7 所示。预知维护策略在电子设备和机械设备的管理过程中占据主导地位。除预知维护外,94%的中型和大型工厂采用预防维护策略,60%的工厂采用使用失效后维护的策略。其中,使用预知维护最频繁的包括油分析(oil analysis)、红外热成像(infrared thermal imaging)、振动测试(vibration testing)和建筑物自动化系统报警(building automation system alarms)。大多数大中型工厂的技术人员通过手动使用测试仪器进行视觉或预知测试实行预知维护;35%的人员使用无线及基于状态的监控传感器。中型和大型工厂平均投入 31%的资产来使用状态监测技术。维护成本及正常运行时间和成本避免是中型和大型工厂衡量投资回报率(return on investment,ROI)的主要方法。

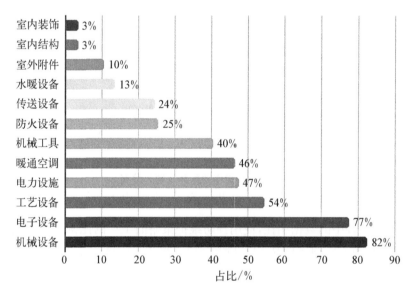

图 5-7 不同资产预知维护策略使用情况

来源:《工厂工程学》(*Plant Engineering*),2018 年

5.2 维护决策的关键技术

面向制造系统健康管理的预知维护决策,运用数据挖掘的方法,综合生产设备信息,动态评估各台设备的健康状态,及时预测潜在故障,并预先采取有效的维护措施,基本特征是先预知后决策。预知维护决策的关键技术包括数据采集监测技术、信息处理分析方法、健康趋势预测算法、设备维护规划模型和系统调度优化策略。

5.2.1 数据采集监测技术

对复杂制造系统进行健康管理,首先要获取其劣化过程的状态信号。不同类型的生产设备可选择各自的待监测参数,这些参数主要包括速度、流速、压力、温度、功率、电流等。根据专用标准和工程实践的指导,应用现有的成熟监测技术,综合考虑经济性和适用性,利用相应类型的传感器,采集生产设备的实时参数信号,这些参数信号将作为预知维护决策的数据基础。

5.2.2　信息处理分析方法

在数据采集监测的基础上,运用信号处理方法进行数据融合、特征提取和性能评估,从而量化分析生产设备的健康状态。信号处理的典型方法包括时域分析法(如时域同步平均法、时间序列分析法、相关分析法)、频域分析法(如快速傅里叶变换法、功率谱分析法、倒频谱分析法)以及时-频域分析法(如短时傅里叶变换法、小波变换法、维格纳准概率分布法)。结合上述信号处理的各自特点,采取具有针对性的分析方法获得设备运行中的当前健康状态。

5.2.3　健康趋势预测算法

预知维护决策不仅需要评估衰退设备当前的健康状态,更要通过数据挖掘和分析,迅速预判生产设备未来的劣化趋势走向。综合研究领域的各种理论与方法,健康趋势预测算法主要可以分为 3 种:基于模型、基于知识和基于数据的健康预测。面向企业实际需求的健康预测算法,应在健康状态样本有限的前提下,提供实时高效且准确性高的趋势分析,支持健康管理更好地服务于生产全局。

5.2.4　设备维护规划模型

预知维护决策是健康管理的核心,在设备层的单机维护规划中,为了实现特定的维护目标(如降低故障风险、减少维护成本、提高可用度等),以现有的维护资源(技术、资金、人力、物料和时间)为约束条件,科学地规划维护作业的实施时机,保证维护资源的预先配置。设备层维护规划的关键在于利用健康状态信息辅助并优化维护决策,准确预知生产设备的维护需求,并全局性地规划出最优维护周期。

5.2.5　系统调度优化策略

不同类型多台生产设备按工序需求组成的串并联复杂制造系统的广泛应用,对预知维护决策提出了更大的挑战。在系统层的维护优化调度中,不仅需要考虑每台设备自身的健康衰退特征,还应综合分析系统中的关联设备,对设备间的预知维护作业进行整合优化,最终达到全系统的整体优化。除此之外,还有必要结合不同生产模式的特征需求,分析生产计划的约束机制,研究预知维护的优化机理,从而提高生产设备的健康可靠性,保证制造系统的运营效率性,实时提供经济可行的交互优化决策方案。

在上述预知维护决策的关键技术中,针对"数据采集监测技术"和"信息处理分析方法"这两大领域,国内外已有广泛深入的研究,从设备的原始监测数据到信号处理后的当前健康状态评估,这些研究已经形成了成熟全面的技术支撑体系。而对于系统健康管理而言,大多数研究成果主要集中在监测与诊断技术层面。基于这一研究现状,本章的选题重点在于"设备维护规划模型""系统调度优化策略"以及辅助决策的"健康趋势预测算法"。这不仅将扩展现有的系统健康管理理论,而且把健康预测、维护规划、优化调度、生产计划看作一个有机的整体,对推动相关研究领域的交叉和耦合具有积极意义。

5.3 设备维护规划模型

构建设备维护规划模型,是为了实现降低故障风险、减少维护成本、提高可用度等维护目标,在现有的技术、资金、人力、物料和时间等维护资源的约束下,科学地规划维护作业的实施时机和保证维护资源的预先配置。根据制造系统的组成结构区别,已有的维护决策方法可分为设备层的单设备维护规划模型和系统层的多设备维护优化策略,本节着重于单设备的维护。目前,单设备维护规划模型可分为基于役龄的维护规划模型、等周期预防维护规划模型、故障次数限制的维护规划模型、维修次数限制的维护规划模型以及顺序预防维护规划模型。

5.3.1 基于役龄的维护规划模型

基于役龄的维护规划模型是最具代表性的单设备维护规划模型。该模型的建模思想是,当生产设备的维护作业在面临以下两种情况中任何一种时,该策略将被实施:累积运行周期达到预定的役龄 T,或者故障发生。以东风$_4$型内燃机车为例,按铁道部规定:行驶 1 万~2 万公里应进行维护(辅修),4 万~6 万公里应进行小修,23 万~30 万公里应进行中修。

5.3.2 等周期预防维护规划模型

等周期预防维护规划模型则设定为在生产设备间隔固定周期开展维护作业。这类维护规划模型的策略又可以分为成批更换(设备在预先规划的固定周期 T 内实施成组更换)和小修周期更换(周期内遇到故障采用小修恢复运行,达到 T 则实施设备更换)两种策略。等周期预防维护规划模型相对于基于役龄的维护规划模型而言,无须记录生产设备的运行役龄,在工业实践中具有简单易行的优势,但也会导致维护作业与维护需求的匹配性不足。但是由于等周期预防维护规划模型具有简单、可操作性强的优势,目前仍是许多制造企业选择的维护规划方式。

例如,气体灭火系统中,月检查项目包括以下 5 类:① 对灭火剂储存容器、选择阀、液控单向阀、高压软管、集流管、启动装置、管网与喷嘴、压力信号器、安全泄压阀及检漏报警装置等系统组成部件进行外观检查,系统的所有组件应无碰撞变形及其他机械损伤,表面应无锈蚀,保护层应完好,铭牌应清晰,手动操作装置的防护罩、铅封和安全标志应完整;② 检查气体灭火系统组件的安装位置,确保不得有其他物件阻挡或妨碍其正常工作;③ 检查驱动控制盘面板上的指示灯,确保指示灯应正常,各开关位置应正确,各连线应无松动现象;④ 检查火灾探测器,其表面应保持清洁,应无任何会干扰或影响火灾探测器探测性能的擦伤、油渍及油漆;⑤ 检查气体灭火系统储存容器内的压力,气动型驱动装置的气动源的压力均不得小于设计压力的 90%。

5.3.3 故障次数限制的维护规划模型

故障次数限制的维护规划模型对生产设备的故障率预先设定阈值,一旦设备在运营过程中达到了这个阈值,立刻停机进行维护作业。这类维护规划模型的建模思想是确保生产设备在可接受的可靠性范围内正常运行,防止故障率等指标超出可控范围。

5.3.4　维护次数限制的维护规划模型

维护次数限制的维护规划模型从建模约束的视角可以分为以下两类:① 维护成本限制的规划模型(在生产设备的故障发生时对维护成本进行评估,若维护成本在预定的可接受范围内,则实施维护作业,否则更换设备);② 维护时间限制的规划模型(在设备故障失效时对维护时间开展评估,如果维护时间在限定范围内采取维护作业,否则直接进行设备更换)。

5.3.5　顺序预防维护规划模型

顺序预防维护规划模型是对等周期预防维护规划模型的改进和拓展,考虑到在实际的维护作业中,设备的健康状态随着役龄的增加而呈现劣化加速的情况,相应的维护周期间隔也会逐渐缩短,设备的运行时间依次达到 $T_k(k=1,2,\cdots,N)$ 便实施维护作业 $(T_k < T_{k-1})$。传统维护模型中的修复如新(as good as new)假设已被证明与真实的生产现场情况不符,在顺序预防维护规划模型中需要动态循环地规划实施逐渐频繁的维护作业,以满足生产设备的实际可靠性需求。

5.3.6　传统维护策略的不足

综合上述讨论可以看到,设备维护管理领域已受到学界的高度重视,并取得了丰硕的成果。然而,为了应对生产规模扩大化、设备健康多样化、系统结构复杂化、客户订单随机化、决策需求动态化的发展趋势,面向系统健康管理的预知维护决策仍是具有综合性和复杂性的研究课题。这就需要树立系统决策观念,运用动态分析方法,全面建立新的维护策略与决策方法。这些关键技术在预知维护决策过程中存在严谨的逻辑关系,前者方法的输出是后者决策的基础,后者的决策结果又会循环反馈给前者的模型。从已有文献可知,尽管可靠性工程和维护建模领域已开展了较为广泛的研究,但仍可以在以下两个方面做进一步的深入研究和拓展完善。

1) 设备健康预测的方法研究

在现有的文献中,大多数健康预测算法都是基于大量的设备健康样本信息进行建模的,而在实际生产运作中很难实时获得足够多的健康状态,无法开展健康预测和维护决策。面向多设备复杂制造系统的预知维护决策,对生产设备的健康预测精度也有很高的要求。准确的健康趋势预测结果能保证设备层和系统层的维护决策的有效性;反之,存在误差的预测结果则会造成维护规划的偏差。因此,有必要着眼于维护决策中普遍存在的样本小、信息贫等难点,开展新信息动态递补和背景影响因素的挖掘,实现健康预测改进算法与预知维护决策建模的紧密衔接。

2) 设备层维护规划模型研究

目前单设备的维护规划模型往往忽视了设备的健康状态随着役龄的增加而呈现劣化加速的情况,在建模过程中没有考虑内部的维护效果因素和外部的环境工况因素的综合影响作用。此外,传统的基于全寿命总体优化的维护规划模型面临着决策时间跨度过长、难以应对设备衰退演化的突发波动、制定出的长期维护规划方案难以支持多设备复杂制造系统的系统层优化调度的问题,因而实现动态的维护决策以提供具有时效性的最优预知维护周期,依旧是亟待解决的重要课题。另外,目前多数的维护规划模型只考虑单一决策目标,而合理有效的预知维护规划,需要统筹经济性、效率性、安全性要素,拟定全局性决策目标,在此基础上建立起设备层预知维护规划模型。

5.4 工业互联网带来的新变革

工业互联网(industrial internet)的概念最早由美国通用电气公司(general electric company,GE)于 2012 年提出——"一个开放、全球化的网络,将人、数据和机器连接起来"。随后,美国五家行业龙头公司联手组建了工业互联网联盟,将这一概念大力推广开来,加入该联盟的公司包括国际商业机器公司(International Business Machines Corporation,简称 IBM 公司)、思科公司、英特尔公司和美国电话电报公司等 IT 企业。现在该组织有超过 268 个成员机构,遍布全世界 33 个国家。通用电气公司在 2012 年提出的"工业互联网",德国在 2013 年提出的"工业 4.0",包括中国提出的"中国制造 2025",其核心目的均是凭借数字化转型,全面提高制造业的水平。

工业互联网的关键是"工业互联"的网,而不仅仅是工业的"互联网"。在企业内部,其要实现工业设备(包括生产设备、物流装备、能源计量、质量检验、车辆等)、信息系统、业务流程、企业的产品与服务、人员之间的互联,实现企业 IT 网络与工控网络的互联,实现从底层车间到顶层决策的纵向互联。在企业间,其要实现上下游企业(供应商、经销商、客户、合作伙伴)之间的横向互联。从产品生命周期的维度来看,要实现产品从设计、制造到使用,再到维护和报废回收再利用整个生命周期的互联。

工业物联网(industrial internet of things,IIoT)指的是物联网在工业的应用,可以说工业互联网的概念涵盖了工业物联网,并深入到企业的信息系统、业务流程和人员管理中。工业物联网将先进的机器、互联网技术和专业的技术人员汇总在一起,基于通信技术将各种设备连接起来,从而能够以前所未有的方式监控、收集、交换、检测、分析并最终提供有价值的新观点。这些观点可以帮助工业企业智能化,进行准确快速的业务决策,如图 5-8 所示。工业互联网通过实现工业资源、数据和系统的网络互联,达到高效利用资源的目的,构建了服务驱动的新型工业生态系统。由此可见,工业物联网是物联网和互联网服务的交叉网络系统,同时也是自动化与信息化深度融合的突破口。

图 5-8 基于 IIoT 的决策

通过将机器对机器(machine to machine,M2M)通信,结合工业大数据分析、网络安全以及人机界面(human machine interface,HMI)和监控与数据采集系统(supervisory control and data acquisition,SCADA)技术,IIoT 正在赋予制造设备前所未有的高效性能提高生产力和性能水平。工业互联网的巨大潜力正在加速改变工业的运作方式,专家预测:

(1) 全球经济的 46% 可受益于工业互联网。

(2) 工业互联网将对能源生产产生 100% 的影响。

（3）工业互联网对全球能源消耗产生 44% 的影响。

目前,工业互联网转化最完全的应用场景是装备制造企业利用工业互联网平台对已服役的产品进行远程的状态监控,乃至预测性维护。例如,树根互联公司的根云平台,帮助农机业主有效地延长农机使用寿命,其方法包括农机使用状况监控、故障实时监控、故障报警、远程诊断、远程指导维护等。另一个工业互联网典型的应用场景是在企业内部设备联网的基础上,实现对车间生产设备的监控,如美的集团通过建立空调生产车间的数字孪生(digital twin),实现对生产设备状态的实时监控。由此可见,目前的工业互联网应用,主要还是工业物联网的范畴。

5.4.1　应用案例一:西门子公司提供船舶解决方案

Atos 与西门子公司之间的战略联盟于 2011 年 7 月启动,该联盟整合了两者的 IT 解决方案和服务资源。全球工业技术制造商和全球 IT 供应商组成了独特的全球联盟,目标是最大限度地发挥西门子产品和解决方案与 Atos 基础 IT 和业务支持 IT 解决方案的综合实力。

结合 Atos 和西门子公司的互补物联网资产,加速实现物联网在业务流程中的应用,搭建预集成的物联网成套服务,提供面向未来数字业务的完整解决方案,其优势在于以下 6 个方面:

（1）可复制性:端到端(end to end)的解决方案,可实现公司和行业层面上的复制。

（2）降低成本:通过最先进的流程管理解决方案,降低成本。

（3）新商业模式:物联网集成可促成新的业务模型,并开辟新的价值流。

（4）降低技术停机时间:优化预测性维护解决方案的适用性。

（5）质量改进:行业专家见解和物联网工具的结合,可最大限度地减少质量问题。

（6）缩短上市时间:加速形成最终解决方案的过程。

以西门子公司为全球运输公司提供的解决方案为例。客户缺乏对船舶性能、船舶维护和燃料消耗的可行监测手段,据此,Atos Codex 物联网平台提供了船舶资源优化中心平台——EcoMAIN Suite。根据客户使用结果可以发现,燃料消耗显著减少,且维护成本降低。方案结构如图 5-9 所示,通过连接船舶上的各关键设备,获取信息并上传至物联网数据库,连接平台并远程诊断和船舶性能评估,反馈维护和热能回收相关决策,实现船载物联网系统和岸上船检管理中心的互联。

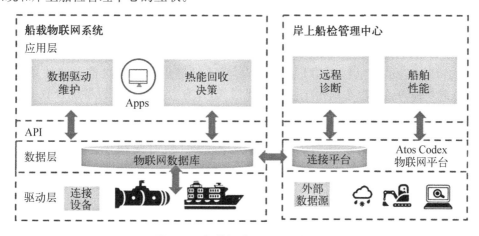

图 5-9　船载物联网应用方案结构

5.4.2　应用案例二：发那科生产零停机系统

当工厂中大量使用类型各异的机器人时，维护保养工作将变得十分复杂。不同型号的机器人的维护保养项目和保养周期不一致，即使是相同型号机器人，也会因采购时间和使用频率不同，造成维护时间点的差异。因此，很难制定统一且最优化的机器人维护计划。

为了解决该问题，发那科公司 FANUC 开发了机器人云端远程服务系统 Zero Down Time(ZDT 系统)。该系统是专门为 FANUC 公司的机器人产品而开发的工业物联网应用，其主要包括维护、预测、分析、优化等功能，ZDT 系统利用工业物联网和大数据技术，通过收集和监控 FANUC 机器人的各种运行数据和维护信息，分析海量数据，预测设备可能发生的故障，提前进行预防性的检查维护，从而避免设备在正常生产过程中因突发故障而停机，进而实现了设备的零意外停机，保证了工厂的连续、稳定运转。

不仅如此，ZDT 系统不断收集 FANUC 机器人的各种信息，监控机器人机械部件和控制器，以及各种工艺设备和过程设备，比如伺服焊枪、喷涂设备。借助这些信息以及 ZDT 系统具有的高级系统优化功能，可以做到降低系统运行的电力消耗，延长机器人的使用寿命，提高系统运行速度和效率等。

FANUC 与思科公司合作，极大地拓展了 ZDT 系统的功能性和安全性，把 ZDT 系统收集到的大数据发送和存储于云端。通过互联网和云服务，将客户工厂的机器人运行数据与 FANUC 的全球服务网络连接起来。云端上运行的 ZDT 系统一旦预测到了某台 FANUC 设备可能会发生故障，就会自动告知 FANUC 的服务团队，FANUC 会立刻分析原因，采取措施，在客户设备真的发生故障停机之前，FANUC 的技术支持人员就已经携带设备备件赶到了客户工厂，完成了必要的维护与保养，提前排除了设备发生故障的可能。

据机器人工业协会(Robotic Industries Association, RIA)报道，ZDT 系统使用云端软件平台分析从通用汽车公司(GM)工厂机器人收集到的数据，以发现潜在的可能导致生产停机的问题。在汽车制造过程中，1 分钟的停机可能导致原始设备制造商(original equipment manufacturer, OEM)损失逾 2 万美元。单一停机事件可能造成数百万美元损失。GM 先进自动化技术经理 Linn 表示，在全球部署的约 3.5 万台机器人中，95% 来自 FANUC，并且部署的数量还在继续增长(见图 5-10)。目前，GM 有近 8 500 台机器人与发那科的 ZDT 平台连接，且每天有更多新机器人连接到云端。

将数千台机器人连网后不久，GM 的投资开始得到回报，ZDT 系统目前每天都在工厂里发挥作用。Linn 表示，自启动 ZDT 系统以来，GM 已避免逾 100 次重大的计划外停机。ZDT 系统成功地为通用汽车缩短了生产停机时间，并有效地提高了设备综合效率。因此，ZDT 系统荣获了由 GM 颁发的 2016 年供应商创新大奖。

5.4.3　应用案例三：高端装备的预测与健康管理(轨道交通)

高铁、地铁的运行安全是轨道交通行业的核心关注点。设备故障诊断与健康管理(prognostics health management, PHM)系统通过对车辆运行状态进行实时监测，实现了轨道交通关键装备故障诊断与故障预测，对可能出现的故障进行预警和预测，避免发生重大问题，从而提高车辆运行安全性。

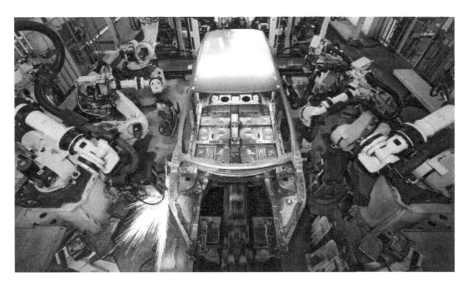

图 5 - 10　通用车间使用 FANUC 机器人

PHM 系统基于轨道交通装备的历史故障数据,结合信号处理、特征提取、机器学习以及深度学习等数据挖掘方法,建立轨道交通装备故障诊断模型,形成一套系统化、自动化离线故障诊断和分析工具。以轨道交通装备在运行过程中发生的故障现象、故障波形、问题原因、处理措施等信息为基础,考虑数据本身的质量和数量特点,结合专家经验和数据规范化过程,形成故障专家知识库和自动化诊断模型(数据+知识),实现对轨道交通装备故障的在线诊断,定位故障发生原因及部件,并结合专家知识库中的故障解决方案指导完成现场诊断和故障排除。

轨道交通行业的 PHM 系统主要由以下 5 部分构成。

(1) 数据采集和传输:利用各种传感器探测、采集被检系统的相关参数信息,将收集的数据进行有效信息转换以及信息传输等。

(2) 运行监控:实时在线监测运行列车的位置、速度和运行状态,为分析运营车辆故障产生原因及降低维护成本提供关键性指标,确保列车的安全运行。

(3) 故障诊断和故障预测:依据历史数据建立各参数变化与故障损伤的概率模型(退化概率轨迹),与当前多参数概率状态空间进行比较,进行当前健康状态判断与趋势分析。通过当前参数概率空间与已知损伤状态概率空间的干涉来进行定量的损伤判定,基于既往历史信息进行趋势分析与故障预测。

(4) 维护决策:通过人机接口设备运营人员实现决策支持,包括状态监测模块的警告信息显示以及健康评估、预测和决策支持模块的数据信息的表示等。

(5) 系统反馈:根据判决决策,通过机-机接口传递交换上述各模块之间以及 PHM 系统同其他系统之间的数据信息,并积累历史数据,调整故障模型和告警的门限,进一步反馈至产品开发人员,改进产品的设计。

东方国信公司已经为某轨道交通装备制造企业建立实时 PHM 系统——Cloudiip 轨道交通管理平台,该系统以私有云方式部署(见图 5 - 11)。通过对列车状态数据的实时采集和处理,实现列车状态监控和故障快速告警,保障列车的健康安全运行。建立突破距离、时间、设备限制的,互联网化、数据化、可交互化、个性化、主动化的轨道交通装备生产制造全过程、全产业链、产品全生命周期轨道交通新模式。

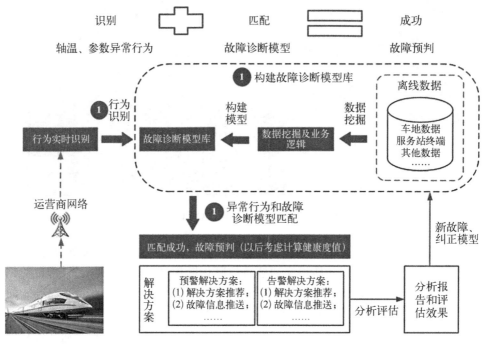

图 5-11   东方国信 PHM 系统

5.5   挑战与困惑

作为工业互联网 IIoT 和边缘计算的重要应用之一,预测性维护在两年前就已被寄予厚望。各大公司和初创企业都进行了重点布局,似乎都坚信预测性维护必将为 IIoT 的发展赋能。

比如华为抓住市场痛点,选择从"梯联网"角度切入电梯运维领域,其电梯物联网理念如图 5-12 所示。ABB 公司在班加罗尔设立了针对节能变频器的数字化远程服务中心,全年无休地远程访问位于最终用户工厂内的变频器,实现预测性维护和状态监测。霍尼韦尔公司推出互联辅助动力装置的预测性维护服务 GoDirect,海南航空成为全球首家采用 GoDirect 的航空公司。空中客车集团则选择自建边缘计算和云平台,量身定做自用的预测性维护系统。

鉴于市场中的存量设备数目相当可观,其中绝大多数还没采用有效的预测性维护方案,而设备维护产生的费用超过设备总体生命周期成本的 50%。

GE 公司的一项调查结果显示,大批的工业企业正在走向预测性维护的"怀抱"。从内部来看,预测性维护可以优化生产操作,运用预测性维护将会带来 20%～30% 的效率增益。从

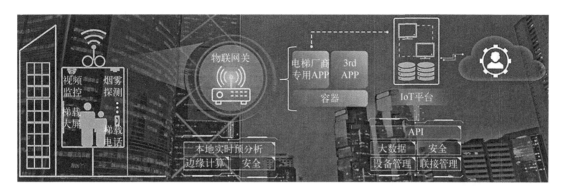

图 5 - 12　华为电梯物联网

外部来看,如果引入预测性维护服务,设备制造商则有可能扭转当前竞争业态。从战略角度评估,预测性维护代表着工业服务化和未来商业模式转变的历史选择。尤其是云平台、边缘计算和人工智能的发展,开启了用最新技术改变预测性维护市场格局的大门。

虽然对预测性维护的发展坚定看好,但是很多企业已经意识到,预测性维护真正发挥效用的时间比预期要长。2019 年初,贝恩咨询公司对 600 多名欧美企业高管进行了调查,很多客户对于预测性维护的期待,已经由热衷趋向理性。预测性维护解决方案的实施过程比预想中更困难,从数据中提取有洞察价值的难度更是远超想象。对比贝恩咨询公司在 2016 年和 2018 年分别进行的两次调研,真正实施和计划采用预防性维护方案的企业比例都有所下调,虽然大家对于预测性维护的未来都深信不疑,但很多企业都调整并减缓了预测性维护的推进节奏。

对于预测性维护在方案推进中面临的困难和风险,大家的判断更趋于客观。很多企业除了担心安全性、投资回报分析、信息技术(information technology,IT)与运营技术(operational technology,OT)难以融合之外,对于技术知识的欠缺、数据的可移植性、供应商的风险以及方案切换中的变数,都进行了重新评估。从现实情况上看,虽然提升工业互联网的安全性、加速 IT 与 OT 的彼此融合、给出确定性的投资回报分析,一直都是企业关注的问题。但随着时间推移,这些方面似乎仍然没有取得预想中的进展。

从应用实施的优先级上看,预测性维护处于第一阵营的地位没有变化。然而,质量控制超越了预测性维护,成为了最受企业青睐的工业互联网应用。另外,设备远程监控、生产现场的资产追踪也成为热门应用。服务商和供应商推进预测性维护的意愿比作为客户的工业企业更强烈。或许是因为相比于设备远程监控,预测性维护有更大的盈利潜力。很多企业还乐于尝试与设备维护相关的增强现实或虚拟现实应用,但供应商数量和能力却明显不足。国内情况与国外有所不同,但整体上可供借鉴。

从市场的整体情况上看,预测性维护市场,乃至整个工业互联网市场被不少企业持续看好。综合高德纳咨询公司(Gartner)、国际数据公司(International Data Corporation,IDC)、Machina Research、思科公司、贝恩咨询公司等多方披露的分析数据来看,工业互联网在整个 IoT 领域势必会占到很大的份额,到 2021 年整个市场规模有望翻番,达到 2 000 亿美元。为了抓住未来发展机会,很多工业制造商和设备运营商都在大举投资和布局。根据标普资本数据库的统计,西门子公司、施耐德公司、ABB 公司等工业自动化巨头都在扩展自己的能力圈,持续增加对于云平台、边缘分析、软件功能和系统集成等方面的并购与投资。亚马逊公司的 AWS IoT Greengrass 和 Microsoft Azure 也在持续提升工业领域的渗透率。就开发者的支持度而言,美国参数技术公司(Parametric Technology Corporation,PTC)、微软公司、IBM、GE 公司和亚马逊公司占有明显的领先优势。

虽然前景一片光明,但当下预测性维护市场发展不及预期却是不争的事实,主要原因如下:

(1) 投资回报率难以计算。投资回报率 ROI 如果难以计算,就意味着见效慢,效果很难评估,工业企业的推进意愿自然不会提升。工业场景中包含众多要素,如人、机、料、法、环。预测性维护主要与"机"挂钩,不同行业属性、不同企业类型的机械种类很多,预测性维护产生的价值有天壤之别。从整个产业链条上看,"机"的价值链包括最终应用企业(最终用户)、设备服务商(代理商、集成商)、设备制造商、各类工业自动化厂商。

预测性维护的价值要通过最终用户体现,对应的企业数量非常庞大。保守估计,国内有将近 300 万家工厂实施了 ERP 或者供应链管理系统,拥有基础信息化能力。大型企业往往选择与新型物联网企业合作自建预测性维护能力,由于预测性维护本身同时涉及软件和硬件,物联网企业有可能面临定制化程度高、项目难以进行标准化、无法广泛复制的窘境。这种现象在中小型企业中更加普遍。面对如此大量的企业,如何有效触及,并将预测性维护提供的价值变现,是一项极其复杂和困难的工程。经过多年的发展,工业体系已经相当成熟,很多机械的维护维修利润空间本身就不大。新型物联网企业即便有了一定的规模,也不一定能真正赚到钱。因此面对中小企业,物联网企业除了利用预测性维护,将服务环节从"被动"变为"主动"之外,还需要具备提供更多深度服务的能力,才能立足。

从设备类型上看,工程机械、注塑机、数控机床、空压机等行业集中度不同,设备制造商提供服务的能力也不同。因此留给提供预测性服务的物联网企业的生存空间也不同。高价值设备,或者重要型设备的维护维修,更多是由最终用户自己完成的,很少外包给物联网服务型企业。有些非重要型设备,长时间不会发生故障的设备,或者发生故障后具有维护时间弹性的设备,会外包给设备服务商提供维护维修服务。这时,物联网企业作为技术提供方,处于最终用户与设备制造商之间,可能伴随着数据和设备资产所属权的争议。有些情况下,最终用户并不希望"独吞"停机风险。他们希望设备服务商在合作协议中,保证设备的正常运行,如果发生停产损失,设备服务商需要承担一定的赔偿责任。

同时,从用户角度来讲,要为预测性维护服务付多少钱合适呢?预测性维护带来的收益,如果转化为财务指标,需要经过完整的周期性分析和验证。只有算清楚经济账,最终用户才会愿意长期为预测性维护的价值买单。因为预测性维护带来的停机风险降低难与经济回报挂钩、单台设备难与整体销售挂钩,预测性维护的价值并不立竿见影,需要经历半年甚至一年的验证周期,有时还需要细化到每单位销售额的颗粒度。对于销售额受环境变化影响波动较大的最终用户而言,核算的难度更大。

因此,预测性维护陷入了经济收益测算时间长、没法调动最终用户的投入热情、只是物联网企业一头热的怪圈。

(2) 基础不扎实,数据量不足。工业设备的预测性维护,都面临一个共性问题,即设备自身的传感器数量不足,很多数据还没有被长期积累。所以预测性维护最常见的应用对象是飞机发动机,因为传感器足够多,监测时间足够长。

物联网理念还未普及时,设备制造商在设备出厂前通常不会加装更多的传感器,因为安装传感器会增加成本和设备的复杂度,且不会带来可观的经济效益。传感器数量的不足导致对设备运行状态的监测和预测不准确,从而影响预测性维护的效果。另外,设备模型的积累和迭代需要较长的时间,因此在目前的应用中,"硬件＋软件＋服务"为主流的收费模式,实施方式也以项目制为主,距离触发裂变还为时尚早。

5.6　设备衰退演化分析

在生产过程中,每台设备都经历着不同的劣化过程,具有独立的健康衰退特征,呈现出各自的故障率分布函数演化。在生产设备的全工作寿命里,健康状态和衰退变化都受到内、外部各种因素的制约和影响。无论是内部的维护效果因素,还是外部的环境工况因素,都应当被全面地研究分析,提炼出生产设备内在的综合衰退演化规则,从而根据设备当前维护周期内的健康预测信息和顺序维护周期间的衰退演化规律,在设备层辅助实现动态预知维护决策。

维护效果(maintenance effect)代表生产设备的内部修复能力。从技术实质而言,维护效果与内在的修复工艺和硬件因素紧密相关。在修复非新建模方面,可靠性工程领域的学者们提出的(p,q)法、虚拟役龄法、冲击模型法以及调整因子法,都能有效反映内部维护效果因素对于设备健康衰退趋势的影响,并在维护建模中定量化描述这类因素与故障率函数内在相关性。

环境工况(environmental condition)代表设备运行所处的外在环境优劣情况。环境工况直接受到各种外部因素的影响,诸如温度、湿度、气候等,它们都会明显地影响设备健康劣化的趋势。每台设备的环境工况可以用环境影响因子直观表示,定量化地评估表达所处生产环境是良好、一般,还是恶劣。环境影响因子与调整因子一样,既可以是某种环境或技术水平下的特定值,也可以随着环境因素变化或修复水平提高呈现相应的浮动性。

本节综合考虑了各种类型的内部维护效果因素和外部环境工况因素对设备层中各台生产设备的独立衰退特征的映射与表达。结合了维护效果因素的故障率分布函数被用来进行修复非新的数学建模,并引入环境工况因素的拓展,这将有助于更科学准确地描述预知维护前后周期之间的衰退演化规则。

5.6.1　维护效果影响的衰退演化

在支持维护决策的修复非新维护效果研究中,调整因子法能够准确直接地描述设备工作寿命中前后维护周期间的故障率分布函数演化规则,以此来分析内部维护效果因素对于预知维护建模的作用。通过动态规划,生产设备的最优维护周期间隔随着设备役龄的增加而缩短,从而提高维护频率,保证设备可靠运行。在实际的维护作业中,需要考虑两种维护效果的影响:

(1)在实际的维护应用中,一台设备经过维护作业后,通过其故障率函数,反映出很难达到修复非新的技术效果。这意味着虽然预防维护可以降低故障率,但无法使设备恢复到

全新的状态,也就是故障率归零。生产设备 j 在第 i 次预知维护后的衰退演化表达为

$$\lambda_{(i+1)j}(t)=\lambda_{ij}(t+a_{ij}T_{ij}) \tag{5-1}$$

式中,$\lambda_{ij}(t)$ 为设备 j 在第 i 个预知维护周期 t 时刻的故障率;a_{ij} 为役龄残余因子,$0<a_{ij}<1$;T_{ij} 为预知维护周期,$t\in(0,T_{(i+1)j})$。

(2) 通常可以在可靠性工程实践中发现,相对于前一个维护周期,后一维护周期的设备健康衰退呈现加速的趋势。具体表现在随着役龄的增加,故障率分布函数的增长速率也在不断提高,说明设备劣化逐渐加剧。预知维护前后设备故障率分布函数为

$$\lambda_{(i+1)j}(t)=b_{ij}\lambda_{ij}(t) \tag{5-2}$$

式中,b_{ij} 为故障率加速因子,$b_{ij}>1$;$t\in(0,T_{(i+1)j})$。

本节为全面提炼内在维护效果因素对设备健康衰退演化的影响,以满足动态预知维护的建模需求,统筹考虑了上述两类维护效果的影响,即维护作业只能使设备恢复到较新的健康状态,同时,设备的内部劣化累积也会加快设备衰退速率。从实际的维护效果因素出发,整合了役龄残余因子和故障率加速因子这两种修复非新调整因子法的建模优势,提出的维护效果影响的衰退演化规则定义如下:

$$\lambda_{(i+1)j}(t)=b_{ij}\lambda_{ij}(t+a_{ij}T_{ij}) \tag{5-3}$$

内部维护效果因素作用下的设备衰退演化如图 5-13 所示。从图中可以直观地看到,第 i 次维护作业实施后,役龄残余因子使设备的故障率函数在下一个维护周期伊始降低为 $\lambda_{ij}(a_{ij}T_{ij})$,降低了故障发生的可能性,但无法恢复到 $\lambda_{ij}(0)$ 的全新健康状态;而故障率加速因子则使得下一个维护周期的故障率函数斜率增加为 $b_{ij}\lambda_{ij}(t)$,意味着设备衰退过程随着役龄周期而逐渐加速。上述基于调整因子法的修复非新建模方式,使得准确描述维护效果影响的衰退演化规则成为可能。

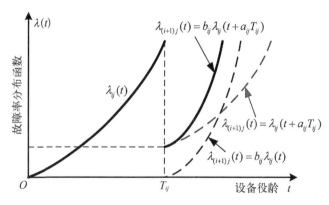

图 5-13 修复非新的维护效果

5.6.2 环境工况影响的衰退演化

除了内部的维护效果因素之外,也需要把外部的环境工况因素纳入预知维护动态决策的模型。在现代企业的生产现场,情况各异的各种环境工况可能出现在串并联复杂制造系

统中的不同设备上。其至对于始终固定在同一位置的生产设备而言,其环境工况也会随着维护周期的递进增长而经历变化。这意味着生产设备的健康状态波动也受到外部环境工况因素的干扰,在衰退演化规则中考虑环境工况的影响具有重要的现实意义。

本节采用定量化的环境影响因子描述外部环境工况因素对于衰退演化的建模作用。环境影响因子可通过对设备所处工况的各类评价指标(温度、湿度、气候等)进行特征提取、信息融合、参数评估而获得。根据维护周期间的故障率分布函数和环境影响因子的理论性关联分析,提出的考虑环境工况因素的综合衰退演化规则定义如下:

$$\lambda_{(i+1)j}(t) = \varepsilon_{ij} b_{ij} \lambda_{ij}(t + a_{ij} T_{ij}) \tag{5-4}$$

式中,ε_{ij} 为环境影响因子,$\varepsilon_{ij} > 1$;$t \in (0, T_{(i+1)j})$。在预知维护的设备故障率建模中,调整因子和环境影响因子 $(a_{ij}, b_{ij}, \varepsilon_{ij})$ 的取值满足 $0 < a_{ij} < 1$,$b_{ij} > 1$,$\varepsilon_{ij} > 1$。可以结合实际的企业维护需求,这些因子的具体数值可通过故障率拟合法、周期拟合法和经验取值法拟合获得。考虑内、外部因素共同作用的综合衰退演化如图 5 - 14 所示。

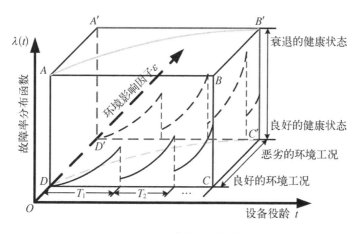

图 5 - 14　综合衰退演化规则

由图 5 - 14 中可见,在平面 $ABCD$ 所代表的良好的环境工况下,顺序维护周期之间的故障率分布函数受维护效果的影响:每次实施维护作业后,役龄残余因子导致下一周期的初始故障率为 $\lambda_{ij}(a_{ij} T_{ij})$ 而非 $\lambda_{ij}(0)$,故障率加速因子则把衰退速率提高为 $b_{ij}\lambda_{ij}(t)$。与之相对,在代表恶劣环境工况的平面 $A'B'C'D'$ 中,环境影响因子的数值较高,这意味着生产设备的衰退风险明显加剧,相应的故障率分布函数的斜率同样会显著上升,在相同的设备役龄区间里需要进行更频繁的预知维护作业来保证可靠性水平。此外,$AB'C'D$ 面反映了环境影响因子随着役龄的增长而不断上升的趋势,表示设备的外部环境工况在不断地恶化。在各维护周期的内外影响因子满足 $a_{ij} \to a \to 0$、$b_{ij} \to b \to 1$,$\varepsilon_{ij} \to \varepsilon \to 1$ 的情况下,相邻维护周期 $aT_{i+1} \approx aT_i$,设备 j 的衰退演化规则可简化为

$$\lambda_{(i+1)j}(t) = \varepsilon b \lambda_{ij}(t + aT_i) \approx \varepsilon^2 b^2 \lambda_{(i-1)j}(t + 2aT_{i-1})$$
$$\approx \varepsilon^3 b^3 \lambda_{(i-2)j}(t + 3aT_{i-2}) \approx \cdots \approx \varepsilon^i b^i \lambda_{1j}(t + iaT_1),$$

即第 i 个维护周期中的故障率函数为

$$\lambda_{(i+1)j}(t) = \varepsilon^i b^i \lambda_{1j}(t + iaT_1)$$

综上所述,本节提出的综合衰退演化规则(hybrid hazard rate recursion evolution),从本质而言是通过定量化建模影响设备劣化过程的内外因素(役龄残余因子、故障率加速因子、环境影响因子),反映出制造系统中各台设备所经历的运营维护现状:① 维护作业在技术上难以实现修复如新,生产设备的材料劣化会留下潜在的健康影响;② 随着设备役龄的增加、内在的磨损累计和材料疲劳等,不可避免会加速衰退过程;③ 由恶劣的环境工况因素(高温、潮湿或者严寒)造成的设备腐蚀老化,也会提高故障发生的频率。因此,在本节的预知维护决策建模中,有针对性地研究分析设备潜在故障率分布函数的趋势规律,提炼出生产设备内在的衰退演化规则,对动态循环决策模式下的设备层维护规划建模和系统层维护优化调度起到了辅助作用。

5.7 多目标最优预知维护规划模型

在综合内外因素的衰退演化规则的基础上,根据企业制造生产的实际需求,引入多目标价值理论,统筹效率性和经济性指标,采用动态循环的决策模式,通过目标优化法建模,展开实时规划,研究人员提出了多目标最优预知维护规划模型(multi-attribute model,MAM)。依据设备健康状态信息,基于设备可用度(equipment availability)和维护成本率(maintenance cost rate)等局部决策目标,建立起扩展型的多目标维护决策模型,从而动态循环(cycle by cycle)地实时规划综合性的最优预知维护周期。

如图5-15所示,对于制造系统中不同类型的生产设备,按照所获得的最优维护时间间隔,在当前维护周期末实施预知维护;维护周期内若设备失效,采用小修使故障设备恢复运行。当役龄递进到下一个维护周期时,则基于衰退演化规则,开展新一周期的实时规划。在预知维护的设备层中,如此动态循环地进行整个工作寿命内的预知维护决策,以满足企业对于设备层的要求,并为系统层的优化维护调度提供时效性的多设备决策输入。

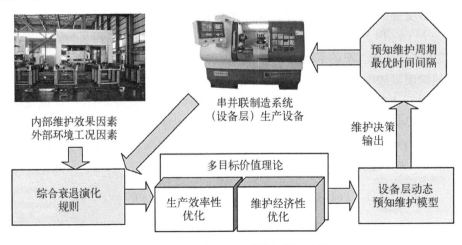

图 5-15 设备层预知维护规划示意图

考虑到企业设备维护在理论和实践方面的实际情况,建立了预知维护决策策略,在设备层提出了多目标最优维护规划模型。为了更加准确清晰地描述 MAM,本文做出如下基本假设:

(1) 考虑到制造系统中不同类型设备的失效模式存在差异性,以每台生产设备作为独立的研究对象,即在设备层的预知维护规划过程中,根据单台设备自身的健康衰退演化进行有针对性的动态决策。

(2) 生产设备在役龄 $t=0$ 时开始投入工作,每台设备的设计工作寿命已知,作为预知维护规划的役龄区间,一旦达到工作寿命,出于安全考虑,必须更换新设备,设备的全生命周期维护规划结束。

(3) 若无预知维护作业,设备故障率分布函数持续呈上升态势,每台设备都会随着役龄的增加而呈现逐渐严重的健康衰退趋势,最终不可避免会引起设备的失效停机,在役龄为 t 的故障率函数 $\lambda_{ij}(t)$ 反映了其当时的健康状态水平。

(4) 以设备可用度和维护成本率等因素作为规划目标统筹建模,在满足多目标最优的各个预知维护周期末,设备采取预知维护作业,期间设备发生失效则进行小修,考虑到投资经济性,工作寿命期间除预知维护和小修外不进行更新,设备役龄届满才淘汰更新。

(5) 预知维护能使设备回到较好的健康状态,但无法改变设备的加速老化,小修只能使设备恢复运作,不能改变故障率函数,由于小修是针对随机性的突发设备失效,其维护持续时间和维护成本费用都会高于预知维护作业。

5.7.1　单目标局部维护决策模型

设备层面向具有独立衰退特性的生产设备进行维护规划,目的在于实时获得设备的最优预知维护周期,从而规划维护作业的实施时机和维护资源的预先配置,以及进一步支持系统层的优化维护调度。传统维护策略制定的固定维护周期,忽视了实际生产中的衰退演化影响因素,因而规划出的静态维护方案往往无法满足生产设备的实际维护需求,主要表现在以下两个方面:

(1) 维护不足:如果规划的最优维护时间间隔过长,则设备潜在的累计故障率风险增加,带病运行的设备必然在维护周期内频繁地失效,造成维护成本上升和设备效率降低。

(2) 维护过剩:与失修相反,若最优维护周期过短,高频率的预知维护固然可以降低故障发生的风险性,但过修也会给企业带来巨大的维护成本,预知维护时的停机也会影响生产效率。

本节深入分析设备层的各种维护目标对维护规划的作用,通过目标优化法建模,展开实时规划,统筹建立全局性目标,动态循环地制定出最优预知维护周期。为此,首先进行单目标维护建模,分别建立设备可用度模型(availability-oriented model,AOM),作为效率性需求的局部决策目标,以及故障成本率模型(cost-oriented model,COM)作为经济性需求的局部决策目标。在此基础上,提出了多目标最优预知维护模型 MAM(multi-attribute model),综合各种局部目标,考虑设备性能需求,最终动态规划全局性的最优维护时间间隔,实时指导顺序维护周期末的预知维护作业实施。

1) 设备可用度模型(AOM)

为了最大化生产设备的效率性,需要区分各个维护周期中的平均可用时间(mean useful

time，MUT)和平均停机时间(mean down time，MDT)。在设备层预知维护规划中，MUT等同于维护时间间隔，即生产设备在每个维护周期内的累计工作时间。相应地，MDT包含维护周期末的预知维护作业持续时间以及维护周期内的预期小修作业持续时间。假设 T_{aij} 代表 AOM 模型中生产设备 j 在第 i 个维护周期的时间间隔，T_{pij} 为预知维护作业的持续时间(PdM action duration)，T_{fij} 为小修作业的持续时间(minimal repair duration)，则设备 j 在第 i 个维护周期中的设备可用度 A_{ij} 为

$$A_{ij} = \frac{\text{MUT}}{\text{MUT} + \text{MDT}} = \frac{T_{aij}}{T_{aij} + \left[T_{pij} + T_{fij} \int_0^{T_{aij}} \lambda_{ij}(t)\,\mathrm{d}t \right]} \qquad (5-5)$$

式中，表达式的分子表示设备可用的累计时间，分母表示整个维护周期(MUT 和 MDT 之和)。其中，$\int_0^{T_{ij}} \lambda_{ij}(t)\,\mathrm{d}t$ 表示相邻两次预知维护作业间的故障发生的期望值。由此，对应于最大化设备可用度 A_{ij}^* 的最优维护时间间隔 T_{aij}^*，可以通过下式求解：

$$\left. \frac{\mathrm{d}A_{ij}}{\mathrm{d}T_{aij}} \right|_T = 0 \qquad (5-6)$$

式(5-6)的求导表达式具体可以转化为

$$T_{pij} + T_{fij} \int_0^{T_{aij}} \lambda_{ij}(t)\,\mathrm{d}t - T_{fij} T_{aij} \lambda_{ij}(T_{aij}) = 0 \qquad (5-7)$$

求解上式，可以获得设备可用度模型(AOM)中当前的第 i 个维护周期的最优维护时间间隔 T_{aij}^* 和最大化设备可用度 A_{ij}^*，上述效率性局部建模结果将代入 MAM，从而以动态规划全局性的最优预知维护周期。

2) 故障成本率模型(COM)

为了使生产设备的经济性最优化，需要分析各个维护周期中的成本花费构成，总成本包括如下两个成本分量：预知维护作业成本和小修作业成本。在设备层预知维护规划中，假设 T_{cij} 代表 COM 中生产设备 j 在第 i 个维护周期的时间间隔，C_{pij} 为预知维护作业的成本(PdM action cost)，C_{fij} 为小修作业的成本(minimal repair cost)，则设备 j 在第 i 个维护周期中的维护成本率 c_{rij} 可以表述为

$$c_{rij} = \frac{C_{pij} + C_{fij} \int_0^{T_{cij}} \lambda_{ij}(t)\,\mathrm{d}t}{T_{cij} + T_{pij} + T_{fij} \int_0^{T_{cij}} \lambda_{ij}(t)\,\mathrm{d}t} \qquad (5-8)$$

式中，表达式的分子表示当前周期内的总维护成本(预知维护成本和小修成本之和)，分母表示整个维护周期的时间段。由此，对应于最小化维护成本率 c_{rij}^* 的最优维护时间间隔 T_{cij}^* 可以通过下式求解：

$$\left. \frac{\mathrm{d}c_{rij}}{\mathrm{d}T_{cij}} \right|_T = 0 \qquad (5-9)$$

式(5-9)的求导表达式具体可以转化表述为

$$\lambda_{ij}(T_{cij})(C_{fij}T_{cij} + C_{fij}T_{pij} - C_{pij}T_{fij}) - C_{fij}\int_0^{T_{cij}}\lambda_{ij}(t)\mathrm{d}t - C_{pij} = 0 \qquad (5-10)$$

求解式(5-10)，可以获得 COM 中第 i 个维护周期的最优维护时间间隔 T_{cij}^* 和最小化维护成本率 c_{rij}^*，上述经济性局部建模结果也将代入 MAM，辅助动态规划全局性的最优预知维护周期。

5.7.2　多目标最优预知维护模型

在 AOM 和 COM 的局部决策目标建模的基础上，本节统筹权衡企业生产的效率性和经济性指标，建立全局性维护决策目标，提出了最优的设备层预知维护策略。根据多目标价值理论的理念，多目标最优预知维护模型综合考虑了设备可用度和维护成本率，进行设备层动态维护决策，规划各最优预知维护周期。在实际生产中，多目标预知维护决策整合优化设备可用度和维护成本率，也就是使设备可用度最大化和维护成本率最小化，这需要统一 A_{ij} 和 c_{rij} 的量纲和解决优化方向：

（1）为解决统一量纲的问题，在全局性维护决策目标中，定义表达式 A_{ij}/A_{ij}^* 为效率性价值函数，定义表达式 c_{rij}/c_{rij}^* 为经济性价值函数。其中，最大设备可用度值 A_{ij}^* 对应 AOM 模型的最优维护时间间隔 T_{aij}^*，最小维护成本率 c_{rij}^* 对应 COM 的最优维护时间间隔 T_{cij}^*。对于每个局部决策目标而言，其价值函数 A_{ij}/A_{ij}^* 和 c_{rij}/c_{rij}^* 趋向于 1 时，表示该局部决策目标在全局决策目标中达到了最优水平。

（2）为解决优化方向的问题，使 MAM 统一为最小化优化，在目标函数中引入表达式 $-\dfrac{A_{ij}}{A_{ij}^*}$，可知 $\min\left(-w_{1ij}\dfrac{A_{ij}}{A_{ij}^*}\right) \Leftrightarrow \max\left(w_{1ij}\dfrac{A_{ij}}{A_{ij}^*}\right)$。在第 i 个维护周期内，规划预知维护时间间隔的最优值 T_{cij}^*，使得全局维护决策目标函数最小化。

综合上述的分析讨论，在本文提出的 MAM 中，设备 j 在第 i 个维护周期中的全局性维护决策目标 V_{ij} 可以表述为

$$V_{ij} = -w_{1ij}\frac{A_{ij}}{A_{ij}^*} + w_{2ij}\frac{c_{rij}}{c_{rij}^*} \qquad (5-11)$$

式中，w_{1ij} 和 w_{2ij} 分别是设备可用度和维护成本率的权重因子，并满足（$w_{1ij} \geqslant 0$，$w_{2ij} \geqslant 0$，$w_{1ij} + w_{2ij} = 1$）。在式(5-11)的表达式 A_{ij}/A_{ij}^* 和 c_{rij}/c_{rij}^* 中，MAM 多目标模型的最优维护时间间隔 T_{cij}，取代了 T_{aij} 和 T_{cij}。由此，最优预知维护周期 T_{oij}^* 可以通过使全局性维护决策目标最小化获得，且 $\min(T_{aij}^*, T_{cij}^*) \leqslant T_{oij}^* \leqslant \max(T_{aij}^*, T_{cij}^*)$，如图 5-16 所示。在设备层规划出的设备 j 在第 i 个维护周期中的最优预知维护时间间隔，可以通过下式求解：

$$\left.\frac{\mathrm{d}V_{ij}}{\mathrm{d}T_{oij}}\right|_T = 0 \qquad (5-12)$$

式(5-12)的求导表达式具体可以转化表述为

$$w_{2ij}\big[\lambda_{ij}(T_{oij})(C_{fij}T_{oij}+C_{fij}T_{pij}-C_{pij}T_{fij})-C_{fij}\int_0^{T_{oij}}\lambda_{ij}(t)\mathrm{d}t-C_{pij}\big]$$

$$-w_{1ij}\big[T_{pij}+T_{fij}\int_0^{T_{oij}}\lambda_{ij}(t)\mathrm{d}t-T_{fij}T_{oij}\lambda_{ij}(T_{oij})\big]=0 \qquad (5-13)$$

求解上式,可以获得 MAM 中第 i 个维护周期的最优维护时间间隔 T_{oij}^*。 在各周期的多目标建模基础上,采用动态循环(cycle by cycle)的预知维护规划策略,结合顺序周期间的衰退演化规则,可以动态高效地规划设备在整个工作寿命中的预知维护最优周期方案序列。

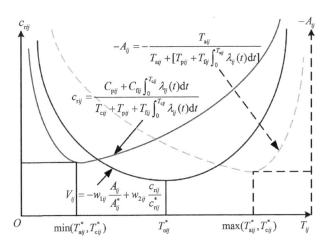

图 5-16 多目标预知维护决策建模

在 $w_{1ij}=1,w_{2ij}=0$ 的情况下,MAM 可转化为 AOM;在 $w_{1ij}=0,w_{2ij}=1$ 的情况下,MAM 则转化为 COM。 由此可见,局部决策目标建模可以被视为全局性维护决策目标模型的特定形式。此外,本节所提出的多目标最优预知维护策略,并没有局部决策目标的数量限制,而是一种扩展的综合决策模型。常用的维护指标可概括为以下 4 类:保证工作性能(可用度、效能、产量)、保证设备寿命(资产管理)、保证安全可靠、保证经济可行。

考虑到一系列维护指标被定义为局部决策目标,为反映企业管理层的实际需求相应的相对重要性指数被赋予每个决策目标。假设需综合考虑 K 个局部决策目标($O_1,O_2,\cdots,O_K$),通过使全局决策目标最小化,获得最优预知维护周期。若局部目标 O_{kij} 是最小化优化(如维护成本率 c_{rij}),则赋值 $\Delta_k=0$;若局部目标 O_{kij} 是最大化优化(如设备可用度 A_{ij}),则赋值 $\Delta_k=1$。 因此,MAM 多目标模型的扩展形式为

$$V_{ij}=w_{1ij}\frac{(-1)^{\Delta_1}O_{1ij}}{O_{1ij}^*}+w_{2ij}\frac{(-1)^{\Delta_2}O_{2ij}}{O_{2ij}^*}+\cdots+w_{Kij}\frac{(-1)^{\Delta_k}O_{Kij}}{O_{Kij}^*} \qquad (5-14)$$

式中,$w_{1ij}+w_{2ij}+\cdots+w_{Kij}=1$。 在实际工程应用中,有很多可以被用来科学权衡选择这些权重因子的数值的方法,例如德尔菲法(Delphi method)、层次分析法(analytic hierarchy process,AHP)、负熵方法(entropy method)、模糊聚类分析(fuzzy cluster analysis)和元胞

自动机法(cellular automaton method)等。

以 AHP 方法为例,首先,根据企业管理层的评估需求建立判断矩阵 $\boldsymbol{E} = \{e_{uv}\}_{K \times K}$($e_{uv} = 1$ 表示目标 O_{uij} 与目标 O_{vi} 同等重要,$e_{uv} = 9$ 则表示目标 O_{uij} 远远重要于目标 O_{vi},$e_{uv} = 1/e_{vu}$)。 然后,计算判断矩阵的最大特征根 $\lambda_{\max}$,并求解特征方程,特征方程如下:

$$\boldsymbol{EX} = \lambda_{\max}\boldsymbol{X} \tag{5-15}$$

由此可以获得对应于最大特征根 $\lambda_{\max}$ 的特征向量 $\boldsymbol{X} = \{\boldsymbol{X}_1, \boldsymbol{X}_2, \cdots, \boldsymbol{X}_K\}$。 最后,通过标准化特征向量 $\boldsymbol{X}$ 即可求得各决策目标的权重因子向量:

$$\boldsymbol{w}_{ij} = \left\{ \frac{\boldsymbol{X}_1}{\sum\limits_{k=1}^{K}\boldsymbol{X}_k}, \frac{\boldsymbol{X}_2}{\sum\limits_{k=1}^{K}\boldsymbol{X}_k}, \cdots, \frac{\boldsymbol{X}_K}{\sum\limits_{k=1}^{K}\boldsymbol{X}_k} \right\} = \{\boldsymbol{w}_{1ij}, \boldsymbol{w}_{2ij}, \cdots, \boldsymbol{w}_{Kij}\} \tag{5-16}$$

以上获得的各个局部决策目标的权重因子聚合构成了式(5-14)中的全局性维护目标,在 MAM 中满足了对于各类维护指标的需求度量。

5.8　动态规划维护周期的决策流程

在综合内外因素的衰退演化规则和多目标最优预知维护建模的基础上,本节为预知维护的设备层提出了一种优化改进的顺序维护规划策略,动态地决策各个维护周期的最优时间间隔。构造的动态维护决策算法如图 5-17 所示,根据建立的局部决策目标维护模型和全局性目标维护模型,动态循环地规划设备 j 在整个寿命范围内的最优预知维护周期序列。在该设备层维护决策策略中,科学地实施预知维护作业和小修作业,可以降低设备的故障风险,保证生产的正常运行,实现最优预知维护周期方案在效率性和经济性方面的应用价值。动态规划各维护周期最优 T_{oij}^{*} 的具体算法步骤如下。

步骤 1: 评估作为决策对象设备的维护决策参数(包括 T_d、T_{pij}、T_{fij}、C_{pij}、C_{fij}),以及通过状态监测和历史数据获得的初始故障率函数 $\lambda_{1j}(t)$。 从初始周期 $i = 1$ 开始,开展动态循环的预知维护规划。

步骤 2: 单目标局部维护决策,通过优化 AOM 和 COM,分别求得最大化设备可用度 A_{ij}^{*} 对应的局部最优周期 T_{aij}^{*},以及最小化维护成本率 c_{rij}^{*} 对应的局部最优周期 T_{cij}^{*},辅助规划全局最优的预知维护周期。

步骤 3: 多目标最优预知维护规划,以单目标决策结果为输入,最小化全局决策目标求解 MAM,获得设备 j 在第 i 个维护周期中的最优预知维护时间间隔 T_{oij}^{*},作为设备层维护规划的实时结果,并将其传递到系统层。

步骤 4: 当前维护周期决策结束后,判断已规划的累计维护周期是否达到设计工作寿命 T_d,即是否满足 $\sum\limits_{i=1}^{I}T_{oij}^{*} \geqslant T_d$。 若否,转入**步骤 5** 规划下一个预知维护周期;若是,则转到**步骤 6**,完成设备 j 的设备层维护规划。

步骤 5: 引入综合内外因素的描述维护周期间的故障率函数递进演化的衰退演化规则,

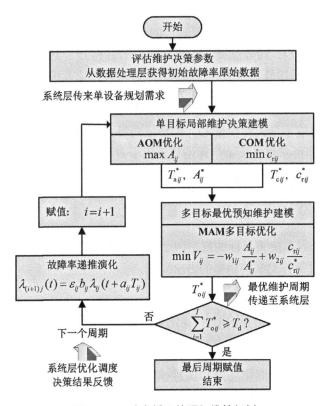

图 5-17 动态循环的预知维护规划

即 $\lambda_{(i+1)j}(t)=\varepsilon_{ij}b_{ij}\lambda_{ij}(t+a_{ij}T_{ij})$。然后赋值 $i=i+1$ 并转回**步骤2**,动态规划下一个预知维护周期。

步骤6: 赋值最后一个维护周期 $T_{oNj}=T_d-\sum_{i=1}^{N-1}\left[T_{oij}^*+T_{pij}+T_{fij}\int_0^{T_{oij}^*}\lambda_{ij}(t)\mathrm{d}t\right]$。

输出设备 j 在设备层动态规划获得的顺序最优预知维护周期方案 $T_{oij}^*(i=1,2,\cdots,N-1)$。

为了评估设备层预知维护规划的有效性,利用设备的设计工作寿命 $(0,T_d]$ 作为维护决策的时间区间。生产设备的效率性和经济性方面的指标,分别采用设备 j 在役龄寿命内的设备总可用度 ETA(expected total equipment availability)和维护总成本率 ETC(expected total maintenance cost rate)来衡量,可表述为

$$\mathrm{ETA}_j=\left[\sum_{i=1}^{N-1}T_{oij}^*+T_{oNj}-T_{fij}\int_0^{T_{oNj}}\lambda_{ij}(t)\mathrm{d}t\right]/T_d \tag{5-17}$$

$$\mathrm{ETC}_j=\left\{\sum_{i=1}^{N-1}\left[C_{pij}+C_{fij}\int_0^{T_{oij}^*}\lambda_{ij}(t)\mathrm{d}t\right]+C_{fij}\int_0^{T_{oNj}}\lambda_{ij}(t)\mathrm{d}t\right\}/T_d \tag{5-18}$$

上述维护规划指标中,设备总可用度反映了生产设备在役龄期间的总体使用水平;维护总成本率则反映了在预知维护规划方案下的运作成本。设备层动态规划获得的各预知维护周期的最优维护时间间隔 $\{T_{o1j}^*,T_{o2j}^*,\cdots,T_{o(N-1)j}^*,T_{oNj}\}$,将被用来科学地指导维护作业的实施时机和维护资源的预先配置,实现基于衰退演化的设备全寿命周期健康管理。

5.9　算例分析

5.9.1　单机生产设备的参数规划

　　本节以生产液压传动装置的串并联制造系统中的车床设备为研究对象,实践应用所提出的设备层预知维护规划策略,并验证该策略对于改善设备性能的有效性。通过对被监测的衰退设备进行预知维护(PdM),可以降低设备的故障风险并提高利用效率。较多的 PdM 作业虽然可以保障设备的良好运行状态,但也会带来巨大的经济负担。因此,需要动态规划全局性的最优维护时间间隔,以权衡各种局部目标,满足设备效率性和经济性的综合性能需求。

　　为了排除健康预测的准确性波动影响,本节采用威布尔分布(Weibull distribution)函数来描述设备 j 的初始故障率。威布尔分布函数已在可靠性工程领域得到了广泛的应用,被证明能够有效反映机械和电子设备的健康故障率演化。该函数为 $\lambda_{1j}(t)=(m_j/\eta_j)(t/\eta_j)^{m_j-1}$。该分布函数的形状参数 m_j 和特征寿命参数 η_j,在实际工程运营中直接由设备的历史故障监测数据和当前状态监测数据推导而得,求解方法已有详细的研究介绍。表 5-1 中列出了作为本节研究对象的车床设备的工作寿命参数。

　　本章提出的设备层预知维护规划策略,结合设备的综合衰退演化规则,描述了维护周期之间的设备状态递变;并分析设备层的各种维护目标的不同作用,通过目标优化法建模统筹建立起全局性目标,动态循环地制定出最优预知维护周期。表 5-2 中列出了基本算例的维护决策参数,包括维护时间参数 T_{pij} 和 T_{fij}、维护成本参数 C_{pij} 和 C_{fij}、役龄残余因子 a_{ij}、故障率加速因子 b_{ij} 和环境影响因子 ε_{ij}。

表 5-1　生产设备的工作寿命参数

工作寿命参数	参　数　值
T_d/h	25 000
m_j	3
η_j	8 000

表 5-2　基本算例的维护决策参数

维护决策参数	参　数　值
T_{pij}/h	140
T_{fij}/h	600
C_{pij}/\$	5 000
C_{fij}/\$	35 000

维护决策参数	参　数　值
a_{ij}	$i/(15i+5)$
b_{ij}	$(17i+1)/(16i+1)$
ε_i	1

通过多目标最优预知维护规划模型进行设备层动态维护决策,算例研究分析的主要目的包括以下 5 个。

(1) 利用所提出的优化改进规划策略,动态循环地实时获得设备的最优预知维护周期 $T_{oij}^*(i=1, 2, \cdots, N)$,并计算各维护周期内的设备可用度和维护成本率。

(2) 评估 MAM 规划方案的设备总可用度 ETA 和维护总成本率 ETC,通过与传统定周期维护模型的结果比较,验证模型算法的有效性。

(3) 进行维护效果因素的敏感性分析,分析役龄残余因子 a_{ij}、故障率加速因子 b_{ij} 对设备层最优预知维护规划的作用及影响。

(4) 通过环境工况因素的敏感性分析,分析环境影响因子 ε_{ij} 对设备层最优预知维护规划的作用及影响。

(5) 进行维护决策参数的敏感性分析,深入讨论小修与预知维护的成本参数比 C_{fij}/C_{pij} 和时间参数比 T_{fij}/T_{pij},对最优预知维护周期 T_{oij}^* 取值的影响。

5.9.2　设备层预知维护的规划结果

在预知维护设备层,对设备 j 采用 MAM,动态地进行各个维护周期的最优时间间隔 $T_{oij}^*(i=1, 2, \cdots, N)$ 决策以及获得相应的 A_{ij}^* 和 c_{rij}^* 数值,如表 5 - 3 所示。

如前所述,在 $w_{1ij}=1$, $w_{2ij}=0$ 的情况下,MAM 可转化为 AOM;在 $w_{1ij}=0$, $w_{2ij}=1$ 的情况下,MAM 则转化为 COM。以工作寿命 $T_d=25\ 000\ \text{h}$ 为维护规划区间最大值,在表 5 - 3 的设备层预知维护结果中,可以得出以下结论。

(1) 最优维护时间间隔 T_{oij}^* 随着役龄周期的增长而逐渐缩短,维护周期 $i=1$ 时,$T_{o1j}^*=3\ 319\ \text{h}$;维护周期 $i=8$ 时,$T_{o8j}^*=2\ 257\ \text{h}$,最优维护周期 T_{oij}^* 的降低意味着预知维护的频率上升,同样的情况也发生在 AOM 中的 T_{aij}^* 和 COM 中的 T_{cij}^* 上。这些规划结果表明,随着役龄和维护次数的增加,生产设备的潜在健康状态呈现劣化加速,需要进行更频繁的预知维护作业来保证设备正常运行。

(2) 无论在 AOM、COM,还是 MAM 中,各维护周期的可用度 A_{ij}^* 都逐渐减低,而成本率 c_{rij}^* 却在不断上升。这是由于预知维护规划策略全面考虑了内部维护效果因素和外部环境工况因素。伴随着设备的故障率分布函数不断增长,停机概率变大,而导致可用度的下降,故障风险上升引发成本率的上升。

(3) 在相同的预知维护周期中,在效率性指标方面,AOM 的 A_{ij}^* 最优(例如,在维护周期 $i=4$ 时,AOM 的 $A_{ij}^*=0.940\ 1$ 大于 COM 的 $A_{ij}^*=0.938\ 5$),这是由于当 $w_{1ij}=1$, $w_{2ij}=$

0 时,决策函数致力于使设备可用度最大化;同理,在经济性指标方面,COM 的 c_{rij}^* 最优,因为当 $w_{1ij}=0$,$w_{2ij}=1$ 时,决策函数致力于使维护成本率最小化。而 MAM 则统筹权衡各局部维护决策目标,规划综合性的最优预知维护周期。

表 5-3　设备层预知维护结果

PdM 周期 i	设备可用度模型(AOM) ($w_{1ij}=1$, $w_{2ij}=0$)			故障成本率模型(COM) ($w_{1ij}=0$, $w_{2ij}=1$)			多目标最优预知维护规划模型(MAM) ($w_{1ij}=0.5$, $w_{2ij}=0.5$)		
	T_{aij}^*/h	A_{ij}^*	c_{rij}^*	T_{cij}^*/h	A_{ij}^*	c_{rij}^*	T_{oij}^*/h	A_{ij}^*	c_{rij}^*
1	3 909	0.949 0	2.205 2	3 292	0.947 7	2.141 4	3 319	0.947 8	2.141 5
2	3 712	0.946 5	2.315 7	3 125	0.945	2.248 5	3 152	0.945 2	2.248 7
3	3 497	0.943 4	2.450 3	2 942	0.941 8	2.379 0	2 969	0.942	2.379 2
4	3 298	0.940 1	2.588 8	2 774	0.938 5	2.513 3	2 801	0.938 7	2.513 5
5	3 117	0.936 9	2.730 0	2 620	0.935 2	2.650 1	2 647	0.935 4	2.650 3
6	2 951	0.933 6	2.873 5	2 479	0.931 8	2.789 1	2 506	0.932 0	2.789 4
7	2 798	0.930 2	3.019 3	2 349	0.928 3	2.930 4	2 376	0.928 5	2.930 8
8	248	0.999 8	0.013 4	2 229	0.924 8	3.073 9	2 257	0.925	3.074 3
9	N/A	N/A	N/A	1 711	0.987 0	0.760 4	1 498	0.992 7	0.575 9

5.9.3　动态 MAM 的有效性分析

为了论证设备层预知维护规划策略的重要性和有效性,在工作寿命的维护决策区间内,统计并评估动态 MAM 在生产设备的效率性和经济性方面的性能指标,并与定周期维护模型进行比较分析。在传统的维护决策计划中,定周期 AOM 和定周期 COM 没有考虑到内部维护效果因素和外部环境工况因素在维护规划建模中的重要作用,上述两个定周期维护模型与动态 PdM 模型规划结果指标的比较如图 5-18 所示。

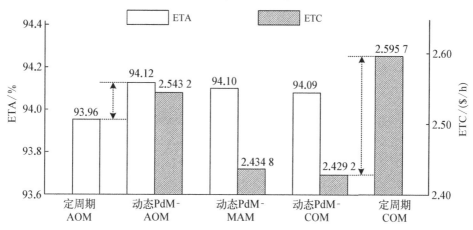

图 5-18　定周期维护模型与动态 PdM 模型的规划结果指标比较

图 5-18 展示了不同维护规划模型下的设备总可用度 ETA 和维护总成本率 ETC。通过式(5-5)和公式(5-17)的计算,取固定的维护周期 $T_{aj}=3\,309$ h,定周期 AOM 获得的总可用度 ETA$=93.96\%$,低于动态 PdM-AOM 的总可用度(ETA$=94.12\%$)。同样,通过式(5-8)的计算,取固定的维护周期 $T_{cj}=3\,292$ h,定周期 COM 的总成本率 ETC$=2.595\,7$ \$/h,要高于动态 PdM-COM 模型的总成本率(ETC$=2.429\,2$ \$/h)。通过比较规划结果指标,可以看到,忽视了实际生产过程中的维护效果因素和环境工况因素会导致低效率性和额外成本。本节提出的综合衰退演化规则,将内、外部影响因素定量化,改进维护决策建模,有助于改善全工作寿命中的生产设备性能。

5.9.4　维护效果因素的敏感性分析

准确描述内部维护效果因素对于预知维护建模的作用,有助于完善生产设备的最优维护周期 T_{oj}^{*}。因而,对役龄残余因子 a_{ij}、故障率加速因子 b_{ij} 进行敏感性分析,分析设备层维护规划方案与维护效果因素的关联性,保持基本算例的其他维护决策参数不变,考虑以下 3 种修复非新的情况:

(1) 情况 1:$a_{ij}=0.04$ 和 $b_{ij}=1.04$,维护效果因子为定值且其数值较小。

(2) 情况 2:$a_{ij}=i/(15i+5)$ 和 $b_{ij}=(17i+1)/(16i+1)$,维护效果因子比情况 1 中数值更大且逐渐增加,表 3-3 中列出基本算例的规划结果。

(3) 情况 3:$a_{ij}=i/(9i+5)$ 和 $b_{ij}=(19i+1)/(16i+1)$,表示更加糟糕的维护效果,对应的故障率分布函数斜率更大。

上述三种维护效果情况下,设备层动态规划得出的最优预知维护周期 T_{oij}^{*} 如图 5-19 所示。如果定义情况 2 中的 a_{ij} 和 b_{ij} 为中间值,那么很明显随着情况 3 中 a_{ij} 和 b_{ij} 的数值快

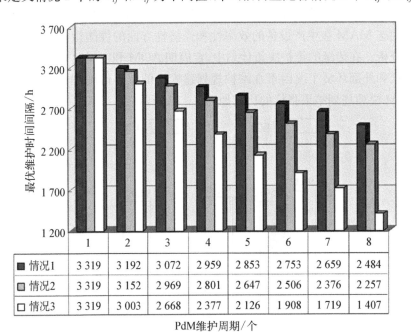

	1	2	3	4	5	6	7	8
■ 情况1	3 319	3 192	3 072	2 959	2 853	2 753	2 659	2 484
▨ 情况2	3 319	3 152	2 969	2 801	2 647	2 506	2 376	2 257
□ 情况3	3 319	3 003	2 668	2 377	2 126	1 908	1 719	1 407

PdM维护周期/个

图 5-19　不同维护效果下的最优预知维护规划

速增加,最优维护时间间隔就会迅速缩短;而在情况 1 中 a_{ij} 和 b_{ij} 数值较小的情况下,每个维护周期的 T_{oij}^{*} 会相应变大。

上述敏感性分析结果证明,役龄残余因子 a_{ij} 的数值增大,预知维护作业效果降低,每个维护作业后的设备故障率函数的衰退残余 $\lambda_{ij}(a_{ij}T_{ij})$ 随之增加;同样,故障率加速因子 b_{ij} 的数值增大,下一个维护周期的故障率函数斜率 $b_{ij}\lambda_{ij}(t)$ 大大提高。由此可见,维护作业的有效性直接关系到最优预知维护周期的动态规划。在技术层面上提高修复工艺水平,降低役龄残余因子 a_{ij} 和故障率加速因子 b_{ij},将可以有效地减少维护作业的实施频率,为企业节省大量的资源,降低成本。

5.9.5　环境工况因素的敏感性分析

在基本算例中,仅仅考虑了环境影响因子 $\varepsilon_{ij}=1$ 的情况,即在良好的环境工况下开展设备层预知维护规划。但是在实际的生产现场,各种恶劣的各种环境工况可能出现在串并联复杂制造系统中的不同设备上;或者对同一台生产设备 j,其环境工况也可能随着维护周期的增长而发生改变,如图 5-14 所示。因此需要对环境影响因子 ε_{ij} 进行敏感性分析,分析设备层维护规划方案与环境工况因素的关联性,保持基本算例的其他维护决策参数不变,表 5-4 中列出了本节考虑的三种不同工况的环境影响因子数值。

表 5-4　不同工况的环境影响因子

环　境　工　况	环境影响因子 ε_{ij}
良好	1
逐渐恶化	$(13i+1)/(11i+1)$
恶劣	1.3

在表 5-5 中,设备层动态规划获得了上述各种环境工况下的最优预知维护周期 T_{oij}^{*},所有的顺序预知维护周期都呈现逐渐递减的趋势。通过比较不同数值的环境影响因子对预知维护时间间隔周期的作用,可以发现,在恶劣的环境工况中,预知维护周期急速缩短,需要更频繁的维护作业来保证可靠性水平。这意味着恶劣环境造成的故障风险加剧,必然将导致可用度的降低和成本率的上升。相比较而言,在逐渐恶化的环境工况下,环境影响因子随

表 5-5　不同环境工况下的最优预知维护规划

环境工况	最优预知维护周期 T_{oij}^{*}/h							
	$i=1$	$i=2$	$i=3$	$i=4$	$i=5$	$i=6$	$i=7$	$i=8$
良好	3 319	3 152	2 969	2 801	2 647	2 506	2 376	2 257
逐渐恶化	3 319	2 995	2 668	2 381	2 128	1 906	1 709	1 535
恶劣	3 319	2 888	2 493	2 155	1 866	1 618	1 406	1 223

着设备役龄的增长和维护次数的增加而不断升高,最优预知维护周期相对较长。因此可得出结论,在制造过程中为各台生产设备提供稳定良好的环境工况,对于改善设备的效率性和经济性指标是十分必要的。

5.9.6 维护决策参数的敏感性分析

最后,讨论生产设备的维护决策参数(用小修作业与预知维护的成本参数比 C_{fij}/C_{pij} 和时间参数比 T_{fij}/T_{pij} 描述)对最优预知维护周期 T_{oij}^* 取值的影响。图 5-20 所示是在表 5-3 给出的基本算例中的设备层动态维护结果,相关的维护决策参数为 $C_{pij}=5\,000$ \$, $C_{fij}=35\,000$ \$($C_{fij}/C_{pij}=7$) 和 $T_{pij}=140\,h$, $T_{fij}=600\,h$($T_{fij}/T_{pij}=4.286$) 时,最优维护时间间隔如图 5-22 所示。比较 AOM 与 COM 以及 MAM 的规划结果可知,所有的维护时间间隔都随着役龄增加而递减,无一例外。但同时也能发现,在每个维护周期中存在 $T_{aij}^* > T_{oij}^* > T_{cij}^*$ 的情况,此时成本参数比($C_{fij}/C_{pij}=7$)大于时间参数比($T_{fij}/T_{pij}=4.286$)。

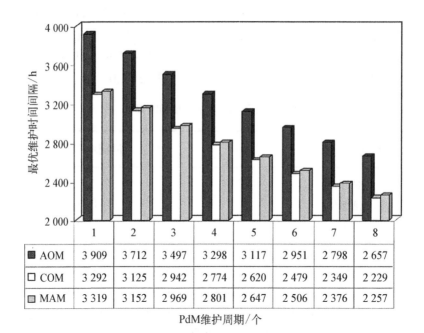

	1	2	3	4	5	6	7	8
■ AOM	3 909	3 712	3 497	3 298	3 117	2 951	2 798	2 657
□ COM	3 292	3 125	2 942	2 774	2 620	2 479	2 349	2 229
▨ MAM	3 319	3 152	2 969	2 801	2 647	2 506	2 376	2 257

PdM维护周期/个

图 5-20 预知维护规划($C_{fij}/C_{pij}=7$)

考虑不同成本参数比 C_{fij}/C_{pij} 的情况。图 5-21 中列出了不同的维护决策参数情况下的顺序周期维护结果:$C_{pij}=5\,000$ \$, $C_{fij}=20\,000$ \$($C_{fij}/C_{pij}=4$, $T_{fij}/T_{pij}=4.286$, $C_{fij}/C_{pij}\approx T_{fij}/T_{pij}$)。此时可以发现,MAM 的 T_{oij}^* 和 COM 的 T_{cij}^* 不同于图 5-20 中的规划结果,而 AOM 的 T_{aij}^* 保持不变。然而,[$\min(T_{aij}^*, T_{cij}^*)$, $\max(T_{aij}^*, T_{cij}^*)$] 取值区间缩小,在这种维护决策参数情况下,规划结果几乎可以视为:$T_{aij}^* \approx T_{oij}^* \approx T_{cij}^*$。

维护成本参数为 $C_{pij}=5\,000$ \$, $C_{fij}=10\,000$ \$($C_{fij}/C_{pij}=2$, 小于 $T_{fij}/T_{pij}=4.286$) 时的设备层动态规划结果如图 5-22 所示。图中可见,$T_{aij}^* < T_{oij}^* < T_{cij}^*$,取值区间 [$\min(T_{aij}^*, T_{cij}^*)$, $\max(T_{aij}^*, T_{cij}^*)$] 再次变大。

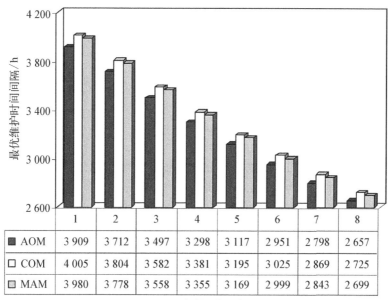

图 5‒21　预知维护规划$(C_{fij}/C_{pij}=4)$

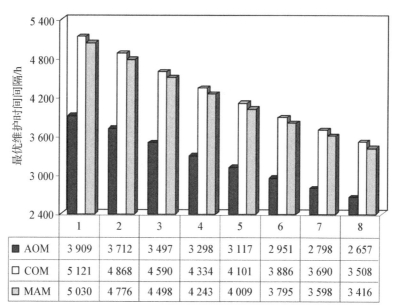

图 5‒22　参数比例 $C_{fij}/C_{pij}=2$ 时的预知维护规划

综合上述三张结果图示的对比分析,可以归纳出生产设备的维护决策参数与最优预知维护周期 T_{oij}^{*} 之间存在着如下关联性:

(1) 当 $C_{fij}/C_{pij}>T_{fij}/T_{pij}$ 时,$T_{aij}^{*}>T_{oij}^{*}>T_{cij}^{*}$。

(2) 当 $C_{fij}/C_{pij}\approx T_{fij}/T_{pij}$ 时,$T_{aij}^{*}\approx T_{oij}^{*}\approx T_{cij}^{*}$。

(3) 当 $C_{fij}/C_{pij}<T_{fij}/T_{pij}$ 时,$T_{aij}^{*}<T_{oij}^{*}<T_{cij}^{*}$。

最优预知维护周期 T_{oij}^* 的取值范围为，$\min(T_{aij}^*, T_{cij}^*) \leqslant T_{oij}^* \leqslant \max(T_{aij}^*, T_{cij}^*)$。此外，取值区间 $[\min(T_{aij}^*, T_{cij}^*), \max(T_{aij}^*, T_{cij}^*)]$ 会随着成本参数比 C_{fij}/C_{pij} 和时间参数比 T_{fij}/T_{pij} 之间的数值差增大而相应扩大。

5.10 本章小结

构成现代制造系统的不同类型生产设备的健康状态独立性、失效模式差异性、决策目标多样性、衰退过程随机性，都给基于状态的预知维护决策提出了全新的挑战。本章以多类型多设备组成的串并联复杂制造系统为研究对象，研究了设备层与系统层分层交互建模方法，系统地研究了预知维护的规划调度策略。在设备层进行的单设备维护规划，不仅需要根据健康状态信息设计综合性的动态维护方案，还要为系统层的优化维护调度提供具有时效性的多设备决策输入。

为了解决设备层预知维护规划的难点，本章结合各设备的独立衰退趋势，建立了统筹内部维护效果因素和外部环境工况因素的综合衰退演化规则，该规则反映了修复非新效果和不同工作环境对设备健康的影响。根据企业制造生产的实际需求，引入多目标价值理论统筹效率性和经济性指标，建立全局性的决策目标函数，提出了多目标最优预知维护规划模型MAM。在优化改进的设备层顺序维护规划策略中，通过实施预知维护降低设备的累积故障风险，采用小修作业，使故障设备恢复运作。MAM 通过动态循环（cycle by cycle）的实时维护决策，实时获得生产设备在工作寿命期间的最优预知维护周期。

通过算例分析可知，本章提出的设备层预知维护决策策略，合理地规划维护作业频率，该频率随着役龄增长而提高，保证了设备的可靠性。相较传统的定周期维护模型而言，本章提出的动态 PdM 模型可有效提高设备可用度并降低维护成本率。此外，敏感性分析的结论也证明了提高修复工艺水平和提供良好环境工况对于改善效率性和经济性指标的重要性。

综上所述，本章提出的面向设备衰退演化的多目标预知维护规划策略，实现了动态规划各台设备的实时最优维护时间间隔，可以科学地规划维护作业的实施时机和维护资源的预先配置，满足企业管理层对于可靠性、效率性、经济性等指标的竞争优势要求，并可为系统层的优化维护调度提供决策输入。

参考文献

[1] Lai M T, Chen Y C. Optimal periodic replacement policy for a two-unit system with failure rate interaction [J]. International Journal of Advanced Manufacturing Technology, 2006, 29(3-4): 367-371.

[2] 徐萍,康锐.预测与状态管理系统(PHM)技术研究[J].测控技术,2004,23(012): 58-60.

[3] 孙博,康锐,谢劲松.PHM 系统中的传感器应用与数据传输技术[J].测控技术,2007,26(7): 12-14.

[4] Tsai Y T, Wang K S, Tsai L C. A study of availability-centered preventive maintenance for multi-component systems[J]. Reliability Engineering & System Safety, 2004, 84(3): 261-270.

[5] Low C, Ji M, Hsu C J, et al. Minimizing the makespan in a single machine scheduling problem with flexible and periodic maintenance[J]. Applied Mathematical Modelling, 2010, 34(2): 334-342.

第 6 章
串并联稳态流水作业模式与维护时间窗策略

6.1   串并联稳态流水作业模式的发展

流水线的工业应用最早可追溯到美国福特汽车公司的磁电机线圈装配线。通过对工序进行合理拆解与顺序分工,流水线车间的生产效率以及产品质量均大幅提高,极大促进了生产工艺过程和产品的标准化,流水线模式也在随后的十余年间得到了广泛应用。然而,随着产能需求的不断扩大,流水线车间日渐提升的运行速度与重复单一的工作内容,使得工人工作负荷普遍超标,引起民众健康水平下降与大规模失业等社会问题,流水线的发展也因此陷入了瓶颈。

二战后,随着物质水平的提高,市场需求开始向多元化转变,流水线生产方式仅能满足单一产品大规模生产的缺点开始凸显。由日本丰田汽车公司探索出的精益生产模式(lean production),对大规模流水线进行改进,实现了多产品、小批量的混合生产,同时保证产品质量、降低生产能耗。相较于早期流水线模式,精益生产改进下的流水线采纳了美国质量管理专家爱德华兹·戴明的质量控制方法,采用如图 6-1 所示的"戴明环"(又称 PDCA 循环)进行全面的质量管理,核心的四个环节为

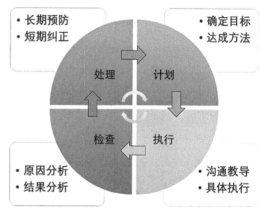

图 6-1   PDCA 循环

计划(plan)、执行(do)、检查(check)、处理(action),帮助日本企业在 20 世纪 70 年代在生产效率、库存控制和生产质量三个方面取得了巨大的成功。

20 世纪 80 年代中期,美国、德国等国家的知名车企开始由传统流水线制造向精益生产模式过渡,并借助计算机与自动化技术以及数字化生产的发展,在 21 世纪进行了制造模式的革新,以模块化生产取代传统的流水线生产。流水线是一种串行的方式,各道加工环节互相耦合,因此某个环节的停顿会影响整个流程,如图 6-2 所示。而模块化组装不同于流水线,其把整个制造环节拆分成许多互相独立的流程,每个生产流程都有一个单独的生产车间。产品在完成任何一个工序后,可去往任意一个有空余产能的车间,排队和调度通过中央电脑系统控制,如图 6-3 所示。模块化生产最大的革新就是把传统流水线的"串联式"结构转变为"并联式"结构,允许数个不同型号、配置的产品在同一时间段进行低成本和高效率的

个性化生产,大幅减少产能损失及加工耗时。模块化生产中,每道工序的车间允许多个产品同时加工,故模块内的生产设备可视为并联;而产品又应按照工序顺序要求进行稳定的流水作业加工,故模块间可视作串联结构。因此,模块化生产模式的总体结构又可称为串并联稳态流水作业模式。

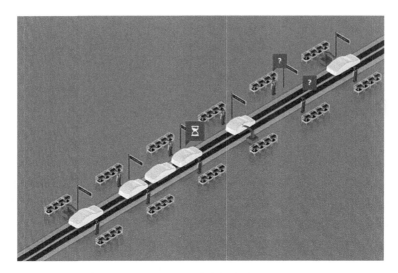

图 6-2　流水线生产

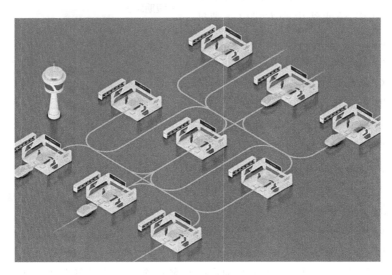

图 6-3　模块化组装

6.2　串并联稳态流水作业模式案例

汽车制造行业是串并联稳态流水作业模式的典型应用领域之一,这一模式有效提升了不同型号与配置汽车的生产效率。在汽车生产的车身装配、喷漆装饰、定位检测、性能测试、整车检验等环节中,串并联稳态流水作业模式的应用使得各环节的个性化、定制化、灵活化的高效生产需求得到满足。

下面以汽车的电子控制单元(electronic control unit,ECU)组装和测试为例,介绍串并联稳态流水作业模式的应用案例。ECU 是车辆的核心电子元件之一,用于监控车辆运行状态,执行车辆的各种控制功能,其整个组装和测试过程涉及多个流程。整个制造系统包括负责不同型号 ECU 组装的多条流水线分支,每条流水线中的各工序均设含有并行设备的工作站模块。首先,不同型号的 ECU 所需的芯片、电子元件、连接线、外壳等零部件将被提供至各分支流水线,作为组装前的材料准备;其次,零部件在组装模块将按工序要求,以特定顺序与方式进行安装、焊接、封装等组装步骤;最后,ECU 将在连接和测试模块进行电气连接、信号传输等功能测试,测试的环节包括与模拟车辆运行电气系统的连接、发动机控制功能测试、安全系统测试等。每个分支流水线中的 ECU 可能会在不同工序之间并行处理,这意味着在同一时间内可以处理多个 ECU,并可根据需要进行定制,生产效率与灵活性得到显著提高。

除了典型的汽车制造行业外,串并联稳态流水作业模式也已应用至飞机制造行业、金属加工行业、电子制造业、食品加工业、药品制造业等许多具有多样化和大规模生产需求的行业。由于串并联稳态流水作业模式存在工序数目繁多、产线结构复杂、设备故障停机损失严重等特征,需要提出针对性的决策方法以进行有效的系统运维管理。

6.3　串并联制造系统维护调度的决策分析

由于理论局限和技术限制,相对于单设备维护规划建模的诸多模型,多设备制造系统的维护调度策略和优化建模方法明显较少,原因主要体现在两个方面:① 多设备维护优化调度建模较复杂;② 已有的单设备维护规划研究往往没有考虑到与多设备维护调度的动态交互,并不能直接应用于系统层的维护优化调度。在系统层维护调度领域,成组维护策略(group maintenance policy)既考虑了设备的可靠性,又分析了系统的综合成本,致力于合理调度多台设备,使其同时进行维护作业。机会维护策略(opportunistic maintenance policy)根据系统的不同结构配置,利用各种设备停机机会,通过成本结余理论,优化调度多台设备的维护作业。上述两类多设备维护调度策略(multi-unit maintenance scheduling)具体的建模方法分类如图 6-4 所示。本章针对串并联系统平稳生产的系统层维护优化调度问题,提出了一种实时优化调度的维护驱动的机会维护策略(maintenance-driven opportunistic policy,MDO)。

对于串并联制造系统而言,一方面,系统层每次实施预知维护时,不论需要维护设备有几台,都会产生诸如拆装、调试设备之类的维护成本,并会影响相关联的正常设备,造成额外停机成本。因此,需要尽可能减少不必要的系统停机维护,从而降低因停机维护过于频繁而带来的平稳生产中断次数和停机损失费用。另一方面,为了保证各台设备的健康运行,必须及时采取预知维护作业来降低故障风险率,以预防后果更严重的设备故障及生产损失。在设备层维护规划中,系统里的不同类型生产设备具有健康状态独立性、失效模式差异性、决策目标多样性和衰退过程随机性的特点,MAM 规划输出的最优维护周期的时间间隔长短不一,若系统维护方案直接按照设备层的规划结果实施,必然会导致频繁的系统停机。因此,有效的解决途径为提出科学的系统层维护优化调度策略,将设备层(各台生产设备)的最优维护时间间隔整合为系统层(串并联制造系统)的维护优化调度方案,从而降低系统停机次数,并减少整体维护成本。

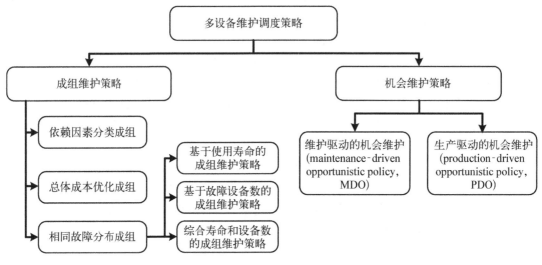

图 6-4   多设备维护调度策略分类

首先,需要深入分析制造系统的系统结构,不同的系统结构(串联系统、并联系统、串并联系统)会对生产设备间的依赖性造成不同的影响。串联系统中任何一台设备的停机意味着所有设备的生产中断;并联系统中所有设备的同时停机会中止上下游的平稳生产过程;串并联系统的复杂结构则需要综合地维护优化调度,才能满足整个制造系统的效率性和经济性需求。随着工业界对多设备维护调度技术的需求的增加,学术界不断尝试,最终根据不同的系统结构提出相应的系统层维护策略。

其次,维护调度中的维数灾难(curse of dimensionality)问题也是制约多设备维护策略发展的主要因素。上述提到的诸多系统层维护优化方法,虽然在多设备可靠性领域占有重要的学术地位,但其中不少策略面临着随设备数量及其健康状态数的增加而难以求解的难题。传统的描述系统状态的方法(如马尔可夫过程)会导致多设备系统建模分析非常复杂。此外,对于许多机会维护策略而言,由于需要遍历计算设备间的所有维护组合可能性及其组成,当设备数量增加时,优化调度问题的计算量难免会呈指数倍增长,这限制了工业企业应用机会维护策略研究问题和解决问题的能力,多设备维护优化调度中的这种困境即被称为维数灾难。

最后,动态的系统层维护调度决策对于保证制造系统应对各台设备的健康衰退变化的及时性有着至关重要的作用。传统的多设备维护建模是基于长期的数据收集,这意味着制造系统采用的是长期维护调度方案。但在实际生产中,系统层维护优化调度需要具有实时性和动态性,这样才能及时应对不同系统维护周期间的维护需求变化。因此,在预知维护系统层中,同样需要运用动态循环(cycle by cycle)的优化调度模式,与设备层的维护规划实现交互决策建模。

综上所述,本章系统研究了帮助企业管理层动态高效地制定面向整个制造系统的预知维护优化方案,不仅使单设备的维护计划最优,更是从系统层面进行优化整合。引入了维护时间窗(maintenance time window,MTW)的概念在所提出的 MAM-MTW 预知维护策略中,设备层-系统层的维护规划调度如图 6-5 所示。

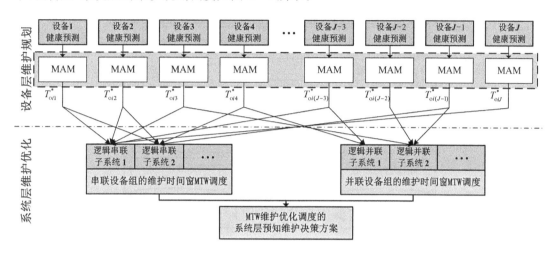

图 6-5　设备层-系统层维护优化示意图

6.4　预知维护决策优化的架构层次

在本章的研究中,以由具有独立衰退特性的多台设备组成的串并联制造系统为研究对象,建立了设备层-系统层交互建模 MAM-MTW 预知维护策略,并有机地结合监测技术、信息管理、灰色预测、多目标理论、可靠性建模、动态决策、机会维护等技术,基于设备自身健康衰退和系统不同结构配置,建立优化减少系统总维护成本、有效降低决策计算复杂性、提供实时规划调度的预知维护决策策略与优化方法。

面向设备健康管理的预知维护规划调度是一项复杂的系统工程,状态监测技术仅是基础的工程手段,其最终目标是获得最大的设备利用率、最少的故障次数和最低的维护费用,即利用健康状态信息辅助并优化整个串并联制造系统的维护决策,以保证维护作业仅在必要的时刻才被实施,从而提高预知维护规划调度决策的准确性。

构建预知维护决策优化的架构层次有助于指导健康管理理论的发展和深入,作为预知维护决策架构的核心组成部分,预知维护规划调度决策的模型与策略是预知维护工作不可忽视的重要内容,对于预知维护决策过程的深入研究具有非常重要的意义和实用价值。面向串并联制造系统的预知维护决策优化的架构层次如图 6-6 所示。

根据预知维护策略的功能,结合多设备制造系统健康管理的实际需求,将面向串并联复杂系统健康管理的预知维护决策架构划分为图 6-6 所示的 5 个层次。

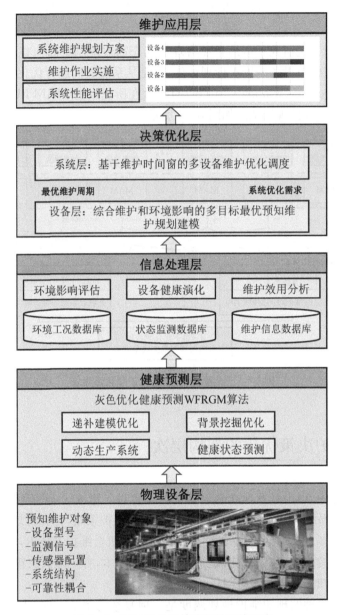

图 6-6 预知维护决策优化的架构层次

（1）物理设备层：将多设备串并联制造系统作为维护决策对象,分析系统结构与设备性能,规划健康参数采集与保存动线,获得健康监测数据,这些是开展预知维护的首要前提和基础准备。

（2）健康预测层：根据实时获得的健康监测数据,立足于新信息优先原则,挖掘研究背景影响因素对预测过程的作用,提出了动态生成系数优化的灰色健康预测 WFRGM 算法,提供具有实时性和高精度的设备可靠性健康趋势预测,为最优预知维护周期提供决策依据。

（3）信息处理层：量化分析内部因素(维护效果)和外部因素(环境工况)对使用寿命内

顺序维护周期间的设备健康状态转移的影响,进行维护效果分析、环境影响评估,形成综合内外因素的健康演化规则,支持动态循环决策模式下的预知维护规划调度决策。

(4)决策优化层:基于健康预测层与信息处理层的实时信息,采用设备层-系统层协同维护决策优化,实现设备层 MAM 的最优维护周期与系统层 MTW 优化调度策略的系统规划需求之间的信息循环交互,提供分阶段实时的系统维护规划方案,该层是预知维护决策优化架构的核心重点。

(5)维护应用层:根据决策优化层中的设备层-系统层交互建模 MAM-MTW 预知维护策略,输出决策优化所得的系统维护规划方案,指导维护作业实施,并评估系统性能。

在系统层维护优化调度中,提出了维护时间窗(maintenance time window,MTW)优化调度策略。为了更加准确清晰地描述 MTW 优化调度策略,结合串并联制造系统在维护理论和实践方面的实际情况,做出如下基本假设。

(1)将不同类型多台生产设备组成的串并联复杂制造系统作为整体维护目标。

(2)制造系统在役龄 $t=0$ 时投入运营,在规划工作区间 $[0, T_d]$ 内为平稳生产。

(3)生产设备的启动时间忽略不计,除了因预知维护、小修作业和故障失效造成的停机外,制造系统无生产停歇。

(4)系统中的各台设备具有独立衰退特性,不同类型设备呈现不同的健康故障率趋势,串并联复杂系统通过工艺配置的系统结构产生紧密的依赖性。

系统层维护 MTW 优化调度策略的建模参数如表 6-1 所示。

表 6-1　MTW 优化调度策略的建模参数及含义

参　　数	含　　义
j	生产设备 S_j 的序号,$j \in \{1, 2, \cdots, J\}$
i	设备层 PdM 维护周期的序号,$i \in \{1, 2, \cdots, I\}$
k	系统层 PdM 维护周期的序号,$k \in \{1, 2, \cdots, K\}$
$\lambda_{ij}(t)$	设备 S_j 在第 i 个 PdM 维护周期内的故障率函数(hazard rate function)
C_{pij}	预知维护作业的成本(PdM action cost)
T_{pij}	预知维护作业的持续时间(PdM action duration)
C_{fij}	小修作业的成本(minimal repair cost)
T_{fij}	小修作业的持续时间(minimal repair duration)
T_{oij}	MAM 规划出的预知维护时间间隔(PdM interval of the MAM)
t_{jk}	系统层中设备 S_j 的规划 PdM 时间点(PdM time point)
t_k	系统层维护优化调度后的 PdM 实施时间点(PdM execution point)
$\Theta(j, t_k)$	设备 S_j 在系统层时间点 t_k 的维护调度优化决策(maintenance decision)
T_w	维护时间窗的区间(width of maintenance time window)
c_{dj}	停机成本率(downtime cost rate)
STC_{kj}	设备 S_j 在系统层第 k 个维护周期的预期维护总成本(expected total cost)

6.5 串并联复杂系统的维护时间窗优化

当今工业界应用的串并联制造系统,往往按工序需求由多台不同类型的生产设备组成,系统中的各台生产设备会随着役龄的增加而呈现独立的健康衰退特征。系统层维护优化调度不仅受每台设备自身的健康衰退特征影响,还应当综合考虑系统结构、维数灾难、动态调度等决策难点。

为了实现有效的系统层预知维护优化调度,本节结合了设备自身健康衰退和系统不同结构配置的决策信息,提出了统筹性的 MAM-MTW 预知维护策略。设备层和系统层信息实时交互,即根据系统层预知维护当前的系统优化需求,实时地获取由设备层动态提供的各台设备的最优维护周期。然后,将具有时效性的设备层维护规划结果作为决策输入,在预知维护系统层定义维护时间窗(maintenance time window,MTW)为维护调度优化标准,利用维护作业驱动的维护机会和避免过多维护造成的停机损失,从而在保证生产效率的同时降低串并联制造系统的总体维护成本。

与预知维护设备层动态循环(cycle by cycle)的规划模式相配套,整体系统的工作寿命 T_d 也被划分为 k 个系统层 PdM 维护周期,进行分阶段实时优化调度决策,每个维护周期在优化调度后的 PdM 时间节点 t_k 实时预知维护作业。在串并联制造系统中,某些生产设备是并联结构关系,另一些是串联结构关系,需要对组成串并联复杂系统的各个子系统进行深入分析。然后,通过维护时间窗(MTW)优化调度,帮助企业动态地制定面向整个制造系统的系统层维护优化方案,实现可行性、实时性和经济性等决策目的。

6.5.1 并联子系统的 MTW 分离调度

对于由 N 台生产设备构成的并联子系统而言,子系统内所有设备的同时维护会意味着上下游平稳生产过程的中止,导致制造系统的生产停滞,其他设备也会被迫停机,应当通过系统层预知维护优化调度避免发生这种情况。MTW 分离调度优化的具体步骤如下。

步骤 1：根据系统层的优化调度需求,实时获取由设备层动态提供的各台设备的最优维护周期,并评估维护时间窗(MTW)的区间数值 $T_w(T_w > \forall T_{pij})$。从第一个维护周期($i=1, k=1$)开始,进行并联子系统的预知维护优化调度。

步骤 2：用设备层的维护时间间隔 $T_{oij}^*(0 < j \leq N)$ 为并联子系统中设备 S_j 的规划 PdM 时间节点 t_{jk} 赋值。在第一个预知维护周期,各台设备的 PdM 时间节点为

$$t_{jk} = T_{oij}^* \qquad i=1, k=1 \tag{6-1}$$

步骤 3：PdM 实施时点规划：选取最先达到 PdM 时间节点的生产设备,定义 $j=m1$,将其 PdM 时间节点作为整个并联子系统的,第 k 次调度后的 PdM 实施时点 t_k。赋值 $T_{pk(m1)} = T_{pi(m1)}$。获得的 PdM 实施时点可表述为

$$t_k = t_{(m1)k} = \min(t_{jk}) \qquad 0 < j \leq N \tag{6-2}$$

步骤 4：工作寿命检查。判断获得的 PdM 实施时点 t_k 是否超出了系统工作寿命 T_d 的役龄范围。若 $t_k \geqslant T_d$ 成立，说明役龄超出系统工作寿命，转入**步骤 9**，结束维护优化调度；否则，转入**步骤 5**，进行并联子系统的维护时间节点检查。

步骤 5：维护时间节点检查。判断并联子系统中的其他生产设备是否都满足 $t_{jk} \leqslant t_k + T_{pk(m1)}(0 < j \leqslant N, j \neq m1)$，这意味着并联系统的所有设备都将同时进行预防维护。若成立，选出另一台生产设备 $S_{m2}(m2 \neq m1)$，转入**步骤 7**，进行 MTW 作业分离优化调度；否则，转入**步骤 6**，规划其他设备的下一个维护决策周期，同时将生产设备 S_{m1} 转入**步骤 8**，实施 PdM 作业。

步骤 6：在系统层的下一个预知维护周期，赋值 $k = k + 1$，$t_{jk} = t_{j(k-1)}(j \neq m1, j \neq m2)$。转回**步骤 3**，规划下一个 PdM 实施时点。

步骤 7：优化 MTW 分离调度。根据维护时间窗进行设备 S_{m2} 的预知维护作业分离，通过如下表达式调度赋值，避免整个并联子系统同时维护停机：

$$t_{(m2)k} = t_k + T_w \tag{6-3}$$

将 MTW 分离调度结果反馈给设备层中设备 S_{m2} 的维护规划 MAM。然后，在系统层的下一预知维护周期，赋值 $k = k + 1$，$t_{jk} = t_{(m2)(k-1)}$。转回**步骤 3**。

步骤 8：PdM 作业实施。实施设备 S_{m1} 的预知维护作业。在系统层的下一预知维护周期，赋值 $k = k + 1$，$i = i + 1$，$t_{jk} = t_{(m1)(k-1)} + T_{p(k-1)(m1)} + T_{oi(m1)}^*$。转回**步骤 3**。

步骤 9：结束并联子系统的 MTW 分离调度决策。

6.5.2　串联子系统的 MTW 合并调度

对于由 M 台生产设备构成的串联子系统而言，当其中一台生产设备被停机实施预知维护作业时，子系统中所有设备的生产将被中断，这也给其他设备带来了维护机会。与单独维护各台设备相比，同时维护多台设备将节约大量的维护成本。MTW 合并调度优化过程如图 6-7 所示，具体步骤如下。

步骤 1：根据系统层的优化调度需求，实时地获取由设备层动态提供各台设备的最优维护周期，并评估维护时间窗（MTW）的区间数值 $T_w(T_w < \forall T_{oij}^*)$。从第一个维护周期（$i = 1$，$k = 1$）开始，进行串联子系统的预知维护优化调度。

步骤 2：用设备层的维护时间间隔 $T_{oij}^*(0 < j \leqslant M)$ 为串联子系统中设备 S_j 的规划 PdM 时间节点 t_{jk} 赋值。在第一个预知维护周期，各台设备的 PdM 时间节点为

$$t_{jk} = T_{oij}^* \qquad i = 1, k = 1 \tag{6-4}$$

步骤 3：预知维护一台生产设备能为其他设备创造维护机会，串联子系统的 PdM 合并调度时点 t_k 可以通过式（6-5）获得：

$$t_k = \min(t_{jk}) \qquad 0 < j \leqslant M \tag{6-5}$$

步骤 4：工作寿命检查。判断获得的 PdM 合并实施时点 t_k 是否超出了系统工作寿命 T_d 的役龄范围。若 $t_k \geqslant T_d$ 成立，说明役龄超出系统工作寿命，转入**步骤 7**，结束维护优化调度；否则，转入**步骤 5**，进行串联子系统的 MTW 作业合并检查。

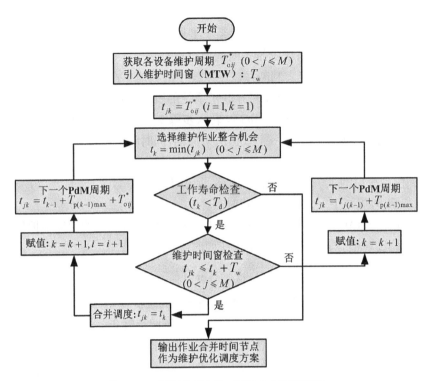

图6-7 串联子系统的MTW合并调度算法

步骤5：MTW作业合并检查。判断串联子系统的各台设备$j \in \{1, 2, \cdots, M\}$是否被规划在时间节点区间$[t_k, t_k + T_w]$内实施预知维护作业。根据判断结果，相应地优化调度设备S_j在系统层时点t_k的维护调度优化决策，方式如下：

$$\Theta(j, t_k) = \begin{cases} 0, & t_{jk} > t_k + T_w \\ 1, & t_{jk} \leqslant t_k + T_w \end{cases} \tag{6-6}$$

式中，$\Theta(j, t_k) = 0$表示在系统层时点t_k不对设备S_j采取预知维护作业；而$\Theta(j, t_k) = 1$则代表设备S_j的预知维护作业被提前合并实施，并进行PdM时间节点赋值，即$t_{jk} = t_k$。

步骤6：在系统层的下一个预知维护周期，赋值$k = k+1$，各台生产设备新的PdM时间节点$t_{jk}(0 < j \leqslant M)$可以通过式(6-7)动态地规划获得：

$$t_{jk} = \begin{cases} t_{j(k-1)} + T_{p(k-1)max} & \Theta(j, t_{k-1}) = 0 \\ t_{k-1} + T_{p(k-1)max} + T_{oij}^*(i = i+1) & \Theta(j, t_{k-1}) = 1 \end{cases} \tag{6-7}$$

式中，$T_{p(k-1)max}$表示选择作业合并中PdM作业时间最长的持续时间，此次串联子系统预知维护所需的停机时间区间为$[t_{k-1}, t_{k-1} + T_{p(k-1)max}]$。将MTW作业合并调度结果反馈给设备层中各设备的维护规划MAM。然后，转回**步骤3**，进行下一个PdM合并调度时点的规划。

步骤7：结束串联子系统的MTW作业合并优化调度决策。输出所有的PdM合并调度时点$t_k(0 < t_k \leqslant T_d)$，作为维护优化调度方案。

6.5.3 串并联复杂系统的 MTW 优化调度

在预知维护设备层 MAM 实时输出的最优维护周期的基础上，针对以上分析的串联和并联结构下设备间的依赖性，利用平稳生产中设备停机的组合维护机会，动态应用系统层维护优化调度的维护时间窗（MTW）策略。利用设备层-系统层决策交互的 MAM-MTW 预知维护策略，制定制造系统的维护优化调度方案，总体流程如下。

（1）系统中各设备的 MAM 最优规划：首先在设备层根据设备衰退演化信息，通过 MAM 进行动态循环的实时维护决策，实时获得设备的最优预知维护周期。这些具有时效性的单设备维护规划结果会被动态地输入系统层，帮助系统层进一步开展维护优化调度，而系统层 MTW 策略优化后的维护调度方案也会被反馈至设备层，进行下一个维护周期的时间间隔规划。

（2）并联子系统的 MTW 分离调度：在由设备层的规划决策提供的各台设备的最优预知维护周期的基础上，为了防止因同时维护造成的上下游平稳生产中断，制造系统中的并联子系统根据维护时间窗对其中各台生产设备的维护作业进行作业分离（MTW-separation）。作业分离优化调度的结果会反馈给预知维护设备层，并传递给设备间具有依赖性的各串联子系统。

（3）串联子系统的 MTW 合并调度：在设备层的最优维护周期和并联子系统 MTW 分离调度结果已获得的基础上，制造系统中的串联子系统中一台设备进行着预知维护，给其他串联依赖的设备提供了维护机会，根据维护时间窗对串联设备组的维护作业进行作业合并（MTW-combination）。输出所有的 PdM 合并调度时点 $t_k(0 < t_k \leqslant T_d)$，作为维护优化调度方案，这些系统层的决策方案同样会被反馈给设备层，设备层动态循环地进行下一个预知维护周期的规划调度决策。

（4）串并联系统的综合经济性评估：设备层-系统层决策交互的 MAM-MTW 维护规划调度，根据设备自身健康衰退和系统不同结构配置，帮助企业管理层动态地制定面向整个制造系统的系统层优化方案，实现具有可行性、实时性和经济性的决策优化目的，考虑的维护成本因素包括以下 3 种。

PdM 作业成本：对于设备维护过程而言，随着役龄的增加，每台设备都会呈现逐渐严重的健康衰退趋势，若继续生产运营，不可避免会引起严重的故障失效，因而需要在每个维护周期末实施预知维护作业。在系统层每个 PdM 合并调度时点 t_k 同时实施若干台设备的预知维护，可通过降低设备的累积故障率的方式延续生产设备的工作寿命，但同时也需要花费企业的人力、材料、仪器等成本与资源。

小修作业成本：预知维护的规划调度策略中也考虑了各个维护周期内发生非计划失效的可能性，因而小修作业成本也是 MAM-MTW 策略中重要的维护成本因素。为了分析小修作业成本，需要考察系统层优化调度中 PdM 合并提前后的实际维护周期 $[T_{oij}^* - (t_{jk} - t_k)]$ 及其累积故障率风险。

生产停机成本：除了 PdM 作业成本和小修作业成本之外，也应当考虑到预知维护带来的设备生产停机。在系统层每个 PdM 合并调度时点 t_k，有若干设备被停机，其中一些是根据调度方案，自身需要停机实施 PdM 作业的设备；另一些则是由于系统结构的依赖性，受到相关联设备的停机影响而被迫中断生产流程的设备。

假设 c_{dj} 为停机成本率,$T_{pk\max}$ 表示本次系统层规划调度需维护的设备中 PdM 作业时间最长的持续时间,$T_{oij}^* - (t_{jk} - t_k)$ 为 PdM 合并提前后的实际维护周期,则串并联制造系统的各台设备 S_j 在第 k 个系统层维护周期中的维护总成本可以表述为

$$STC = \begin{cases} c_{dj}T_{pk\max} & \Theta(j,t_k)=0 \\ C_{pij} + C_{fij}\int_0^{T_{oij}^*-(t_{jk}-t_k)} \lambda_{ij}(t)dt + c_{dj}T_{pk\max} & \Theta(j,t_k)=1 \\ 0 & \Theta(j,t_k)=2 \end{cases} \quad (6-8)$$

式中,$\Theta(j,t_k)=0$ 表示设备 S_j 受到依赖性影响后生产停机,但不采取预知维护作业;$\Theta(j,t_k)=1$ 表示设备 S_j 在系统层合并调度时点 t_k 被整合,一同实施预知维护作业;$\Theta(j,t_k)=2$ 表示设备 S_j 既不采取预知维护作业,也未收到依赖性影响,而是继续进行正常平稳的生产。综上所述,整个串并联制造系统在全工作寿命范围内的系统维护总成本可以表达为

$$STC = \sum_{k=1}^K \left(\sum_{j=1}^J ETC_{kj} \right) \quad (6-9)$$

需要指出的是,维护时间窗(MTW)数值的选择直接影响到并联子系统的 MTW 分离调度优化和串联子系统的 MTW 合并调度优化,关系到整个串并联制造系统的维护经济性效果。因而评估采用合理的维护时间窗区间数值 T_w,对于预知维护 MAM-MTW 规划调度策略获得经济可行的系统层维护优化方案有着重要的意义。在并联及串联子系统维护优化调度策略算法中,设定的维护时间窗(MTW)的数值有一定限制,即 $\forall T_{oij}^* > T_w > \forall T_{pij}$,该限制就是为了保证 MTW 分离调度和 MTW 合并调度之间不会发生决策冲突。此外,通过降低式(6-9)中的系统维护总成本 STC,便可以获得合理有效的维护时间窗(MTW)数值,用于动态循环地优化调度系统层的预知维护优化调度决策。

除此之外,本章提出的维护驱动的机会策略(maintenance-driven opportunistic policy,MDO)在预知维护的实时优化调度中,也考虑了制约多设备维护策略发展的维数灾难问题。传统的机会维护策略通过在每个作业合并时点,遍历性地计算所有的维护组合可能性的总成本,并从中选取出总成本节余最多的系统层维护方案。这种策略思路在保证了制造系统经济性的同时,其维护决策的计算量将达到 $O(2^{(J-1)})$。这意味着当设备数量增加时,优化调度问题的计算量会呈指数倍增长,这限制了工业企业应用机会维护策略研究问题和解决问题的能力。而本章建立的系统层维护优化调度的维护时间窗(maintenance time window,MTW)策略,由于采取了动态循环的维护优化调度,即使制造系统中的总设备数 J 增加,该策略的计算复杂性也仅仅呈多项式级增长,同时,该策略具有实时优化调度由大量生产设备组成的串并联制造系统的综合决策的优势。

6.6 算例分析

1) 串并联制造系统的规划调度参数

本节以图 6-6 所示的物理设备层串并联制造系统为例,实践应用所提出的预知维护系

统层维护优化调度策略,并验证设备层-系统层交互建模 MAM-MTW 方法是否可以动态高效地制定面向整个制造系统的预知维护优化方案,降低系统总维护成本,有效降低决策计算的复杂性。作为研究对象的串并联制造系统由 5 台不同类型按照工艺流程配置的生产设备组成:S_1(车床)、S_2(钻机)、S_3(塔式铣床)、S_4(立式铣床)和 S_5(磨床)。在这个 $J=5$ 台的串并联制造系统中,各台生产设备具有价格昂贵、生产高效、故障损失严重的特点,需要对其采取健康管理与监测。但这些生产设备的役龄各异、衰退演化规律和维护决策参数各不相同,会产生不同的最优维护周期。

本节依旧采用可靠性工程领域广泛应用的威布尔分布函数描述上述各台具有独立健康衰退特征的设备 $j(j=1, 2, 3, 4, 5)$ 的初始故障率函数:$\lambda_{1j}(t) = (m_j/\eta_j)(t/\eta_j)^{m_j-1}$。表 6-2 中列出了该串并联制造系统中各台生产设备的维护规划调度参数,在实际工程运营中,这些参数可通过结合设备的历史故障监测数据和当前状态监测数据提取获得。根据各台设备不同的综合衰退演化规则,首先在预知维护设备层各自建立 MAM,通过动态循环的维护决策,实时获得每台设备在工作寿命期间各自的维护周期间隔。具体的设备层动态维护规划过程详见生产设备 S_1(车床)在 5.9 节的算例分析。

表 6-2　制造系统的维护规划调度参数

j	m_j	η_j	T_{pij}/h	T_{fij}/h	C_{pij}/\$	C_{fij}/\$	c_{dij}	ε_i	a_{ij}	b_{ij}
1	3.0	8 000	140	600	5 000	35 000	80	1	$i/(15i+5)$	$(17i+1)/(16i+1)$
2	2.0	7 000	120	200	6 000	18 000	40	1	0.03	1.04
3	1.5	12 000	200	350	2 000	15 000	30	1	$i/(20i+20)$	1.03
4	3.0	13 000	80	300	7 500	22 000	45	1	0.025	$(16i+3)/(15i+3)$
5	2.5	16 000	300	800	2 500	25 000	75	1	$i/(16i+14)$	1.05

在系统层的维护优化调度中,不仅需要考虑每台设备自身的健康衰退特征,同样应当系统性地分析设备间的相互依赖性,对设备层输出的最优维护周期进行实时整合优化,最终实现全系统层面上的整体优化。采用系统层维护优化调度的维护时间窗(maintenance time window,MTW)策略,通过实施分阶段实时维护调度,交互性地将设备层最优维护周期科学整合为系统层优化方案,算例研究分析的主要目的包括以下两方面。

(1)根据维护时间窗对串联子系统进行作业合并(MTW-combination),对并联子系统进行作业分离(MTW-separation),通过动态优化调度获得系统层预知维护规划调度方案。

(2)评估并分析维护时间窗 MTW 的数值选择以及对系统层 MTW 分离调度优化和 MTW 合并调度优化的影响,分析不同的维护时间窗区间数值 T_w 下的系统优化调度方案。

将 MTW 优化调度策略与传统的多设备维护策略进行比较,通过对比不同维护时间窗时的系统维护总成本 STC 及总成本节省率(STC-saving rate),验证 MAM-MTW 方法为整个串并联制造系统带来的维护经济性效益。

2)系统层 MTW 维护优化调度结果

从系统层的全局性决策视角来看,串并联制造系统中设备间的依赖性需要纳入预知维护规划调度的分析范畴，设备层 MAM 输出的最优维护周期需要进一步进行系统层 MTW 维护优化调度。为了在保证生产效率的同时降低串并联制造系统的总体维护成本，有必要深入分析制造系统的系统结构，不同的系统结构会对生产设备间的依赖性造成不同的影响，采取的 MTW 维护优化调度也各具针对性。

使用复合算子 $\oplus$ 和 $\otimes$ 分别代表串并联制造系统中设备间的并联结构关系和串联结构关系。图 6-6 中所示的物理设备层包含 5 台设备的制造系统结构配置，由以下四组多设备子系统构成。

(1) 并联子系统：S_2（钻机）$\oplus S_4$（立式铣床）。

(2) 并联子系统：S_3（塔式铣床）$\oplus S_4$（立式铣床）。

(3) 串联子系统：S_1（车床）$\otimes S_2$（钻机）$\otimes S_3$（塔式铣床）$\otimes S_5$（磨床）。

(4) 串联子系统：S_1（车床）$\otimes S_4$（立式铣床）$\otimes S_5$（磨床）。

根据上述并联和串联子系统结构，在预知维护设备层规划模型实时输出的最优维护周期的基础上，针对串联和并联结构下设备间的依赖性，利用平稳生产中设备停机的组合维护机会，动态应用系统层维护优化调度的维护时间窗策略。以维护时间窗 $T_w=800$ h，整个制造系统的额定工作寿命 $T_d=25\,000$ h 为例。表 6-3 中列出了维护时间窗 $T_w=800$ h 的系统优化调度方案。

表 6-3　维护时间窗为 800 h 的系统优化调度方案

j	系统层 PdM 实施时点 t_k/h											
	$k=1$	$k=2$	$k=3$	$k=4$	$k=5$	$k=6$	$k=7$	$k=8$	$k=9$	$k=10$	$k=11$	$k=12$
1	3 319		6 911	10 020	13 121		15 134	17 940		20 212		22 789
2	3 319		6 911	10 020			15 134		19 105			22 789
3		5 108		10 020			15 134			20 212		
4			6 911			14 455					21 984	
5		5 108		10 020			15 134			20 212		

在表 6-3 中可见，根据维护优化调度，在第一个维护周期 $k=1$ 末（$t_1=3\,319$ h），设备 S_1（车床）和 S_2（钻机）被同时实施预知维护作业，其中，设备 S_2 利用了设备 S_1 引发的维护机会，提前开展维护作业。在维护周期 $k=4$（$t_4=10\,020$ h）和 $k=7$（$t_7=15\,134$ h）时，因为作业合并（MTW-combination），串联子系统 S_1（车床）$\otimes S_2$（钻机）$\otimes S_3$（塔式铣床）$\otimes S_5$（磨床）中的设备共同实施预知维护，以降低不必要的停机等待。

同时，由于对并联子系统进行了作业分离（MTW-separation），整个规划调度区间内不存在因单独的并联子系统同时维护造成上下游平稳生产中断的情况。在维护周期 $k=3$（$t_3=6\,911$ h）时，因为上游的设备 S_1 的停机维护，所以才同时对并联子系统 S_2（钻机）$\oplus S_4$（立式铣床）中的设备实施维护作业。维护时间窗 T_w 的取值影响和 MTW 维护优化调度策略的有效性，将在后续展开具体的讨论。

3) 维护时间窗取值的调度影响分析

正如之前所述,维护时间窗(MTW)的数值选择直接影响到并联子系统的 MTW 分离调度优化和串联子系统的 MTW 合并调度优化的结果。为了直观地展示系统层优化调度方案是如何受到维护时间窗区间数值 T_w 取值影响的,本节保持在维护时间窗 $T_w = 800\,h$ 的所有规划调度参数不变,分别进一步研究 $T_w = 600\,h$(维护时间窗缩短)和 $T_w = 1\,000\,h$(维护时间窗延长)两种情况下的系统层 MTW 维护优化调度结果。表 6-4 和表 6-5 中列出了与这两种维护时间窗相应的系统优化调度方案。

表 6-4　维护时间窗为 600 h 的系统优化调度方案

j	系统层 PdM 实施时点 t_k/h							
	$k=1$	$k=2$	$k=3$	$k=4$	$k=5$	$k=6$	$k=7$	$k=8$
1	3 319			6 911			10 020	
2		4 181				8 646		
3			5 228				10 020	
4					7 788			
5			5 228					11 014

j	系统层 PdM 实施时点 t_k/h						
	$k=9$	$k=10$	$k=11$	$k=12$	$k=13$	$k=14$	$k=15$
1	12 980	15 274		17 980	20 132	21 954	
2	12 980		16 607		20 132		24 049
3		15 274			20 132		
4		15 274				21 954	
5			16 607			21 954	

在维护时间窗为 600 h 的系统优化调度方案中(见表 6-4)可以发现,随着维护时间窗 T_w 的缩短,更多的生产设备被独立地进行预知维护作业。例如,在第一个维护周期 $k=1$ 末 ($t_1 = 3\,319\,h$),设备 S_1(车床)和 S_2(钻机)未进行维护合并优化调度,这直接导致了设备 S_3(塔式铣床)在维护周期 $k=2(t_2 = 4\,181\,h)$ 时额外的停机损失。如果每台设备都仅仅根据设备层的维护时间间隔开展维护作业,忽视了串并联制造系统中设备间的依赖性,会引发不必要的系统停机维护,从而导致停机维护过于频繁,平稳生产被迫中断,以及产生高昂的停机损失费用。因此,需要采用合理的 MTW 维护优化调度,尽可能有效地合并预知维护作业,从而降低制造系统停机次数,减少额外的生产停机成本。

在维护时间窗为 1 000 h 的系统优化调度方案中(见表 6-5)可以发现,随着维护时间窗 T_w 的延长,更多的生产设备被维护调度后提前开展维护作业。利用平稳生产中设备停机的组合维护机会,使得更多的生产设备被作业合并(MTW-combination)。这固然可以有效地降低制造系统的停机频率,但如果维护时间窗过长,引发过多的设备被提前维护,会造成在额定的系统工作寿命内预知维护 PdM 需求的增加,相应产生的 PdM 作业成本上升,反而会影响制造系统的维护经济性。

表 6-5 维护时间窗为 1 000 h 的系统优化调度方案

j	系统层 PdM 实施时点 t_k/h											
	$k=1$	$k=2$	$k=3$	$k=4$	$k=5$	$k=6$	$k=7$	$k=8$	$k=9$	$k=10$	$k=11$	$k=12$
1	3 319		6 911	10 020	13 121		15 134	16 992	19 508		22 065	24 351
2	3 319		6 911	10 020	13 121			16 992		20 849		24 351
3		5 108		10 020			15 134		19 508			24 351
4			6 911			14 455					22 065	
5		5 108		10 020			15 134		19 508			24 351

综上所述,维护时间窗 MTW 的数值选择关系到整个串并联制造系统的维护经济性效果,无论过短还是过长的维护时间窗都应被避免。评估采用合理的维护时间窗区间数值 T_w,有助于预知维护 MAM-MTW 规划调度策略,获得经济可行的系统层维护优化方案。

4) MAM-MTW 优化策略的有效性分析

本文所提出的设备层-系统层决策交互的 MAM-MTW 维护规划调度,最终目的在于根据设备自身健康衰退和系统不同结构配置,动态地制定具有可行性、实时性和经济性的系统层优化方案。根据制造系统经过 MTW 优化调度后获得的预知维护方案评估可以得到系统维护总成本 STC。图 6-8 和图 6-9 中列出了不同维护时间窗时的系统维护总成本 STC,以及相应的总成本节省率(STC-saving rate)。除了已详细分析的 T_w = 600 h,T_w = 800 h,

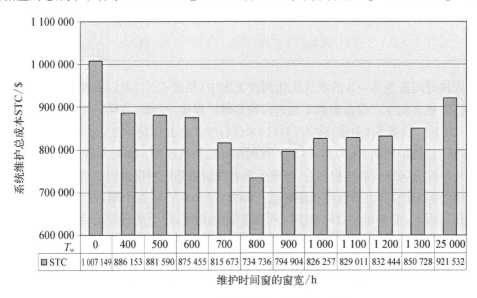

T_w	0	400	500	600	700	800	900	1 000	1 100	1 200	1 300	25 000
STC	1 007 149	886 153	881 590	875 455	815 673	734 736	794 904	826 257	829 011	832 444	850 728	921 532

维护时间窗的窗宽/h

图 6-8 不同维护时间窗的系统维护总成本

$T_w = 1\,000$ h 的三种维护规划调度结果,将 MTW 优化调度策略与传统的两种多设备维护策略进行比较,从而验证 MAM-MTW 方法为整个串并联制造系统带来的维护经济性效益。传统的两种多设备维护策略包括多设备独立维护模式(individual maintenance mode,IMM)和多设备统一维护模式(simultaneous maintenance mode,SMM):

(1)多设备独立维护模式:制造系统中的各台生产设备仅根据自身的健康衰退特征,不考虑设备间的依赖性关系,一旦运行达到设备层维护时间间隔即独立进行预知维护作业,也就是 $T_w = 0$,没有维护时间窗时的情况。

(2)多设备统一维护模式:制造系统中的任何一台设备达到维护时点时,便认为是整个系统的提前维护机会,统一对所有的设备同时维护,常见于必须严格保障制造效率的平稳生产中,可表述为 $T_w = 25\,000$ h。

从图 6-8 可见,相较于 $T_w = 800$ h(STC=734 736 \$),若维护时间窗过短($T_w = 600$ h),系统停机维护的次数将增加,相应的生产停机成本上升,增加了系统维护总成本(STC=875 455 \$);若维护时间窗过长($T_w = 1\,000$ h),则过多的设备将被提前维护,相应产生的 PdM 作业成本上升,同样会增加系统维护总成本(STC=826 257 \$)。

除此之外,还将 MTW 优化调度策略与传统的多设备维护策略进行比较,在 IMM 独立维护策略($T_w = 0$)下,系统维护总成本更是上升到 1 007 149 \$;而在 SMM 统一维护策略($T_w = 25\,000$ h)下,系统维护总成本同样高达 921 532 \$。这样的全面比较结果,证明了 MTW 优化调度策略比 IMM 策略和 SMM 策略更能帮助现代化企业有效降低串并联制造系统的维护总成本。

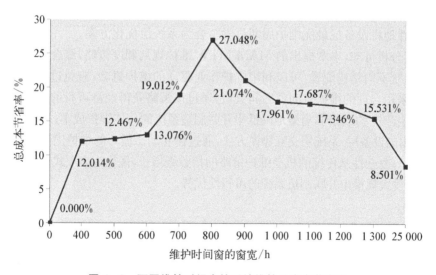

图 6-9　不同维护时间窗的系统维护总成本节省率

从图 6-9 中可以直观地看到 MTW 优化调度策略的经济性优势。以 IMM 策略的 STC 数值作为基准,MTW 优化调度策略($T_w = 800$ h)的总成本节省率达到 27.048%,远远高于 SMM 策略(8.501%)。由此可见,综合分析了设备自身健康衰退和系统不同结构配置的 MAM-MTW 维护规划调度策略,可以利用维护作业驱动的维护机会,避免过多维护造成的停机损失,在保证生产效率的同时,有效地减低串并联制造系统的总体维护成本。除了

MAM-MTW 维护规划调度策略的经济性优势外,本章提出的设备层-系统层交互建模方法还具有可行性优势,通过建立动态循环的优化调度算法,将多设备维护决策的计算复杂性从传统机会维护策略的指数级增长 $O(2^{(J-1)})$,优化为多项式级增长,因而具备了实时优化调度大规模制造系统的综合决策能力。

6.7　本章小结

　　随着各种新型制造技术的迅速发展,由多台不同类型生产设备按工序需求组成的串并联复杂制造系统在工业界得到广泛应用。本章全面考虑了串并联制造系统平稳生产中的系统结构、维数灾难、动态调度等核心难点,综合分析了设备自身健康衰退和系统不同结构配置的影响作用,以多类型多设备组成的串并联复杂系统为研究对象,拓展性地研究了设备层-系统层分层交互建模方法,系统性地发展了预知维护的规划调度策略。本研究致力于帮助工业界建立能够依据系统复杂结构和设备健康特性,实现系统层各设备预知维护作业的组合调度和整体优化的维护策略,在保证生产效率的同时,降低串并联制造系统的总体维护成本。

　　为了解决串并联制造系统平稳生产的系统层维护优化调度问题,本章拓展了维护驱动的机会策略(maintenance-driven opportunistic policy,MDO),针对不同系统结构下设备间的依赖性,利用平稳生产中设备停机的组合维护机会,建立了系统层维护优化调度的维护时间窗(maintenance time window,MTW)策略。深入分析了预知维护作业合并或分离对整个制造系统的生产影响,研究了串、并联子系统的维护时间窗规则。通过实施分阶段实时维护调度,交互性地将设备层最优维护周期科学整合为系统层优化方案。

　　通过算例分析可知,本章提出的 MAM-MTW 维护规划调度策略,综合分析了设备自身健康衰退和系统不同结构配置,可以利用维护作业驱动的维护机会,避免过多维护造成的停机损失,评估采用合理的维护时间窗区间数值,通过该策略获得经济可行的系统层维护优化方案,在保证生产效率的同时,有效地降低串并联制造系统的总体维护成本。除了经济性优势外,本章所提出的设备层-系统层交互建模方法,通过建立动态循环的维护优化调度,将多设备维护决策的计算复杂性从传统的机会维护策略的指数级增长,优化为多项式级增长,从而具备了实时优化调度大规模串并联制造系统的可行性优势。

参考文献

［1］ Nye D E. America's assembly line[M]. Cambride：MIT Press，2013.

［2］ Brinkley D G. Wheels for the world：Henry Ford，his company，and a century of progres. New York：Penguin Books，2004.

第 7 章
大批量定制与订单驱动机会维护策略

7.1 大批量定制的发展背景

一直以来,制造业都是为了满足人们的基本生活需求以及文化需求而建立和发展的。从最初制造狩猎用的石器,到满足生活所需的"四大发明";从第一次工业革命使生产机械化的蒸汽机,再到第二次工业革命进一步提升机械化生产能力的发电机,无一不是在满足日益增加的生存需求以及逐渐扩大的市场需要。如今,随着人们经济实力和生活水平的提高,人们选购产品时,在满足生活基本需求的基础上,逐渐增加了追求定制化服务的诉求。因此,基于市场需求等动机,"大批量定制"的生产方式得以建立,并得到了充分的发展(见图7-1)。

图 7-1 大批量定制发展动机

7.1.1 大批量定制的发展动机

1) 满足市场需求

早期,受制造业技术落后和产能低下的制约,我国市场整体处于供不应求的状态,是典型的卖方市场。因此,客户对产品的需求仅限于实现其基本功能。随着经济全球化的推进,以及中国于2001年加入了世界贸易组织,外资企业纷纷进入中国,国内制造业也得到快速发展,制造技术早已不是掣肘企业产能和产品质量的主要原因,企业往往可以根据市场需求调整产能,有些企业甚至已出现产能过剩的情况。因此,国内市场转变为供大于求的买方市场,客户对产品基本功能的需求普遍得到了满足。不仅如此,从全球角度看,许多发达国家也已经变为买方市场。在这样的市场环境下,客户不再满足于产品的功能和质量的基本需求,对产品多样化以及个性化定制的需求随之涌现,成为企业转型升级的主要动机。

2) 强化企业竞争力

随着经济全球化进程的推进,国内产品开始走向海外市场,外资企业也纷纷入驻国内市场,从而加剧了全球企业的竞争压力。经济全球化要求各个国家进行产业的大幅转移和快速升级,同时在全球范围内进行高效的市场开拓。与此同时,市场中不断涌现的定制化需求也在时刻鞭策着制造企业着手由传统大批量制造向大批量定制化制造的转型升级,从而提高企业的核心竞争力,赢得市场认可,进而快速抢占市场。

3) 加快产品升级

制造业的高速发展早已满足了企业早期提升产能的基本诉求,同时也缩短了产品由设计到生产直至最终投放市场的生命周期。一方面,科技的快速发展使得生产商对其产品的推陈出新更加便捷,同时也大幅降低了产品的生产与升级成本;另一方面,产品的快速更迭使得产品寿命不再是用户衡量产品价值的重要参考。用户的关注点已逐渐转向了产品的功能性、实用性以及独特性。因此,制造商需要探寻一种更加灵活的生产模式,该模式可以根据市场需求变化,迅速进行产品升级。

4) 制造业可持续发展

除了用户对产品的需求增加,市场以及社会对制造业的要求也更加严格。全球环境恶化,资源紧张,制造业同样承担着可持续发展的责任,资源高效利用成为企业在进行未来发展规划时需要考虑的问题。可持续发展对制造业提出了两个要求:① 要求企业资源利用率实现最大化,这需要企业在制造过程中有效减少资源消耗,同时避免产能过剩、库存积压导致的资源浪费;② 要求企业在产品制造和使用过程中严密监管环境污染物的使用,同时尽量避免环境污染物的生成和排放。可持续发展的严格要求,也迫使制造业向环境友好型制造转型。

基于以上动机,大批量定制的生产方式应运而生,它在保留原有生产效率的同时,不仅提升了制造系统的灵活性,使其可以快速响应市场需求、提升企业竞争力,还能够实现按需生产,有效减少生产过程中的资源消耗,解决由产能过剩导致的产品积压、资源过度消耗等问题。

7.1.2 大批量定制的发展基础

随着科学技术的发展,多种高效的信息技术应运而生,其在制造业的有效应用是制造业得以实现转型升级的坚实基础。在万物互联的时代下,产品需求可以被快速获取,产品功能可以被准确设计,制造过程可以被实时监控,这些都离不开高效的信息技术,高效的信息技术是大批量定制发展的关键基础之一。同时,先进制造技术同样是利用先进的信息自动化技术以及决策管理技术等赋能传统的制造技术进行革新升级而来的。不仅如此,当今覆盖广泛的快速物流网络在降低企业仓储压力的同时,有效缩短了定制产品的交付时间。

高效信息技术、先进制造技术和现代物流技术的综合应用对大批量定制下产品的功能设计、生产质量、控制成本、产品交付等各方面都有大幅度的提升作用。

1) 产品设计更加便捷

大批量定制是一种紧密结合市场和客户需求且能够快速响应的生产模式,需要有效获取客户需求,快速开发新产品。信息技术所提供的互联网环境和高效的产品设计开发工具满足了大批量定制在产品设计开发阶段的技术需求,使大批量定制得以快速响应市场需求,产品功能更加贴近客户需求,产品开发周期大幅缩短,从而让大批量定制在变化多端的市场中得以立足。

2) 产品质量更加稳定

大批量定制的生产模式下,不同的客户需求必然导致了定制产品的多样化,这就使得产品的制造过程和质量检测面临着极大的挑战。一方面,强大的信息化产品设计及加工仿真软件在很大程度上提高了多样化产品设计的准确性,为产品质量提供了有力保障;另一方面,先进的制造技术实现了制造过程的自动化,提高了产品制造的稳定性。传感技术及信息化技术的高效应用,提供了产品在生产过程中的质量监控手段;自动化制造系统和质检系统能够实现有效的闭环反馈,从而进一步提高了定制化产品的质量。

3）产品成本更加可控

大批量的生产模式本身是一种为了降低生产成本、提高生产效率而产生的生产模式,而定制化生产无疑会显著提高生产成本。然而,高效信息技术与建模决策方法的有效结合可以显著降低大批量定制的产品成本。具体而言,一方面,通过对定制化产品进行有效的模块化设计,再利用信息化技术,直接将消费者的定制化需求转化成产品模块化设计,可以有效降低定制化生产带来的额外设计成本;另一方面,先进的管理技术不仅可以根据产品需求合理规划仓储备件,控制加工速率,避免仓储及产能冗余带来的成本升高,还能够实现企业外部供应链与内部资源的高效利用,从而进一步控制产品成本。

4）产品交付更加及时

如今,受益于电子商务的蓬勃发展,物流网络无论在覆盖范围上还是运输速度上都有明显的进步。大批量流水生产模式下,产品交付方便快捷,即使顾客在线上购买,由于充足的企业库存和高效的物流网络,产品依然能够快速交付。大批量定制模式下,虽然产品按需生产,但模块化的设计和生产方式有效缩短了定制化产品生产时间,借助高效的物流网络,定制化产品能够及时交付到客户手中,有效降低了客户选择定制化产品消耗的时间成本,进一步提升了市场对大批量定制的认可度。

7.2　大批量定制的形成

7.2.1　生产模式的发展与演变

生产模式的发展与演变往往受制造技术及市场需求等多种因素的影响,基于不同程度的批量化及定制化,衍生并发展得到 4 种不同的生产模式,如图 7－2 所示。

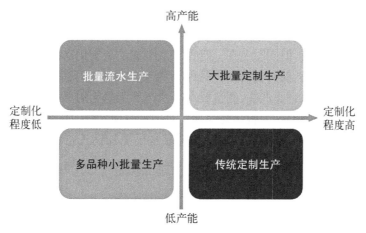

图 7－2　4 种批量化定制化程度不同的生产模式

1）传统定制生产

传统定制生产是指在保证产品基本功能的前提下，基于客户的定制化需求进一步完善功能或实现附加功能。例如，传统的裁缝店量体裁衣就是利用定制需求完善基本功能；陶瓷、雕刻等个人定制手工艺品，是在满足产品功能的前提下，为其附加艺术价值。在大批量定制生产之前，为了满足客户的定制化需求，企业基本采用独立生产的传统定制生产模式。这种模式虽然解决了客户的定制化需求，但随着客户定制化需求的增多，企业面临着巨大的产能压力，大量客户的订单无法快速完成，同时产品质量完全取决于工人的生产技能与经验，无法得到有效保证。因此，企业的生产效益缺乏长期稳定增长的基础。

2）批量流水生产

20世纪初，为了满足人们日益增长的物质生活需求，产品的功能和种类得到了广泛发展和细致分类。同时，加工及装配流水线的出现，极大增加了企业的产能，企业的生产模式逐渐转变为批量流水生产。同时，良好的质量管理体系初步形成，企业产能和产品质量均得到了有力保障。但是，也正因为企业的产能和产品质量的显著提高，市场逐渐饱和，同类产品市场竞争激烈，客户对产品的要求也不再满足于其提供的基本功能，实现客户定制化需求成为企业抢占市场的重要手段。

3）多品种小批量生产

20世纪后期，由于企业产能普遍增加，产品类别也已基本覆盖市场需求，市场中产品同质化愈演愈烈，满足客户的定制化需求成为在竞争激烈的市场中抢占一席之地的有效出路。然而，大批量定制虽然可以大幅度提高产能，但是当面对定制化需求时，其固有的系统僵化且能耗巨大的弊端就显现出来。多品种小批量的生产模式有效地避免了上述弊端，在一定程度上，多品种满足了定制化对系统灵活性的要求，小批量也可以有效避免库存囤积导致的能源浪费。相对而言，多品种也对企业的前瞻性提出了较高要求，需要企业可以准确把握市场需求动向，合理选择产品品种，设计高效灵活的产线，提高企业的竞争力。

4）大批量定制生产

批量流水生产可以有效降低制造成本，从而可以凭借低廉的成本价格占据市场，然而随着先进制造技术的普及，产品价格普遍显著降低，以价格战为主的市场竞争环境让企业面临着巨大的生存压力。同时，随着市场规模的不断扩大，定制化需求也在不断增加，定制化需求所具有的差异性也给批量流水生产带来极大挑战。多品种小批量生产虽然能在一定程度上满足市场的定制化需求，但同时也在一定程度上限制了定制化需求的灵活性，多品种往往是企业基于市场调研而确定的，仅增加产品种类，依然无法实现完全定制化生产。

为了同时满足市场对企业产能、制造成本以及产品定制化的严苛要求，大批量定制的生产模式应运而生并迅速发展。大批量定制生产既保留了批量流水生产产能高、成本低的优点，又对多品种小批量生产进行了优化，使得产品功能更加贴近市场需求，实现了产品的高度定制化。

7.2.2　大批量定制概念的形成

大批量定制将批量生产与定制化生产进行有效结合，是一种基于批量流水生产的端到端的产业链模式，其产品设计基于客户需求，产品经定制化生产后交付到客户手中。它将产品设计脱离了传统的统一化设计模式,使设计更加贴近市场需求,更加灵活多变。

大批量定制思想的提出最早可以追溯到 1970 年 Alvin Toffler(阿尔文·托夫勒)撰写的《未来的冲击》(*Future Shock*)一书,在书中,Toffler 提出了大批量定制的基本构想。其中所描述的大批量定制是在大批量生产的基础上,被赋予了以市场需求作为设计和产能调整导向的灵活性,同时也将企业焦点由大批量转变到定制化上。借助高效的信息技术和先进的制造技术,大批量定制可以在生产成本不产生显著增加的同时,生产满足市场需求的定制化产品。

采用大批量定制是当前激烈市场竞争环境下,企业提升其竞争力的有效路径。通过大批量定制,企业生产的产品更加贴近客户需求,模块化设计也显著增加了生产流水线结构的灵活性,同时,企业可以根据产品订单合理调节生产效率,避免库存积压导致的资源消耗。

7.3　大批量定制的优势与挑战

7.3.1　大批量定制的优势

在企业中实施大批量定制具有客户认可度高、市场适应性强、生产成本低、产品迭代快速、具有可持续性等优势。

1) 客户认可度高

大批量定制下,客户可以按照自己的需求准确选择必要的产品功能,企业基于客户的实际需求生产产品,将定制化产品及时交于客户。客户对定制化产品具有较高的认可度,因此大批量定制可以帮助企业进一步占领市场。

2) 市场适应性强

大批量定制要求生产线可以同时生产多种定制功能的产品,生产线的灵活性高,可以根据客户需求及时调整产线结构。因此,大批量定制具有较强的市场适应性,即使市场需求不停变化,也能够通过调整产品功能快速适应。

3) 生产成本低

大批量定制沿袭了批量生产制造成本低的优点。同时,通过准确把握市场动向,密切贴近客户需求,企业可以实现端对端的生产销售,进而以零库存的方式进一步减少由产品积压导致的资源消耗,降低仓储成本。

4) 产品迭代快速

当市场需求出现变化时,大批量定制可以借助先进的信息和制造技术,完成产品设计的改进升级,并受益于大批量定制产线的灵活性,以极小的代价完成产品生产线的改造,实现升级产品的快速迭代和上市。

5) 具有可持续性

大批量定制的高灵活性可以降低生产成本、加快产品升级,保障企业实现长期稳定发展,让企业在维持原有规模且不增加资源消耗的前提下,快速提高市场竞争力。

7.3.2　大批量定制面临的挑战

1）多种生产方式并存

在生产模式发展与演变的过程中,市场中往往存在多种生产方式。一方面是因为多种生产模式在不同产业都有其存在的需求,另一方面是由于在大部分产业中未出现一种在竞争中处于绝对优势的生产模式。由此说明,大批量定制需要探索一种兼顾批量化高效生产和定制化敏捷生产的改进方式,以促进其推广。

2）产品定制空间有限

当前市场中,定制化需求在不同产品中存在显著的差异。一方面,市场并非对所有产品都有定制化需求。对于客户而言,若其能够负担产品基本功能性价值且市场中产品出现严重同质化,定制化需求才会产生。另一方面,受制于制造技术的限制和基于制造成本的考量,定制化需求也并不能完全得到满足。大批量定制虽然沿袭了批量流水生产模式制造成本低的优点,但毋庸置疑的是,定制化生产必将在一定程度上提高产品的生产成本。对于企业来说,即使大批量定制中产品设计和生产脱离了传统的标准化模式,但设计和生产灵活性的提升往往是以生产成本的增加为代价的,企业需要在灵活性和低成本中寻求合理的平衡点,因此产品并不能够实现彻底的定制化。

7.4　大批量定制的产业实例

如今人们在满足"衣、食、住、行"等基本需求的同时,提出了多样化的定制需求。由于大批量定制具有多种优势,其在多个产业中得到了广泛的应用。

1）服装产业中的大批量定制

红领集团成立于 1995 年,是一家以生产西服为主的服装生产企业。红领集团的发展模式最初与国内其他服装产商一样,根据外贸订单进行批量生产。不同的是,从 21 世纪初,红领便开始试水定制成衣,随后成功研发了一套将工业生产与定制相结合的大批量定制服装生产系统,并将其命名为 RCMTM(red collar made to measure)。该系统可以根据客户需求,以流水线生产模式制造个性化产品,构建了从消费者到生产者(customer to manufacturer, C2M)的商业生态。

红领集团定制成衣的流程规范、简洁,如图 7-3 所示。首先,该服装产商对量体方法进行标准化,由经过培训的测量员上门测量或由客户参照标准化方法自行测量身形数据。随后,提交订单的同时,系统会自动生成合适的版型,并进入服装生产阶段。全程数据驱动的定制化生产系统会自动完成分拣、传送等剩余工序,直至将定制化成衣送到客户手中。

2）家具产业中的大批量定制

与服装产业普遍采用标准化生产不同,家具产业更加关注客户的不同需求。尚品宅配集团是一家专做定制化和个性化服务的家具企业,它可以根据用户需求从款式设计到构造尺寸进行全方位个性定制。同时,通过其设计系统和在线资源整合,让用户在设计阶段便能体验家具的整体设计效果。数字化的生产系统方便用户追踪产品状态,使得定制流程具备

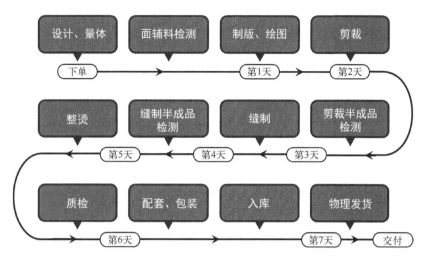

图 7-3 红领集团定制成衣流程图

便捷、透明等特点。

在实现"大批量定制生产"的同时,尚品宅配集团还实现了流程管理数字化、销售服务网络化以及生产配送集约化,使其产能大幅增长,材料利用率显著提高,同时缩短了交货期,实现零库存,有效提高了资金利用率,最终极大提升了品牌的核心竞争力。

3)汽车产业中的大批量定制

自 1913 年福特汽车公司开发出第一条流水线至今,汽车产业一直在应用这种快速稳定的生产模式。与此同时,数字化、网络化转型升级也让流水线变得更加高效。然而,流水线在快速批量生产的同时,往往忽略了用户的个性化需求。

近几年,随着汽车消费群体的年轻化,汽车定制化的呼声日益高涨,汽车早已不仅仅是一种代步工具。以往,仅有劳斯莱斯、宝马等豪车品牌可以提供定制化服务。如今,为了把握市场需求,越来越多的汽车厂商已开始向定制化生产转型。国内汽车厂商上汽 MAXUS 南京 C2B(customer to business)工厂荣膺达沃斯世界经济论坛"灯塔工厂"。如图 7-4 所

图 7-4 上汽大通智能定制平台宣传图

示,该工厂生产的汽车均可以通过线上渠道定制,从外观到内饰等多种配置,上汽大通提供了几十种方案,既满足了消费者的需求,又让用户不再为自己不需要的配置买单。

7.5 面向大批量定制系统的维护方案

随着全球化市场竞争的日益加剧和客户的需求呈多样化、个性化、快速化趋势,越来越多的制造业企业正在采用批量生产(batch production)的生产流程,在当今工业领域多品种小批量制造模式的重要性逐渐获得越来越多的关注度和认同度。从生产方式的内涵分析,传统的大规模平稳生产是基于费雷德里克·温斯洛·泰勒(Frederick Winslow Taylor)的科学管理理论,注重产品生产线上的专业分工,致力于提高制造系统的生产效率,通过实现规模经济以降低产品成本,从而占据市场份额,获得企业利润收益。而多品种批量生产的提出和应用,则是面向当前不断发展变化着的市场环境。当前的市场环境可概括为以下4点,① 随着经济高速发展和物质水平提高,客户对产品的需求不再单纯考虑经济性,而是越来越体现个性多样和快速变化的特点;② 产品的更新淘汰明显加速,以技术飞速进步的电子产品为例,为满足市场为导向的新产品需求,产品生命周期在不断缩短;③ 为尽快响应激烈变化的市场需求,批量生产的订单量呈现出很强的随机性,同时造成下单的提前期也大大缩短,这要求企业能够及时做出反应进行规划调度;④ 产品的交货满意度占据了主导地位,产品批次中的质量瑕疵除了会导致高昂的召回费用外,更会严重影响企业的市场竞争力。

上述制造业面临的新环境、新需求、新特征,对面向批量生产的多设备制造系统的健康管理提出了全新的挑战。在现代企业中,制造系统依据动态变化的客户订单进行批量生产时,往往整个系统也由根据多品种小批量的产品工艺流程而配置的不同类型多台生产设备组成,生产设备的多功能化发展也为批量生产提供了技术可行性支持。在多设备制造系统运营期间,系统中某台设备的失效停机,可能会导致上下游设备的停机等待,破坏正常的制造过程,影响企业的生产计划;而若在批量生产的一个生产批次中发生了设备停机,也不可避免会造成该批次产品前、后期的质量差异,可能损害企业的质量信誉。由此可见,根据多设备制造系统的批量生产特征,基于各台设备的健康状态趋势,在故障发生前预先进行科学有效的预知、维护和优化调度决策,有助于降低和消除设备失效对生产过程的干扰和影响,这是现代工业界迫切需要解决的重要课题。

然而,在现有的研究文献中,生产计划和维护规划通常被视为两个相互独立的研究领域:在生产计划的研究中,一般都假设制造系统的所有设备始终安全可用;而在维护规划的研究中,则假设生产流程稳定持续,现有的机会维护策略(opportunistic policy)也是以维护作业为契机。但实际情况是,多设备制造系统在依据生产计划运营期间,设备存在故障风险,可能会中断正常的批量生产,需要采取维护作业保证系统的可靠性;而维护作业也会占用一定的生产时间,若是维护作业发生在生产批次期间,则更会影响产品质量。因此,面对批量生产模式的广泛应用,亟须分析生产计划对维护决策的影响作用,进一步拓展机会维护策略的建模理论,结合批量生产模式的新特征,建立一种批量生产约束下的系统层预知维护优化策略,从而保障批量生产的质量稳定性,提高生产设备的健康可靠性,保证制造系统的运营效率性,实时提供经济可行的交互优化决策方案。

为了结合批量生产进行预知维护优化决策,还需要克服诸多交互建模难点:① 批量生产的订单量随机性;② 预知维护的双摆调度决策;③ 交互决策的维数灾难复杂性。因此,本章在机会维护前沿领域探索了生产驱动的机会策略(production-driven opportunistic policy,PDO),结合生产设备健康状态和批量产品质量需求,综合分析设备层输出的预知维护规划结果以及顾客导向的随机批量订单计划,利用生产转换时机(set-up time)作为组合维护机会,建立了系统层交互优化决策的提前延后平衡法(advance-postpone balancing,APB)算法。与传统机会维护中维护驱动的机会(maintenance-driven opportunity,MDO)不同的是,PDO 以批量生产订单为导向,提出了"成本结余择优"理念,动态建模分析各个生产转换时机的预知维护作业提前或延迟的成本结余(saved cost),通过动态优化调度实现了多设备制造系统的有效维护和成本降低。算例分析表明,生产驱动的机会策略在批量生产模式下,动态循环地协调决策过程中的随机性生产信息和可靠性维护信息,由此实时制定的系统层预知维护方案,既可以应对批量生产订单的随机性,又能实现制造系统的成本结余最大化,还解决了维护优化决策的维数灾难困局。

7.6　生产与维护的交互决策分析

本章以由不同类型的多台设备组成的批量生产系统为研究对象,在传统的大规模平稳生产之外,拓展性地研究当前市场导向的批量生产模式下的系统层预知维护优化策略。从理论内涵而言,重点关注的是生产计划和维护规划两个领域的理论问题。为了深入研究系统层交互优化决策中的生产计划与维护规划的交互机制,有必要在遵循短区间优化原则的前提下,定义生产计划和维护规划的功能域,确立生产计划的约束机制,明确维护规划的优化机理,通过生产批次间的触发时机,研究维护调度后的经济影响,统筹建模,提出动态循环的系统层维护优化决策方法。

批量生产方式根据市场和客户不断变化的产品需求,优化配置制造系统,低成本、高效率地组织生产流程,及时提供达到客户满意度的高质量订购产品。在生产过程中,批量生产的每个批次根据各自客户的不同订单量,在多设备复杂系统上加工制造,交付多样化、个性化的产品。在这种生产模式下,由于批量生产订单受市场需求波动而呈现随机性,各个批次的生产提前期不断缩短,因此需要短区间优化的决策能力,以提高系统的响应敏捷性。此外,为了保证生产批次内产品质量的稳定性,在预知维护优化决策中应尽可能避免批次生产期间的生产中断。当一个批次生产结束,转而根据订单进行下一个批次生产时,会产生一个生产转换时机(set-up time),制造系统中的各台设备将相应产生一个短暂的停机时间。当今制造系统面临的是不同产品品种、不同订单数量的批量生产需求,提出面向批量生产的系统层预知维护优化决策,需要考虑到买方市场的需求浮动、生产流程复杂多变、订单数量离散随机等实际情况。

现代企业中的批量生产系统通常由根据多品种小批量的产品工艺流程而配置的不同类型多台生产设备组成,各台设备具有健康状态独立性、失效模式差异性和制造加工多功能的技术特点。随着役龄的增加，每台设备将呈现不同程度的健康衰退状况，如果没有采取及时有效的维护措施，最终难免会引起失效停机，造成严重的生产损失。因此，学术界对于单一设备的生产与维护交互规划进行了许多有益的研究。此外，在工业界实践应用中，更应全面考虑制造系统系统层的生产与维护交互优化决策策略。

机会维护策略是研究多设备复杂系统维护调度优化的前沿技术方法。机会维护的核心思想是当制造系统生产运营时，系统中一台设备需要停机进行预知维护作业时，能给存在依赖性关联的其他设备带来提前维护的机会，通过开展多台设备的组合维护，避免额外的停机损失，减少故障的高昂成本，从系统层面降低总体的维护费用。传统的机会维护主要是维护驱动的机会策略（maintenance-driven opportunistic policy，MDO），这种优化调度策略已被证明能显著降低大规模平稳生产的系统维护总成本。但若在批量生产系统中采用MDO，则会造成生产批次期间被迫中断频发的不利情况，导致同一批次产品前、后期的质量参差不齐，无法满足客户对质量的要求，严重损害企业竞争力。因此，区别于传统的维护驱动的机会策略，有必要研究以批量生产中前、后批次间的生产转换时机（set-up time）作为全新的触发机制，建立一种能与生产计划实时耦合的生产驱动的机会策略（production-driven opportunistic policy，PDO），有针对性地满足多品种批量生产的质量稳定性要求和解决顾客需求驱动的订单随机性问题。

在当前的可靠性工程领域，单纯立足于维护规划的系统层维护优化调度中存在的维数灾难问题，已然制约了多设备维护策略发展。而统筹生产计划和维护规划两方面的因素，分析随机订单导向的批量生产计划对维护优化调度的影响作用，则会进一步提高预知维护优化决策的维数灾难复杂性。事实上，由于建模和求解的难度挑战，目前能够集成生产计划对整个多设备制造系统进行维护优化调度的研究成果非常少见。上述开拓性的研究成果在多设备生产与维护交互研究中具有重要的理论意义，但受制于优化决策的维数灾难复杂性，所提出的策略算法也仅仅只能应用于双设备系统，而将其拓展至多设备复杂系统则面临着严峻的挑战。

综上所述，本章拟面向多设备批量生产系统，建立批量生产下系统层预知维护优化决策策略，亟待解决的核心技术难点具体体现在以下3个方面。

（1）批量生产的订单量随机性：多品种批量生产以市场需求为导向，各个批次订单相互独立且呈现出随机性，而根据每个批次生产周期制定的生产计划将作为系统层决策的约束机制。为了提高维护优化策略的响应敏捷性，决策建模还应遵循"短区间优化原则"，应对生产提前期不断缩短的竞争环境，假设批量订单仅仅提前很短的时间给付企业生产实施。

（2）预知维护的双摆调度决策：原有的机会维护策略强调维护规划本身，其以维护停机为驱动，只考虑了设备提前维护产生的成本结余。然而，融入了生产计划的生产驱动的机会策略，则需要全面分析系统中各台设备的维护提前和维护延迟各自的成本结余，使得原来的单摆调度问题演化成双摆调度问题。通过提出"成本结余择优"理念，利用生产转换时机作为组合维护机会，实时优化决策。

（3）交互决策的维数灾难复杂性：仅考虑维护优化的机会维护策略已面临因设备数量增加造成优化调度计算量呈指数倍增长的"维数灾难问题"，进一步结合批量生产计划更是制约了优化决策的执行。因此，深入分析系统层生产计划与维护规划的交互作用，以生产计划为决策约束,以维护规划为优化途径,利用批量间的触发时机,实时进行成本结余择优,动态循环地实现系统层交互决策。

为了解决上述核心技术难点,以由不同类型的多台设备组成的批量生产系统为研究对象,致力于从以下 5 个建模改进方向提出统筹批量生产与预知维护的系统层交互优化策略: ① 采用基于设备健康演化的动态预知维护周期取代定周期维护,有效支撑系统层的优化决策;② 以设备层的维护规划结果和市场导向的随机批量订单为输入,拓展设备层-系统层的信息实时交互模式;③ 利用前后批次间生产转换时机作为组合维护时机,动态进行预知维护双摆调度的成本结余择优;④ 考虑批量生产的随机订单驱动,动态循环地建模,实现批量订单提前期缩短情况下的短区间优化决策;⑤ 以生产计划为决策约束,以维护规划为优化途径,克服交互决策的维数灾难复杂性。本章提出的 MAM-APB 预知维护优化策略中,设备层-系统层的系统性优化调度如图 7-5 所示。

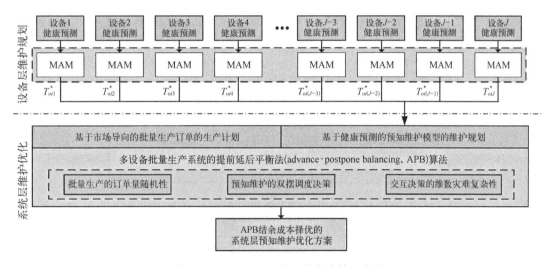

图 7-5 MAM-APB 分层优化决策示意图

7.7 生产驱动的机会策略的建模架构

7.7.1 MAM-APB 维护优化决策层次

面向多设备批量生产系统,为实现批量生产和预知维护的统筹优化调度,本章建立了 MAM-APB 优化策略,并将其作为核心的决策制定方法。这种策略以生产计划为决策约束,以维护规划为优化途径,利用批次生产转换时机,动态进行成本结余择优,拓展了传统机会维护策略的理论范畴。

本章提出的面向多设备批量生产系统的 MAM-APB 维护优化策略,根据系统健康管理的实际需求可划分为 5 个层次:物理设备层、健康预测层、信息处理层、决策优化层和维护应用层(见图 7-6)。此外,作为生产驱动的机会策略,MAM-APB 维护优化决策的架构层次中需要统筹整合生产计划和维护规划两方面的因素,集成生产计划,对整个多设备制造系统进行维护优化调度。

（1）物理设备层：定义由不同类型的多台设备组成的批量生产系统为交互优化决策对象，规划各台设备健康参数采集与保存，通过监测信号获得健康监测数据，同时考虑到维护管理服务于生产全局，分析市场导向的随机批量订单对系统维护优化调度的影响作用。

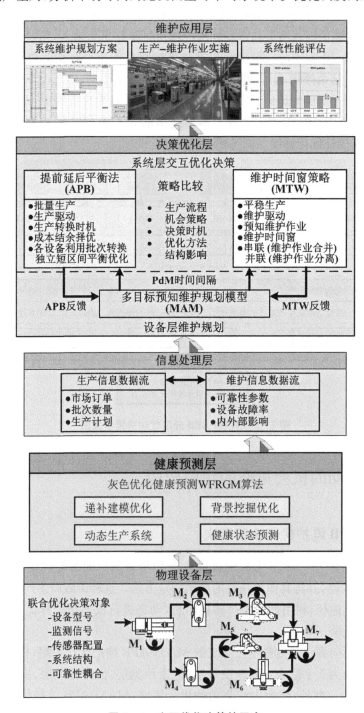

图 7 - 6 交互优化决策的层次

（2）健康预测层：针对多设备批量生产系统的各台设备，根据实时获得的健康监测数据，立足于新信息优先，淡化灰平面的灰度，采用动态生成系数的灰色优化健康预测方法，开展具有实时性和高精度的可靠性健康趋势预测，提供信息处理层中的维护信息数据流。

（3）信息处理层：根据统筹整合生产计划和维护规划两方面的决策信息的需求，基于客户群市场导向和设备层规划导向，交互传递生产信息数据流（市场订单、批次数量、生产计划）和维护信息数据流（可靠性参数、设备故障率、内外部影响），支持动态循环决策模式下的交互优化决策过程。

（4）决策优化层：在此核心层采用设备层-系统层协同交互优化决策，根据顺序下达的随机批量订单产生的生产计划，动态循环地获取设备层输出相应的 PdM 维护时间间隔，在系统层采用提前延后平衡法（APB），动态利用生产转换时机，实时开展成本结余择优，通过交互决策分阶段地提供实时有效、经济可行的交互优化决策方案。

（5）维护应用层：根据决策优化层中的 MAM-APB 维护优化策略，集成生产计划，对整个多设备制造系统进行维护优化调度，输出决策优化所得的批量生产和预知维护的统筹优化调度方案，指导生产与维护的作业实施，通过系统性能评估验证策略的经济性优势。

7.7.2　机会维护的 PDO 与 MDO 比较

如图 7-6 所示，在决策优化层的系统层优化决策中，将本章提出的生产驱动的机会策略（提前延后平衡法）与维护驱动的机会策略（维护时间窗优化调度策略）做了全面的比较。从拓展机会维护策略理论范畴的角度而言，新提出的 PDO 深入研究系统层交互优化决策中的生产计划与维护规划的交互机制，在以下 5 个方面进行了探索性的拓展。

（1）生产流程：MDO 面向的是大规模平稳生产，注重产品线上的专业分工，致力于提高制造系统的生产效率，通过实现规模经济降低产品成本；PDO 面向的则是日益普及的多品种批量生产，根据市场和客户不断变化的产品需求，优化配置多设备制造系统，低成本、高效率地组织生产流程，及时提供让客户满意的高质量订购产品。

（2）机会策略：MDO 以串并联平稳制造系统中一台设备的预知维护停机作为其他设备提前维护作业的契机，以维护规划作为触发机制；而 PDO 综合考虑了多品种批量生产的质量稳定性要求和顾客需求驱动的订单随机性特征，以市场导向的批量生产订单间的生产转换为契机，以生产计划作为触发机制。

（3）决策时机：平稳生产中，一台设备需要停机进行预知维护作业时，能给存在依赖性关联的其他设备带来提前维护的机会，MDO 利用这一时机进行优化调度决策；批量生产中，每一个批次生产结束转而根据订单开始下一个批次生产时，会产生生产转换时机，PDO 利用这些短暂的系统停机作为决策时机。

（4）优化方法：在 MDO 的理论范畴内，提出了维护时间窗优化调度策略，综合分析了设备健康衰退和系统结构配置的作用，根据维护时间窗开展优化调度，属于时间域优化方法；在 PDO 的理论范畴内，建立了提前延后平衡法（APB），建模分析各个生产转换时机的预知维护作业提前或延迟的成本结余，动态开展成本结余择优，属于成本域优化方法。

（5）结构影响：在 MDO 的维护时间窗优化调度策略中，制造系统的结构依赖性直接影响维护优化调度；在 PDO 的提前延后平衡法（APB）中，各设备在批量生产批次间的生产转换时机独立地进行短区间成本结余择优,预知维护双摆优化调度不受系统结构配置的影响。

随后将会详细阐述作为生产驱动的机会策略(PDO),面向多设备批量生产系统的MAM-APB维护优化决策,推导其动态交互建模过程,并会在算例分析中与维护驱动的MDO及相应的各种优化方法进行结果对比与讨论。

7.7.3 生产驱动机会策略的假设与参数

在系统层交互优化决策中,提出了提前延后平衡法(APB),结合多设备批量生产系统在生产计划和维护规划方面的实际应用背景,为了更加准确清晰地描述APB交互优化算法,本文做出如下基本假设。

(1)顺序下单的随机批量订单的生产提前期很短,为了保证产品质量稳定性,应避免批次生产期间的生产中断。

(2)批量订单是市场和客户导向的,各生产批次间相互独立,可以根据批量订单确定每个批次的生产周期。

(3)单个产品的加工时间与其所在批次的生产周期相比可以忽略不计,因此当完成一个生产批次时,可视为整个系统同时生产转换停机。

(4)系统中的各台设备具有独立衰退特性,不同类型设备呈现出不同的健康故障率趋势,整个多设备系统在役龄 $t=0$ 时投入运营。

(5)如果没有预知维护作业,各台设备的故障率函数会持续上升,在役龄为 t 的故障率函数 $\lambda_{ij}(t)$ 反映了设备 j 在 i 时的健康状态水平。

(6)当一个批次生产结束后,根据订单转而开始下一个批次生产时,会产生一个生产转换时机,整个系统进入一个短暂的转换停机时刻。

(7)在同一个生产转换时机,每台设备最多实施一次预知维护,即使APB策略将另一次PdM作业提前,第二次PdM作业也只能待下次生产转换时机时实施。

系统层交互优化决策APB策略的建模参数如表7-1所示。

表7-1 APB策略的建模参数及含义

参　　数	含　　　义
j	生产设备 M_j 的序号, $j \in \{1, 2, \cdots, J\}$
i	设备层PdM维护周期的序号, $i \in \{1, 2, \cdots, I\}$
u	生产批次 B_u 的序号, $u \in \{1, 2, \cdots, U\}$
TB_u	生产批次 B_u 的生产周期(time duration of batch production)
T_{oij}^*	MAM规划出的预知维护时间间隔(PdM interval of the MAM)
t_{ij}	设备层中 M_j 在第 i 个维护周期的规划PdM时间点(PdM time point)
tb_u	系统层中生产批次 B_u 结束后的生产转换时刻(set-up time)
$\Theta(j, tb_u)$	设备 M_j 在生产转换时刻 tb_u 的维护调度决策(maintenance decision)
G_u	生产批次 B_u 结束后的预知维护组合集(PdM combination set)

参　　数	含　　　义
$SCA_{j(u+1)}$	设备 M_j 在生产批次 B_{u+1} 期间的 PdM 作业提前成本结余(saved cost of PdM advancement)
$SCP_{j(u+1)}$	设备 M_j 在生产批次 B_{u+1} 期间的 PdM 作业延后成本结余(saved cost of PdM postponement)
$APB_{j(u+1)}$	设备 M_j 在生产批次 B_{u+1} 期间的成本结余择优(advance-postpone balancing)
c_{sj}	生产转换成本率(set-up cost rate)
c_{dj}	生产停机成本率(downtime cost rate)
T_{pij}	预知维护作业的持续时间(PdM action duration)
T_{pumax}	维护组合集 G_u 中的最长作业持续时间(maximum duration for PdM actions)

7.8　综合生产维护的提前延后平衡法

7.8.1　批量生产与预知维护的统筹性建模

在 MAM-APB 优化策略中,考虑了两种类型的维护作业来降低批量生产中的非计划故障停机:预知维护(PdM)在各个生产批次间的生产转换时机(set-up time)组合实施,保证同批次产品的质量;若在批次生产期间设备发生突发失效,则采用小修作业(minimal repair)恢复设备运行。如图 7-5 中的决策优化层所示,设备层的 MAM 根据各台设备的健康衰退趋势动态循环地提供 PdM 时间间隔,而系统层的 APB 双摆调度算法则根据设备层的维护规划结果和市场导向的随机批量订单,利用生产转换时机动态地进行成本结余择优。而短区间优化获得的系统层交互优化调度方案,也会被实时反馈给设备层,帮助其进行下一个周期的预知维护规划。综合考虑了多品种批量生产的质量稳定性要求和顾客需求驱动的订单随机性特征,所提出的生产驱动的机会策略[提前延后平衡法(APB)]的决策目标为动态制定系统层交互优化决策方案,实现各个生产周期的成本结余最大化,降低批量生产系统的整体维护成本。

考虑由 J 台生产设备配置构成的多设备批量生产系统,各台设备具有健康状态独立性、失效模式差异性和制造加工多功能的特点。作为核心的决策制定过程,提前延后平衡法(APB)深入研究系统层交互优化决策中的生产计划与维护规划的交互机制,确立生产计划的约束机制,明确维护规划的优化机理,统筹性地建模,提出动态循环的系统层交互优化决策。通过生产批次间的触发时机,聚焦维护调度后的经济影响,即 PdM 作业提前或延后潜在触发的反向成本结余:PdM 作业成本结余(PdM cost saving)和小修作业成本结余(minimal repair cost saving)。随着 APB 双摆优化调度,上述两种成本结余中,一种成本结余的增加将意味着另一种成本结余的减少,可以通过实时的成本结余择优,实现各个生产周期的成本结余最大化。因而,在系统层的交互优化决策中提出了提前延后平衡法(APB),从而消除批量生产中不必要的维护停机,并提供经济可行的统筹性优化决方案。

图 7-7 为批量生产中的 APB 维护优化调度示意图,如图所示,当生产批次 B_u 结束后等待进行下一个生产批次 B_{u+1} 时,整个系统短时间内会处于一个转换停机时刻 tb_u,而下一个批次的生产周期 TB_{u+1} 也会在此时获得。这个生产转换时机为各台设备创造了组合维护机会,作为生产驱动的触发机制,系统层交互优化调度以此作为决策时机。根据设备层的维护规划结果,设备 M_1、M_j 和 M_J 被规划的 PdM 时间点为 t_{ij},原定在生产批次 B_{u+1} 期间进行预知维护作业。但根据批量生产与预知维护的交互机制,为了保证产品质量,应避免批次生产期间的生产中断。所以,在系统层优化调度中,这些 PdM 作业或者被提前至当前的生产转换时刻 tb_u(预知维护组合集 G_u),或者被延迟至下一个生产批次完工时刻 tb_{u+1}(预知维护组合集 G_{u+1})。由此,可以有效避免批量生产中出现不必要的维护停机,降低因批量生产停机导致的高昂成本。然而,需要指出的是,在同一个生产转换时机,每台设备最多实施一次预知维护,因此设备 M_J 的 PdM 作业必须延迟组合加入下一个预知维护组合集 G_{u+1}。

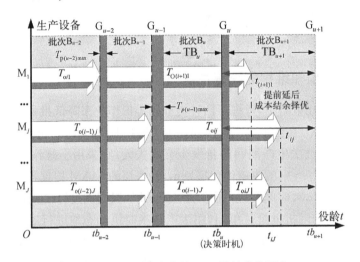

图 7-7 批量生产中的 APB 维护优化调度

7.8.2 APB 策略的提前延后成本结余择优

本文所提出的生产驱动的机会策略[提前延后平衡法(APB)]是通过动态循环的交互优化决策,追求各个生产周期的成本结余最大化,从而显著降低批量生产系统整体维护成本。因此,有必要深入探讨系统层中预知维护的双摆调度决策带来的成本影响,全面分析系统中各台设备的维护提前和维护延迟的成本结余,并以此为决策依据,进行批量生产和预知维护的交互优化调度。

若设备 M_j 的 PdM 作业被提前至当前的生产转换时刻 tb_u,则提前实施原定于在生产批次 B_{u+1} 期间进行的预知维护作业,相应产生的 PdM 作业提前成本结余(saved cost of PdM advancement),可以通过式(7-1)评估获得:

$$SCA_{j(u+1)} = SCA_{j(u+1)}^d + SCA_{j(u+1)}^f - SCA_{j(u+1)}^p \tag{7-1}$$

式中,$SCA_{j(u+1)}^d$ 为停机转换成本结余项;$SCA_{j(u+1)}^f$ 为小修作业成本结余项;$SCA_{j(u+1)}^p$ 为

PdM 作业成本结余项(各成本结余项数值皆为正)。

(1) 在生产批次 B_u 完工时刻提前实施预知维护组合,则可根据批次生产期间的生产停机成本率 c_{dj}、批次间时机维护的生产转换成本率 c_{sj} 以及预知维护作业的持续时间 T_{pij},定义停机转换成本结余项为

$$SCA_{j(u+1)}^{d} = T_{pij}(c_{dj} - c_{sj}) \tag{7-2}$$

(2) 若 PdM 作业由设备层规划的实施时点 t_{ij},被提前至当前的生产转换时刻 tb_u,则设备的实际维护周期从 T_{oij}^* 缩短为了 $T_{oij}^* - (t_{ij} - tb_u)$,周期内的累积故障率风险也相应降低,因此小修作业成本结余项可以表述为

$$SCA_{j(u+1)}^{f} = \left[\int_0^{T_{oij}^*} \lambda_{ij}(t)\mathrm{d}t - \int_0^{T_{oij}^* - (t_{ij}-tb_u)} \lambda_{ij}(t)\mathrm{d}t \right] C_{fij} \tag{7-3}$$

(3) 虽然 PdM 作业提前降低了小修作业成本,但实际维护周期的缩短会造成相同系统工作寿命内需要更多的 PdM 作业数量。根据 PdM 维护周期的变化量与实际值之间的比例关系,以及预知维护作业的成本 C_{pij},建立的 PdM 作业成本结余项为

$$SCA_{j(u+1)}^{p} = \frac{t_{ij} - tb_u}{T_{oij}^* - (t_{ij} - tb_u)} C_{pij} \tag{7-4}$$

若设备 M_j 的 PdM 作业被延迟到下一个生产转换时刻 tb_{u+1},除了停机转换成本结余依旧为正外,小修作业成本结余和 PdM 作业成本结余则会呈现此消彼长的变化趋势,相应产生的 PdM 作业延后成本结余(saved cost of PdM postponement, SCP),则可以通过式(7-5)评估表述:

$$SCP_{j(u+1)} = SCP_{j(u+1)}^{d} - SCP_{j(u+1)}^{f} + SCP_{j(u+1)}^{p} \tag{7-5}$$

式中,预知维护作业延后的停机转换成本结余项 $SCP_{j(u+1)}^{d}$,小修作业成本结余项 $SCP_{j(u+1)}^{f}$ 和 PdM 作业成本结余项 $SCP_{j(u+1)}^{p}$,分别可以通过公式(7-6)、式(7-7)和式(7-8)获得:

$$SCP_{j(u+1)}^{d} = T_{pij}(c_{dj} - c_{sj}) \tag{7-6}$$

$$SCP_{j(u+1)}^{f} = \left[\int_0^{T_{oij}^* + (tb_{u+1} - t_{ij})} \lambda_{ij}(t)\mathrm{d}t - \int_0^{T_{oij}^*} \lambda_{ij}(t)\mathrm{d}t \right] C_{fij} \tag{7-7}$$

$$SCP_{j(u+1)}^{p} = \frac{tb_{u+1} - t_{ij}}{T_{oij}^* + (tb_{u+1} - t_{ij})} C_{pij} \tag{7-8}$$

基于上述成本影响分析,提出提前延后平衡法(APB),将其作为预知维护双摆优化调度的科学依据,根据上述的设备 PdM 作业提前成本结余(SCA)和 PdM 作业延后成本结余(SCP),APB 成本结余择优可以表述为

$$APB_{j(u+1)} = SCA_{j(u+1)} - SCP_{j(u+1)} \tag{7-9}$$

若 $APB_{j(u+1)} > 0$,说明 PdM 作业提前成本结余大于作业延后成本结余,将设备 M_j 的预知维护作业提前至当前的生产转换时刻 $tb_u(j \in G_u)$;反之,若 $APB_{j(u+1)} \leqslant 0$,则意味着

延迟维护可获得更大成本结余,把该预知维护作业延后到 $tb_{u+1}(j \in G_{u+1})$。 然后,将基于"成本结余择优"理念和公式全面构建系统层 APB 平衡法的交互优化算法。

7.8.3 系统层 APB 策略的交互优化决策

基于成本结余择优的 MAM-APB 维护优化策略,采用的是设备层-系统层协同交互机制,在整个预知维护的双摆调度决策中,动态统筹生产信息数据流和维护信息数据流。根据每次顺序下达的随机批次订单,实时获取设备层输出相应的 PdM 维护时间间隔;在系统层采用提前延后平衡法(APB),动态利用生产转换时机,实时开展成本结余择优,通过交互决策分阶段地提供实时有效、经济可行的交互优化决策方案。在这样动态循环的交互优化决策模式中,需要设备层 MAM 和系统 APB 之间的动态调度协同。面向多设备批量生产系统的系统层交互优化决策过程,具体步骤如下。

步骤 1: 从第一个维护周期,即 $i=1$ 开始,从设备层 MAM 处实时获取各台设备的 PdM 维护时间间隔,并评估设备 M_j 原定的规划 PdM 时间点,即

$$t_{ij} = T^*_{oij} \quad (j=1, 2, \cdots, J) \tag{7-10}$$

步骤 2: 获取市场导向的首个随机批量订单(生产批次 B_1 的生产周期 TB_1)。从第一个生产周期($u=0$)开始($tb_0=0$),检查是否存在设备 $M_j(j=1, 2, \cdots, J)$ 原定在生产批次 B_1 期间进行预知维护作业

$$\Theta(j, tb_0) = \begin{cases} 0 & t_{ij} \notin (tb_0, tb_0+\mathrm{TB}_1] \\ 1 & t_{ij} \in (tb_0, tb_0+\mathrm{TB}_1] \end{cases} \tag{7-11}$$

步骤 3: 在生产伊始不可能安排预知维护作业,因此所有的 PdM 维护作业都应该被延后到生产批次 B_1 完工后。设定原定于 B_1 期间维护的任意设备 $\forall \Theta(j, tb_0)=1$,直接赋值 $\mathrm{APB}_{j1} < 0$,即 $j \in G_{u+1}(u=0)$。对于下一个生产周期($u=u+1=1$),新的生产转换时刻为

$$tb_u = tb_0 + \mathrm{TB}_u = \mathrm{TB}_1 \quad (u=1) \tag{7-12}$$

此外,各台设备的 $M_j(j=1, 2, \cdots, J)$ 的规划 PdM 时间点也相应更新为

$$t_{ij} = \begin{cases} t_{ij} + \delta(G_u)T_{pu\max} & \Theta(j, tb_0)=0 \\ tb_u + \delta(G_u)T_{pu\max} + T^*_{oij}(i=i+1) & \Theta(j, tb_0)=1 \end{cases} \tag{7-13}$$

$$\delta(G_u) = \begin{cases} 0 & |G_u|=0 \\ 1 & |G_u|>0 \end{cases} \tag{7-14}$$

式中,$|G_u|$ 为预知维护组合集的秩:$|G_u|=0$ 意味着没有 PdM 维护作业被调度归入预知维护组合集 G_u;否则,$|G_u|>0$。

步骤 4: 维护时间检查。每当一个生产批次 $B_u(u=1, 2, \cdots)$ 完工,新的一个批次订单的生产周期 TB_{u+1} 被下达时,检查系统中各台设备是否在新的生产批次 B_{u+1} 期间存在设备层原定的 PdM 时间点:

$$\Theta(j,tb_u) = \begin{cases} 0 & t_{ij} \notin (tb_u, tb_u + \mathrm{TB}_{u+1}] \\ 1 & t_{ij} \in (tb_u, tb_u + \mathrm{TB}_{u+1}] \end{cases} \tag{7-15}$$

步骤 5：APB 成本结余择优。若系统中的任意设备在新的生产批次 B_{u+1} 期间确实存在设备层原定的 PdM 时间点，即 $\forall \Theta(j,tb_u)=1$，则分析预知维护的双摆调度决策带来的成本影响，根据 7.8.2 节中 PdM 作业提前成本结余（SCA）和 PdM 作业延后成本结余（SCP）动态比较而得的 APB 成本平衡结果，提前或延后设备的 PdM 维护作业（若某台设备已满足 $j \in G_u$，则直接调度 $j \in G_{u+1}$）为

$$j \in \begin{cases} G_u & \mathrm{APB}_{j(u+1)} = \mathrm{SCA}_{j(u+1)} - \mathrm{SCP}_{j(u+1)} > 0 \\ G_{u+1} & \mathrm{APB}_{j(u+1)} = \mathrm{SCA}_{j(u+1)} - \mathrm{SCP}_{j(u+1)} < 0 \end{cases} \tag{7-16}$$

步骤 6：时间更新与反馈：对于下一个生产周期 $u+1$，在系统层交互优化调度中更新生产批次 B_u 后的生产转换时机，并根据设备层规划结果获取更新设备 $M_j(j=1,2,\cdots,J)$ 的规划 PdM 时间点（设备层 MAM 依据 APB 优化决策的实际维护周期反馈，规划新的 PdM 维护时间间隔）为

$$tb_u = tb_{u-1} + \delta(G_{u-1})T_{p(u-1)\max} + \mathrm{TB}_u \tag{7-17}$$

$$t_{ij} = \begin{cases} t_{ij} + \delta(G_u)T_{pu\max} & \Theta(j,tb_{u-1})=0 \\ tb_{u-1} + \delta(G_{u-1})T_{p(u-1)\max} + T_{oij}^*(i=i+1) & \Theta(j,tb_{u-1})=1, \quad j \in G_{u-1} \\ tb_u + \delta(G_u)T_{pu\max} + T_{oij}^*(i=i+1) & \Theta(j,tb_{u-1})=1, \quad j \in G_u \end{cases}$$

$$\tag{7-18}$$

步骤 7：随着后续随机批量订单动态循环地下达，转回**步骤 4**，进行维护时间检查判定 $\Theta(j,tb_u)$；在**步骤 5** 中通过成本结余择优短区间决策系统层维护双摆优化调度；并在**步骤 6** 中循环递进地在设备层-系统层协同交互中保持实时更新与反馈。

整个系统层 APB 决策的交互优化算法如图 7-8 所示。

7.8.4 多设备制造系统 MAM-APB 动态调度

通过上述各节的详细阐述可知，动态地运用本章所提出的设备层-系统层协同交互的生产驱动的机会策略（PDO），企业管理层可以动态、实时地制定多设备批量生产系统的系统层交互优化决策方案。基于成本结余择优的 MAM-APB 策略，统筹分析生产信息数据流和维护信息数据流，以生产计划为决策约束，以维护规划为优化途径，进行交互决策，实现了面向批量生产模式的预知维护双摆优化调度。

（1）设备层 MAM 动态规划：基于设备健康状态趋势，综合考虑内外部影响因素，动态地规划系统中各台设备的柔性 PdM 时间间隔。这些实时的设备层规划结果将被输入系统层，帮助其进行交互优化决策，而在设备层动态循环的规划过程中，系统层也将根据 APB 优化决策的实际维护周期反馈，更新规划下一个维护周期的 PdM 时间间隔。

（2）系统层 APB 成本结余择优调度：以设备层输出的预知维护规划结果以及市场导向的随机批量订单计划作为系统层决策输入，APB 算法利用生产转换时机，动态地进行成本

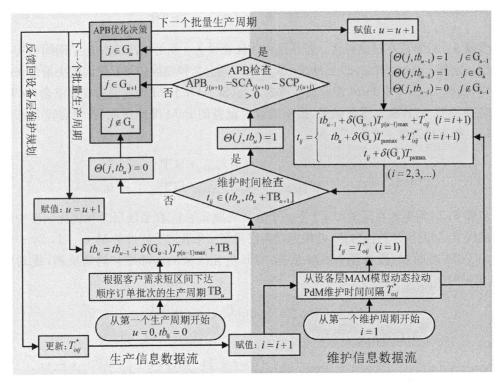

图 7‑8 系统层提前延后平衡法(APB)的交互优化算法

结余择优。根据 PdM 作业提前成本结余(SCA)和延后成本结余(SCP)的短区间比较决策，在系统层优化维护作业的提前或延后实施调度。交互优化决策输出的系统层调度方案包含各生产周期的预知维护组合集 G_u、生产转换时刻 tb_u，以及维护组合集中的最长作业持续时间 $T_{pu\max}$。

（3）批量生产系统的性能评估：对 MAM‑APB 策略给多设备制造系统带来的经济性能的整体评估，建立在交互优化决策输出的系统层调度方案之上。假设 c_{sj} 为生产转换成本率，C_{pij} 为预知维护作业的成本，C_{fij} 为小修作业的成本，则加工制造了 U 个生产批次的批量生产系统的系统维护总成本(STC)可以表示为

$$\text{STC}=\sum_{u=0}^{U-1}\delta(G_u)T_{pu\max}\Big(\sum_{j=1}^{J}c_{sj}\Big)+\sum_{i=1}^{I}\sum_{j\in G_u}C_{pij}+\sum_{i=1}^{I}\sum_{j=1}^{J}\Big[C_{fij}\int_{0}^{T_{oij}^{\text{updated}}}\lambda_{ij}(t)\,\mathrm{d}t\Big] \quad (7-19)$$

此外，值得指出的是，本章提出的生产驱动的 APB 有效解决了交互决策的维数灾难复杂性难题。传统的机会维护策略仅考虑维护优化的机会，已面临由设备数量增加造成优化调度计算量呈指数倍增长的维数灾难问题，其计算量达到了 $O(2^{(J-1)})$，若再结合生产计划，必将导致交互决策的求解困局。而作为一种短区间优化的启发式算法，本章提出的系统层 APB 成本结余择优调度，分析了系统层生产计划与维护规划，构建了系统层生产计划与维护规划的制约机制，利用生产批量间的触发时机，针对各台设备独立动态地采取成本结余择优，动态循环地实现预知维护双摆优化调度，即使在生产设备数量增加、批量订单源源不断

的情况下,依旧能有力地保证交互优化策略的响应敏捷性。

7.9　算例分析

1) 多设备批量生产系统的交互决策参数

为了验证本章提出的基于成本结余择优的 MAM-APB 策略的有效性,本节以图 7－6 物理设备层所示的批量生产液压传动配件的多设备制造系统为例,采用系统层提前延后平衡法(APB)动态实施预知维护双摆优化调度,保障批量生产的质量,提高生产设备的健康可靠性,保证制造系统的运营效率性,实时提供经济可行的交互优化决策方案。作为研究对象的批量生产系统由 7 台按照工艺流程配置的不同类型的生产设备组成: M_1(车床)、M_2(钻机)、M_3(塔式铣床)、M_4(钻机)、M_5(塔式铣床)、M_6(立式铣床)和 M_7(磨床)。在这个多设备批量生产系统中,设备台数(J)为 7,各台设备具有健康状态独立性、失效模式差异性和制造加工多功能的特点。为了实现批量生产和预知维护的交互优化决策,需要统筹并整合生产计划和维护规划两方面的决策信息需求,交互传递生产信息数据流和维护信息数据流,以支持动态循环的短区间优化决策模式。

在维护信息数据流方面,根据各台设备的实际健康衰退状况,综合考虑可靠性参数、设备故障率、内外部影响等相关信息。采用威布尔分布函数描述上述各台设备 j(j=1, 2, 3, 4, 5, 6, 7)的初始故障率函数: $\lambda_{1j}(t)=(m_j/\eta_j)(t/\eta_j)^{m_j-1}$,威布尔分布在机械电子设备的可靠性建模中已得到广泛的应用。表 7－2 中列出了多设备批量生产系统中各台生产设备的维护信息数据,这些参数信息可以在系统生产运营过程中被监测采集、收集提取。在设备层 MAM 中,利用维护信息数据动态规划每台设备的 PdM 维护时间间隔。

表 7－2　各台生产设备的维护信息数据

M_j	(m_j, η_j)	$(a_{ij}, b_{ij}, \varepsilon_{ij})$	T_{pij}/h	T_{fij}/h	$C_{pij}/\$$	$C_{fij}/\$$	c_{dj}	c_{sj}
M_1	(2.5, 10 000)	(0.04, 1.05, 1)	200	600	6 500	15 000	120	20
M_2	(1.5, 8 000)	(0.02, 1.035, 1)	80	400	3 000	7 500	70	20
M_3	(3, 12 000)	(0.03, 1.02, 1)	150	700	4 000	8 000	60	20
M_4	(2.8, 11 000)	(0.025, 1.06, 1)	240	450	8 000	10 000	100	20
M_5	(1.8, 7 000)	(0.04, 1.04, 1)	100	300	5 000	12 000	65	20
M_6	(2.4, 13 000)	(0.035, 1.03, 1)	200	360	2 000	6 000	75	20
M_7	(3.2, 15 000)	(0.05, 1.025, 1)	300	800	8 500	18 000	140	20

在生产信息数据流方面,根据市场导向的客户需求变化,全面考虑市场订单、批次数量和生产计划的随机性。现代企业的批量生产过程中,生产批次被顺序下达的提前期不断缩短。当一个批次生产结束后,整个生产系统会经历一个短暂的生产转换时机,而下一个生产

批次订单的生产周期也会在此时获悉。随机批量订单的生产信息数据如图 7-9 所示。

基于上述交互传递的生产信息数据流和维护信息数据流，采用系统层交互优化决策的提前延后平衡法(advance-postpone balancing，APB)算法，结合生产设备健康状态和批量产品质量需求，综合分析设备层输出的预知维护规划结果以及顾客导向的随机批量订单计划，利用生产转换时机作为组合维护机会，实时决策系统层预知维护双摆优化调度方案。算例研究分析的主要目的包括以下 3 个。

(1) 详细演示系统层 APB 交互优化决策过程，在作为案例的生产批次 B_4 动态开展 PdM 作业提前成本结余(SCA)和延后成本结余(SCP)的双摆调度比较，阐述各台设备的短区间优化 APB 成本结余分析。

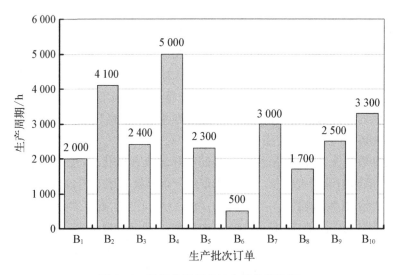

图 7-9　随机批量订单的生产信息数据

(2) 根据各个生产转换时机的 APB 成本结余择优的决策结果，实时输出交互优化决策的系统层维护双摆调度的优化方案(各生产周期的预知维护组合集 G_u、生产转换时刻 tb_u，以及维护组合集中的最长作业持续时间 $T_{pu\max}$)。

(3) 对比维护驱动的机会策略(MDO)与生产驱动的机会策略(PDO)，量化分析这两类机会策略的优化方法及其相应的系统维护总成本 STC，证明所提出的 MAM-APB 方法是对于机会维护理论的拓展，能为整个批量生产系统带来显著的经济效益。

2) 生产批次中的 APB 动态成本结余择优

本节的研究重点在于面向多设备批量生产系统的系统层预知维护双摆优化调度决策。若根据设备层输出的各台设备原定的 PdM 时间间隔对整个系统实施维护作业，势必会频繁地打断各个生产批次的正常制造过程，造成批次产品前、后期的质量差异，影响企业的生产计划，损害企业的质量信誉。因此，根据多设备制造系统的批量生产特征，基于各台设备的健康状态趋势，采用系统层提前延后平衡法(APB)，预先进行科学有效的生产和维护交互决策，有助于降低和消除维护停机对生产过程的干扰和影响。在本节的决策演示中，以生产批次 B_4 期间开展的 PdM 作业提前成本结余(SCA)和延后成本结余(SCP)的双摆优化调度比较为例,阐述各台设备的短区间优化 APB 成本结余分析。表 7-3 中列出了整个批量生产系统在生产批次 B_4 中的 APB 调度决策。

如表 7-3 所示,当生产批次 B_3 结束后,生产转化时机($tb_3 = 8\,700\,h$)为各台设备创造了组合维护机会,同时也会获得下一个批次的生产周期($TB_4 = 5\,000\,h$)。在这个决策时机,通过维护时间检查,发现设备 M_1,M_2,M_3,M_5,M_6 和 M_7 被规划的 PdM 时间点为 t_{ij},原定于在生产批次 B_4 期间进行预知维护作业。

表 7-3　批量生产系统在生产批次 B_4 中的 APB 调度决策

M_j	tb_3/h	TB_4/h	t_{ij}/h	$\Theta(j, tb_3)$	T_{oij}^A/h	T_{oij}^*/h	T_{oij}^P/h	APB_{j4}/\$	$j \in G_3$	$j \in G_4$
M_1	8 700	5 000	12 129	1	2 400	5 829	7 400	−3 269		Y
M_2	8 700	5 000	12 994	1	2 400	6 694	7 400	33	Y	
M_3	8 700	5 000	13 664	1	2 400	7 364	7 400	−6 332		Y
M_4	8 700	5 000	16 638	0	—	—	—	—		
M_5	8 700	5 000	10 985	1	2 400	4 685	7 400	5 762	Y	
M_6	8 700	5 000	13 221	1	2 400	6 921	7 400	−2 332		Y
M_7	8 700	5 000	9 474	1	8 500	9 274	13 500	6 490	Y	

例如,设备 M_1 的规划 PdM 时间点 $t_{ij} = 12\,129\,h$,若按此原定规划实施将会打断生产批次 B_4 的正常制造过程,影响批次产品的质量稳定性。所以,这个 PdM 作业(原规划维护时间间隔 $T_{o21}^* = 5\,829\,h$)或者被提前至当前的生产转换时刻 tb_3(提前后的实际维护周期 $T_{o21}^A = 2\,400\,h$,即生产周期 TB_3),或者被延迟至下一个生产批次完工时刻 tb_4(延迟后的实际维护周期 $T_{o21}^P = 7\,400\,h$,即生产周期 TB_3 和 TB_4 的总和)。鉴于预知维护双摆优化调度的结果($APB_{14} = -3\,269\,\$ < 0$),因此设备 M_1 的这次 PdM 作业被延迟至生产批次 B_4 完工时刻,即归入预知维护组合集 G_4。各台设备在生产批次 B_4 中具体的 APB 成本结余分析如表 7-4 所示。

表 7-4　在生产批次 B_4 中的 APB 成本结余分析　　　　　单位: \$

j	提前成本结余 SCA			SCA_{j4}	延后成本结余 SCP			SCP_{j4}	APB_{j4}
	SCA_{j4}^d	SCA_{j4}^f	SCA_{j4}^p		SCP_{j4}^d	SCP_{j4}^f	SCP_{j4}^p		
1	20 000	3 862	9 287	14 575	20 000	3 516	1 380	17 846	−3 289
2	4 000	4 712	5 367	3 345	4 000	974	286	3 312	33
3	6 000	1 931	8 273	−342	6 000	29	19	5 990	−6 332
4	—	—	—	—	—	—	—	—	
5	4 500	4 376	4 761	4 115	4 500	7 982	1 835	−1 647	5 762
6	11 000	1 316	3 768	8 548	11 000	249	129	10 880	−2 332
7	36 000	940	774	36 166	36 000	8 984	2 660	29 676	6 490

同样以设备 M_1 为例，从表 7-4 中的成本结余明细可知：由于在批量生产过程中利用了生产转换，避免了维护停机，所以无论 PdM 作业被提前还是延后都能保证停机转换成本结余 $SCA_{14}^d = SCP_{14}^d = 20\,000\$$。如果 PdM 作业被提前实施，则可以获得小修作业成本结余 $SCA_{14}^f = 3\,862\$$，然而也会花费更多的维护作业成本 $SCA_{14}^p = 9\,287\$$，总的 PdM 作业提前成本结余（$SCA_{14} = SCA_{14}^d + SCA_{14}^f - SCA_{14}^p$）为 14 575 \$。PdM 作业延后成本结余（$SCP_{14} = SCP_{14}^d - SCP_{14}^f + SCP_{14}^p$）为 17 864 \$。比较 PdM 作业提前成本结余和延后成本结余，可以获得 APB 成本结余择优：$APB_{14} = SCA_{14} - SCP_{14} = -3\,289\$$。在表 7-3 和表 7-4 中，系统层提前延后平衡法（APB）实时提供了系统中各台设备的预知维护双摆优化调度的科学依据。

3）系统层 APB 维护双摆调度的优化方案

在系统层交互优化决策中，APB 维护双摆优化调度以生产计划为决策约束，以维护规划为优化途径，利用生产转换时机作为组合维护机会，动态建模分析预知维护作业双摆优化调度的成本结余，在各个顺序生产批次完工后进行成本结余择优，动态循环地为多设备批量生产系统提供实时有效、经济可行的交互优化决策方案。在这个循环决策过程中，会将 APB 优化决策的实际维护周期反馈 MAM，更新规划下一个维护周期的 PdM 时间间隔。表 7-5 中列出了各个顺序生产批次 $B_u (u \in \{1, 2, \cdots, U\})$ 期间的 APB 成本结余择优结果。

表 7-5　顺序生产批次的 APB 成本结余择优　　　　　　单位：\$

APB_{ju}（成本结余择优）	B_1	B_2	B_3	B_4	B_5	B_6	B_7	B_8	B_9	B_{10}
M_1		−9 204		−3 269			−2 725			4 022
M_2			2 262	33	1 865			1 746		2 790
M_3			392	−6 332				105		−902
M_4		−110					4 033			4 555
M_5		−78		5 762	5 934		3 687	1 758	−1 640	
M_6			526	−2 332				336		151
M_7				6 490			1 951			2 250

若 $APB_{ju} > 0$，说明 PdM 作业提前成本结余大于作业延后成本结余，应将设备 M_j 的预知维护作业提前至当前的生产转换时刻 $tb_{u-1} (j \in G_{u-1})$；反之，若 $APB_{ju} < 0$，则意味着延迟维护可获得更大成本结余，应把该预知维护作业延后到 tb_u 实施 $(j \in G_u)$。此外，分析表明，若小修作业的成本 C_{fij} 较大，倾向于提前实施 PdM 作业，以降低生产周期内的累积故障率风险；若预知维护作业的成本 C_{pij} 较大，则倾向于延后实施 PdM 作业，以避免过多的 PdM 作业数量需求。总而言之，APB 维护双摆优化调度的决策过程，动态循环地实时分析比较 PdM 作业提前成本结余（SCA）和 PdM 作业延后成本结余（SCP），通过成本结余择优决策机制，动态制定系统层交互优化决策方案，实现各个生产周期的成本结余最大化，降低批量生

产系统的整体维护成本。表 7-6 中列出了详细的系统层 APB 维护双摆优化调度方案,包含各生产周期的预知维护组合集 G_u、生产转换时刻 tb_u 以及维护组合集中的最长作业持续时间 $T_{pu\max}$。

表 7-6　系统层 APB 维护双摆优化调度方案

预知维护组合集	G_1	G_2	G_3	G_4	G_5	G_6	G_7	G_8	G_9	G_{10}
优化方案(决策时机)/h	tb_1 2 000	tb_2 6 100	tb_3 8 700	tb_4 14 000	tb_5 16 500	tb_6 17 000	tb_7 20 300	tb_8 22 200	tb_9 24 700	tb_{10} 28 300
$T_{pu\max}$/h	0	200	300	200	0	300	200	0	300	—
M_1		Y		Y			Y		Y	—
M_2		Y	Y	Y			Y		Y	
M_3		Y		Y			Y			Y
M_4			Y			Y			Y	
M_5		Y	Y	Y		Y	Y		Y	
M_6		Y		Y			Y		Y	
M_7			Y			Y			Y	—

4)MAM-APB 维护优化策略的有效性分析

本章建立的生产驱动的 MAM-APB 策略,最终的决策目标是保障批量生产的质量,提高生产设备的健康可靠性,保证制造系统的运营效率性,实现预知维护的成本结余最大化。为了验证统筹考虑了生产信息数据流和维护信息数据流的提前延后平衡法(APB)的决策经济性优势,本节根据已获得的 APB 成本结余择优和维护双摆优化调度方案,汇总了各个顺序生产批次的累计成本结余。此外,通过对比维护驱动的机会策略(MDO)与生产驱动的机会策略(PDO)的各种优化方法及相应的系统维护总成本 STC,验证了 MAM-APB 策略可以显著降低批量生产系统的维护费用。

随着每次 PdM 作业的提前或延后的决策选择,系统层 APB 维护双摆优化策略都以批量生产订单为约束机制,利用生产批次间的生产转换时机进行调度优化,从而有效降低维护停机对生产流程的干扰与影响。整个设备层-系统层协同的交互优化决策过程,动态分析了不同维护调度决策的经济性影响,通过使成本结余最大化,即 $\max\{SCA_{ju}, SCP_{ju}\}$,短区间优化制定经济可行的交互优化决策方案。各个顺序生产批次的累计成本结余如图 7-10 所示。

除此之外,为了证明提出的 APB 维护双摆优化调度策略的有效性,将其与三种维护驱动的机会策略(MDO)进行对比。

(1)多设备独立维护模式(individual maintenance mode,IMM):各台生产设备仅根据自身的健康衰退特征,当运行达到设备层维护时间间隔时,即独立进行预知维护作业。

(2)多设备统一维护模式(simultaneous maintenance mode,SMM):制造系统中的任何一台设备达到维护时点时,统一对所有的设备强制进行预知维护作业。

（3）串并联维护时间窗策略（maintenance time window，MTW）：根据设备自身健康衰退和系统不同结构配置，利用维护作业驱动的组合维护机会，依据维护时间窗，动态实施维护合并或维护分离调度优化。

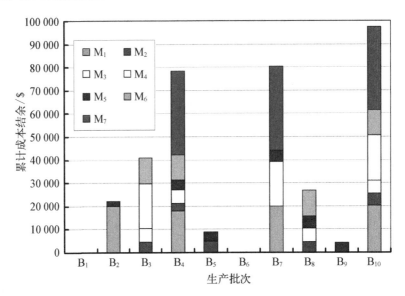

图 7 - 10　顺序生产批次的累计成本结余

同时，另外两种维护单摆调度方法，也被作为生产驱动的机会策略（PDO），与本章提出的 APB 维护双摆优化调度进行对比：

（1）维护提前单摆优化模式（advanced maintenance mode，AMM）：原定于在下一个生产批次期间实施的预知维护作业，均提前至当前的生产转换时机进行组合维护。

（2）维护延后单摆优化模式（postponed maintenance mode，PMM）：各个生产批次期间原定实施的预知维护，均延后归入该生产批次结束后的预知维护组合集。

上述五种系统层维护调度策略以及本章提出的 APB 维护双摆优化调度策略获得的系统维护总成本（STC）如图 7 - 11 所示。

根据图 7 - 11 中的比较结果可以直观地发现，维护时间窗策略（MTW）的系统维护总成本为 1 273 728 ＄，是维护驱动的机会策略（MDO）中最低的，与 IMM 相比节省 46.06％，与 SMM 相比也省了 10.82％，证明了其在平稳生产模式下的经济性优势。但在批量生产模式中，由于打断了正常生产批次，产生了高昂的生产停机费用，提高了维护时间窗策略的额外成本。因此，需要采用生产驱动的机会策略（PDO）保障批量产品的质量稳定性。可以看到，APB 双摆优化调度的系统维护总成本为 487 542 ＄，是 PDO 中系统维护总成本最低的，与 PMM 相比节省了 16.71％，与 AMM 相比也节省了 10.86％。这是由于系统层提前延后平衡法（APB）动态循环地进行短区间成本结余择优，动态决策追求各个生产周期内维护优化调度的成本结余最大化。因此，本章提出的 MAM-APB 维护优化策略，可以在有效应对批量生产的订单量随机性的同时，通过预知维护的双摆调度决策显著降低系统维护总成本，作为一种短区间优化的启发式算法还可以解决交互决策的维数灾难复杂性，为多设备批量生产系统提供实时有效、经济可行的交互优化决策方案。

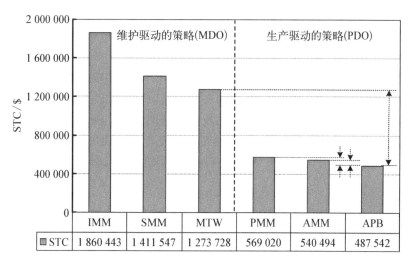

图 7 - 11　MDO 与 PDO 的决策结果比较

7.10　本章小结

随着多品种小批量制造模式在工业领域的普及,企业需要根据市场和客户不断变化的产品需求,优化配置制造系统,低成本、高效率地组织生产流程,及时提供达到客户满意度的高质量的订购产品。这同样对面向批量生产的多设备制造系统的健康管理提出了全新的挑战,有必要根据多设备制造系统的批量生产特征,基于各台设备的健康状态趋势,在故障发生前,预先进行科学有效的生产和维护交互决策。为了深入研究系统层交互优化决策中的批量生产与预知维护的交互机制,在遵循短区间优化原则的前提下,定义生产计划和维护规划各自的功能域,确立生产计划的约束机制,明确维护规划的优化机理,通过生产批次间的触发时机,研究维护调度后的经济影响,统筹性地建模,提出动态循环的系统层交互优化决策方法。

针对多设备批量生产系统的生产-维护交互优化决策问题,本章在机会维护前沿领域内探索了生产驱动的机会策略(production-driven opportunistic policy,PDO),结合生产设备健康状态和批量产品质量需求,综合分析设备层输出的预知维护规划结果以及顾客导向的随机批量订单计划,利用生产转换时机(set-up time)作为组合维护机会,建立了系统层交互优化决策的提前延后平衡法(advance-postpone balancing,APB)算法。与传统机会维护中维护驱动的机会策略(maintenance-driven opportunity,MDO)不同的是,PDO 的 APB 维护双摆优化调度以批量生产订单为导向,建立了成本结余择优的启发式算法,动态建模分析各个生产转换时机的预知维护作业提前或延迟的成本结余(saved cost),通过短区间优化调度,实现了多设备批量生产系统的有效维护和成本降低,即使生产设备数量增加、批量订单源源不断,依旧能有力地保证交互优化策略的响应敏捷性。

通过经典机会维护理论中的维护驱动的机会策略[多设备独立维护模式(IMM)策略、多设备统一维护模式策略、维护时间窗策略]与本章探讨的生产驱动的机会策略(AMM 提前单摆调度、PMM 延后单摆调度、APB 双摆优化调度)的对比分析,验证了系统层提前延后平衡法(APB)通过动态循环地进行短区间成本结余择优,动态实现了各个生产周期内维护优化调度的成本结余最大化。算例分析表明,本章建立的 MAM-APB 策略拓展了机会维护理论内涵,动态循环地协调决策过程中的随机性生产信息和可靠性维护信息,以生产计划为决策约束,以维护规划为优化途径,交互决策实现了面向批量生产模式的预知维护双摆优化调度,可以有效保障批量生产的质量稳定性,提高生产设备的健康可靠性,保证制造系统的运营效率性,实时提供经济可行的交互优化决策方案,为现代制造企业的批量生产系统带来显著的经济效益。

参考文献

[1] Xia T B, Xi L F, Zhou X J, et al. Dynamic maintenance decision-making for series-parallel hybrid multi-unit manufacturing system based on MAM-MTW methodology [J]. European Journal of Operational Research, 2012, 221(1): 231 – 240.

[2] Fredriksson P, Gadde L E. Flexibility and rigidity in customization and build-to-order production[J]. Industrial Marketing Management, 2005, 34(7): 695 – 705.

[3] Fogliatto F S, da Silveira G J C, Borenstein D. The mass customization decade: an updated review of the literature[J]. International Journal of Production Economics, 2012, 138(1): 14 – 25.

[4] MacCarthy B, Brabazon P. In the business of mass customisation[J]. Manufacturing Engineer, 2003, 82(4): 30 – 33.

[5] Squire B, Brown S, Readman J, et al. The impact of mass customisation on manufacturing trade-offs [J]. Production and Operations Management, 2006, 15(1): 10 – 21.

[6] Piller F T, Müller M. A new marketing approach to mass customisation[J]. International Journal of Computer Integrated Manufacturing, 2004, 17(7): 583 – 593.

[7] Franke N, Schreier M, Kaiser U. The "I designed it myself" effect in mass customization[J]. Management Science, 2010, 56(1): 125 – 140.

[8] Zipkin P. The limits of mass customization[J]. MIT Sloan Management Review, 2001, 42(3): 81 – 87.

[9] 祁国宁, 顾新建, 谭建荣. 大批量定制技术及其应用[M]. 北京: 机械工业出版社, 2003.

[10] 祁国宁, 杨青海. 大批量定制生产模式综述[J]. 中国机械工程, 2004, 14(15): 20 – 25.

第8章
可重构制造系统与广义系统结构维护策略

8.1 可重构制造系统的发展背景

8.1.1 市场变化驱动制造转型

随着经济全球化步伐的加快,全球市场瞬息万变,出现了越来越多不可预测的市场变化,这些变化包括以下5种。

(1)基于客户需求的产品迭代升级。全球市场目前以"买方市场"为主,市场中同类商品众多,这不仅给客户提供了很大的选择空间,同时也给予了客户提出个性化需求的机会,而个性化需求的改变会直接影响产品的迭代升级方向。

(2)各个行业中新兴产品的不断涌现。随着高新科技的发展,各个行业中的产品类型和产品结构日新月异,不同产品的制造模式也存在显著差异。

(3)市场需求的大幅波动。早期市场受限于产能低下及产品类型单一等因素,市场需求往往大于企业供给能力,企业无须考虑市场需求变化。如今,流水生产的普及使得库存积压成为企业产能提升时必须顾及的问题。市场需求的大幅波动也使制造模式面临的挑战进一步提升。

(4)全球市场环境与政策导向的变化。全球经济一体化的推进促使企业拓宽商业视角,即企业不仅要思考如何牢固其在本地市场的地位,还要思考如何在全球市场中占有一席之地。然而,全球市场环境变幻莫测,贸易战、经济制裁等对市场环境有直接影响的政策导向也难以预料。

(5)制造相关的技术及设备的迅猛发展。产品的生命周期包括市场调研、功能设计、产品生产和售后反馈等阶段。信息互联技术为市场调研和售后反馈提供了便捷手段,借助计算机技术,产品的开发设计难度大大降低,高效的制造技术也显著提高了企业产能和盈利能力。高新科技的发展时时刻刻改变着产品生命周期的每个阶段。

以上变化驱动着制造模式进行转型升级,同时这些驱动力反映了经济、技术和社会之间的相互影响。为了在这个新的市场环境中生存,企业必须对市场变化做出快速且高效的反应。

8.1.2 市场对新型制造模式的需求

制造系统将原材料转化为产品,它的最终目标是获得利润。无论全球市场发生何种变化,只有高效地实现这一目标,企业才能持续生存。因此,新型制造模式需要满足多种需求。

(1) 加工周期短。产品加工周期直接反映了制造系统的性能及企业的盈利能力,如果产品推出较早,可以实现更高的销量,获得并保持较大的市场份额,从而为产品带来更高的利润率。

(2) 产品类别多。产品需要实现多样化和定制化。多样化意味着产品需要实现更多的功能和特性。定制化意味着产品需要根据个性需求进行设计。制造系统需要有生产更多的产品种类的能力,以满足分散的、复杂的个性化需求。

(3) 系统灵活性高。系统可以在不同结构和技术的组合中快速切换,同时能够将新功能和工艺技术快速集成到自身,实现加工产品的快速更替。

(4) 响应能力强。不仅加工产品需要实现快速更替,加工产能、产品功能等系统属性也需要基于市场环境和需求的变化快速做出响应。

(5) 生产成本低。价格是产品的首要特征。一方面,全球化的市场为消费者提供了更大的选择空间,让他们购买到同样质量和服务的低价产品。另一方面,价格具有很强的时间依赖性,产品进入市场后,很快就会达到价格边际的极限。因此,更低的生产成本意味着更强的市场竞争力。

8.2 可重构制造系统的发展过程

8.2.1 制造系统的转型升级

早期,制造系统是指由一个或多个加工设备以及相应的辅助设备(如材料处理、控制、通信等设备)组成的系统,它们以协调的方式工作,生产满足数量和质量需求的零件。随后,大多数制造业根据制造需求,开发并使用了一系列专用制造系统(dedicated machining systems,DMS)和柔性制造系统(flexible manufacturing systems,FMS)生产产品。

其中,专用制造系统是一种为生产特定产品而设计的加工系统,它使用固定的工具和自动化技术。每条专用制造线一般只设计和生产单一种类的产品,因此可以获得较高的生产效率。当产品需求量较大时,系统可以满负荷运行,因此每件产品的生产成本相对较低,体现了专用制造系统的成本效益。然而,随着全球竞争和全球产能过剩的压力越来越大,专用制造系统可能会出现无须满负荷运行的情况,进而影响其效益产出。

与此同时,基于对产品多样性的追求,柔性制造系统得到了广泛的发展和应用。柔性制造系统由于采用了通用型的产品加工设备与技术,可以生产具有不同功能的多种产品。然而,系统中普遍采用的通用计算机数控机床和其他可编程自动化设备往往成本昂贵,同时系统吞吐量远低于专用制造系统。设备成本高,生产效率低,每件产品的生产成本相对较高。因此,柔性制造系统的经济效益往往相对较低。

如表 8-1 所示,对比两种制造系统的优势与局限性,可以发现,一方面,不可扩展的专用制造系统无法应对产品需求大幅波动的挑战,在当前市场环境下,大部分时间中系统的生产能力往往仍未得到充分利用,存在较大的成本下降空间。另一方面,从理论上讲,产品需求大幅波动的挑战可以通过柔性制造系统来解决。然而,尽管有这样的优势,柔性制造系统依旧没有被广泛采用,其主要原因是系统中通用数控机床具有高昂成本。与专用制造系统中面向产品特定工序的机床不同,通用数控机床的设计初衷并非基于特定类型的产品,而是一种面向多种产品不同工序的通用加工解决方案,其显著的适用性和灵活的定制编程接口导致其具有高昂的使用成本。因此,如果柔性制造系统加工的产品类型越少,其导致的成本浪费越严重。

表 8-1 专用制造系统和柔性制造系统优势与局限性对比

制造系统	优势	局限性
专用制造系统	生产成本低 生产效率高	系统结构固定 生产产品单一
柔性制造系统	系统适用性强 产品结构丰富	生产成本高 生产效率受限

为了解决这些弊端,未来的制造系统技术必须满足以下 3 个目标:
(1) 通过系统重构或引入新系统新工艺(非通用加工方案),实现加工多种类型的产品。
(2) 缩短现有系统重构和新制造系统的投产时间。
(3) 快速扩展和集成新工艺技术和新功能到现有系统。

8.2.2 可重构制造系统的形成

为了满足未来制造系统的目标,形成了可重构制造系统(reconfigurable manufacturing system,RMS)。可重构制造系统概念的提出要追溯到 1997 年,那年 Koren 院士提出,可重构制造系统的设计是为了通过重新安排或改变其组件而快速调整生产能力和功能以适应新的市场环境和产品需求。

可重构制造系统不仅可以制造多种产品,而且可以对系统自身结构和相应工艺技术进行重构。该系统同样使用基本的流程模块(硬件模块和软件模块)来创建,这些模块将被快速而可靠地重新安排。同时该系统不会有过时的风险,因为该系统使系统组件的快速变化和应用软件模块的快速增加成为可能。可重构制造系统是开放式的,因此它可以通过整合新技术来持续改进,并迅速地重新调整以适应未来产品需求的变化,而不是暴力地废弃和替换原有整个制造系统。

可重构制造系统的优点是能够快速且高效地改变其系统能力和功能。可重构制造系统的成本不会比柔性制造系统更高,此外,与其他类型的系统不同,可重构制造系统的目标是按照当前乃至未来生产能力和功能的需要进行系统的构建和升级。可重构制造系统的可扩展性使其能够通过在系统中添加数控机床、控制器、辅助设备和工艺技术方法等软硬件模块,实现在同一系统上生产各种类型的产品的目的。专用制造系统、柔性制造系统和可重构制造系统具有不同的生产效率,所加工的产品结构也各不相同(见图 8-1)。专用制造系统通常具有高效的生产效率,但其能够加工的产品种类单一。柔性制造系统虽然在可加工产

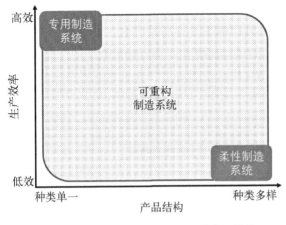

图 8-1 制造系统的生产效率及其产品结构

品种类上有很大优势,甚至可以说,在构建柔性制造系统时无须考虑要加工的产品类型,但柔性制造系统的生产效率往往低于专用制造系统,同时过剩的多种产品加工能力也是对系统成本的浪费。可重构制造系统的出现有机结合了专用制造系统和柔性制造系统的优势,同时规避了两者的局限性,在图 8-1 所示的生产效率与产品结构的关系中,可重构制造系统不仅可以兼顾生产效率与产品结构,还能够根据市场环境和产品需求,动态调整其产品结构和生产效率。

8.3 可重构制造系统的特征

8.3.1 可重构制造系统的关键特征

最初,可重构制造系统就被设计用于结构以及软硬件组件的快速变化,以便根据市场或客户需求的变化,在不同结构下快速调整其生产能力和功能。可重构制造系统具有的关键特征包括以下 5 个部分。

(1) 组件模块化。在可重构制造系统中,系统组件包括软件和硬件(例如加工设备、辅助工具、控制单元和数控系统等),都是模块化的。

(2) 可快速重构。系统所有模块化组件都拥有便捷的集成接口,当进行系统重构或模块增减时,系统可以进行快速重构或扩展集成,实现重构后系统的快速投产。

(3) 产品多元化。系统可以通过重构在不同产品之间快速切换,并能快速适应新的产品。在可重构制造系统中,最佳的生产模式往往是分批进行的,不同产品批次之间的转换时间很短。

(4) 定制化特性。定制化特性包括定制的灵活性和定制的可控性。定制的灵活性并非需要达到柔性制造系统的灵活程度,而是只需要能提供加工特定种类产品集合所需的灵活性,从而降低一部分系统成本;定制的可控性是指能够通过控制技术实现定向的系统重构,提供高效生产特定种类产品所需的系统结构。

(5) 可诊断性。系统能够实时监控产品过程质量和设备运行状态,快速识别加工过程中出现的质量和设备可靠性问题的根源,对系统组件故障进行快速诊断。随着生产系统的可重构性越来越强,系统重构也越来越频繁,因此必须快速调整新配置的系统,提高系统可靠性,以便生产高质量的产品。

组件模块化、可快速重构和可诊断性减少了重构时间和系统运维复杂度;定制化特性和产品多元化降低了系统在多种产品下的综合生产成本。

8.3.2　可重构制造系统的技术属性

专用制造系统和柔性制造系统的共同点是均使用了固定的硬件和软件。例如,在系统的数控机床中只能修改加工程序及参数,不能修改系统工序或控制算法。因此,这些系统都是狭义静态系统,不可重构。相对而言,可重构制造系统则属于广义动态系统。在系统可重构性的设计过程中,出现了两种技术:软件上,一种模块化的、开放的体系结构控制方法得到了开发,其允许控制器的重新配置;硬件上,模块化机床的出现旨在为客户提供更多的硬件选择。这些新兴技术体现了使用可重构硬件和可重构软件设计系统的趋势。

可重构的硬件和软件是实现系统可重构性的必要条件,但不是充分条件。可重构制造系统必须从一开始就被设计为可重构的,并且必须使用基本的硬件模块和软件模块来创建,这些模块可以通过使用指定的接口来快速集成。这种新型制造系统不仅可以灵活地生产各种产品,而且可以改变系统自身结构。可重构制造系统的核心是一种基于系统设计的重构方法,该方法结合开放体系结构、可重构模块化硬件和可重构模块化软件进行系统设计,以实现多方面的系统可重构性(见图 8 - 2)。可重构制造系统的最终目标是在制造的设计过程中利用系统方法,实现整个系统、机器硬件和控制软件的同时重新配置。

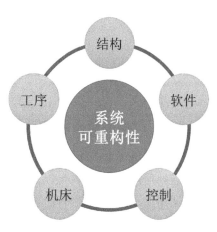

图 8 - 2　系统可重构性的主要方面

8.3.3　可重构制造系统的设计原则

基于可重构制造系统组件模块化、可快速重构、产品多元化、定制化特性和可诊断性的关键特征,在设计和实施可重构制造系统时需要遵循以下 5 个原则。

(1) 以有效适应未来市场需求为目标,设计制造系统产能。产能是指一个生产系统每年能生产的最大产品数量。在未来不可预测的市场变化环境中,设计新系统的产能是一项重大挑战。如果未来市场需求低于系统产能,部分设备或整个系统将处于闲置状态,从而造成巨大的成本损失。如果未来的市场需求大于产能,企业将失去占领市场的机会。因此,制造系统的设计产能对企业未来的盈利能力是至关重要的。

(2) 兼顾以产品为导向和产品多元化需求,设计系统结构和生产模式。除了产能之外,系统功能性是设计系统的另一个关键因素。为了降低成本,提高系统效率,系统应以产品为导向,以生产某一系列产品为目标。同时,该系统可以通过重构,高效地生产该产品系列中的多种产品,以实现产品多元化要求,而且不需要重新配置整个系统。

(3) 设计嵌入式的产品质量检验和设备状态监控方式。在设计制造系统时,如何保证产品质量是一个重要的问题。在系统加工过程中,误差会逐步累积。而可重构制造系统中复杂的生产路线导致了两个问题:① 复杂的生产路线提高了产品质量变化的风险;② 如果系统中有任何异常的设备,仅通过检查最终产品的质量来寻找质量问题根源是非常困难的。因此,系统设计应该嵌入产品过程质量检查和设备状态监控,如果在线检测到任何问题,系统能够迅速找到问题的根源,并采取适当的措施(如二次加工或设备维护等)。

(4)通过提高系统自动化程度来最大化系统生产力。工艺规划指定了将原材料制造成产品所需的组件和工序。可重构制造系统中的工艺规划需要考虑多种产品,以有效降低重构成本,提高系统效率。工艺规划的目标是使系统中每台设备或每个阶段的加工时间尽可能相近,这样可以平衡系统,最大化系统吞吐量。此外,还需要开发自动化控制系统来实现系统重构后的加工任务重分配和系统再平衡。

(5)实施有效的维护策略,提高设备的可靠性和系统的吞吐量。为了提高系统的可靠性和产品的质量,需要实施有效的系统维护策略。可重构制造系统中的维护策略应该与系统重构过程一起考虑,从而发挥系统的快速适应能力,提高系统吞吐量。

8.4　可重构制造系统的发展前景

8.4.1　可重构制造系统的重要角色

由于市场环境变化速度很快,制造系统的长期发展历程很难被预测。但是,通过分析变化背后的关键驱动因素,可以从当前的制造现状推断出未来的发展趋势。毋庸置疑,制造系统的适用性及适应性必将在这一转变中起决定性的作用,它被认为是制造系统的重要特征。因此,需要改进和标准化各种组件(如制造设备、控制系统等),以便能够实现更高的适用性,这对未来制造系统在全球范围内的竞争至关重要。在全球制造领域,可重构制造系统可以通过促进系统间的集成和协作来形成更大的制造集群,进而提高企业在全球市场中的竞争力。

如今,全球化愈演愈烈,制造企业面临着比引入可重构制造系统时更大的竞争压力。因不可预测的市场需求、更短的产品生命周期、更丰富的产品种类、更低的生产成本和更高的环境法规等要求,制造企业面临的挑战都有所加剧。为了保持竞争力,拥有可重构性变得更加重要。除了快速响应和更低的成本外,更高的可重构性可以带来更好的环境绩效。由此可见,可重构制造系统在未来的制造业发展过程中扮演着重要角色。

8.4.2　可重构制造系统的研究方向

基于工业4.0的最新技术,可重构制造系统和现代制造系统的发展正在进入一个新的时代。为了保持可重构制造系统持续的竞争力,未来的可重构制造系统需要在以下多个方面进行进一步的研究与发展。

(1)系统层设计研究。可重构制造系统的设计是通过一种系统性的方法来完成的,由软件工具支持,这些软件工具将产品特性与系统模块联系起来,并生成系统布局和过程计划。系统层设计从产品加工需求开始,最终产生一个优化的系统配置和经济性较强的加工系统,满足客户的要求。系统层设计的一些关键研究问题如下:① 开发系统性的设计方法,用以完成可重构制造系统在系统层的设计;② 分析系统配置对可靠性和质量的影响。③ 分析多种系统配置的经济效益;④ 分析和设计系统的全生命周期,包括客户需求调研、系统设计和系统投产等阶段。

（2）设备层设计研究。可重构制造系统的设计需要在系统层和设备层进行设计。如前所述，为了支持系统重新配置和升级，设计的系统必须是组件模块化的、可快速重构的、产品多元化的、有定制化特性的和可诊断的。模块化的设备组件设计和开放式的结构控制器是实现需求的关键技术。同时，快速有效地重用模块对于可重构性也是必不可少的。为了实现快速重用和集成，硬件组件（如结构模块、轴驱动模块）和软件组件（如加工工序、加工工艺）必须进行接口开发。然后，根据系统层设计规划，从设备层集成的可行候选设计中选择最优设计。设备层设计的一些主要研究问题如下：① 开发可重构设备及其控制器设计的原理方法；② 开发模块化设备组件的接口设计技术；③ 开发设备组件的状态监控方法。

（3）系统运维研究。可重构性给系统运维带来了极大挑战。系统重构时，生产系统通常必须进行重新配置和集成，然后才能进行生产，重新配置和集成的时间可以理解为系统的重构投产时间。对于传统的生产系统而言，如果改变系统结构，可能需要较长时间才能重新投产。为了使可重构制造系统切实可行，有必要显著减少重构投产时间。然而，缺乏系统的质量监控及组件故障诊断方法是其中最关键的问题。为了实现系统的可诊断性特征，与系统运维相关的一些关键研究问题如下：① 开发系统性的方法，确定组件失效以及过程质量变化的根本原因；② 开发有效的可重构制造系统运维方法，确保系统高效可靠运行。

8.5　可重构制造系统的维护策略

相对于传统固定系统结构的狭义制造系统，可重构制造系统被视为动态结构重构的广义制造系统。在可重构制造系统中，系统硬件结构是由具有不同可靠性参数和退化过程的不同类型部件构成的。同时，系统硬件结构的重构不仅包括在系统中添加或删除设备，还包括系统中的设备替换。因此，在设备级别的调度中，应该考虑单个设备的退化与维护。

为了制定有效的可重构制造系统维护策略，需要全面考虑维护机会和系统的可重构性，以便对各种系统层的重新配置做出快速响应。一方面，与传统的将预防性维护延迟到预定时间的分组维护相比，机会性维护是一种更积极的策略，可以使系统保持良好的状态和更有效的维护调度；另一方面，考虑到可重构制造系统的关键特征，响应速度应是先进制造系统运维调度的新目标。通过在市场增长时调整生产能力，在产品变化时增加功能，快速响应能力为可重构制造系统提供了一个关键的竞争优势。

因此，为了保持可重构制造系统的快速响应能力，本章主要围绕基于健康演化和动态重构的广义制造系统维护建模理论方法展开研究。为了构建动态系统结构维护优化决策的完整方法及体系，采用多层级建模架构的研究方案，即在作为支撑点的设备层维护周期规划方面，研究不同类型设备的健康演化趋势，考虑多重维护规划目标和动态循环规划模式，实时输出各台设备的预知维护周期，作为系统层维护调度的基本输入；在系统重构和构型扩展机制方面，根据动态重构制造的贯序系统重构，开展设备组动态配置（新增、移除、更换等），分析构型更新对系统维护优化的影响，通过结构分析进行决策集合重构建立；在作为研究面的系统层维护优化调度方面,以新构型所含设备层维护周期和结构分析为输入,以重构特性和维护机会为约束,以快速响应能力和维护成本优化为目标,决策输出系统层维护调度方案(包括系统层维护时点和维护作业调度集合等),并动态反馈给各设备,进行下一周期的维护规划,总的研究建模框架如图8-3所示。

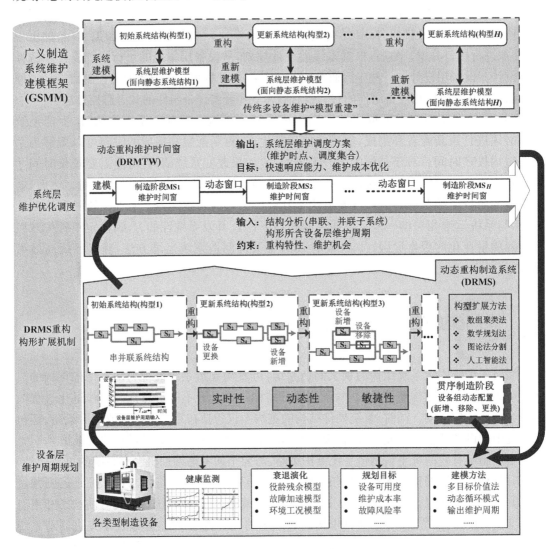

图8-3 动态结构维护决策的建模框架

总体上,本章提出的面向可重构制造系统的机会维护方法包括以下3个层次。

1) 设备层

将具有各种类型机器的可重构制造系统定义为决策对象,分析可重构的系统结构及其设备信息(机器类型、监控技术、故障风险率和可靠性参数)。需要注意的是,设备层不仅与初始系统中的设备有关,还与每次重新配置后添加或更新的设备有关。

2) 结构层

利用设备层收集的设备退化信息,通过采用基于退化的多属性维护模型,动态获取维护间隔。多目标价值理论、非完善维修评估和顺序维护调度模式有助于结构层动态维护模型的开发。利用两种维护操作可以减少意外停机时间：维护作业，作为不完善的维护，能够有效改善设备状况，但没有使设备变得像新设备一样好；小修作业，当机器在连续的维护操作之间发生故障时，使用小修作业，只将设备的故障率恢复到故障时的故障率。

3) 系统层

通过传递系统重构计划需求和实时的维护间隔，提出可重构维护时间窗（reconfigurable maintenance time window，RMTW）方法，用来优化维修计划，该计划/方法对整个可重构制造系统而言具有快速响应性和显著的成本效益。在顺序制造阶段，面对不同的系统结构，该方法关注可变的结构和维护机会，从而降低系统维护成本，避免因过多的维护操作而导致不必要的停机。

为了更加准确、清晰地描述各层方法，本章做出如下基本假设。

（1）可重构制造系统初始结构为第一次重构结构，系统以第一次重构结构进入运行。根据能力和功能方面不断变化的需求，可重构制造系统通过系统重构将后续的生产过程分隔为连续的制造阶段。

（2）在每个制造阶段的开始，系统重构可能包括增加新设备、将设备从系统中移出、替换设备进行功能调整等各种重构方式。

（3）可重构制造系统中的设备是独立的，具有独特的退化过程。如果没有维护干预，机器老化的速度会加快。

（4）维护资源（人员、工具等）在任何时间都是充足的。

（5）除因维护作业、小修作业、设备故障或系统重构导致机器不可用外，整个系统的设备运行不受其他因素影响。可重构制造系统中的设备能够根据每个新的系统结构灵活地互连。

（6）系统重构意味着设备变动，这些变动会影响维护操作，因此在系统重构期间，维护作业不会被执行。

8.6　设备层的健康演化规则和多目标维护规划模型

设备层预知维护规划模型的构建基于维护决策领域研究前沿的衰退预测与健康管理思想，以降低故障风险、减少维护成本、提高可用度等作为维护目标，该模型科学地规划各设备健康演化导向的预知维护周期。设备层预知维护规划建模流程如图 8-4 所示。

在可重构制造系统的实际生产过程中，系统中的每台设备都经历着不同的劣化过程，具有独立的健康衰退特征，呈现各自的故障率分布函数演化。在生产设备的整个工作寿命里，健康状态和衰退变化都受到内、外部各种因素的制约和影响。无论是内部的维护效果因素，还是外部的环境工况因素，都应当被全面地研究分析，提炼生产设备内在的综合衰退演化规则，从而根据设备当前维护周期内的健康预测信息和顺序维护周期间的衰退演化规律，在设备层辅助实现动态预知维护决策。

为了全面提炼内在维护效果因素对设备健康衰退演化的影响，满足动态预知维护的建模需求，统筹考虑维护作业只能使设备恢复到较新的健康状态，同时，设备的内部劣化累积

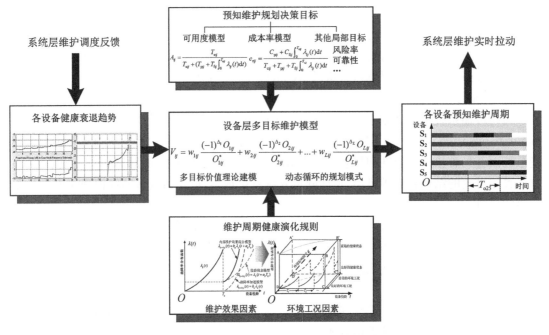

图 8-4　设备层预知维护规划建模流程

也会加快设备衰退速率。从实际的维护效果因素出发,整合役龄残余因子和故障率加速因子这两种修复非新调整因子法的建模优势,提出的维护效果影响的衰退演化规则定义如下:

$$\lambda_{(i+1)j}(t) = b_{ij}\lambda_{ij}(t + a_{ij}T_{ij}) \tag{8-1}$$

式中,a_{ij} 为役龄残余因子,$0 < a_{ij} < 1$;b_{ij} 为故障率加速因子,$b_{ij} > 1$;T_{ij} 为预知维护周期,$t \in (0, T_{(i+1)j})$。

此外,采用定量化的环境影响因子来拓展描述外部环境工况因素对于衰退演化的建模作用。环境影响因子可通过对设备所处工况的各类评价指标(温度、湿度、气候等)进行特征提取、信息融合、参数评估而获得。根据维护周期间的故障率分布函数和环境影响因子的理论性关联分析,拓展考虑环境工况因素的综合衰退演化规则定义如下:

$$\lambda_{(i+1)j}(t) = \varepsilon_{ij}b_{ij}\lambda_{ij}(t + a_{ij}T_{ij}) \tag{8-2}$$

式中,ε_{ij} 为环境影响因子,$\varepsilon_{ij} > 1$;$t \in (0, T_{(i+1)j})$。在预知维护的设备故障率建模中,调整因子 (a_{ij}, b_{ij}) 和环境影响因子 (ε_{ij}) 的取值满足以下条件,即 $0 < a_{ij} < 1$,$b_{ij} > 1$,$\varepsilon_{ij} > 1$,这些因子可以通过故障率拟合法、周期拟合法和经验取值法拟合获得。

然后,统筹权衡企业生产的效率性和经济性指标,建立全局性维护决策目标,提出最优的设备层预知维护策略。根据多目标价值理论,多目标预知维护模型(multi-attribute model, MAM)综合考虑了设备可用度和维护成本率,进行设备层动态维护决策,规划最优预知维护周期。

1) 设备可用度模型

假设 T_{aij} 代表可用度模型中生产设备 j 在第 i 个维护周期的时间间隔,T_{pij} 为预知维护作业的持续时间,T_{fij} 为小修作业(minimal repair)的持续时间,则设备 j 在第 i 个维护周期

中的设备可用度 A_{ij} 可以表述为

$$A_{ij} = \frac{T_{aij}}{T_{aij} + T_{pij} + T_{fij} \displaystyle\int_{0}^{T_{aij}} \lambda_{ij}(t)\,\mathrm{d}t} \tag{8-3}$$

式中的分子表示设备可用的累计时间,分母表示整个维护周期的时间。其中,$\displaystyle\int_{0}^{T_{aij}} \lambda_{ij}(t)\,\mathrm{d}t$ 表示相邻两次预知维护作业间的故障发生的期望值。

2) 故障成本率模型

假设 T_{cij} 代表成本率模型中生产设备 j 在第 i 个维护周期的时间间隔,C_{pij} 为预知维护作业的成本,C_{fij} 为小修作业的成本,则设备 j 在第 i 个维护周期中的维护成本率 c_{rij} 可以表述为

$$c_{rij} = \frac{C_{pij} + C_{fij} \displaystyle\int_{0}^{T_{cij}} \lambda_{ij}(t)\,\mathrm{d}t}{T_{cij} + T_{pij} + T_{fij} \displaystyle\int_{0}^{T_{cij}} \lambda_{ij}(t)\,\mathrm{d}t} \tag{8-4}$$

式中的分子表示当前周期内的总维护成本,分母表示整个维护周期的时间。

3) 多目标规划模型

在实际生产中,多目标预知维护决策整合优化设备可用度和维护成本率,也就是最大化设备可用度和最小化维护成本率,这需要统一 A_{ij} 和 c_{rij} 的量纲以及优化方向。综合分析,在提出的多目标规划模型中,设备 j 在第 i 个维护周期中的全局性维护决策目标 V_{ij} 可以表述为

$$V_{ij} = -w_{1ij} \frac{A_{ij}}{A_{ij}^{*}} + w_{2ij} \frac{c_{rij}}{c_{rij}^{*}} \tag{8-5}$$

式中,w_{1ij} 和 w_{2ij} 分别是设备可用度和维护成本率的权重因子,并满足以下条件,即 $w_{1ij} \geqslant 0$,$w_{2ij} \geqslant 0$,$w_{1ij} + w_{2ij} = 1$。 由此,最优预知维护周期 T_{oij}^{*} 可以通过最小化全局性维护决策目标获得,且满足 $\min(T_{aij}^{*}, T_{cij}^{*}) \leqslant T_{oij}^{*} \leqslant \max(T_{aij}^{*}, T_{cij}^{*})$。 在设备层规划的设备 j 在第 i 个维护周期中的最优预知维护时间间隔,可以通过式(8-5)的求导表达式获得,即

$$w_{2ij} \left[\lambda_{ij}(T_{oij})(C_{fij}T_{oij} + C_{fij}T_{pij} - C_{pij}T_{fij}) - C_{fij}\int_{0}^{T_{oij}} \lambda_{ij}(t)\,\mathrm{d}t - C_{pij} \right]$$
$$- w_{1ij} \left[T_{pij} + T_{fij}\int_{0}^{T_{oij}} \lambda_{ij}(t)\,\mathrm{d}t - T_{fij}T_{oij}\lambda_{ij}(T_{oij}) \right] = 0 \tag{8-6}$$

求解上式,可以获得多目标预知维护模型中,第 i 个维护周期的最优维护时间间隔 T_{oij}^{*}。 采用动态循环的预知维护规划策略,结合顺序周期间的衰退演化规则,可以动态高效地规划设备的预知维护最优周期方案序列。

8.7　重构构型扩展与动态系统维护的综合建模机制

广义系统维护建模决策的首要问题是系统重构构型扩展和设备间依赖性变化对预知维

护调度的影响,这是本研究的重要特色。而在设计具体的动态结构维护优化流程前,首先需要针对市场需求变化触发的动态系统构型扩展,分析相应的贯序制造阶段中更新构型导致的设备组动态配置(新增、移除、更换等)及对系统维护决策集合的影响机制。对于动态重构制造系统而言,利用制造系统配置变化适应外部市场更新升级是实现生产多品种、变批量和快速交货的核心。因此,综合建模机制的建立应遵循的"维护优化调度服务于系统构型扩展"原则,提出由构型扩展驱动的动态系统维护机制,该机制如图 8-5 所示。

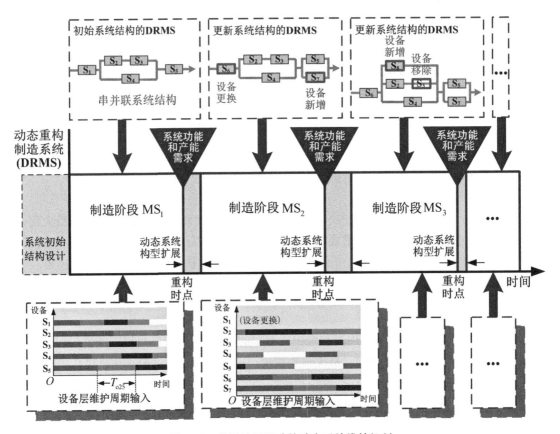

图 8-5　构型扩展驱动的动态系统维护机制

维护优化调度服务于系统构型扩展的建模机制原则具体包括以下 3 点:① 维护优化调度需要以系统构型扩展为中心,并随着系统构型的变化而变动,维护优化调度需考虑市场需求、重构时点、构型更新等约束条件;② 根据依次实施的动态系统构型扩展,划分和定义对应的贯序制造阶段,以此为系统决策阶段,指导维护优化调度的实施;③ 在动态重构制造系统经历的各个制造阶段中,分析新增、移除或更换设备在内的系统结构变化导致的设备间依赖性变化,作为系统层维护优化的依据。一旦建立维护优化调度与系统构型扩展的综合建模机制,就以动态系统重构为中心,分析其对系统层维护决策各个环节的约束机制,在此基础上制定动态结构维护优化策略方法。

在此基础上,以实时拉动的设备层维护周期和动态变化的全系统构型扩展为输入,建立面向动态重构制造模式的系统层维护优化调度算法。按照动态规划理论,本章中的动态结构维护调度具体包括系统决策阶段划分、决策集合重构建立、机会维护动态优化、维护方案执行反馈、决策阶段贯序更新等多个步骤。其中,系统决策阶段划分是从动态重构制造系统启动起,根据贯序出现的重构时点 t_{Rh} $(h=1,2,\cdots)$,在系统运行时间轴上确定各个决策阶段,是调度决策的外循环区间划分;决策集合重构建立是依据重构后的构型分析,将各种系统结构细分为新的并联、串联子系统集合,是外循环向内循环提供的决策依据更新;机会维护动态优化是将设备层维护周期 T_{oij}^* 转化为系统层维护时点 t_{jk},采用维护时间窗 T_{Wh} 根据维护作业分离或合并启发式规则,周期递进地生成系统层维护调度方案,是调度决策的内循环优化核心;维护方案执行反馈是根据调度输出的值 $\Theta(j,t_k)=0,1,2$(0、1、2 分别代表停机不维护、停机维护、继续工作)在系统层组合维护时点 t_k 对相应设备实施预知维护作业,并将结果信息反馈回设备层;决策阶段贯序更新则是根据新的市场变化触发新一轮系统重构,回到外循环开启下一个制造阶段,如此反复贯序递进,直到整个动态重构制造系统终止生产。

8.8　面向动态重构制造系统的系统层维护调度策略

可重构维护时间窗(reconfigurable maintenance time window,RMTW)策略被提出并作为动态系统维护调度标准,成为系统层维护作业分离或合并启发式规则的优化依据。在各个制造阶段中,并联子系统中预知维护作业的延后时间和串联子系统中组合维护提前调度的判据区间都统一为 T_{Wh},这可以防止内循环中维护调度子方案相互干涉;在贯序制造阶段间,T_{Wh} 的数值也随着系统重构进行动态调整,具体的可重构维护时间窗策略流程如下。

步骤 1: 根据系统层的优化调度需求,实时地获取设备层动态提供各台设备的最优维护周期,并评估维护时间窗的窗口宽度 T_{Wh}。从第一个维护周期($i=1,k=1$)开始,进行预知维护优化调度。在第一个预知维护周期,各台设备的维护作业时间节点为

$$t_{jk}=T_{oij}^* \quad (i=1,k=1) \tag{8-7}$$

步骤 2: 在各个制造阶段 MS_h $(h=1,2,3,\cdots)$ 期间进行并联子系统的 RMTW 维护作业分离。对于由 N 台生产设备构成的并联子系统而言,子系统内所有设备的同时维护会中止上下游的平稳生产过程,导致制造系统的生产停滞和其他设备的被迫停机,应当通过系统层预知维护优化调度避免发生。

步骤 2-1: 实施时点规划。选取最先达到预知维护时点的生产设备,定义 $j=m1$,将其时间节点作为整个并联子系统的第 k 次调度后的实施时点 t_k。赋值 $T_{pk(m1)}=T_{pi(m1)}$。获得的实施时点可表述为

$$t_k=t_{(m1)k}=\min(t_{jk}) \quad (0<j\leqslant N) \tag{8-8}$$

步骤 2-2: 重构时点检查。判断获得的 t_k 是否超出了下次系统重构的时点 $t_{R(h+1)}$。若是,说明当前制造阶段已结束,转入**步骤 2-7**,结束维护优化调度;否则,转入**步骤 2-3**,进行 RMTW 维护作业分离检查。

步骤 2‑3：维护作业分离检查。判断并联子系统中的其他生产设备是否都满足 $t_{jk} \leqslant t_k + T_{\mathrm{pk}(m1)}(0 < j \leqslant N, j \neq m1)$，这意味着子系统中所有设备将同时进行预防维护。若是，选另一台设备 $S_{m2}(m2 \neq m1)$，转入**步骤 2‑4**，进行 RMTW 作业分离优化调度。否则，转入**步骤 2‑5**，规划其他设备的下一个维护决策周期，同时将设备 S_{m1} 转入**步骤 2‑6**，实施维护作业。

步骤 2‑4：RMTW 作业分离调度。根据维护时间窗进行设备 S_{m2} 的预知维护作业分离，通过如下调度赋值，避免整个并联子系统同时维护停机：

$$t_{jk} = t_{(m2)k} = t_k + T_{\mathrm{Wh}} \tag{8-9}$$

将作业分离调度结果反馈给设备层中设备 S_{m2} 的维护规划多目标预知维护模型。然后，在系统层的下一预知维护周期，赋值 $k = k+1$，$t_{jk} = t_{(m2)(k-1)}$。转回**步骤 2‑1**。

步骤 2‑5：在系统层的下一个预知维护周期，赋值 $k = k+1$，$t_{jk} = t_{j(k-1)}(j \neq m1, j \neq m2)$。转回**步骤 2‑1**，规划下一个实施时点。

步骤 2‑6：预知维护作业实施。实施设备 S_{m1} 的预知维护作业。在系统层的下一预知维护周期，赋值 $k = k+1$，$i = i+1$。转回**步骤 2‑1**。

$$t_{jk} = t_{(m1)k} = t_{(m1)(k-1)} + T_{\mathrm{p}(k-1)(m1)} + T_{\mathrm{oi}(m1)}^* \tag{8-10}$$

步骤 2‑7：结束当前制造阶段 MS_h 中的并联子系统的 RMTW 作业分离优化调度决策。转到**步骤 4**，为下一个制造阶段 $\mathrm{MS}_{(h+1)}$ 经历系统重构并调整设备。

步骤 3：在各个制造阶段 $\mathrm{MS}_h(h = 1, 2, 3, \cdots)$ 期间进行串联子系统的 RMTW 维护作业合并。对于由 M 台生产设备构成的串联子系统而言，当其中一台生产设备被实施预知维护作业而停机时，意味着子系统中所有设备的生产中断，也给其他设备带来维护机会，多台设备的同时维护将比各台设备的单独维护节约大量的维护成本。

步骤 3‑1：合并时点选取。一台设备的预知维护作业能为其他设备创造维护机会，串联子系统的维护合并调度时点 t_k，通过式（8‑11）选取。

$$t_k = \min(t_{jk}) \quad (0 < j \leqslant M) \tag{8-11}$$

步骤 3‑2：重构时点检查。判断获得的 t_k 是否超出了下次系统重构的时点 $t_{R(h+1)}$。若是，说明当前制造阶段已结束，转入**步骤 3‑5**，结束维护优化调度；否则，转入**步骤 3‑3**，进行 RMTW 维护作业合并检查。

步骤 3‑3：RMTW 作业合并执行。判断串联子系统的各台设备 $j \in \{1, 2, \cdots, M\}$ 是否被规划在时间节点区间 $[t_k, t_k + T_{\mathrm{Wh}}]$ 内实施预知维护作业。根据判断结果，相应地优化调度设备 S_j 在系统层时点 t_k 的维护调度优化决策，通过以下公式表述：

$$\Theta(j, t_k) = \begin{cases} 0 & t_{jk} > t_k + T_{\mathrm{Wh}} \\ 1 & t_{jk} \leqslant t_k + T_{\mathrm{Wh}} \end{cases} \tag{8-12}$$

式中，$\Theta(j, t_k) = 0$ 表示在系统层时点 t_k 不对设备 S_j 采取预知维护作业；而 $\Theta(j, t_k) = 1$ 则代表设备 S_j 的预知维护作业被提前合并实施，并进行预知维护时间节点赋值 $(t_{jk} = t_k)$，并加以执行。

步骤 3 - 4：在系统层的下一个预知维护周期，赋值 $k = k + 1$，各台生产设备新的预知维护时间节点 $t_{jk}(0 < j \leqslant M)$ 可以通过式(8 - 13)获得：

$$t_{jk} = \begin{cases} t_{j(k-1)} + T_{p(k-1)max} & \Theta(j, t_{k-1}) = 0 \\ t_{(k-1)} + T_{p(k-1)max} + T_{oij}^*(i = i + 1) & \Theta(j, t_{k-1}) = 1 \end{cases} \quad (8 - 13)$$

式中，$T_{p(k-1)max}$ 表示选择作业合并中预知维护作业时间最长的时间，作为此次串联子系统预知维护所需的停机时间区间 $[t_{k-1}, t_{k-1} + T_{p(k-1)max}]$。将 RMTW 作业合并调度结果反馈给设备层中各设备的维护规划多目标预知维护模型。然后，转回**步骤 3 - 1**，进行下一个预知维护合并调度时点的规划。

步骤 3 - 5：结束当前制造阶段 MS_h 中的串联子系统的 MTW 作业合并优化调度决策。输出所有的维护作业合并调度时点 $t_k(t_{Rh} < t_k \leqslant t_{R(h+1)})$，将其作为维护优化调度方案。然后，转到**步骤 4**，为下一个制造阶段 $MS_{(h+1)}$ 经历重构并调整设备。

步骤 4：在各个系统重构时点 $t_{R(h+1)}$ $(h = 1, 2, 3, \cdots)$，可重构制造系统的系统结构会为下一个制造阶段 $MS_{(h+1)}$ 经历重构并调整设备。在系统重构期间 $(T_{R(h+1)})$，有些现有设备得以保留，也有些设备根据生产能力和功能的变化而被添加或移除。相应变动设备的预知维护时间节点 t_{jk} 被更新。这些设备会在**步骤 5** 的可重构制造系统结构分析中被纳入调度决策的考虑。

步骤 4 - 1：对于保留的设备，重构后的预知维护时间节点为

$$t_{jk} = t_{jk} + T_{R(h+1)} \quad (8 - 14)$$

步骤 4 - 2：对于新增的设备，其开始投入生产的时间节点为

$$t_{jIN} = t_{R(h+1)} + T_{R(h+1)} \quad (8 - 15)$$

因此，新增设备的预知维护时间节点为

$$t_{jk} = t_{jIN} + T_{oij}^* \quad (i = 1, k = k) \quad (8 - 16)$$

步骤 4 - 3：对于移除的设备，其结束生产的时点 $t_{jOUT} = t_{R(h+1)}$，因此，运行役龄为

$$t_{jLIFE} = t_{jOUT} - t_{jIN} \quad (8 - 17)$$

步骤 5：在每次系统重构后，对新的系统构型进行可重构制造系统结构分析。将变化后的新构型重新划分为串联子系统和并联子系统的集合，重新评估 RMTW 的区间数值 $T_{W(h+1)}$。回到**步骤 2** 和**步骤 3**，在新的制造阶段 $MS_h(h = h + 1)$ 开展新一轮的 RMTW 维护优化调度。

步骤 6：根据使用这个重构导向的机会维护输出的系统层维护方案，计算可重构制造系统维护总成本。在每个系统层维护周期，$\Theta(j, t_k) = 0$，表示设备无预知维护但被迫停机；$\Theta(j, t_k) = 1$，表示设备执行预知维护(作业合并)，维护成本包含了预知维护成本、小修期望成本和停机成本；$\Theta(j, t_k) = 2$，表示设备无预知维护且继续运营。因此，第 k 个系统层维护周期中，设备 S_j 的期望维护成本为

$$\mathrm{MC}_{kj} = \begin{cases} c_{dj} T_{pk\max} & \Theta(j,\ t_k) = 0 \\ C_{pij} + C_{fij} \int_0^{T_{oij}^* - (t_{jk} - t_k)} \lambda_{ij}(t)\mathrm{d}t + c_{dj} T_{pk\max} & \Theta(j,\ t_k) = 1 \\ 0 & \Theta(j,\ t_k) = 2 \end{cases} \tag{8-18}$$

可重构制造系统在顺序的各个制造阶段的维护总成本（TMC）可以表示为

$$\mathrm{TMC} = \sum_{k=1}^K \left(\sum_{j=1}^J \mathrm{MC}_{kj} \right) + \sum_{h=1}^H \left(\sum_{j=1}^J c_{dj} T_{Rh} \right) \tag{8-19}$$

提出的可重构维护时间窗方法的一个主要目标是实现可重构制造系统维护计划的成本效益；另一个目标是为未来的可重构制造系统制造实现快速响应。在每个生产阶段，相比之下，传统的机会维护计算所有可能的维护时间点组合，其调度的复杂性随设备数量增加呈指数级增长，而可重构维护时间窗策略的复杂性不受设备数量影响，因此即使是可重构制造系统包含大量设备，可重构维护时间窗策略依然可以处理。此外，在连续生产阶段，面对不同的系统重构结构，传统的机会维护需要重建新的系统层策略，可重构维护时间窗调度运用系统重构和维护的机会，依据统一的方法进行维护作业调度，能够迅速适应新的系统结构，更适合在可重构制造系统中应用。

8.9 算例分析

为了验证面向可重构制造系统的广义系统结构维护策略的可行性，这里将图 8-5 中的可重构制造系统作为案例进行验证分析。决策过程不仅要反映单个机器的退化，而且要对可重构结构做出快速响应。在可重构制造系统的重新配置信息中，不同的重新配置将生产过程划分为顺序的制造阶段，而每个制造阶段都根据当前的生产需求设计了新的系统结构。各个制造阶段的可重构制造系统结构分析如表 8-2 所示。

表 8-2 顺序制造阶段的可重构结构分析

制造阶段	并联子系统结构	串联子系统结构
MS_1	$S_2 \oplus S_4$; $S_3 \oplus S_4$	$S_1 \otimes S_2 \otimes S_3 \otimes S_5$; $S_1 \otimes S_4 \otimes S_5$
MS_2	$S_2 \oplus S_4$; $S_3 \oplus S_4$; $S_5 \oplus S_7$	$S_6 \otimes S_2 \otimes S_3 \otimes S_5$; $S_6 \otimes S_4 \otimes S_5$; $S_6 \otimes S_2 \otimes S_3 \otimes S_7$; $S_6 \otimes S_4 \otimes S_7$
MS_3	$S_2 \oplus S_4 \oplus S_8$; $S_5 \oplus S_7$	$S_6 \otimes S_8 \otimes S_5$; $S_6 \otimes S_2 \otimes S_5$; $S_6 \otimes S_4 \otimes S_5$; $S_6 \otimes S_8 \otimes S_7$; $S_6 \otimes S_2 \otimes S_7$; $S_6 \otimes S_4 \otimes S_7$
MS_h ($h=4,\ 5,\ \cdots$)	……	……

在机器的维护信息中，既要考虑原机器，也要考虑新增加或删除的机器。根据每台机器

的退化程度,收集相应的可靠性参数、机器危险率和维护效果。每台机器的可靠性由韦布尔故障概率函数表示,即

$$\lambda_{1j}(t) = (m_j/\eta_j)(t/\eta_j)^{m_j-1} \tag{8-20}$$

该故障概率函数广泛应用于电子、机械工程中。此外,各个制造阶段中各台设备的维护参数也如表 8-3 所示。

表 8-3　各台生产设备的维护参数

S_j			(m_j, η_j)	T_{pij}/h	T_{fij}/h	$C_{pij}/\$$	$C_{fij}/\$$	c_{dj}
MS_1	MS_2	MS_3						
S_1			(2.8, 9 000)	180	800	6 000	22 000	75
S_2	S_2	S_2	(1.7, 7 000)	100	360	4 000	9 000	40
S_3	S_3		(1.8, 11 000)	120	500	2 800	11 000	35
S_4	S_4	S_4	(3.0, 15 000)	140	660	7 300	18 000	65
S_5	S_5	S_5	(1.5, 8 000)	220	1 000	5 500	20 000	90
	S_6	S_6	(2.6, 7 500)	240	700	4 000	15 000	80
	S_7	S_7	(1.9, 13 000)	125	400	3 000	8 500	30
		S_8	(2.2, 12 000)	150	570	4 500	12 000	50

为验证动态可重构维护时间窗策略(RMTW)的有效性,表 8-4 中提供了动态 RMTW 规划方案($T_{W1}=800$ h, $T_{W2}=600$ h 和 $T_{W3}=1 000$ h)。$\Theta(j, t_k)=0$,表示没有维护操作,但机器会因系统结构原因停机;$\Theta(j, t_k)=1$,表明要执行维护操作,且星标表示触发维护机会的维护操作;$\Theta(j, t_k)=2$,表明没有维护操作,机器继续工作。根据 RMTW 调度,在周期 MS_1 中,组成串联子系统($S_1 \otimes S_2 \otimes S_3 \otimes S_5$)的 S_1、S_2 和 S_5 一起维护,其中 S_2 和 S_5 提前维护。此外,在周期 MS_2 中,并行子系统($S_3 \oplus S_4$)的维护作业被分离,这两项调度有效避免了其他机器不必要的停机。此外,在最后一个周期 MS_3 中,并行子系统的维护作业是同时执行的,这是因为瓶颈设备 S_6 的维护作业触发了整个可重构制造系统的维护机会。

表 8-4　动态 RMTW 的系统维护方案

$\Theta(j, t_k)$	MS_1				MS_2					MS_3		
t_k/h	4 587	6 042	9 033	10 251	12 563	16 012	18 437	19 147	19 978	21 955	24 188	27 538
S_1	1*	2	1	0	—	—	—	—	—	—	—	—
S_2	1	0	0	1	0	1	2	0	0	1	0	1
S_3	0	1*	0	0	1*	0	2	1*	0			
S_4	0	2	1*	0	2	0	1*	2	0	2	0	1

续　表

$\Theta(j,t_k)$	MS$_1$				MS$_2$					MS$_3$		
t_k/h	4 587	6 042	9 033	10 251	12 563	16 012	18 437	19 147	19 978	21 955	24 188	27 538
S$_5$	1	2	0	1*	2	1*	2	2	0	1*	0	1*
S$_6$	—	—	—	—	2	1	2	2	1*	2	1*	1
S$_7$	—	—	—	—	2	0	2	2	1	2	0	1
S$_8$	—	—	—	—	—	—	—	—	—	2	0	1

作为对比,表 8-5 和表 8-6 中分别列出了静态系统维护方案(MTW=400 h 和 MTW=1 200 h)。从 MTW=400 h 的可重构制造系统维护方案中可以看出,较短的维护时间窗口会导致更多的机器进行单独维护作业,直接导致其他机器发生不必要的停机,从而增加了可重构制造系统的总维护成本。从 MTW 为 1 200 h 的可重构制造系统维护方案可以看出,更长的维护时间窗口可以在每个维护机会组合更多的维护操作。它可以有效地减少整个可重构制造系统不必要的停机时间。但是,提前太多的维护作业可能会导致频繁过度的维护,同样增加了可重构制造系统的总维护成本。

表 8-5　静态系统维护方案(MTW=400 h)

$\Theta(j,t_k)$	MS$_1$					MS$_2$					MS$_3$						
t_k/h	4 587	5 539	6 222	9 213	11 243	12 783	16 065	17 242	18 657	19 427	20 531	21 223	23 283	24 428	28 052	28 837	29 628
S$_1$	1*	0	2	1	0	—	—	—	—	—	—	—	—	—	—	—	—
S$_2$	0	1*	0	0	1	0	0	1	2	0	0	2	1	0	0	1	2
S$_3$	0	0	1*	0	0	1*				1*							
S$_4$	0	0	2	1*	0	0	2	1*	2		0	2	0	0	1*		2
S$_5$	0	1	2	0	1*	0	1*	2	2	0	2	1*	0	0	1		2
S$_6$	—	—	—	—	—	2	1*	2	2		1*	2	1	2	2		2
S$_7$	—	—	—	—	—							1*				1*	
S$_8$	—	—	—	—	—	—					0	2	2	0	1*	2	2

表 8-6　静态 MTW=1 200 h 的系统维护方案

$\Theta(j,t_k)$	MS$_1$			MS$_2$			MS$_3$			
t_k/h	4 587	9 033	10 325	14 794	16 065	18 297	20 531	24 459	27 637	29 767
S$_1$	1*	1	2	—	—	—	—	—	—	—
S$_2$	1	0	1*	1	0	2	1	1	0	1
S$_3$	1	0	1	0	1	2	—	—	—	—

$\Theta(j, t_k)$	MS$_1$			MS$_2$			MS$_3$			
t_k/h	4 587	9 033	10 325	14 794	16 065	18 297	20 531	24 459	27 637	29 767
S$_4$	0	1*	2	2	0	1*	0	0	1*	2
S$_5$	1	1	2	1*	0	2	1	1	0	1*
S$_6$	—	—	—	2	1*	2	1*	1*	1	2
S$_7$	—	—	—	2	0	2	1	0	1	2
S$_8$							0	0	1	2

因此,在 RMTW 调度中,维护时间窗既不应该太长也不应该太短。动态和适当的窗口对于实现经济有效的可重构制造系统整体维护计划至关重要。对于不同的系统结构,动态时间窗策略可以有效提升维护方案对新结构的适应能力,从而令可重构制造系统的总维护成本最小化。

在可重构制造系统总维护成本(total maintenance cost,TMC)比较结果(见图 8 - 6)和总维护成本结余比较结果(见图 8 - 7)(以静态 MTW＝0 为基准,即根据设备层维护规划实施而无系统维护优化调度)中可以看到,面向重构的机会维护策略可以有效地适应各种系统重构,降低系统级调度复杂度,避免不必要的可重构制造系统停机时间,利用可重构制造系统的各种重构信息和机器的维护信息优化维护成本。不同的可重构制造系统具有不同的机器可靠性和可变的系统级重构,会导致不同的总维护成本结余。然而,RMTW 方法的设计正是为了重新定义维护时间窗的时间宽度,从而使每个制造阶段的维护成本最小化。这种优化机制保证了 RMTW 方法不仅能够快速适应新的多样化的系统结构,而且能够实现整个可重构制造系统维护调度的经济效益。

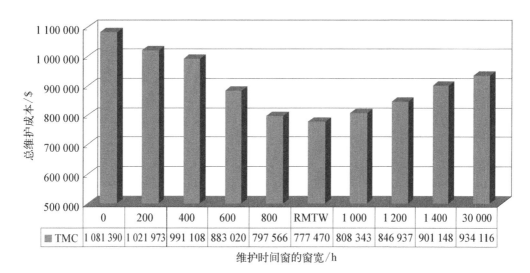

	0	200	400	600	800	RMTW	1 000	1 200	1 400	30 000
■ TMC	1 081 390	1 021 973	991 108	883 020	797 566	777 470	808 343	846 937	901 148	934 116

维护时间窗的窗宽/h

图 8 - 6　可重构制造系统总维护成本比较结果

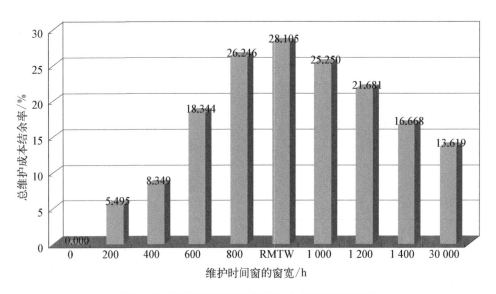

图 8-7 可重构制造系统总维护成本结余比较结果

8.10 本章小结

本章广义系统维护建模的基本思路如下：为了解决静态结构维护策略难以应对的系统重构导致的模型重建复杂性和串并联复杂结构带来的维护组合维数灾难，分析构型更新对系统维护优化的影响，形成重构构型扩展与动态系统维护间的综合决策，统筹考虑动态系统结构中上下游设备间的相互作用，利用串、并联子系统内设备停机造成的维护机会，采用构型驱动的动态重构维护时间窗方法，动态循环地实施系统层维护作业合并或分离优化调度，实现广义制造系统维护建模决策的经济性、高效性和可行性。本章所提出的建模框架重点分析了可重构制造模式中快速响应市场变化、移动更换添加设备、动态重构系统结构的生产特征，全面考虑了决策规划实时性、系统重构动态性、维护调度敏捷性等系统性问题。主要创新点如下：① 分析动态重构对系统维护优化调度的影响；② 形成重构构型与机会维护的综合建模机制；③ 解决系统重构导致的维护模型重建复杂性；④ 保证动态结构维护调度策略快速响应能力。

参考文献

[1] Mehrabi M G, Ulsoy A G, Koren Y. Reconfigurable manufacturing systems: key to future manufacturing[J]. Journal of Intelligent Manufacturing, 2000, 11(4): 403 - 419.

[2] Koren Y, Wang W, Gu X. Value creation through design for scalability of reconfigurable manufacturing systems[J]. International Journal of Production Research, 2017, 55(5): 1227 - 1242.

[3] Koren Y, Gu X, Guo W. Reconfigurable manufacturing systems: principles, design, and future trends [J]. Frontiers of Mechanical Engineering, 2018, 13(2): 121 - 136.

[4]　Koren Y. The rapid responsiveness of RMS[J]. International Journal of Production Research, 2013, 51(23): 6817 - 6827.

[5]　Bi Z, Lang S, Shen W. Reconfigurable manufacturing systems: the state of the art[J]. International Journal of Production Research, 2008, 46(4): 967 - 992.

[6]　Bortolini M, Galizia F, Mora C. Reconfigurable manufacturing systems: literature review and research trend[J]. Journal of Manufacturing Systems, 2018, 49: 93 - 106.

[7]　Gadalla M, Xue D. Recent advances in research on reconfigurable machine tools: a literature review [J]. International Journal of Production Research, 2017, 55(5): 1440 - 1454.

[8]　Huang S, Wang G, Shang X. Reconfiguration point decision method based on dynamic complexity for reconfigurable manufacturing system (RMS)[J]. Journal of Intelligent Manufacturing, 2018, 29(5): 1031 - 1043.

[9]　Xia T B, Xi L F, Pan E S, et al. Reconfiguration-oriented opportunistic maintenance policy for reconfigurable manufacturing systems[J]. Reliability Engineering & System Safety, 2017, 166(Oct.): 87 - 98.

[10]　Dong Y, Xia T, Fang X, et al. Prognostic and health management for adaptive manufacturing systems with online sensors and flexible structures. Computers & Industrial Engineering, 2019, 133: 57 - 68.

第9章
服务型制造与租赁利润择优维护策略

9.1 服务型制造的发展背景

9.1.1 服务型制造的由来

20世纪中后期,随着制造业的不断发展,产品需求得到了极大的满足,客户的消费文化也发生了深刻的变革。客户的需求向个性化方向发展,从对产品基本使用功能的传统需求,发展到对定制化、多样化等更高层次的追求。客户选择制造商已有产品的传统产业模式已经无法满足其需求,为解决供求矛盾,制造模式亟须转型。从20世纪80年代开始,随着航空发动机制造商罗尔斯-罗伊斯公司成立了Rolls-Royce & Partners Finance(RRPF),为应对返厂维修时的发动机中短期租借需求,首创发动机租赁业务,而发展到如今,动辄5～10年的长租约已经成为发动机租赁市场的主流产品,特别是当目前来自发动机原始设备制造商(original equipment manufacturer, OEM)的"产品＋服务"打包模式大行其道的时候。比如通用电气公司旗下的GE Engine Leasing(GEEL),罗尔斯-罗伊斯公司旗下的Rolls-Royce & Partners Finance(RRPF),普惠公司旗下的Pratt & Whitney Engine Leasing(PWEL),CFM国际公司旗下的Shannon Engine Support(SES),发动机及涡轮机联盟弗里德希哈芬股份有限公司旗下也新组建了发动机租赁公司MTU Maintenance Lease Services。

通过将实体产品和对应服务打包形成完整解决方案,将生产系统租赁给制造企业,并在全生命周期提供完整运维服务的先进制造模式被称为服务型制造,其模式构成如图9-1所示。服务型制造通常与签订租赁合同的双方有关,即出租方(原始设备制造商)和承租方(制造企业)。出租方根据承租方的定制化和个性化选择,按合同生产加工相应产线,并将产线完整出租给承租方使用,同时为各区域承租方提供更多的产品配套服务,例如技术人员培训、设备维护保养等。若在租赁周期内,租赁设备发生故障或需要维护保养,出租方将派遣维护团队进行运维。在租赁期间,由承租方按照合同规定向出租方交付租金。在租赁期满时,设备可以由承租方按合同规定留购、续租或者退回给出租方。

在整个制造体系的发展中,德国、美国、日本等工业制造强国都在规模不断扩张和需求不断增加的环境下,进行传统制造模式的转型,改变未来的产业模式和盈利途径。

(1) 德国企业一直以"可靠、品质"的高端制造形象傲视全世界,这与他们在对质量、技术和完整售后上的巨大投入分不开。在德国,创新一直是一个重要的成功因素,不断地对流程进行优化,并不遗余力地推进产品管理的智能化,注重精益管理中领导力的作用,

244

经过多年的精益管理,对研发、销售、采购、行政架构进行调整,最大化发挥精益管理作用。因德国在工业领域较擅长,这其中包括对产品的安装、维护等一系列工作,造就了另一大优势——"产品＋服务"的完美结合。很多公司不仅通过出售硬件盈利,同时还提供终身保修、系统整合和更新服务。通过频繁地接触客户及时获取其需求,这些公司使客户拥有了更好的体验。

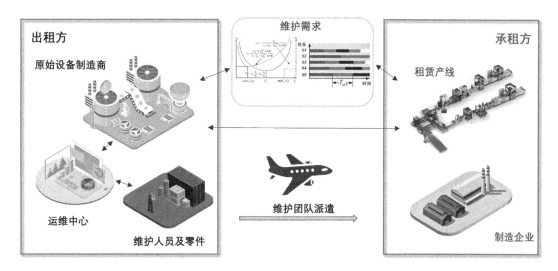

图 9-1　服务型制造模式构成

(2) 一直以来,美国作为科技强国,在先进制造领域处于领先地位。服务型制造的发展离不开高质量的工业产品。20 世纪 90 年代,在技术变革、用户需求变化和激烈的市场竞争等多重因素影响之下,以国际商用机器公司、戴尔公司、惠普公司为代表的计算机企业纷纷开始向利润更高的服务型制造企业转型。这是因为随着计算机、软件、互联网技术的发展,服务的企业信息化水平不断提高,需要的是与这些软、硬件匹配的业务问题解决方案、高水平的业务管理和提升竞争力的手段。因此,凭借强大的技术、产品和服务能力,向企业提供全方位 IT 咨询、流程设计和落地实施的系统解决方案提供商应运而生。

(3) 在日本,随着制造业的不断发展,原本的生产、组装产生的效益已经趋于平稳,难以增长,企业都开始拓展上下游的利润获取渠道,产品的增值链向研发、销售和服务方向延长。日本最强势的汽车制造业和电子产业,为了应对大客户为寻求更低成本奔向其他国家的局面,凭借领先的核心技术提供试作的服务,发掘新的利润增长点。

9.1.2　不同视角下的制造业服务化

服务型制造有两个层次:① 投入服务化,即服务要素在制造业的全部投入中占据着越来越重要的地位;② 产出服务化,也可称为业务服务化,即服务产品在制造业的全部产出中占据越来越重要的地位,从这两个角度可以看出,世界制造业明显呈现向服务化转移的趋势。

1) 投入服务化趋势

制造业的投入服务化趋势是经济社会发展的必然结果。在人类生产发展的初级阶段,制造业生产活动主要依靠能源、原材料等生产要素的投入。随着社会的发展以及科技的进步,服务要素在生产中的地位越来越重要,生产中所需的服务资源有逐步增长的趋势。例如,二战后,各国日益重视科技进步的作用,而科技的运用大多是通过研发设计、管理咨询等生产服务实现的;随着可持续发展理念的出现,各国逐渐意识到传统的以牺牲环境为代价、大量消耗自然资源的做法不可取,因而日益注重生产服务的投入。

当今世界,生产的信息化、社会化、专业化的趋势不断增强。生产向信息化发展,与信息的产生、传递和处理有关的服务型生产资料的需求增长速度有可能超过实物生产资料的需求增长速度。而生产的社会化、专业化分工和协作,必然使企业内外经济联系加强,从原料、能源、半成品到成品,从研究开发、协调生产进度、产品销售到售后服务、信息反馈,越来越多的企业在生产上存在着纵向和横向联系,其相互依赖程度日益加深。这就会导致对商业、银行、保险、海运、空运、陆运以及广告、咨询、情报、检验、设备租赁维修等服务型生产资料的需求量迅速上升。这意味着服务要素将成为制造业企业越来越重要的生产要素。

2) 产出服务化趋势

随着信息技术的发展和企业对"顾客满意"重要性认识的加深,世界上越来越多的制造业企业不再仅关注实物产品的生产,还开始涉及实物产品的整个生命周期,包括市场调查、实物产品开发或改进、生产制造、销售、售后服务、实物产品的报废、解体或回收。服务环节在制造业价值链中的作用越来越大,许多传统的制造业企业甚至专注于战略管理、研究开发、市场营销等活动,放弃或者外包制造活动。制造业企业正在转变为某种意义上的服务企业,产出服务化成为当今世界制造业的发展趋势之一。

事实上,世界上许多优秀的制造业企业纷纷把自己定位为服务企业,为顾客提供与其实物产品密切相关的服务,甚至是完全的服务产品。例如,通用电气公司是世界最大的电器和电子设备制造公司,它除了生产消费电器、工业电器设备外,还是一个巨大的军火承包商,制造宇宙航空仪表、喷气飞机引航导航系统、多弹头弹道导弹系统、雷达和宇宙飞行系统等。但是通用电气公司的收入一半以上却来自服务。目前,通用电气公司已经发展为一家集商务融资、消费者金融、医疗、工业、基础设施和 NBC 环球于一体的多元化的科技、媒体和金融服务公司。

9.2 原始设备制造商的服务化转型

9.2.1 生产性服务业概念的提出与研究

1966 年,美国经济学家格林福尔德(H. Greenfield)在对服务业和其分类进行研究时,提出了生产性服务业的概念。在这之后的几十年时间中,众多学术界和工业界的专家从生产性服务业对国民经济的促进作用等方面进行了研究。大量的研究结果表明,生产性服务业能够极大地促进制造业的发展。在新的市场环境下,制造和服务的融合是产业发展的新方向。生产性服务业是市场化的中间投入服务,涵盖众多行业,包括科研开发、管理咨询、工程设计、运输、通信、市场营销、工程维护、金融、保险、法律、会计等多个方面,如图 9 - 2 所示。

迈克尔·波特(Michael E. Porter)的价值链分析模型指出,企业的竞争优势包括价值链上中下游的诸多环节:上游的研发,中游的零件制造与组装,下游的售后、分销、广告(见图9-3)。在生产性服务的产业模式下,企业的增值链条比专注于生产的传统制造模式的链条长,能够更好地转化产品价值。

但仅关注企业价值链上下游环节的资源配置和服务,不足以构建企业整体竞争优势,有必要在中游(也就是产品制造环节)拓展优势。由于全球经济一体化的趋势和市场的激烈竞争,因持有先进技术,欧美制造厂商将产品的制造环节外包给其他成本更低的国家,通过服务性的生产协作,企业不仅能降低成本,同时还能提高生产效率,通过服务

图 9-2　生产性服务业涵盖的行业

的供给方和接受方协同业务流程,企业能够完成技术复杂度更高、创新性更强的产品。

增值活动

图 9-3　波特价值链分析模型

9.2.2　服务型制造与传统制造的差异

服务型制造通过客户的全程参与,企业间协同提供服务性生产和生产性服务的方式,为顾客提供广义的产品——"产品+服务",将知识资本、人力资本和产业资本三者有机结合,摆脱以往各类制造模式低技术含量、低附加值的形象。

服务型制造与传统制造模式的区别包括以下4个方面。

(1)价值实现上,服务型制造强调由传统制造的以产品的制造、组装为核心,向提供具有丰富服务内涵的产品和依托产品的服务转变,直至能够为客户提供完整的"产品+服务"解决方案。

(2)作业方式上,由传统制造的以产品为核心转向以人为核心,强调客户、作业者认知和知识融合,通过对服务制造价值链上需求的有效挖掘,提供个性化的产品和针对性的服务。

(3)组织方式上,服务型制造的覆盖范围超过传统制造和服务的范畴,但其更关注的是不同类型主体(客户、服务企业、制造企业等)相互的价值感知,在动态协同中优化资源配置,形成动态稳定的服务型制造系统。

(4)运作模式上,服务型制造强调主动性服务,主动将客户引入产品制造、应用服务过程,主动发现客户需求并提供针对性的产品和服务。企业间对于业务和流程展开深度合作,协同创造价值。

9.3 服务型制造的特征

9.3.1 现代系统的生产特征

这种以租赁化生产代替传统制造的模式有广阔的前景,这是由现代系统的生产特征决定的(见图9-4)。

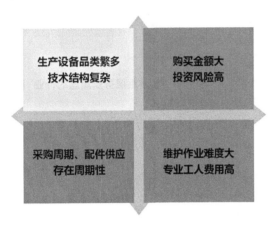

图9-4 现代系统生产特征

(1) 技术结构复杂。生产设备品种规格繁多,技术结构复杂,涉及机、电、液、信息等知识领域,设备的选购、使用与维修都有很强的技术性,这对于承租方(中小型制造企业)来说是个很大的技术负担。出租方(原始设备制造商)提供较全面、系统的技术服务,就能够克服其中大部分的困难,这对承租方来讲是很划算的。

(2) 购买投资额大。购买生产设备的投资额都很大,购买一台要十几万、几十万到几百万元,有的甚至要上千万元。用户购买后,设备转化为固定资产,只能随着使用年限的递增而折旧和减税,这无疑增加了企业的负债率。若各个承租方分散投资购买的设备,到需要考虑工艺升级后设备的处理问题时,承租方的投资风险就增加了。而由出租方集中投资,可以节省购置资金,承租方既减轻了经济压力,又能较好地规避投资风险。

(3) 制造商去库存。许多生产设备的采购时间、人员培训及配件供应等也呈现很强的随机性,供需双方均需准确地把握生产、签约与供货的周期性变化,既要节省融资成本,又要满足市场需求,这不是一件容易的事。由原始设备制造商(original equipment manufacturer, OEM)作为出租方,既可以为制造商减少生产设备的库存,又可以为租赁用户准许供货,这就减轻了设备供需双方的经济压力。

(4) 节省维护团队。各家承租方(中小型制造企业)若自行保有维护团队,将产生一笔较大的运营开销。此外,这要求维护从业人员的综合技能素质非常高,一个维修工程部若要彻底满足业主这方面的需求,就要按工种配备各种专业技术工人,这方面人才的用工成本居高不下,许多中小型制造企业遇到了维修工"招聘难""流动大"的问题。而作为出租方,原始设备制造商显然对自家产品的各方面性能非常了解,内部员工具有技术优势。因此,企业将维护业务外包给OEM专业团队是一种经济、便捷的解决方法。

9.3.2 服务型制造的驱动力

在制造业的高速发展下,企业之间的竞争如日中天。多样、随机且个性化的需求不断出现,服务型制造的具体驱动力包括以下4个方面。

（1）满足顾客需求。服务化很大程度受顾客需求的驱动。随着经济的发展,大部分顾客不再满足于物品本身,而需要更多的服务,需要与物品相伴随的服务。把提供物重新界定为物品-服务包,符合顾客的期望,有助于满足顾客的需求。这样,传统的通过核心业务活动满足顾客需求的做法不再适用,企业的着眼点逐渐放在建立和维持与顾客的关系上。此处,一个明显的趋势就是企业通过服务活动向分销链延伸。企业不再仅仅关注分销商和其他中间商,它们还日益关注最终的使用者,积极寻找机会了解自身存在的问题,通过提供服务来提高信誉、创造需求。

（2）创造竞争优势。许多管理者把服务看作创造新商机的途径,而成熟行业的管理者则把服务作为差异化的工具,延伸产品的生命周期,使企业免遭淘汰。因此,服务化最重要的推动力就是它可以增加企业的竞争优势。像 IBM 和美国施乐公司这类技术变化较快的企业,服务取向是它们在各自市场上生存的战略,并且领先比跟随更有利。换句话说,迅速变化的业务环境有助于服务化产品被市场接受。而技术变化较慢的企业则实行服务化战略,在适应既有业务方式的演进的同时在既有业务基础上寻求新的市场机会。类似地,在传统的成本取向的行业中,服务化战略是创造差异化优势的重要手段。服务的可见度低、劳动依赖度高,很难被模仿,这是其竞争优势的持续来源。提供比竞争对手更好的服务可以增加企业的竞争优势,使企业的提供物更具吸引力。因此,激烈的竞争推动企业采取服务化战略。

（3）增加经济收益。与物品相关的服务能够增加收益,同时也可以降低现金流的脆弱性和易变性,有助于提高股东价值。制造业企业把服务整合到其核心产品提供物中的经济理由包括:企业相当多的收益来自产品整个生命周期的顾客群;服务通常比物品有更高的利润,提供了更为稳定的收益来源。从现实情况来看,服务确实为一些企业带来丰厚的利润。例如,IBM 公司自 1996 年开始,其服务(包括全球服务、软件和全球金融服务)收入就已经超过了物品(硬件)收入,占全部收入的 48.44%,而 2004 年,这一比重则高达 66.38%;在1995 年,世界制造业巨头 GE 公司的服务收入占总收入的比重就已经超过 50%,2004 年,则达到 63.2%。

（4）改善环境绩效。研究发现,有些制造业企业实行服务化战略的重要推动力是改进企业产品的环境性能,如 AB Electrolux 公司。由于服务化战略可以降低资源的消耗与环境的污染,因此一些企业,尤其是化工企业,纷纷采取这一战略。与企业改善环境绩效内在驱动力相联系的是环保法律的外在推动。像与健康、安全密切相关的化学品行业大部分国家都有相应的法律规范,因此化学品管理服务应运而生。许多企业在遵守这些法律的同时获取利润。

9.4　服务型制造面临的挑战

尽管制造业企业采取服务化战略可能带来更多的收益,但是,除了少数企业以外,大多数制造商的服务化转变相当缓慢和谨慎,这主要是因为企业在实施服务化战略时会遇到一些挑战和障碍。

(1) 与价值链各环节相关的障碍。价值链各环节之间的关系会在一定程度上阻碍服务化战略的实施。这些障碍包括各环节之间的利益冲突、顾客对服务化产品的接受程度、顾客缺乏成本结构的知识和缺乏政府采购需求。价值链中各企业之间的利益冲突是服务化战略的重要障碍。首先,由于服务化通常降低了物品的销售数量,因此靠卖更多物品赚取利润的零售商的利益受到损害。其次,顾客难以接受服务化产品是最经常遇到的障碍之一。从美国施乐公司的案例可以发现,有些顾客愿意租赁物品,而有些顾客希望购买物品。为了使顾客能够接受服务化产品,企业需要提供更富有吸引力的解决方案,或者提供至少与物品相当的功能。同时,许多顾客不了解产品生命周期各阶段的成本,因此不愿意接受服务化产品。据估计,企业每花 1 美元购买化学品,就需要花 6 美元对化学品进行管理和处置。企业只有清晰地认识到这种成本结构,才会购买化学品管理服务,否则,就会只购买化学品。此外,政府部门采购新产品而不是再制造的产品也阻碍了租赁活动和再制造活动。

(2) 生产和经营成本障碍。制造业企业开始为顾客提供服务,意味着它为顾客提供新的价值。服务把制造业企业带入新的竞争领域——服务领域。这一领域存在着许多竞争者,包括服务提供者、分销商和顾客。为了在新的竞争环境中生存,制造业企业必须建立自己的竞争优势。这样,实行服务化战略会产生竞争成本。潜在的竞争成本会在一定程度上阻碍企业采取服务化战略。此外,相对较低的资源价格也会阻碍企业服务化战略的实施。例如,Interface 公司的地毯再循环活动并不盈利,因为生产地毯的原材料不贵,相比较而言,地毯再循环的成本较高。随着技术的进步,使用未经加工的原材料生产物品的成本逐渐降低,这削弱了再制造活动的成本优势。同时,较高的劳动力价格进一步阻碍了企业提供劳动密集型的维修服务。因此,确定合理的生产要素价格是采取服务化战略的重要一环。

(3) 企业对风险的担忧。实践中,消费品的生产者往往把服务化产品的风险看得比实际的还要严重,因此生产者有时不愿意把产品的使用成本内部化,特别是在他们不能够控制消费者以及对消费者的使用行为不能产生影响的情况下。此外,企业对来自从销售物品获得短期利润向提供服务获得中长期利润转变的现金流的不确定性,也阻碍了服务化。企业不相信产品中服务成分带来的经济利益,或者尽管企业相信提供服务会获得收益,但是提供服务可能会超出其能力范围,都会阻碍服务化战略的实施。

(4) 组织对变化的抵制。组织对由销售物品向提供服务转变的抵制是服务化战略的重要障碍。在许多销售物品与提供服务并存的企业中,业务模式之间的冲突经常存在。服务化战略的出现、采纳和实施会给某些组织带来威胁,也会给其他组织带来机遇。当组织感到服务化战略可能会改变其权威、专有技术、职责或资源时,它就会反对服务化战略。因此,研究实施服务化战略的过程就是一种政治过程,这种政治过程产生了政治成本。换言之,为了有效地实施服务化战略,组织不得不应付这些冲突。

9.4.1　中国发展服务型制造的难点

中国发展服务型制造的难点包括以下 4 种。

(1) 对发展服务型制造的内涵和意义缺乏足够的认知。不少企业都存在重硬件轻软件、重制造轻服务、重规模轻质量、重批量化生产轻个性化定制的观念;对服务型制造的本质也认识不清,误以为发展服务型制造就是发展服务业,担心自身会脱离主业。

（2）对服务型制造的发展模式了解不多，服务模式较为单一。目前，真正意义上从客户需求出发进行设计，通过将服务嵌入产品，开展商业模式创新，实现产品与服务融合或提供整体解决方案，进而获得持续服务收入的企业案例还不多。同时，企业对复杂或综合性强的服务模式的认识和规律的把握并不清晰，有的企业虽然制定了计划，但因经验不足等原因后期搁置了计划。

（3）对向服务型制造转型的路径和步骤不明晰。由生产型制造向服务型制造转型的过程中，制造业企业与上下游供应商、客户的关系都将发生变化，需要对企业原有的业务流程、组织架构、管理模式进行调整和重构。很多企业对转型的步骤，以及在组织上、管理上需要做的调整并不明确。

（4）有利于服务型制造发展的政策和制度环境尚不完善。面对制造与服务融合发展的趋势，我国现有的一些政策和制度环境已经表现出了不适应，需要尽快做出调整：① 一些领域因服务业开放程度不高或者进入门槛偏高，使制造业企业跨界延伸服务业务遭遇障碍；② 制造业与服务业在管理机制上缺乏融合，制造业企业开展服务业务时难以享受与服务业企业同等的优惠政策；③ 服务型制造的标准体系、知识产权管理和保护等仍有待进一步规范。

9.5　服务型制造模式案例

服务型制造的背景下，各类制造企业针对实际需求和产品特性，融合设备状态和环境信息，增加服务双方的知识共享和动作协同，本节将通过企业案例对服务型制造模式进行阐述。

9.5.1　案例一：租赁公司的飞机租赁

飞机租赁是指专门以飞机为租赁对象进行的租赁，具体步骤是航空公司（承租方）从租赁公司中选择一定型号、数量的飞机，并与租赁公司（出租方）签订有关租赁飞机的协议。在租赁期内，飞机的法定所有者，即出租方，将飞机的使用权转让给承租方，承租方以按期支付租金为代价，取得飞机的使用权。

现代飞机租赁始于 20 世纪 60 年代。1960 年，美国联合航空以杠杆租赁的方式租赁了一架喷气式飞机，开创了现代飞机租赁的先河。随着飞机租赁在美国的兴起，20 世纪 80 年代，飞机租赁在美国、日本等发达国家获得了迅速的发展。飞机除了自身作为生产工具的使用属性外，更被赋予了金融属性。飞机具有的高价值、可移动、流通性好、使用周期长、供给相对有限等特点，使其成为资产市场上一个另类的"锚"。从全球范围来看，飞机租赁普遍被视为租赁业皇冠上的明珠。全球前十大租赁公司无一例外均将飞机租赁视为最核心的业务和主要的收入来源。作为支撑航空业发展的生产性服务业，飞机租赁业是航空制造、运输、通用航空及金融业的重要关联产业。根据全球知名飞机租赁公司 Avolon 预测，未来 20 年，全球飞机租赁市场总规模将达到 4.1 万亿美元，租赁飞机的渗透率将上涨突破 50%。

对于作为承租方的航空公司而言，更多地选择租赁而不是自购，是从生产者的角度来看待飞机。由于飞机单价高，航空公司直接购买飞机存在投资额度大、回报周期长等问题，这使得航空公司在购机时面临很大的资金压力。航空公司大部分都是高负债企业，维持一定的现金流对航空公司来说非常重要。而租赁飞机能在一定时间内降低航空公司部分成本以及缓解航空公司现金流的压力。同时,通过租赁的方式,航空公司可以更快地扩展他们的机队,提高机队管理灵活性,并且节省资金,扩展其他服务业务,盘活资产。

对于作为出租方的租赁公司而言,则是从投资者的角度来看待飞机。相比于飞机的经济性、飞行性能等技术指标,租赁公司更加关注飞机的四个指标:用户广泛度、机队保有量、资产流动性、全寿命周期成本。综合考虑"投、融、管、退"四个方面,以"安全性、流动性、盈利性"的标准评估飞机。通过考虑四个指标对飞机残值的影响,选择全寿命周期内回报率最优的飞机租赁项目。

2007 年到 2017 年这十年,是中国飞机租赁行业迅猛发展的十年,2007 年底,国内航空公司租赁机队 481 架,中国租赁公司只有 26 架,占 5%,活跃的租赁公司只有 4 家。到 2017 年底,中国本土的航空租赁公司俨然成为满足国内飞机租赁和融资需求的主力军,占据 90% 以上的新飞机租赁市场份额,国内租赁机队达到 1 369 架,占比超过 50%。

但在有广阔背景的同时,飞机租赁也存在一定的风险。首先,当前的产业同质化竞争日趋激烈。国内飞机租赁业务范围主要集中在中国和亚太地区,现有业务模式以售后回租为主,由于飞机资产安全性和流通性较好,不断有新成立的租赁公司进入市场,但由于市场日益明显的同质化竞争倾向,以价格战为主的竞争导致主流机型的租售比不断下降,对租赁公司而言,退租条件更加严苛,行业整体盈利呈下降趋势。其次,资产的管理能力不足。国内涉及飞机租赁业务的公司的背景以金融机构为主,有着资金实力雄厚的优势,但其涉猎的业务遍布各个行业,专业化程度有限会导致公司的风控能力不足。最后,飞机租赁公司在产业链上面临空中客车公司和波音公司两大制造巨头,在产业链的下游,面对的是数量有限、日益强势的本土航空公司。在产业链两端挤压,再加上不断有新成立的租赁公司加入竞争的情况下,我国飞机租赁以价格战为标志的同质化竞争的倾向日益明显。

因此,与制造成本相比,租赁公司更需要关注产品的全寿命周期成本。对设备制造商而言,传统成本管理模式已经远远不能满足其成本管控要求,而全寿命周期成本则将成本管控的范围延伸到产品的设计阶段,这不仅考虑了用户的购买成本,更重要的是考虑了用户的使用维护成本。同时,如果各家承租方自行运营维护团队,这不仅对维护人员的综合技能素质要求非常高,同时也是一笔较大的运营成本。而作为出租方的设备制造商,显然对产品的各方面性能具有维护技术优势,将维护业务外包给设备制造商的专业团队是一种经济、便捷的维护策略。

9.5.2 案例二: 卡特彼勒公司的服务化转型

卡特彼勒公司成立于 1925 年,目前是全球最大的工程机械、矿山机械、柴油机、天然气发动机和工业气体涡轮制造企业。工程机械行业具有明显的周期性,卡特彼勒公司由制造商向服务商转型,通过布局全球业务链,使服务业务成为重要一链,减少制造业整体需求逐步放缓的负面影响。

首先,卡特彼勒公司进行组织构架的调整,重新建立了 13 个利润中心和 4 个服务中心。卡特彼勒公司将金融服务独立出来,成立金融服务子公司,将物流服务拓展到为第三方服务提供商。通过这些调整,卡特彼勒公司开始布局全球业务链。其次是业务中心调整,重点发展其三个边际利润率较高的服务业务,即金融服务、物流和再制造部门。卡特彼勒公司向制造服务化转型的过程中,实施了一些非常有特色的措施。

1)让代理商成为伙伴

卡特彼勒公司将分销系统视为客户需求信息的反馈渠道,通过获得的反馈,能够促使公司推出新产品和改进服务。因此,卡特彼勒公司严格挑选代理商,与那些熟悉当地情况,接近客户并掌握需求状况,能够提供快捷服务的代理商建立了一种长期、稳定的关系,并将不对代理商进行压榨作为其最主要的原则。

卓越高效的代理商网络,能使卡特彼勒公司的因机器故障造成的损失降低到最低,也使卡特彼勒公司的承诺——"对于世界上任何地方的卡特彼勒产品,都可以在 24 小时内获得所需的零件和售后服务"真实可信。

2)具有双重的风险管理机制的融资租赁服务

20 世纪 90 年代,国际机械工程厂商都认识到了融资租赁的重要性,因此融资租赁服务成为一种流行的制造服务化方式,卡特彼勒公司也不例外,它将自己的金融服务部门独立出来,成立了专门的金融服务公司。卡特彼勒公司特色在于它的融资租赁服务不仅高效,而且风控得当。

原则上,卡特彼勒公司接到资信材料后 24 小时给予审批结果答复,但风控上它建立了两道屏障,第一道风险屏障是为防止人情因素引起的风险,首先由代理商负责项目开发,租赁公司完成项目审批,然后由代理商负责筛选与资信材料送达,卡特彼勒融资公司负责项目审批。第二道风险屏障是权与钱管辖分离。卡特彼勒融资租赁公司只有审核权,其拨款与否需要卡特彼勒金融服务公司再次审核才能决定,这样避免了审批者因自己可以动用资金而放松项目审批的标准。融资租赁业务快速成长,助推卡特彼勒公司业绩增长,1991 年到 2009 年,其金融服务收入增加了 8.2 倍,年均复合增长率达到 13%,而公司总收入同期增加了 2.2 倍,年均复合增长率为 7%。

3)覆盖全球的高效物流服务网络

早在 20 世纪 80 年代,卡特彼勒公司就建立了物流中心,该中心初期只为自身产品用户提供零部件供应服务。但到了 20 世纪 90 年代,随着公司的全球业务链的展开,卡特彼勒公司着手建立全球统一的物流体系。目前,卡特彼勒公司旗下的物流服务公司,通过全球 25 个国家或地区的 105 家办事处和工厂,为包括汽车、工业、耐用消费品、技术、电子产品、制造业物流及其他细分市场内超过 65 家领先企业提供世界级的供应链整合解决方案和服务。现在,位于全球任何地方的客户都可以在 48 小时之内得到所需的零部件,这为客户及时恢复作业提供了保障。

4)全面开展再制造服务

再制造是卡特彼勒公司核心竞争力的重要组成部分,它在卡特彼勒的业务流程中起到了一举多得、各方收益的作用,并完善了二手设备市场业务。有些客户将不再使用的设备返销给卡特彼勒公司,实现资本流动;有些用户的设备用再制造零部件进行维修,降低机器维护费用,同时也增加了客户购买新机器的意愿;对卡特彼勒公司而言,再制造产品成本不到新品的 50%,售价却可以达到 55%～65%,与新品相比,再制造产品利润率高、性能不相上下,但价格优惠,有助于打开价格敏感市场。同时,卡特彼勒公司详尽的维修记录,与提供金融服务和二手设备销售挂钩,使公司可以一直跟踪到设备报废,这样一来,卡特彼勒公司就将客户纳入了自己的全生命周期服务体系。

此外,为了激励代理商支持再制造业务,卡特彼勒公司将很多利润放在了售后服务环节,同时,客户在购买设备时,销售价格里面都包含了一部分"押金",客户只有在退回旧件时才能收回这部分押金,这样就解决了再制造的原料问题。

9.6　产能平衡导向串并联系统决策架构

9.6.1　产能平衡导向租赁利润优化设备-工序-系统三层交互优化层次

本节面向多工序串并联租赁系统,以维护停机为决策契机,综合考量设备维护造成的生产能力不均,整合到租赁利润结余实时计算中,动态输出系统维护组合。图 9-5 所示为产能平衡导向多工序串并联租赁系统机会维护的建模框架,框架包含以下 3 个层次。

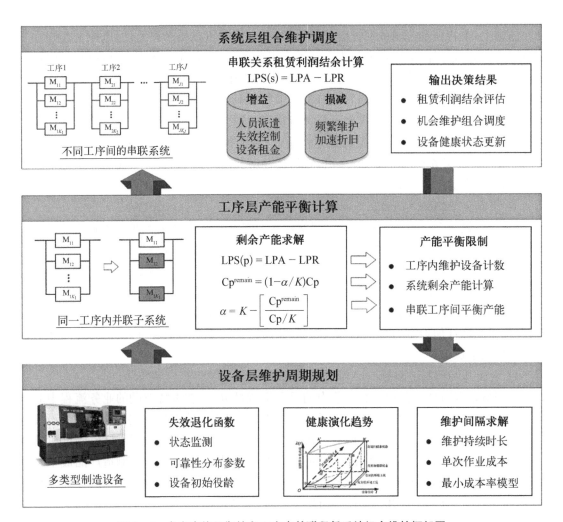

图 9-5　考虑产能平衡的多工序串并联租赁系统机会维护框架图

（1）在设备层（面向各单台设备），针对租赁系统中的多类型（不同工序）制造设备，构建整合内部维护因素和外部环境劣化的健康演化趋势，以单台设备的成本率最小为决策目标，动态输出各台租赁设备的预知维护周期。

（2）在工序层（面向并联设备组），针对设备组中与触发设备类型相同但可靠性参数不同的设备，建立数学模型，量化其停机维护对产能的影响，利用并联系统的产能平衡导向租赁利润优化（capacity balancing-oriented leasing profit optimization，CB-LPO）策略规划组合维护，并输出为保证产能平衡的各工序最大停机数量，支撑系统层维护优化决策。

（3）在系统层（面向串联工序组），针对系统层中其他与机会维护触发设备串联的非修设备，动态建模串联系统 CB-LPO 决策的租赁利润结余，为确保产能平衡下各工序停机数量，与工序层输出一起进行联合决策，优化并实时输出机会维护组合方案。

9.6.2　CB-LPO 利润结余机会维护策略参数与假设

针对机会维护决策问题，将研究对象设定为多工序串并联租赁生产系统，其结构如图 9-6 所示。该系统由 J 道工序串联组成，以实现不同的加工工序，工序 j 由 K_j 台设备并联而成，以确保生产能力（j 为设备所在工序序号，k 为所在工序的设备序号），为了统筹产能平衡和租赁利润，提出 CB-LPO 维护策略，支撑服务型制造模式。

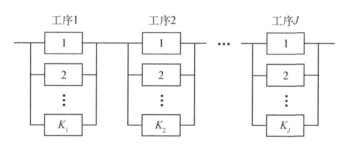

图 9-6　串并联生产系统结构示意图

结合多设备串并联租赁系统的生产特性和维护演化的情况，提出如下假设条件。

（1）每道工序的各台租赁设备的生产能力相同，各自的健康衰退特性不同，且可靠性参数互相独立，租赁参数和役龄也不同。

（2）在租赁期开始时，各台设备未必全新，其失效率不全为 0，只要不停机就保持平稳生产，加工能力为定值。

（3）每道工序的各台设备生产能力总和相等，在没有设备停机时，租赁系统工序间为平衡状态。

（4）租赁设备如果突然发生故障，采取小修的方式仅恢复生产，不改变其失效率。

（5）维护所需的备件物料和专业人员资源足够，可同时维护多台设备，维护的总时间为各台设备维护时间的最大值。

CB-LPO 利润结余机会维护策略的建模参数如表 9-1 所示。

表 9-1 CB-LPO 利润结余机会维护策略的建模参数及含义

参 数	含 义
i	设备层预知维护周期序号，$i \in \{1, 2, \cdots, I\}$
j	加工工序的序号，$j \in \{1, 2, \cdots, J\}$
k	在第 j 道工序中的租赁设备序号，$k \in \{1, 2, \cdots, K_j\}$
u	系统层周期的序号，$u \in \{1, 2, \cdots, U\}$
a_{jk}	役龄残余因子，$a_{jk} \in (0, 1)$
ε_{jk}	环境影响因子，$\varepsilon_{jk} > 1$
$\lambda_{ijk}(t)$	设备 M_{jk} 在第 i 周期的故障率函数
C_{ijk}^P	设备 M_{jk} 在第 i 个 PM 周期的 PM 费用
C_{ijk}^R	设备 M_{jk} 在第 i 个 PM 周期的小修费用
T_{ijk}^P	设备 M_{jk} 在第 i 个 PM 周期的 PM 时长
T_{ijk}^R	设备 M_{jk} 在第 i 个 PM 周期的小修时长
C_{ijk}	设备 M_{jk} 在第 i 个 PM 周期的维护成本率
T_{ijk}^*	利用维护模型计算出的设备 M_{jk} 的最优维护时间间隔
T_{ijk}'	从系统层决策结果反馈的设备 M_{jk} 的实际维护时间间隔
t_{ijk}	利用维护模型计算出的设备 M_{jk} 的 PM 执行时点
t_u	系统层维护决策的 PM 执行时点
T_L	租赁合同期
T_{jk}^S	在租赁合同期伊始设备 M_{jk} 的役龄
C_{jk}^C	设备 M_{jk} 产能惩罚系数
C_{ijk}^D	设备 M_{jk} 一次人员派遣费用
V_{jk}^E	租赁期满时设备 M_{jk} 的剩余价值
V_{jk}^S	租赁期开始时设备 M_{jk} 的价值
δ_{jk}	维护作业对设备 M_{jk} 价值折损的比率
LPA_{jku}	提前维护的租赁利润收益
LPR_{jku}	提前维护的租赁利润损失
$LPS_{jku}(s)$	在串联结构中的租赁利润结余
$LPS_{jku}(p)$	在并联结构中的租赁利润结余
$T_u^{p\max}$	在决策时点 t_u 的最大 PM 时长
$\alpha_{j,u}$	工序 j 在决策时点 t_u 的维护设备台数
$\beta_{j,u}$	工序 j 在决策时点 t_u 的剩余工作设备台数
$\gamma_{j,u}$	工序 j 在决策时点 t_u 的租赁利润结余为正的设备台数
$\Omega(jk, t_u)$	设备 M_{jk} 在决策时点 t_u 的维护决策
GP_u	在决策时点 t_u 的维护设备组合

9.7　产能平衡导向租赁利润优化策略

9.7.1　设备层维护周期规划

在串并联租赁生产系统中,不同工序的各台设备都有不同且独立的衰退特性。在整个租赁合同期内,设备的故障率参数都会受到内部和外部因素的影响,且随着役龄的增加而增加。同时,考虑到预知维护作业只能将设备恢复到较新的健康状态,本节引入基于两种调整因子的修复非新模型。预知维护前后设备 M_{jk} 的故障率函数为

$$\lambda_{(i+1)jk}(t) = \varepsilon_{jk}\lambda_{ijk}(t + a_{jk}T'_{ijk}) \qquad t \in (0, T_{(i+1)jk}) \tag{9-1}$$

式中, T'_{ijk} 是从系统层的维护决策反馈而来的实际维护时间间隔,如果系统层决策提前预知维护作业,则由成本率模型计算出的原最优维护时间间隔 T^*_{ijk} 被缩短; $a_{jk}(0 < a_{jk} < 1)$ 为役龄残余因子,描述内部维护因素的影响; $\varepsilon_{jk}(\varepsilon_{jk} > 1)$ 为环境影响因子,描述外部工况因素的影响。

从经济层面而言,在设备层建立故障成本率模型可以制定动态预知维护策略。 T_{ijk} 代表成本率模型中设备 M_{jk} 的第 i 个维护周期的时间间隔; C^P_{ijk} 为预知维护作业的成本, C^R_{ijk} 为小修作业的成本,则 M_{jk} 在第 i 个维护周期中的维护成本率 c_{ijk} 可以表述为

$$c_{ijk} = \frac{C^P_{ijk} + C^R_{ijk}\int_0^{T_{ijk}}\lambda_{ijk}(t)\mathrm{d}t}{T_{ijk} + T^P_{ijk} + T^R_{ijk}\int_0^{T_{ijk}}\lambda_{ijk}(t)\mathrm{d}t} \tag{9-2}$$

式中,分子表示当前维护周期内的总维护成本;分母表示整个维护周期时间。求解上式中使得 c_{ijk} 最小化的最优周期 T_{ijk}。采用动态循环的预知维护规划,结合贯序周期间的衰退演化规则,动态输出各租赁设备的最优维护周期序列。

9.7.2　租赁利润结余量化评估

系统层维护决策优化的构建核心是利用单台设备预知维护作业停机维护的契机,动态分析是否需要将其他相关设备(与触发设备串联或与之并联)的预知维护作业提前,即其他设备若加入当前维护组合是否能产生租赁利润结余,从而实现系统全局的维护成本的降低和租赁利润的增加。租赁利润结余的量化评估包括维护提前引起的租赁利润收益和租赁利润损失。

1) 租赁利润收益(LPA)

在串并联租赁生产系统中,当单台设备最先到达预知维护作业时点 t_{ijk} 时,以此时的 t_{ijk} 作为系统层的维护决策时点 t_u。其他设备的预知维护作业被提前加入该时点的维护组合(Group PM),在决策时点 t_u 的维护设备组合 GP_u 可能会产生的 LPA 包括以下 3 个部分。

(1) 人员派遣收益 LPA^D_{jku}。若每次为一台设备专程派出一支维护团队,会造成大量的

人员派遣成本浪费。若将其他设备的预知维护作业提前一起实施，非修设备 M_{jk} 的人员派遣收益即为一次人员派遣的费用，即

$$\text{LPA}_{jku}^{\text{D}} = C_{ijk}^{\text{D}} \qquad (9-3)$$

（2）失效控制收益 $\text{LPA}_{jku}^{\text{M}}$。提前维护调度使预知维护周期从 T_{ijk}^{*} 缩短为 $T_{ijk}^{*} - (t_{ijk} - t_u)$，可降低设备累积失效的概率，故障次数期望的减少会降低相应的小修作业成本。

$$\text{LPA}_{jku}^{\text{M}} = \left[\int_{0}^{T_{ijk}^{*}} \lambda_{ijk}(t)\,\mathrm{d}t - \int_{0}^{T_{ijk}^{*} - (t_{ijk} - t_u)} \lambda_{ijk}(t)\,\mathrm{d}t \right] C_{ijk}^{\text{R}} \qquad (9-4)$$

（3）设备租金收益 $\text{LPA}_{jku}^{\text{R}}$。当非修设备 M_{jk} 的预知维护作业被提前至当前维护组合 GP_u 时，未来的停机维护规划可以被避免。对于出租方而言，生产时间的增加意味着额外的租金收益，K_{jk} 代表设备 M_{jk} 的租金率，有

$$\text{LPA}_{jku}^{\text{R}} = T_{ijk}^{\text{P}} K_{jk} \qquad (9-5)$$

2）租赁利润损失（LPR）

负责外包运维的出租方对一台非修设备 M_{jk} 提前实施预知维护作业，除了会产生 LPA 之外，也会产生一定的 LPR，LPR 具体包括以下 3 个部分。

（1）频繁维护损失（$\text{LPR}_{jku}^{\text{P}}$）。若非修设备 M_{jk} 的预知维护提前，维护周期缩短至 $T_{ijk}^{*} - (t_{ijk} - t_u)$，会导致租赁合同期内，出租方需提供更多的维护次数，增加相应的预知维护成本。根据预知维护周期变化和调整更新周期，频繁维护损失可以表示为

$$\text{LPR}_{jku}^{\text{P}} = \frac{t_{ijk} - t_u}{T_{ijk}^{*} - (t_{ijk} - t_u)} C_{ijk}^{\text{P}} \qquad (9-6)$$

（2）加速折旧损失（$\text{LPR}_{jku}^{\text{D}}$）。通过对每台租赁设备的资产评估，可以发现，频繁维护会导致加速折旧。根据非修设备 M_{jk} 的维护周期变化和租赁合同期的比例、合同始末的价值折损（$V_{jk}^{\text{S}} - V_{jk}^{\text{E}}$）及折旧率系数 δ_{jk} 构建：

$$\text{LPR}_{jku}^{\text{D}} = \delta_{jk} \frac{t_{ijk} - t_u}{T_L} (V_{jk}^{\text{S}} - V_{jk}^{\text{E}}) \qquad (9-7)$$

（3）产能惩罚损失（$\text{LPR}_{jku}^{\text{C}}$）。若与触发设备处于同一工序的并行非修设备 M_{jk} 被提前做维护，将会导致工序乃至整个系统的产能下降，出租方需为因维护作业导致的承租方产能下降而支付惩罚费用，用产能损失时长和产能惩罚系数 C_{jk}^{C} 表示为

$$\text{LPR}_{jku}^{\text{C}} = T_{ijk}^{\text{P}} C_{jk}^{\text{C}} \qquad (9-8)$$

原系统正常加工时处于平衡态，工序内设备的总产能之和相等，因此并联设备停机维护对产能降低的影响与该工序总的设备台数成反比。

3）租赁利润结余（LPS）

根据上述 LPA 和 LPR 的量化建模以及串并联租赁系统的生产特点，动态分析当前时点每台非修设备的 LPS，并以此权衡是否将原定预知维护提前到 t_u。

（1）并联关系租赁利润结余（LPS(p)_{jku}）。对于与位于工序 $m1$ 的第 $n1$ 台触发设备

$M_{(m1)(n1)}$[其中，$t_u = t_{i(m1)(n1)} = \min(t_{ijk})$]处于同一工序的设备 $M_{jk}(j = m1$ 且 $k \neq n1)$ 而言，并联关系租赁利润结余可表示为

$$
\begin{aligned}
\text{LPS(p)}_{jku} &= \text{LPA}_{jku} - \text{LPR}_{jku} \\
&= \text{LPA}_{jku}^{R} + \text{LPA}_{jku}^{D} + \text{LPA}_{jku}^{M} - \text{LPR}_{jku}^{P} - \text{LPR}_{jku}^{D} - \text{LPR}_{jku}^{C}
\end{aligned}
\tag{9-9}
$$

如果 $\text{LPS(p)}_{jku} > 0$，说明将 $M_{jk}(j = m1$ 且 $k \neq n1)$ 的预知维护提前至 t_u，可产生租赁利润结余，则提前组合实施该设备的预知维护作业。

（2）串联关系租赁利润结余（LPS(s)_{jku}）。对于与触发设备 $M_{(m1)(n1)}$ 处于不同工序的设备 $M_{jk}(j \neq m1)$ 而言，两台设备间存在串联关系，则相应的租赁利润结余可表示为

$$
\begin{aligned}
\text{LPS(s)}_{jku} &= \text{LPA}_{jku} - \text{LPR}_{jku} \\
&= \text{LPA}_{jku}^{R} + \text{LPA}_{jku}^{D} + \text{LPA}_{jku}^{M} - \text{LPR}_{jku}^{P} - \text{LPR}_{jku}^{D}
\end{aligned}
\tag{9-10}
$$

如果 $\text{LPS(s)}_{jku} > 0$，说明将 $M_{jk}(j \neq m1)$ 的预知维护作业提前至 t_u，可产生租赁利润结余，是否提前需要进一步综合考虑工序层规划的最大停机数量。

9.7.3　工序层与系统层产能平衡计算

整个租赁生产系统往往由多个工序（各自包含若干并联的同类型设备）串联构成，确定最先到达设备层预知维护点的触发设备 $M_{(m1)(n1)}$，将该时点作为系统的 CB-LPO 决策时点 t_u，其中，$t_u = t_{i(m1)(n1)} = \min(t_{ijk})$。同时，该设备停机导致所在工序的产能下降，因此该工序为当前瓶颈，执行工序层（并联设备组）CB-LPO 决策，判断与该设备同一工序的设备 $M_{jk}(j = m1$ 且 $k \neq n1)$，将能够产生并联 LPS(p) 的非修设备与触发设备 $M_{(m1)(n1)}$ 进行组合预知维护，同时对规划维护和剩余工作的设备进行计数，有

$$
\forall \Omega((m1)k, t_u) = \begin{cases} 1 & \text{LPS(p)}_{(m1)ku} > 0 \\ 0 & \text{LPS(p)}_{(m1)ku} \leqslant 0 \end{cases}
\tag{9-11}
$$

$$
\alpha_{m1, u} = \sum_{1}^{K_{(m1)}} \forall \Omega((m1)k, t_u)
\tag{9-12}
$$

$$
\beta_{m1, u} = K_{m1} - \alpha_{m1, u}
\tag{9-13}
$$

式中，$\forall \Omega((m1)k, t_u) = 1$ 时，表示设备 $M_{(m1)k}$ 需要进行预知维护；$\forall \Omega((m1)k, t_u) = 0$ 时，表示设备 $M_{(m1)k}$ 不需要进行预知维护，继续加工；$\alpha_{m1, u}$ 和 $\beta_{m1, u}$ 分别表示在维护决策时点 t_u 工序 $m1$ 进行预知维护和剩余继续加工的设备台数。

由于稳定生产时每道工序的总生产能力 Cp 相同，则工序 $m1$ 的剩余生产能力可表达为

$$
\text{Cp}_u^{\text{remain}} = \frac{\beta_{m1, t_u}}{K_{m1}} \text{Cp}
\tag{9-14}
$$

为了保证整个租赁生产系统的产能平衡，分析上下游工序，为保证瓶颈工序 $m1$ 产能，其余工序所需的最小运行设备台数 $\beta_{j, u}$ 和最大可停机台数 $\alpha_{j, u}$ 可表示为

$$\beta_{j,u} = \left\lceil \frac{\mathrm{Cp}_u^{\mathrm{remain}}}{\mathrm{Cp}/K_j} \right\rceil \quad (j \neq m1) \tag{9-15}$$

$$\alpha_{j,u} = K_j - \beta_{j,u} \quad (j \neq m1) \tag{9-16}$$

上下游工序的各台设备利用串联关系 CB-LPO 决策判断,识别提前组合预知维护会产生租赁利润大于零的设备,并计数:

$$\forall \Omega(jk,t_u) = \begin{cases} 1 & \mathrm{LPS(s)}_{jku} > 0 \\ 0 & \mathrm{LPS(s)}_{jku} \leqslant 0 \end{cases} \quad (j \neq m1) \tag{9-17}$$

$$\gamma_{j,u} = \sum_1^{K_j} \forall \Omega(jk,t_u) \quad (j \neq m1) \tag{9-18}$$

若 $\gamma_{j,u} \leqslant \alpha_{j,u}$,将所有 LPS(s) 大于零的设备与触发设备 $\mathrm{M}_{(m1)(n1)}$ 成组进行维护,在剩余设备中选择 LPS(s) 数值较小的 $(\alpha_{j,u} - \gamma_{j,u})$ 台设备停机等待,并对其赋值 $\Omega(jk,t_u) = 2$,其他的 $\beta_{j,u}$ 台设备继续正常工作;否则,为保证瓶颈产能,对所有 LPS(s) 大于零的设备的 LPS 从大到小排序,选出前 $\alpha_{j,u}$ 台设备,与设备 $\mathrm{M}_{(m1)(n1)}$ 成组进行维护,剩余的 $\beta_{j,u}$ 台设备继续工作。

9.8 系统层机会运维决策流程

动态的系统层全过程周期性决策流程如图 9-7 所示:系统层利用单设备预定的维护时点,作为组合维护契机,开展机会维护优化;在工序层利用并联系统 CB-LPO 策略规划组合维护,并输出各工序为保证产能平衡的最大停机数量;在系统层动态建模串联系统 CB-LPO 决策的租赁利润结余,与工序层输出的确保产能平衡下各工序停机数量联合决策,优化并实时输出机会维护组合方案,同时将结果及时反馈给设备层进行维护计划更新。

步骤 1:设备层贯序预知维护周期确定。从第一个设备层维护周期($i=1$)开始,从故障成本率模型中实时获取各台租赁设备的 T_{ijk}^*。

步骤 2:系统层预知维护决策时点规划。根据设备层故障成本率模型的实时输出,生成所有工序的各台设备 M_{jk} 的系统层规划的预知维护时点:

$$t_{ijk} = T_{ijk}^* \quad (j=1,2,\cdots,J;\, k=1,2,\cdots,K_j) \tag{9-19}$$

步骤 3:全系统组合维护决策时点选择。对于整个租赁生产系统而言,单台设备的预知维护会为其他设备提供提前维护的机会。从第一个系统层维护周期($u=1$)开始,根据当前的触发设备 $\mathrm{M}_{(m1)(n1)}$ 确定系统层决策时点:

$$t_u = t_{i(m1)(n1)} = \min(t_{ijk}) \quad (0 < j \leqslant J,\, 0 < k < K_j) \tag{9-20}$$

步骤 4:工序层并联结构租赁利润结余计算。在当前维护决策时点 t_u,通过分析与触发设备 $\mathrm{M}_{(m1)(n1)}$ 同一工序的其他非修设备,按照并联关系租赁利润结余,判断出 LPS(p) 大于零的设备,与设备 $\mathrm{M}_{(m1)(n1)}$ 成组进行维护,对其赋值 $\Omega(jk,t_u)=1$,对该工序的维护作业设备进行计数 $\alpha_{m1,u}$。

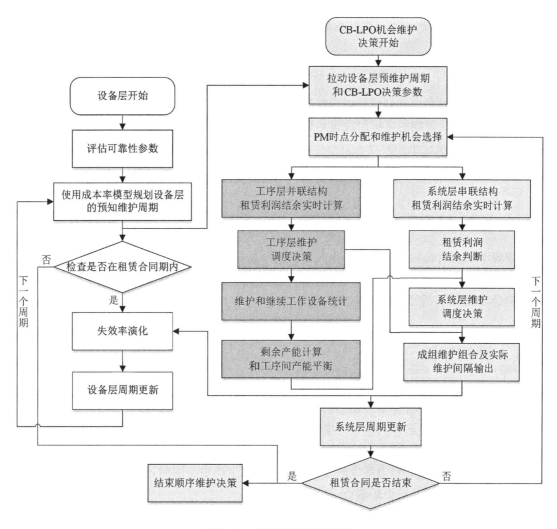

图 9 - 7 CB-LPO 决策流程图

步骤 5：工序层瓶颈产能停机台数确定。结合产线平衡和设备停机，将该工序作为系统的瓶颈。计算瓶颈工序的剩余生产能力，为了保证系统产能所需的 $\beta_{j,u}$ 和 $\alpha_{j,u}$ 规划上下游各工序 j。

步骤 6：工序间串联租赁利润结余计算。对其他工序中的各台租赁设备，利用串联关系租赁利润结余算法，分析获得预知维护提前产生 LPS(s) 大于零的设备，并计数为 $\gamma_{j,u}$。

步骤 7：产能导向的维护组合方案确定。比较上下游工序设备产生 LPS 大于零的台数 $\gamma_{j,u}$ 和保证瓶颈产能最大停机台数 $\alpha_{j,u}$，根据租赁结余最终确定系统的维护设备集合；确定停机等待的设备并对其赋值 $\Omega(jk,t_u)=2$。

步骤 8：多层间维护调度结果交互反馈。交互地将预知维护调度结果（实际维护周期 T'_{ijk}）反馈给设备层的故障成本率模型，并进行下一周期的预知维护规划：

$$T'_{ijk}=T^*_{ijk}-(t_{ijk}-t_u),\ \forall\Omega(jk,t_u)=1 \tag{9-21}$$

步骤 9：系统维护作业实施计划安排。安排所有满足 $\forall\Omega(jk,t_u)$ 等于 1 的租赁设备

加入维护组合 GP_u，出租方一次性派遣团队进行维护，维护时长为所有设备预知维护作业最大时长：

$$T_u^{pmax} = \max(T_{ijk}^p), \quad \forall \Omega(jk, t_u) = 1 \qquad (9-22)$$

步骤 10：设备贯序预知维护时点更新。对下一系统层维护周期，赋值 $u = u + 1$。 根据设备层规划和上一周期的系统层决策结果，更新每台租赁设备 $M_{jk}(j = 1, 2, \cdots, J; k = 1, 2, \cdots, K_j)$ 的系统层维护时点 t_{ijk}：

$$t_{ijk} = \begin{cases} t_{ijk} & \Omega(jk, t_u) = 0 \\ t_{u-1} + T_{u-1}^{pmax} + T_{ijk}^* & (i = i + 1) \quad \Omega(jk, t_u) = 1 \\ t_{ijk} + T_{u-1}^{pmax} & \Omega(jk, t_u) = 2 \end{cases} \qquad (9-23)$$

步骤 11：租赁合同期与决策结束判断。判断新的系统层维护时点 t_{ijk} 是否超出租赁合同期 T_L。 若是，结束串并联租赁系统维护调度决策；若否，回到**步骤 3**，寻找下一个系统层维护机会，继续贯序全系统维护时点决策。

9.9 算例分析

在本节中，为了验证本章提出的面向串并联生产系统机会维护的租赁利润策略的有效性，以租赁的串并联生产线为验证对象进行分析。在这种面向服务的制造模式下，小规模企业（承租方）可以从原始设备制造商（出租方）那里租赁价格高昂的设备，从而规避巨额投资的风险，使企业把财力和精力最大限度地投入在产品生产中。同时，出租方又能提供更专业的与租赁设备配套的系统维护服务，达到双方共赢。

本章的算例利用合作企业处收集的参数。该服务外包的某发动机零件加工车间，由 3 道串联工序，共 9 台设备组成，系统中的设备为 M_{jk}。 每道工序中包含 K 台独立健康衰退特性的设备，$K_1 = 3$ 台，$K_2 = 4$ 台，$K_3 = 2$ 台，三道工序设备依次是钻床、铣床、车床，该生产系统示意图如图 9-8 所示。

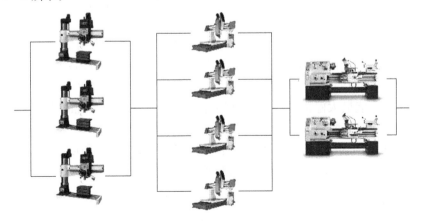

图 9 - 8 串并联租赁生产系统示意图

可以认为,在本系统中设备失效退化函数均服从威布尔分布:

$$\lambda_{jk}(t) = (m_{jk}/\eta_{jk})(t/\eta_{jk})^{m_{jk}-1} \tag{9-24}$$

式中,m_{jk} 代表威布尔分布函数的形状参数;η_{jk} 代表比例参数。此外,维修工程师可以在实际制造场景中采集维护相关的参数,比如 PM/CM 的持续时间和单次成本等,其相应的可靠性参数如表 9-2 所示。

表 9-2　各台租赁设备的可靠性参数

j,k	m_{jk}	η_{jk}	a_{jk}	ε_{jk}	T_{jk}^{S}/h	T_{ijk}^{P}/h	T_{ijk}^{R}/h	$C_{ijk}^{P}/\$$	$C_{ijk}^{R}/\$$
1,1	2.8	6 600	0.016	1.037	3 861	15	55	8 800	22 000
1,2	2.5	7 900	0.018	1.042	0	14	48	6 000	17 000
1,3	1.8	6 400	0.018	1.050	3 482	15	74	8 000	30 000
2,1	3.3	9 900	0.015	1.052	0	15	30	7 000	20 000
2,2	2.3	7 500	0.044	1.040	10 414	8	18	4 000	6 800
2,3	1.7	8 500	0.036	1.056	0	10	22	8 800	26 000
2,4	3.1	7 000	0.023	1.042	0	16	66	6 500	18 000
3,1	1.9	9 500	0.038	1.041	0	20	68	9 600	28 000
3,2	2.1	8 200	0.025	1.035	14 534	10	38	3 400	8 800

在租赁合同相关的信息数据方面,总租赁合同期 $T_L = 12\,000\,h$,各台租赁设备的始末价值 V_{jk}^{S} 与 V_{jk}^{E}、租金率 K_{jk}、折旧率系数 δ_{jk}、人员派遣费用 C_{ijk}^{D} 和产能惩罚系数 C_{ijk}^{C} 的取值如表 9-3 所示。可以看出,此租赁系统中,4 台非全新的设备也可以用本机会维护策略进行维护调度,在租赁期开始时设备非新的情况在服务型制造中是很常见的。

表 9-3　各台租赁设备的租赁参数

j,k	$V_{jk}^{S}/\$$	$V_{jk}^{E}/\$$	$K_{jk}/(\$\cdot h^{-1})$	δ_{jk}	$C_{jk}^{D}/\$$	$C_{jk}^{C}/(\$\cdot h^{-1})$	T_{jk}^{S}/h
1,1	670 000	560 000	20	0.22	1 500	60	3 861
1,2	500 000	440 000	14	0.15	1 000	60	0
1,3	960 000	910 000	16	0.13	1 400	60	3 482
2,1	730 000	705 000	10	0.13	1 350	45	0
2,2	430 000	390 000	16	0.16	900	45	10 414
2,3	600 000	525 000	20	0.28	1 500	45	0
2,4	700 000	680 000	12	0.11	1 100	45	0
3,1	830 000	750 000	18	0.22	1 500	90	0
3,2	350 000	325 000	8	0.12	800	90	14 534

9.9.1 系统层单机会维护周期的租赁利润评估及产能平衡计算

通过拉动设备层初始的维护调度 PM 间隔，CB-LPO 策略在每个系统层决策时点对整个系统的各个工序进行优化调度，确定机会维护方案。对于第一个系统层机会维护决策周期，租赁利润结余 LPS 的计算和预知维护周期的调整如表 9-4 和表 9-5 所示。基于系统层贯序型维护模型的输入，设备 M_{13} 的初始周期最短，为 3 363 h，因此将此设备设为本系统层周期决策的触发设备，系统层决策时点 $t_u = t_1 = 3 363$ h，被指定为设备 M_{13} 的维护时点，即 $t_{113} = 3 363$ h。在 CB-LPO 算法流程中，例如在表 9-5 的第一行，可以发现，如果将设备 M_{11} 的维护作业提前，出租方可以节省 300 \$ 的设备租金费用、1 500 \$ 的维护人员派遣费用和 1 351 \$ 的设备突发失效故障成本。但是，该机会维护调度也会造成 2 800 \$ 的浪费，包括 1 073 \$ 的频繁维护费用、827 \$ 的机器加速贬值和 900 \$ 的生产损失罚款。权衡利弊，$LPS_{111} = 351$ \$ 代表设备 M_{11} 在第 1 个系统周期中执行提前维护导致系统额外收入。此外，设备 M_{11} 还和 M_{13} 为同一道工序并联关系，因此将该设备维护作业提前到作业组 GP_1。同理，设备 M_{12} 的提前维护将导致 355 \$ 的损失，故维护作业按原计划实施。

表 9-4　在第 1 个系统周期的 CB-LPO 分析

j, k	t_{ijk}/h	T^*_{ijk}/h	T'_{ijk}/h	LPA_{jk1}/\$	LPR_{jk1}/\$	LPS_{jk1}/\$	$\Omega(jk, t_1)$	$\alpha_{j,1}$/个	$\gamma_{j,1}$/个
1, 1	3 773	3 773	3 363	3 151	2 800	351	1		
1, 2	4 431	4 431	3 363	3 191	3 546	−355	0	2	2
1, 3	3 363	3 363	3 363	—	—	—	PM		
2, 1	5 594	5 594	3 363	3 973	5 248	−1 275	0		
2, 2	4 898	4 898	3 363	2 811	2 644	167	1	2	2
2, 3	5 540	5 540	3 363	8 883	9 506	−623	0		
2, 4	3 971	3 971	3 363	2 542	1 287	1 255	1		
3, 1	5 720	5 720	3 363	8 646	10 185	−1 539	0	1	1
3, 2	4 571	4 571	3 363	2 351	1 523	828	1		

表 9-5　在第 1 个系统周期的租赁利润结余计算具体组成

j, k	LPA/\$			LPR/\$		
	LPA^R_{jk1}	LPA^D_{jk1}	LPA^M_{jk1}	LPR^P_{jk1}	LPR^D_{jk1}	LPR^C_{jk1}
1, 1	300	1 500	1 351	1 073	827	900
1, 2	196	1 000	1 995	1 905	801	840
1, 3	—	—	—	—	—	—

j,k	LPA/\$			LPR/\$		
	LPA_{jk1}^{R}	LPA_{jk1}^{D}	LPA_{jk1}^{M}	LPR_{jk1}^{P}	LPR_{jk1}^{D}	LPR_{jk1}^{C}
2,1	150	1 350	2 473	4 644	604	—
2,2	128	900	1 783	1 826	819	—
2,3	200	1 500	7 183	5 697	3 810	—
2,4	192	1 100	1 250	1 175	111	—
3,1	360	1 500	6 786	6 728	3 457	—
3,2	80	800	1 471	1 221	302	—

在确定了第一道工序在第一次系统决策时点的剩余运行的工作数量 $\alpha_{1,1}$ 后,为维持整个系统产能的平衡,可以计算出其他工序在该时点最大的设备停机数量。对于其他工序的设备,在计算租赁利润结余时不必考虑维护停机对系统产能降低的惩罚。经计算,设备 M_{22} 和 M_{24} 的维护作业也被提前,因为 $\mathrm{LPS(s)}_{221}=167\ \$ >0$,$\mathrm{LPS(s)}_{241}=1\ 255\ \$ >0$,同时停机数量的要求($\gamma_{2,1}=\alpha_{2,1}=2$个)也被满足。其他租赁利润结余值为负的机器,例如 M_{31} 等,在维护作业时仍保持运行状态,从而保证系统加工能力。

经过了几个系统层决策周期的更新,在 CB-LPO 算法中应考虑之前机会维护的执行对每台机器的影响。合同期内,在每个决策时点都依次进行相似的 CB-LPO 调度。如表 9 - 6 所示,在第 6 个系统层决策周期,$t_u=t_6=7\ 822\ \mathrm{h}$,$\mathrm{M}_{31}$ 各系统层触发此周期的 CB-LPO 决策,经计算,第 3 道工序仅维护一台设备,系统的产能减半,为保证产能不再继续下降,在维护期间工序 1 的设备至少要有 2 台正常工作,而此时设备 M_{12} 和 M_{13} 的租赁利润结余 LPS 均大于零,且 $\mathrm{LPS}_{113}>\mathrm{LPS}_{112}$,则选择利润结余更大的设备 M_{13} 进行机会维护,将其加入系统层第 6 周期维护组合 $\mathrm{GP}_6[\Omega(13,7\ 822)=1]$。

表 9 - 6　在第 6 个系统周期的 CB-LPO 分析

j,k	t_{ijk}/h	T_{ijk}^{*}/h	$T_{ijk}^{'}$/h	LPA_{jk6}/\$	LPR_{jk6}/\$	LPS_{jk6}/\$	$\Omega(jk,t_6)$	$\alpha_{j,6}$/个	$\gamma_{j,6}$/个
1,1	10 686	3 604	3 604	6 647	39 834	−33 187	0		
1,2	8 758	4 312	4 312	3 029	2 366	663	0	1	2
1,3	8 877	3 137	2 082	6 878	4 625	2 252	1		
2,1	11 061	5 452	5 452	4 385	11 123	−6 737	0		
2,2	8 087	4 708	4 443	1 412	380	1 032	1		
2,3	9 732	5 287	3 391	8 396	8 320	76	1	2	2
2,4	10 833	3 751	3 751	4 377	27 000	−22 623	0		
3,1	11 243	5 503	5 503	10 857	22 592	−11 735	0		
3,2	7 822	4 443	4 443	—	—	—	PM	1	1

9.9.2　租赁合同期内 CB-LPO 策略利润结余计算结果

在整个租赁合同期 T_L 中,CB-LPO 决策旨在利用每个维护机会,从系统的角度为串并联租赁系统提供服务。出租方可以通过该产能平衡决策,按周期循环计算每台租赁设备的实时利润结余。通过计算出的 LPS 和产能平衡的约束来确定在设备在系统维护时点的状态:正常运转、停机等待、预知维护,在此之后,CB-LPO 决策将调整过的实际预知维护周期 T'_{ijk} 反馈给设备层的贯序型预知维护调度模型中,用于计算下一个设备层最优 PM 时间间隔。

与前面介绍的单个系统层周期决策的例子类似,本章提出的决策规划动态的计算利润结余,同时考虑到产能的限制,以获得实时机会维护组合优化。贯序系统优化周期的分析如表 9-7 所示。

表 9-7　整个租赁合同期内系统层利润结余计算结果　　　　　单位: $

j, k	t_1 (3 363 h)	t_2 (4 431 h)	t_3 (5 594 h)	t_4 (5 720 h)	t_5 (7 066 h)	t_6 (7 822 h)	t_7 (8 758 h)	t_8 (10 686 h)
1, 1	351	−21 698	−3 290	−2 445	PM	−33 187	−8 781	PM
1, 2	−355	PM	−13 835	−11 559	−1 936	663	PM	—
1, 3	PM	−8 429	2 345	2 507	−3 261	2 252	−9 863	1 187
2, 1	−1 275	979	PM	−333 726	−15 774	−6 737	−1 699	1 516
2, 2	167	−11 842	−2 628	−1 817	700	1 032	—	—
2, 3	−623	1 525	−26 066	−21 575	−729	76	—	—
2, 4	1 255	−13 516	−2 004	−755	758	−22 623	−4 286	1 362
3, 1	−1 539	1 282	1 971	0	−11 428	−11 735	−2 419	1 922
3, 2	828	−7 981	−718	−1 308	927	PM	—	—

在每个维护机会(PM 执行时点) t_u,标注 PM 的设备意味着在该周期触发了 CB-LPO 机会维护决策。例如,对于设备 M_{12} 来说,在系统层的第 2 和第 7 周期,为其他设备的维护提供了机会。每个与 PM 触发设备在同一工序内(并联关系)的设备,如果其 $LPS(p)_{jku}$ 大于零,将在 t_u 时刻执行提前 PM。如果其他工序内的设备(串联)的 $LPS(s)_{jku}$ 大于零则将其作为维护的候选,是否实施提前维护作业要依据每个工序的最大停机数量来判断。在第 8 个系统周期中,仅有设备 M_{13}、M_{21}、M_{31} 有利润结余的计算,这是因为其他的设备(M_{12}、M_{22}、M_{23}、M_{32})经过上次的预知维护,下个预知维护规划时点 t_{ijk} 已经超出了合同期 $T_L = 12\,000$ h,故他们的 CB-LPO 策略已停止。基于上述计算结果和系统串并联结构,表 9-8 中列出了每个系统周期的维护设备组合 GP_u,其中包括标有 PM 的维护决策触发设备和 $\Omega(jk, t_u) = 1$ 的机会维护设备。另外,$\Omega(jk, t_u) = 2$ 的设备代表因产能的平衡,在此时点仅停机等待不进行维护的设备,例如系统层第 7 周期的设备 M_{21}。

表 9-8　整个租赁合同期内各设备的维护作业安排结果

j, k	t_1 (3 363 h)	t_2 (4 431 h)	t_3 (5 594 h)	t_4 (5 720 h)	t_5 (7 066 h)	t_6 (7 822 h)	t_7 (8 758 h)	t_8 (10 686 h)
1，1	1	0	0	0	PM	0	0	PM
1，2	0	PM	0	0	0	0	PM	—
1，3	PM	0	0	1	0	1	0	1
2，1	0	0	PM	0	0	0	2	1
2，2	1	0	0	0	0	1	—	—
2，3	0	1	0	0	0	1	—	—
2，4	1	0	0	0	1	0	0	1
3，1	0	0	0	PM	0	0	0	1
3，2	1	0	0	0	0	PM	—	—

9.9.3　机会维护策略经济有效性的验证

为了验证机会维护策略的经济优势,量化计算租赁合同期内的串并联系统总租赁利润。采用相同的租赁参数和设备可靠性参数,与两种传统常用的维护策略进行成本比较,其结果如图 9-9 所示。这些传统维护策略分别为独立按期预知维护(individual preventive maintenance,IPM)策略和统一提前成组维护(advanced group maintenance,AGM)策略。

(1) 在独立按期预知维护策略中,各台租赁设备都按照设备层(故障成本率模型)维护规划输出的各自预知维护周期独立执行,每次系统层维护时点只对本台设备进行维护作业,不考虑设备间的结构和经济依赖性,未从系统层视角对各预知维护作业进行优化调度。将此策略下的租赁合同期内利润作为基准线,设定其总租赁利润结余(total leasing profit saving,TLPS)为零。

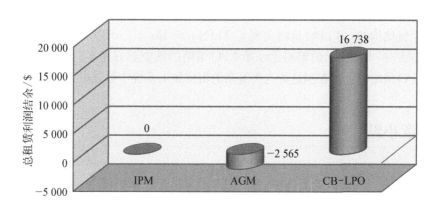

图 9-9　三种不同维护策略的总租赁利润结余对比

（2）在统一提前成组维护策略中，系统中一旦出现某台设备维护停机，则统一调度其余非修设备的预知维护作业全部提前到此时点，并根据计划更新各设备维护周期。此策略虽然利用了单台设备停机的维护机会，但没充分考虑设备间的经济依赖性，未能结合产能需求有针对性地进行系统层维护优化，不可避免会产生过度维护的现象，同时该案例生产停机惩罚成本较高，导致成组维护策略在该项成本损失过大，甚至不如单台设备独立维护。相较于IPM策略，该策略在整个租赁合同期内的 TLPS 为 $-2\,565\ \$$。

相比之下，本章提出的 CB-LPO 策略，在租赁合同期内产生的总租赁利润结余为 $16\,738\ \$$。实践证明，这种以产能平衡为导向的机会维护策略在生产控制方面具有经济的优越性和有效性。此外，此策略不需要对所有的可能维护组合进行利润和成本评估，而传统的机会维护策略建模算法的复杂度随设备台数的增加呈指数增长。针对每台租赁设备的实施 CB-LPO 调度确保了面向服务型制造中多单元租赁系统的外包维护计划调度的计算优势。

在实际的生产场景中，工厂密切关注设备维护过程中因停机造成的生产损失，对单机产能惩罚成本率较大的租赁系统进行了维护调度方案规划，参数为 $C_{11}^C=C_{12}^C=C_{13}^C=240\ \$/h$，$C_{21}^C=C_{22}^C=C_{23}^C=C_{24}^C=180\ \$/h$，$C_{31}^C=C_{32}^C=360\ \$/h$。在此情况下，同工序中并行的生产设备的维护作业合并将导致大规模的产能罚款的产生。因此，与 CB-LPO 策略相比，不考虑产能惩罚的原始 LPO 策略将产生更少的租赁利润结余总和，如图 9 - 10 所示。

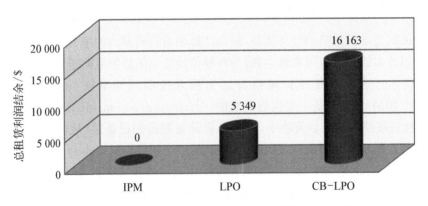

图 9 - 10　三种策略的总租赁利润结余（与原始 LPO 对比）

其中，原始 LPO 策略在整个租赁合同期的 TLPS 为 $5\,349\ \$$。相比之下，同时考虑租赁利润和串并联系统结构的 CB-LPO 策略实现了 TLPS$=16\,163\ \$$。可以看出当串并联系统的惩罚成本系数较大时，本章提出的策略比原始 LPO 策略的性能要好得多。此外，以产能平衡为导向的 CB-LPO 策略保证了在制造业这类复杂的租赁加工系统中处理串并联结构的能力。

9.10　本章小结

在当今竞争激烈的制造业市场中，为了应对丰富且个性化的需求，原始设备制造商通过产品与服务打包提供随租赁生产系统配套的完整解决方案来使商业价值最大化，不仅能够有效缓解因复杂的装备技术、昂贵的制造设备和冗余的产品库存导致的成本增加压力，更能针对随机且个性化的需求进行快速调整。服务型制造的出现和发展也在企业与客户日益密切的合作中显示其优势。而面向承租双方的生产系统的维护调度和决策,是服务型制造中对设备健康管理和产品价值拓展的重要一环。

　　针对服务型制造网络的维护调度问题,本章介绍了一种将产能平衡和租赁利润相结合的机会维护策略,能够为作为出租方的原始设备生产商们提供外包维护调度服务解决方案。此策略在维护建模阶段引入产能平衡的概念,不仅考虑在租赁利润结余计算中串联结构和并联结构中设备停机对维护相关成本的影响,而且能够在机会维护实施的同时让系统继续生产,保证系统部分产能的同时,对设备可靠性进行更新,形成了高效且经济的机会维护策略。不仅能够保证系统总租赁利润的增加,而且还能够避免因单独维护造成的时间和系统产量的损失,这对作为承租方的小型企业们也大有裨益。

参考文献

[1] Xia T B, Xi L F, Pan E S, et al. Lease-oriented opportunistic maintenance for multi-unit leased systems under product-service paradigm[J]. Journal of Manufacturing Science and Engineering, 2017, 139(7): 1087 – 1357.

[2] Xia T, Dong Y, Xiao L, et al. Recent advances in prognostics and health management for advanced manufacturing paradigms[J]. Reliability Engineering & System Safety, 2018, 178: 255 – 268.

[3] Lin W J, Jiang Z B, Li N. A survey on the research of Service-Oriented manufacturing [J]. Industrial Engineering and Management, 2009, 14(6): 1 – 31.

[4] Wu S. Assessing maintenance contracts when preventive maintenance is outsourced[J]. Reliability Engineering & System Safety, 2009, 98(1): 66 – 72.

[5] Schutz J, Rezg N. Maintenance strategy for leased equipment [J]. Computers & Industrial Engineering, 2013, 66(3): 593 – 600.

[6] Iskandar B P, Husniah H. Optimal preventive maintenance for a two dimensional lease contract[J]. Computers & Industrial Engineering, 2017, 113: 693 – 703.

[7] Zhou X J, Wu C J, Li Y T, et al. A preventive maintenance model for leased equipment subject to internal degradation and external shock damage[J]. Reliability Engineering & System Safety, 2016, 154(Oct.): 1 – 7.

[8] Hajej Z, Rezg N, Gharbi A. A decision optimization model for leased manufacturing equipment with warranty under forecasting production/maintenance problem [J]. Mathematical Problems in Engineering, 2015(8): 274530.1 – 274530.14.

第10章
单元型制造与贯序成组调度维护策略

10.1　单元型制造的发展

随着市场对于产品的多样化、个性化要求的提升,适用于有限种类产品大批量生产的流水线制造模式逐渐难以应对这一趋势。生产企业针对新一轮的定制化、个性化转型带来的新挑战,开始进行精益化转型,避免大量生产的过度刚性,增强生产自主协调能力。

20 世纪 50 年代中期,成组技术(group technology)被提出,其揭示并利用了事物之间的相似性,按照一定的准则分类成组后,采用同一方式进行处理以提升效率。20 世纪 60 年代,这一技术逐渐在日本、美国等国家被应用,以进行制造模式变革的探索。该技术的应用将传统制造与计算机、自动化技术结合发展,使多品种、中小批量生产实现高度自动化,从根本上改变制造企业原有的管理和工作方式,标准化、专业化和自动化程度得以提高。

在此基础上,单元型制造模式这一新的生产方式逐渐成形。单元型制造模式的核心理念是将具有相似制造过程的产品组合在一个制造单元内进行加工,图 10-1 中展示了一个典型的双人生产单元。单元型制造模式综合了单件生产与大批量生产的优点,既减少了单件生产的高成本,又避免了大量生产的过度刚性。单元型制造的应用可以达到效率和柔性

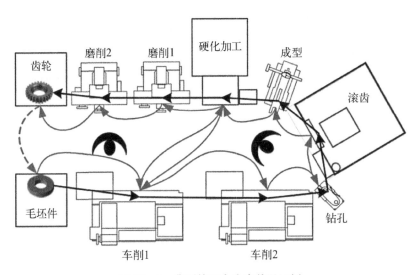

图 10-1　典型的双人生产单元示例

的统一,较好地满足多品种、小批量、短交期、准时制的市场需求形态。此外,单元型制造模式在降低库存、缩短订单前置时间方面的改善效果非常明显,实现了成本降低、质量保证、能耗降低、生产力提高等目标。

10.2　单元型制造案例

单元型制造模式在许多具有多工序或多变种的产品制造过程中被广泛应用,例如汽车制造、电子与计算机组件制造、医疗设备制造、家具制造等。下面以智能手机的组装流程为例,介绍单元型制造模式的具体实施方法。智能手机组装涉及的零部件较复杂且类型多样,涵盖较多的组装步骤,每个组装流程均设一个操作单元,每个单元可能由一组工作人员或自动化机器操作,专门针对此特定的组装任务。在这种模式下,每个单元可以独立优化其操作,确保最高的效率和质量。

(1)显示屏组装单元:在这一单元,显示屏与触摸屏传感器和保护玻璃组装在一起,在定位工具的帮助下,确保屏幕的每一层都正确对齐。随后,各部件通过特定过程被固定在一起,如紫外光固化。

(2)主板组装单元:该单元主要负责将主板上的处理器、内存和传感器等微型元件焊接到位,并使用高速自动化贴片机和热处理进行组件的固定。

(3)电池和外壳组装单元:在该单元中,手机电池被安装在指定位置,并与手机外壳进行集成组装。

(4)最终组装单元:在这一单元,已完成组装的显示屏、主板、电池等部分以及摄像头、扬声器、手机按钮等其他部件将被最终集成组装。

(5)测试单元:在完成智能手机的组装过程后,该单元将对触摸屏功能、按钮响应、摄像头清晰度等功能进行测试。

(6)软件安装单元:在该单元中,手机将进行软件安装操作,例如将操作系统与预安装的应用程序加载至设备中。

各个工序单元之间并非孤立操作,而具有紧密协作的关联。例如,为了减少材料和组件的移动时间和距离,相关单元的位置布局可进行针对性设计,这有助于减少中间库存、节省运输时间和降低可能的损坏风险;单元之间的信息交换同样有助于加工过程中缺陷的发现,并且当市场需求变化时,单元之间也可以通过调整生产计划进行响应。

10.3　单元型制造的特征分析

在日益激烈的市场竞争中,随着科技的发展和环境的改变,流水线的大批量生产模式已经表现出它的不适应性。为了克服流水生产的弊端,日本企业界在精益生产思想下提出了具有批量生产经济性和单件生产柔性特点的单元型制造。单元型制造与流水线生产在生产思想核心方面有较大的差异。

10.3.1 单元型制造与大批量生产管理思想比较

作为精益生产的重要组成部分,单元型制造从环境到管理实现的目标都是全新的管理方式,因此仅靠一两种新的管理手段是远远不够的,需要一套与企业环境、产品需求、文化和管理方法高度融合的全新管理体系。这一套自治的系统与传统的大批量生产区别包括以下5个方面。

(1) 优化范围不同。大批量生产源于美国,是基于美国的企业间的关系,强调市场导向,优化资源配置,每个企业以财务关系为界限,优化内部管理,而对相关企业,无论是供应商还是经销商,都以对手相待;单元型制造则以产品的生产工序为线索,组织密切相关的供应链,一方面降低企业协作中的交易成本,另一方面保证稳定需求与及时供应,以整个大生产系统为优化目标。

(2) 对待库存的态度。大批量生产方式的库存管理强调"库存是必要的恶物"。单元生产和精益生产中其他的模式的库存管理都强调"库存是万恶之源"。单元生产将生产中的一切库存视为浪费,包括空间、成本、人力等资源的浪费,认为库存掩盖了生产系统中存在的缺陷和问题。一方面强调供应对生产的保证,另一方面强调将库存尽可能降低为零,从而不断暴露生产中基本环节的矛盾,并加以改进,逐步降低库存,消灭产生的浪费。

(3) 业务观不同。传统的大批量生产方式的用人制度基于双方的雇佣关系,业务管理中强调个人工作高效的分工原则。在流水线模式中,将工作标准设定为操作人员的工作效率,以严格的业务稽查来促进和保证个人对企业无负面效应。单元型制造源于日本,深受东方文化的影响,在专业分工时强调协同以及业务流程的简化,消除没有必要的浪费和审查。

(4) 质量观不同。大批量生产模式中,一定量的次品被认为是在生产中不可避免的结果。单元型制造基于组织的分权和人的协作,认为让生产者保证产品质量的可靠性,且不牺牲生产的连续性。其核心思想是,可以通过消除质量问题来追求零不良。

(5) 对人的态度不同。大批量生产模式强调管理中严格的层次关系,对员工的要求在于严格完成上传下达的任务,人被看作附属于岗位的"螺丝钉";单元型制造则强调个人对生产过程的干预,尽力发挥人的能动性,同时强调协调,将员工视为公司的团体成员而非机器,充分发挥基层员工的主观能动性。

10.3.2 单元型制造优缺点分析

公司为了面对新的市场需求和挑战,将原有的流水线生产转变为单元型制造来克服原来产线的缺陷,使公司对小订单也能组织高效率、集约化的生产。单元型制造与原流水线生产相比有如下优势。

(1) 柔性高,布局弹性。原流水线有较强的刚性,因此在做其他产品时,存在调整困难和费用高的问题,而单元型制造规模小,一般使用通用设备,作业员也都是多面手,可以频繁、低成本地更换,转产周期短,公司能够灵活应对多样客户需求。同时,布局也没有统一固定的模式,可随时根据产品特性和生产需要进行灵活多样的布局。

(2) 建设周期短,节约生产空间。传统的流水线需要专门设计几十米的线体,为了提高线速,要采用大型自动化设备,整套设备占用较大生产面积,同时要求建设配套厂房,导致建设周期长、成本高,而单元型制造取消了传送带,只需普通的工作桌,采用小型、通用设备,不仅线体长度缩短,安排紧密,工作面积减少 30% 以上,同时还可以在短时间内完成建设,能够快速针对产量需求增加或缩减产线。

(3) 提高生产效率,缩短生产周期。这一优势主要体现在:① 无效动作减少。作业内容的合并和动作的整合,减少了很多无效动作,例如制品在流水线和工作台间的反复搬运、工具的重复拿放等,操作时间缩短,在流水线多人完成的总时间高于在单元产线中单人或小组的操作时间,效率得到提高。② 线平衡率提高。单元型制造因为完成产品的员工少,便于协调,线平衡容易控制。③ 换线迅速。产线的工作人员少,可以快速更换工装(模具、冶具等),发挥优势迅速换线,节省大量因换线而消耗的生产准备时间。

(4) 降低在制品库存,降低生产成本。在流水线生产中,为了防止因个别工序的突发延误而导致整条产线停机的情况,一般每道工序都有在制品库存,这不仅占用了大量的流动资金,还占用了生产空间。同时,流水线和自动化设备固定资产投资减少,人力成本也因人员缩减而降低。

虽然高柔性和高效率使得单元型制造相比于流水线而言能够更好地适应小批量的生产需求,但其在建立和运行中也会有一些挑战。

(1) 设备需要量增多,投资增加。原来全部劳动者处于流水线,所有设备和工具仅需一套,但将其分组成劳动单元进行生产工作后,每组工人均需要配套的工具和设备,因此针对小批量订单,通过经济性分析来判断单元型生产是否需要革新,包括流水线高额大型自动化设备的回收、多单元间设备的共用等。

(2) 对作业者技能要求高,培训成本增加。单元型制造中,每名作业者要承担更多的作业内容,操作也更加复杂。相应地,这对作业员的能力要求更高,新员工进厂后需要更多的培训时间。因此,企业进行单元生产革新时,要建立完善的新人培训机制,包括集中培训、专技考核、"导师制"等,主要提升操作技能和培养团队协助精神。

(3) 工作布置复杂,物料供应复杂。单元型制造占地面积小,布局紧凑,但加工涉及的原材料和工具众多。因此,如果不能合理布置工作地,必然会导致物料摆放凌乱,作业时在物料搬取上花费大量时间,导致生产效率的降低。因此要运用工作研究、工效学和设施规划等技术,考虑作业半径、操作内容和顺序、物料流动和占地面积等,进行对称摆放、按顺序摆放、分层摆放以提高效率。

10.4 考虑设备维护的柔性车间型制造单元调度策略

实施单元型制造模式的企业面临的问题是如何合理、有效地运营单元,而单元调度是合理、有效运营单元的关键。有关资料表明,制造过程中,95% 的时间消耗在非切削部分,调度技术直接影响制造的成本和效益。通过单元调度,可以在满足交货期、工艺路线、设备产能等约束条件的前提下,合理地分配设备等资源,安排零件生产的先后顺序,决策各任务的起止时间,达到最优化制造时间或成本的目的。

当车间内两种形态的制造单元共存时,既会有按生产流程顺序依次摆放设备的流水车间型制造单元(flow-shop manufacturing cell，FMC)，又会有设备摆放无明显规律、存在单元间物流的作业车间型制造单元(job-shop manufacturing cell，JMC)。由于 FMC 内部生产相对独立，与其他单元间无物流往来，因此 FMC 内生产调度也可以独立开展。在 FMC 中，零件的加工流程是一致的，根据具体尺寸形状、加工工况等条件，可将 FMC 中零件再细分为多族零件，或当某一类零件分成多批加工时，同类零件的不同批次可以看作一个零件族内的多个零件批次。这样的 FMC 调度有别于其他传统的流水线调度问题。一方面，FMC调度既要决策零件族的加工顺序，也要决策族内零件的加工顺序。同一个零件族内的零件因为形状、加工条件等具有极高的相似度，在切换时，设备的准备时间可以忽略不计，而不同零件族内的零件之间的切换则不可忽略。另一方面，不同零件族在同一设备上加工时，对应设备的工况(如主轴转速、切削深度、进给速度等)不同，对设备健康状态的影响也不同。

良好的设备健康状态是 FMC 顺畅运行的前提。在 FMC 中，一台设备的故障可能导致生产陷入停滞，引发巨额损失。随着设备的持续使用，其役龄和故障率不断增大，宕机频发，严重影响整个制造单元的生产流畅度。设备预防性维护(preventive maintenance cost，PM)是保持设备健康、减少故障的有效手段。然而，由于零件的生产调度和设备维护相互影响，设备维护虽然有利于保障 FMC 内设备的健康，却也占用了零件加工的时间，两者之间存在一个平衡。针对考虑设备维护的生产调度问题，目前已经出现了大量卓有成效的研究，但这些研究尚不能解决具有两层调度、不同零件族加工工况不同、设备不完美维护的 FMC 调度问题。

本章建模聚焦于为 FMC 提供考虑族变工况下设备不完美维护的调度策略。以柔性流水车间型制造单元(flexible flow-shop manufacturing cell，FFMC)为研究对象，即某个加工阶段存在并行机。首先，将建立工况依零件族变化而变化(简称族变工况)时的可靠性模型；其次，基于此模型将进一步改进传统的不完美维护模型，得到族变工况下单设备的不完美维护模型；最后，将针对 FFMC 建立系统层，考虑族变工况下设备不完美维护的单元调度模型，同时决策并行设备分配、FFMC 调度生产排程、设备维护方案，使维护相关成本和生产相关成本的和最小化。此外，鉴于问题的复杂性，将基于问题特性，开发高效的求解算法，实现大规模问题的快速求解。

10.5　考虑族变工况下设备不完美维护的调度问题描述

10.5.1　柔性流水车间型制造单元调度问题

假设在 FFMC，零件按批生产。共有 G 个零件族经历 M 个加工阶段，零件族 g 中有 $N_g(N_g \geqslant 1)$ 批零件，阶段 i 有 $M_i(M_i \geqslant 1)$ 台并行设备。为显简洁，下文以第(g,j)批零件表示零件族 g 内的第 j 批零件，以设备(i,m)表示阶段 i 的第 m 台设备。

定义 $s_{igg'}$ 为阶段 i 上的设备在加工完零件族 g 中的一批零件后立刻加工零件族 g' 的一批零件的切换时长。对任意 g，$s_{igg}=0$。 FFMC 调度是为每台设备(i,m)找到一个序列 σ_{im}^*，$\sigma_{im}^* = \{\sigma_{im}(1),\sigma_{im}(2),\cdots,\sigma_{im}(N_{im})\}$，达到最小化最大完工时间、加权完成时间和等

调度目标,其中 N_{im} 表示设备(i,m)加工的零件批数总和,$\sigma_{im}(k)$ 表示在设备(i,m)上第 k 批被加工的批次编号。定义 $C_{\sigma_{im}(k),im}$ 表示 $\sigma_{im}(k)$ 在设备(i,m)的完工时间,则有

$$C_{\sigma_{im}(k),im}=\max(C_{\sigma_{im}(k),i-1,1},\cdots,C_{\sigma_{im}(k),i-1,M_i},C_{\sigma_{im}(k-1),i,m}+s_{igg'})+p_{\sigma_{im}(k),i}$$

$$(10-1)$$

式中,$\sigma_{im}(k-1)$ 属于零件族 g;$\sigma_{im}(k)$ 属于零件族 g';$\max(C_{\sigma_{im}(k),i-1,1},\cdots,C_{\sigma_{im}(k),i-1,M_i})$ 表示 $\sigma_{im}(k)$ 在阶段$(i-1)$ 的完工时间,$C_{\sigma_{im}(k-1),i,m}$ 表示设备(i,m)上第$(k-1)$批被加工的零件完工时间。若在每个阶段零件加工的排列都一样,那么该调度称为置换型调度策略,反之则称为非置换型调度策略。

10.5.2　考虑设备维护的 FFMC 调度问题

针对单元调度中的零件和设备,做出如下假设:① 所有零件在零时刻都可以被加工,且需求数量和加工批量已知;② 在每个阶段,来自同一个零件族的零件分配给同一台设备;③ 不是所有批次都需要经过每个加工阶段;④ 设备的准备工作可以在零件到达前完成;⑤ 零件的交货期已知,拖期交货将带来一定的惩罚;⑥ 设备失效率服从威布尔分布,以设备(i,m)为例,其基准故障率函数为 $h_{im00}=\beta_i/\eta_i(t/\eta_i)^{\beta_i-1}$,其中,$\eta_i>0$,$\beta_i>1$;⑦ 若设备正在加工,可以实施小修,但不能实施 PM;⑧ PM 可将设备失效率减小,但无法"修复如新",即 PM 为不完美维护。

考虑设备不完美维护的 FFMC 调度问题以使零件拖期交货成本(tardiness cost,TC)、设备小修成本(minimal repair cost,MRC)与 PM 成本(preventive maintenance cost,PMC)之和最小化为目标,同时解决 3 个子问题:① 非置换型 FMC 调度问题。不仅要决策各零件族在每个阶段的加工顺序,也要决策零件族内各零件批次的加工顺序。此外,调度策略设置为非置换型,即每个零件族、零件族内的每批零件在每个阶段的加工顺序不一定相同。② 并行设备分配问题。由于在某些加工阶段上存在并行设备,因此也需要解决零件族在并行设备的分配问题。③ 族变工况下的单元内设备维护决策。考虑到设备在加工过程中无法实施维护,设备的维护机会主要出现在非加工阶段的空闲期,因此在设备加工某批次前,需要决策是否实施 PM。设备维护与否要权衡设备的健康状态、维护机会、维护成本、不维护带来的小修成本和零件拖期成本等因素。

10.6　族变工况下单设备不完美维护模型

10.6.1　族变工况下设备可靠性改进模型

在现实的生产当中,同一台设备可能随着加工批量、生产计划的变化,其工况(如吃刀深度、主轴转速、进给速率等)也发生着变化。学术上用工况协变量来描述设备工况。研究表明,设备运行工况随时间变化(简称时变工况)对设备的失效率有极大的影响。加速失效模型(accelerated failure time model,AFTM)是基于协变量量化工况对设备劣化速率影响的主要模

型之一,它利用工况协变量调整参数与时间的乘积,来更正设备在不同工况下的失效时间。

在 FMC 中,同一零件族内的零件在材料、加工条件、工装等方面相似度高,而不同零件族内的零件差异性则较大,设备的工况协变量依零件族的变化而变化,即加工同一个零件族内的零件设备工况相同,而不同零件族之间,设备的工况也有较大差异。将 Liu 和 Makis 对时变工况条件下设备可靠性模型应用到 FMC 中:假设设备(i,m)中加工零件族 1,2,…,G 时,对应的工况协变量矢量和时间长度为 $\{z_1,T_1\}$,…,$\{z_G,T_G\}$。定义 $\varphi_{im}(\boldsymbol{\beta}z_g)$ 是在加工第 g 个零件族时设备(i,m)的工况调整因子,它表示在第 g 种工况下,进给速率、吃刀深度、主轴转速等工况协变量矢量 z_g 对设备失效时间的影响,其中 $\boldsymbol{\beta}$ 是回归参数的行向量。在 FFMC 中,假设在设备(i,m)上依次加工零件族 1,2,……,G。在设备(i,m)加工零件族 1 时 $(t_0\leqslant t\leqslant t_1)$,其可靠性函数为

$$R_{im0}(t;z_1)=\exp\left[-\int_0^{\varphi_{im}(\boldsymbol{\beta}z_1)(t)}h_{im00}(t)\mathrm{d}t\right]=R_{im00}\left[\varphi_{im}(\boldsymbol{\beta}z_1)t\right] \tag{10-2}$$

式中,$h_{im00}(t)$ 为设备(i,m)在恒定基础工况下的基准失效率函数;$R_{im00}(t)$ 为基准可靠性函数。根据 Liu 和 Makis 的研究,在设备(i,m)加工第 g 个零件族时 $(t_{g-1}\leqslant t\leqslant t_g)$ 的可靠性函数为

$$\begin{aligned}&R_{im0}(t;z_g,\cdots,z_1)\\&=R_{im00}\left\{\left[(t-t_{g-1})+\sum_{n=1}^{g-1}T_n\varphi_{im}(\boldsymbol{\beta}z_n)/\varphi_{im}(\boldsymbol{\beta}z_g)\right]\varphi_m(\boldsymbol{\beta}z_g)\right\}\\&=R_{im00}\left[\varphi_{im}(\boldsymbol{\beta}z_g)(t-t_{g-1})+\sum_{n=1}^{g-1}T_n\varphi_{im}(\boldsymbol{\beta}z_n)\right]\end{aligned} \tag{10-3}$$

式中,$\sum\limits_{n=1}^{g-1}T_n\varphi_{im}(\boldsymbol{\beta}z_n)/\varphi_{im}(\boldsymbol{\beta}z_g)$ 是在加工第 g 个零件族时,前 $g-1$ 个零件族的加工时长在设备(i,m)加工零件族 g 上的等效役龄;$\sum\limits_{n=1}^{g-1}T_n\varphi_{im}(\beta z_n)$ 表示前 $g-1$ 个零件族的加工时长在基准工况下的等效役龄。

以上基于时变工况下的设备可靠性模型推导出来的 FMC 中设备可靠性模型,忽略了工况的变化频繁程度给设备健康带来的影响。图 10-2 所示是两组不同加工顺序的零件族对应的工况调整因子,若用式(10-3)中的可靠性函数进行计算,在 $t=50$ 时,图 10-2(a)和图 10-2(b)中设备的可靠性函数均为 R_{im0},$R_{im0}=R_{im00}(0.8t+12)$。但是在实际中,频繁变动的工况[见图 10-2(a)]对设备带来的损害程度将高于较为缓和的变动的工况对设备带来的损害[见图 10-2(b)],式(10-3)对设备可靠性的描述显然无法诠释这种情况。

鉴于此,本章提出工况调整因子,改进该模型。改进后的可靠性模型为

$$\begin{aligned}&R_{im0}(t;z_g,\cdots,z_1)\\&=R_{im00}\left\{\left[(t-t_{g-1})+\sum_{n=1}^{g-1}T_n\varphi_{im}(\boldsymbol{\beta}z_n)\psi_{im}(z_{g-1},\cdots,z_1)/\varphi_{im}(\boldsymbol{\beta}z_g)\right]\varphi_{im}(\boldsymbol{\beta}z_g)\right\}\\&=R_{im00}\left[\varphi_{im}(\boldsymbol{\beta}z_g)(t-t_{g-1})+\sum_{n=1}^{g-1}T_n\varphi_{im}(\boldsymbol{\beta}z_n)\psi_{im}(z_{g-1},\cdots,z_1)\right]\end{aligned}$$

$$\tag{10-4}$$

式中，$\sum\limits_{n=1}^{g-1}T_n\varphi_{im}(\boldsymbol{\beta}z_n)\psi_{im}(z_{g-1},\cdots,z_1)/\varphi_{im}(\boldsymbol{\beta}z_g)$ 为等效役龄；$\psi_{im}(z_g,\cdots,z_1)\geqslant 1$ 表示设备 (i,m) 依次加工零件族 $1,2,\cdots,g$ 的工况调整因子。若 $g\leqslant 2$，则 $\psi_{im}(z_g,\cdots,z_1)=1$；若 $g>2$，$\psi_{im}(z_g,\cdots,z_1)$ 则参考金融学领域中计算历史波动率的 close-to-close 算法获得，具体步骤如下：

步骤 1：计算 $S_i=\ln[\varphi_{im}(\boldsymbol{\beta}z_{i+1})/\varphi_{im}(\boldsymbol{\beta}z_i)]$，$i=1,\cdots,g-1$；

步骤 2：计算 $S_1,\cdots,S_{g-1}$ 的方差，即 $\sigma_S=\sqrt{\sum\limits_{i=1}^{g-1}(S_i-S_{\mathrm{avg}})^2/(g-1)}$，其中 S_{avg} 表示平均数；

步骤 3：计算工况调整因子 $\psi_{im}(z_g,\cdots,z_1)=1+\sigma_S$。

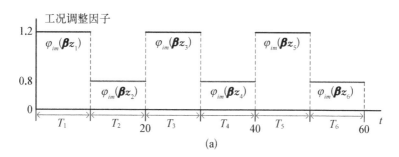

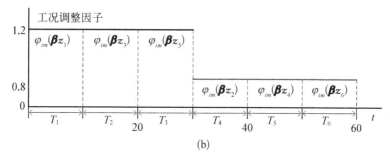

图 10 - 2　变化频率不同的工况调整因子

(a) 工件族加工顺序为 1，2，3，4，5，6 时的工况调整因子；(b) 工件族加工顺序为 1，3，5，2，4，6 时的工况调整因子

基于改进的设备可靠性模型，即式 (10-4)，重新计算工件族加工顺序为 1，2，3，4，5 和工件族加工顺序为 1，3，5，2，4，6 的设备在 $t=50$ 时的工况调整因子，分别为 $\psi_{im}(z_5,z_4,z_3,z_2,z_1)\approx 1.41$ 和 $\psi_{im}(z_5,z_4,z_3,z_2,z_1)\approx 1.18$，可靠性函数分别为 $R_{im0}(t;z_6,z_5,z_4,z_3,z_2,z_1)=R_{im00}(0.8t+33.3)$ 和 $R_{im0}(t;z_6,z_4,z_2,z_5,z_3,z_1)=R_{im00}(0.8t+21.6)$。图 10-2(b) 中前 5 个零件族的加工等效役龄较图 10-2(a) 少约 15 个单位时长，即，$52\times 1.41\div 0.8-52\times 1.18\div 0.8\approx 15$。工况调整因子的引入成功区分了两种不同的工况波动下设备的健康状态。

10.6.2　改进的单设备不完美维护模型

在经典的不完美维护模型中，两个连续维护周期内设备的故障率函数关系为

$$h_{im,\,l+1,\,0}=b_i h_{im,\,l,\,0}(t+a_i T_{im,\,l}) \tag{10-5}$$

式中，$t\in(0,T_{im,\,l+1})$；$h_{im,\,l0}(t)$ 是设备 (i,m) 在第 $(l-1)$ 个和第 l 个维护活动之间的故障率模型；$T_{im,\,l}$ 是设备 (i,m) 第 l 个维护周期的长度；a_i $(0\leqslant a_i\leqslant 1)$ 为役龄残余因子；b_i 为故障率递增因子。基于式（10-5），完美维护本质上为不完美维护的特例，即 $b_i=1$ 和 $a_i=0$ 时的维护。

在经典的不完美维护模型中引入族变工况下设备可靠性的改进模型，以图 10-3 为例。

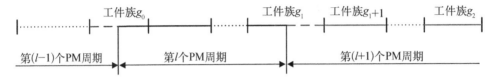

图 10-3 族变工况下设备预防性维护

在第 l 个维护周期，设备 (i,m) 依次加工零件族 g_0，g_0+1，…，g_1。在第 l 次维护活动后，设备故障率为

$$h_{im,\,l+1,\,0}=b_i h_{im,\,l,\,0}(t+a_i T_{im,\,l}^*)$$

其中

$$T_{im,\,l}^*=\left[\varphi_{im}(\boldsymbol{\beta}\boldsymbol{z}_{g_0})T_{g_0l}'+\sum_{g=g_0+1}^{g_1-1}\varphi_{im}(\boldsymbol{\beta}\boldsymbol{z}_g)T_g+\varphi_{im}(\boldsymbol{\beta}\boldsymbol{z}_{g_1})T_{g_1l}'\right]\psi_{im}(\boldsymbol{z}_{g_1},\,\cdots,\,\boldsymbol{z}_{g_0}) \tag{10-6}$$

式中，T_{gl}' 表示第 l 个维护周期中用于加工零件族 g 的时长。经推导，可进一步得到设备 (i,m) 在加工零件族 g_2 的失效率函数，为

$$\begin{aligned}
h_{im,\,l+1}&=\varphi_{im}(\boldsymbol{\beta}\boldsymbol{z}_{g_2})h_{im,\,l+1,\,0}\left[\varphi_{im}(\boldsymbol{\beta}\boldsymbol{z}_{g_2})\right]\\
&=b_i^l\varphi_{im}(\boldsymbol{\beta}\boldsymbol{z}_{g_2})h_{im00}\left[\varphi_{im}(\boldsymbol{\beta}\boldsymbol{z}_{g_2})(t-t_{g_2-1}+t^*)+\sum_{k'=1}^{l}a_i T_{imk'}^*\right]
\end{aligned} \tag{10-7}$$

式中，$t^*=\left[T_{g_1,\,l+1}'\varphi_{im}(\boldsymbol{\beta}\boldsymbol{z}_{g_1})+\sum_{g'=g_1+1}^{g_2-1}T_{g'}\varphi_{im}(\boldsymbol{\beta}\boldsymbol{z}_{g'})\right]\psi(\boldsymbol{z}_{g_2-1},\,\cdots,\,\boldsymbol{z}_{g_1})/\varphi_{im}(\boldsymbol{\beta}\boldsymbol{z}_{g_2})$，是设备 (i,m) 在加工零件族 g_2 时，之前依次加工零件族 g_1，g_1+1，…，g_2-1 的等效役龄。

10.7 考虑族变工况下设备维护的系统层单元调度策略

为了建立考虑族变工况下设备不完美维护的 FFMC 调度模型，定义参数（见表 10-1）和变量（见表 10-2）。

表 10 - 1　输入参数

参　数	含　义
G	零件族总数
N	零件批次总数 $N = \sum_{g=1}^{G} N_g$
M	加工阶段总数
N_g	零件族 g 中零件批次的数量
M_i	阶段 i 上并行设备的数量
a_i	阶段 i 上设备的役龄残余因子
b_i	阶段 i 上设备的故障率递增因子
β_i, η_i	设备故障率威布尔分布参数
t_i^{pm}、C_i^{pm}	阶段 i 上设备的维护一次的时长、成本
t_i^{mr}、C_i^{mr}	阶段 i 上设备的小修一次的时长、成本
C_{gj}^{tr}	第 (g, j) 批零件单位时间内的拖期成本
T_{gj}	第 (g, j) 批零件的交货期
p_{gji}	第 (g, j) 批零件在阶段 i 上的加工时长
$s_{igg'}$	阶段 i 上设备从加工完零件族 g 后转变为加工零件族 g' 的切换时长

表 10 - 2　决策变量与辅助决策变量

	参　数	含　义
决策变量	E_{imk}	设备 (i, m) 上第 k 批零件的完工时间
	S_{imk}	设备 (i, m) 上第 k 批零件的开始时间
	X_{gjimk}	若第 (g, j) 批零件是设备 (i, m) 上加工的第 k 批零件为 1；否则，为 0
	Y_{imk}	若设备 (i, m) 在加工其第 k 批零件前实施 PM 为 1；否则，为 0
辅助决策变量	a_{imk}^+	设备 (i, m) 加工第 k 批零件之后的役龄
	a_{imk}^-	设备 (i, m) 加工第 k 批零件之前的役龄
	t_{imk}	设备 (i, m) 上加工第 k 批零件的时长
	l_{imk}	设备 (i, m) 在加工第 k 批零件之前的维护次数
	T_{iml}	设备 (i, m) 第 l 个维护周期时长
	$s_{im, k-1, k}$	设备 (i, m) 加工第 $k-1$ 个和第 k 批零件之间的转换时间
	MRC_{imk}	设备 (i, m) 在加工第 k 批零件期间的小修成本
	B_{imk}	设备 (i, m) 上加工的第 k 批零件在阶段 $i-1$ 上的完工时间
	TC	零件拖期交货成本
	PMC	设备预防维护成本
	MRC	设备小修成本

该策略最主要的决策变量是 X_{gjimk} 与 Y_{imk}。其中,决策变量 X_{gjimk} 对应10.5.2节中提到的前两个子问题,即非置换型 FMC 调度问题和并行设备分配问题,变量 X_{gjimk} 可反映出零件在每个阶段上的设备选择与加工顺序;零件在对应设备上的加工起始时间和结束时间则分别体现在决策变量 S_{imk} 和 E_{imk} 中。决策变量 Y_{imk} 对应第三个子问题,即族变工况下的单元内设备维护决策,设备维护机会出现在设备空闲期,Y_{imk} 可将所有可能的维护机会列出,并通过 0~1 值判断某个具体机会下是否实施设备维护。

考虑族变工况下设备不完美维护的 FFMC 调度模型(简称模型Ⅰ)为

$$\min(TC + MRC + PMC) \tag{10-8}$$

约束条件为

$$\sum_{m=1}^{M_i}\sum_{k=1}^{N} X_{gjimk} = 1 \quad \forall g, j, i \tag{10-9}$$

$$\sum_{g=1}^{G}\sum_{j=1}^{N_g} X_{gjimk} \leqslant 1 \quad \forall k, i, m \tag{10-10}$$

$$\sum_{g=1}^{G}\sum_{j=1}^{N_g} X_{gjimk} \geqslant \sum_{g=1}^{G}\sum_{j=1}^{N_g} X_{gjim,k+1} \quad \forall i, m \quad \forall k < N \tag{10-11}$$

$$\sum_{m=1}^{M_i}\sum_{k=1}^{N-N_g}\left[\prod_{p=0}^{N_g-1}\left(\sum_{j=1}^{N_g} X_{gjim,k+p}\right)\right] = 1 \quad \forall g, i \tag{10-12}$$

$$X_{gjimk}, Y_{imk} \in \{0, 1\} \tag{10-13}$$

各条件的约束作用如下。

(1) 式(10-9)表示每批零件的每道工序只能分配给每个加工阶段上的一台设备。

(2) 式(10-10)确保设备在同一时间不能加工两批零件。

(3) 式(10-11)确保某设备上加工零件的顺序不能大于该设备上加工的零件总数。

(4) 式(10-12)表示同一个零件族的零件需在一起加工。

(5) 式(10-13)为决策变量的逻辑属性。

为了计算目标函数中的零件拖期交货成本 TC,首先需要知道零件的完工时间。定义 E_{imk} 为设备 (i, m) 上加工的第 k 批零件的平均完工时间,它的值与以下6个因素有关[设备 (i, m) 加工序列见图10-4]。

(1) 该零件在阶段 $i-1$ 的完工时间 B_{imk},其可由式(10-14)计算:

$$B_{imk} = \sum_{g, j, m', k'} X_{gjimk} X_{gj,i-1,m'k'} E_{i-1,m'k'} \tag{10-14}$$

(2) 设备 (i, m) 上加工的第 $k-1$ 批和第 k 批零件之间可能存在的转换时间 $s_{im,k-1,k}$,其可由式(10-15)计算:

$$s_{im,k-1,k} = \sum_{g=1}^{G}\sum_{g'=1}^{G}\left[\left(\sum_{j=1}^{N_g} X_{gjim,k-1}\right)\left(\sum_{j'=1}^{N_{g'}} X_{g'j'imk}\right) s_{igg'}\right] \tag{10-15}$$

式中,$s_{igg'}$ 为设备 (i, m) 在加工完零件族 g 中的一批零件后继而加工零件族 g' 所需要的转换时长。

（3）该零件在设备 (i,m) 上的加工时长 t_{imk}，其可由式（10-16）计算：

$$t_{imk} = \sum_{g=1}^{G} \sum_{j=1}^{N_g} p_{gji} X_{gjimk} \tag{10-16}$$

式中，p_{gji} 表示第 (g,j) 批零件在阶段 i 上的加工时长。

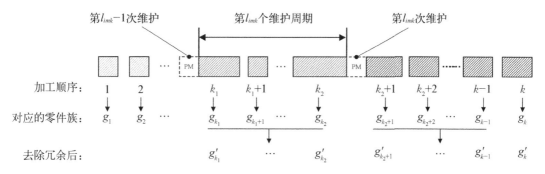

图 10-4 设备 (i,m) 加工序列举例

（4）小修时间：假设设备 (i,m) 在加工第 k 批零件之前已经实施过 l_{imk} 次维护，第 $l_{imk}-1$ 次维护发生在加工第 k_1 批零件前，即 k_1 满足 $\sum_{q=1}^{k_1} Y_{imq} = l_{imk}-1$ 和 $\sum_{q=1}^{k_1-1} Y_{imq} = l_{imk}-2$；第 l_{imk} 次维护发生在加工第 k_2+1 批零件前，即 k_2 满足 $\sum_{q=1}^{k_2+1} Y_{imq} = l_{imk}$ 且 $\sum_{q=1}^{k_2} Y_{imq} = l_{imk}-1$。 在第 l_{imk} 个维护周期，第 k_1 个、第 k_1+1 个、…、第 k_2 批零件依次被加工，通过 $\sum_{j=1}^{N_{gk_1}} X_{g_{k_1}jimk_1} = 1$，$\sum_{j=1}^{N_{gk_1+1}} X_{g_{k_1+1}jim(k_1+1)} = 1$，…，$\sum_{j=1}^{N_{gk_2}} X_{g_{k_2},jim,k_2} = 1$ 可以找到这些零件对应的零件族序列为 g_{k_1}, g_{k_1+1}, …, g_{k_2}。 在移除零件族序列中重复元素后，得到的零件族序列为 $g_{k_1'}$, …, $g_{k_2'}$，那么在第 $l_{imk}-1$ 个和第 l_{imk} 个维护周期之间，加工第 k_1 个、…、第 k_2 个零件的等效役龄为

$$T_{im,l_{imk}}^* = \psi(\boldsymbol{z}_{g_{k_2'}}, \cdots, \boldsymbol{z}_{g_{k_1'}}) \sum_{k'=k_1}^{k_2} \sum_{g=1}^{G} \sum_{j=1}^{N_g} X_{gjimk'} \varphi(\boldsymbol{\beta z}_g) t_{imk'} \tag{10-17}$$

基于式（10-7），在第 l_{imk} 个维护后设备 (i,m) 的故障率函数 $h_{im,l_{imk}+1}$ 为

$$
\begin{aligned}
h_{im,l_{imk}+1} &= b_i^{l_{imk}} \varphi_{im}(\boldsymbol{\beta z}_{g_{k_2'}}) h_{im00} \Big[\varphi_{im}(\boldsymbol{\beta z}_{g_{k_2'}}) t + \sum_{k'=1}^{l_{imk}} a_i T_{im,k'}^* \Big] \\
&= b_i^{l_{imk}} \varphi_{im}(\boldsymbol{\beta z}_{g_{k_2'}}) \frac{\beta_i}{\eta_i} \Big\{ \Big[\varphi_{im}(\boldsymbol{\beta z}_{g_{k_2'}}) t + \sum_{k'=1}^{l_{imk}} a_i T_{im,k'}^* \Big] \Big/ \eta_i \Big\}^{\beta_i-1}
\end{aligned} \tag{10-18}
$$

定义 a_{imk}^- （a_{imk}^+）分别为设备 (i,m) 在加工第 k 批零件前（后）的等效役龄，有

$$a_{imk}^- = \Big[\sum_{k'=k_2+1}^{k-1} t_{imk'} \varphi_{im}(\boldsymbol{\beta z}_{g_{k'}}) \Big] \psi(\boldsymbol{z}_{g_{k'-1}}, \cdots, \boldsymbol{z}_{g_{k_2+1}}) / \varphi_{im}(\boldsymbol{\beta z}_{g_k}) \tag{10-19}$$

$$a_{imk}^+ = a_{imk}^- + t_{imk} \qquad (10-20)$$

基于式(10-18)及式(10-20),设备(i,m)在加工第 k 批零件时的平均失效次数为 $\int_{a_{imk}^-}^{a_{imk}^+} h_{im,\,l_{imk}+1}(t)\mathrm{d}t$,设备平均小修时间为 $t_i^{\mathrm{mr}} \int_{a_{imk}^-}^{a_{imk}^+} h_{im,\,l_{imk}+1}(t)\mathrm{d}t$,其中 t_i^{mr} 为设备(i,m)小修一次所消耗的时长。

(5) 设备(i,m)上加工的第 $k-1$ 批零件的完工时间 $E_{im,\,k-1}$;

(6) 加工该零件前可能存在的 PM 时间,$t_i^{\mathrm{pm}}Y_{imk}$,其中 t_i^{pm} 是阶段 i 上的设备维护的时长。

最终,得到 E_{imk} 的计算公式为

$$S_{imk} = \max\{B_{imk},\ E_{im,\,k-1} + \max\{s_{im,\,k-1,\,k},\ t_i^{\mathrm{pm}}Y_{imk}\}\} \qquad (10-21)$$

$$E_{imk} = S_{imk} + t_{imk} + t_i^{\mathrm{mr}} \int_{a_{imk}^-}^{a_{imk}^+} h_{im,\,l_{imk}+1}(t)\mathrm{d}t \qquad (10-22)$$

式中,S_{imk} 表示设备(i,m)上加工的第 k 批零件的起始时间,在式(10-20)中,当 $i=1$ 或 $k=1$ 时,对任意 i,m 和 k,$E_{im0} = E_{0mk} = 0$。

基于式(10-21),可以得到各零件在最后一个阶段的完工时间,即 E_{Mmk}。定义 T_{gj} 为第 (g,j) 批零件的交货截止时间,那么拖期交货成本 TC 为

$$\mathrm{TC} = \sum_{g=1}^{G} \sum_{j=1}^{N_g} C_{gj}^{\mathrm{tr}} \max\left\{0,\ \sum_{m=1}^{M_M} \sum_{k=1}^{N} E_{Mmk} X_{gjMmk} - T_{gj}\right\} \qquad (10-23)$$

式中,C_{gj}^{tr} 为第(g,j)批零件拖期交货的单位时间成本。

设备(i,m)加工第 k 批零件时的小修成本 MRC_{imk} 为

$$\mathrm{MRC}_{imk} = C_i^{\mathrm{mr}} \int_{a_{imk}^-}^{a_{imk}^+} h_{im,\,l_{imk}+1}(t)\mathrm{d}t \qquad (10-24)$$

式中,C_i^{mr} 为阶段 i 上的设备小修一次的时间。基于式(10-24),可得设备总小修成本 MRC 为

$$\mathrm{MRC} = \sum_{i=1}^{M} \sum_{m=1}^{M_i} \sum_{k=1}^{N} \mathrm{MRC}_{imk} \qquad (10-25)$$

定义 C_i^{pm} 为阶段 i 上设备维护一次的成本,设备总预防性维护成本 PMC 为

$$\mathrm{PMC} = \sum_{i=1}^{M} \sum_{m=1}^{M_i} \sum_{k=1}^{N} C_i^{\mathrm{pm}} Y_{imk} \qquad (10-26)$$

10.8 求解 FFMC 调度的改进遗传算法设计

FFMC 调度问题是 NP 难(NP-hard)问题,计算难度很大。本节设计了改进的遗传算法

（improved genetic algorithm，IGA）求解该问题。该算法的流程如图 10-5 所示，算法中应
用了基于整数的染色体编码方法，并开发了集成两点交叉和位序交叉的混合交叉方法以及
基于 SA 算法的局部搜索方法。

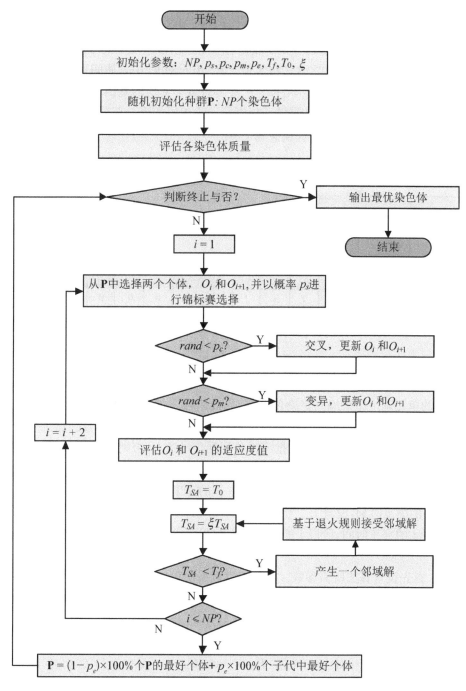

图 10-5　IGA 流程

10.8.1 染色体双重编码与种群初始化

染色体采用双重编码机制,其中,第一重基于整数的编码,表征零件族和零件在 FFMC 的第一个加工阶段的加工顺序,共由 $G+1$ 部分组成(第一部分编码零件族加工顺序,后 G 个部分分别编码 G 个零件族内零件批次的加工顺序);第二重编码由 M 部分组成,每个基因从 $\{0,1\}$ 中取值,其中第 i 个部分表征阶段 i 上设备的 PM 决策。

图 10-6 所示为来自 3 个零件族的 7 批零件在 3 个阶段上加工的染色体编码示例,其中零件族 1、3 含两批零件,零件族 2 含三批零件。在"单元调度"中,"族间顺序"基因 $\{3, 1, 2\}$ 表示零件族 2、3 和 1 依次被加工;"零件顺序"中零件族 2 对应的基因值为 $\{1, 3, 2\}$,表示依次加工第 $(2, 1)$、$(2, 3)$ 和 $(2, 2)$ 批零件。根据第二重编码的第二部分可知,在加工第 $(2, 3)$ 批零件之前,需对阶段 i 上对应的设备实施 PM。

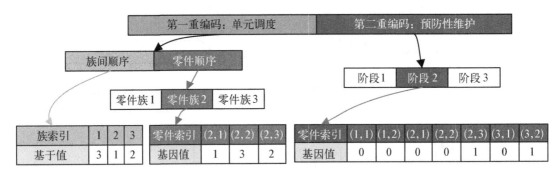

图 10-6 染色体编码示例

10.8.2 染色体启发式解码及适应度值评估

阶段 1 的单元调度结果编码在染色体中,因此阶段 1 的零件族和零件批次的加工顺序可通过解码染色体直接得到。当分配第 (g, j) 批零件时,如果存在一台已加工一个来自零件族 g 的零件的设备,则将第 (g, j) 批零件分配到该设备上;否则,将第 (g, j) 批零件分配到一台能将其最早完成的设备上。

对于任意一个阶段 $i(i \neq 1)$,依据阶段 $i-1$ 的完工情况分配零件族和零件。定义 E_{im} 为阶段 i 设备的决策时刻,设置 E_{im} 初值为 $0(m \in \{1, 2, \cdots, M_i\})$,定义 C_{gji} 为第 (g, j) 批零件在阶段 i 的完工时间,阶段 i 的零件加工排程可由以下步骤得到(以图 10-7 所示为解码算例)。

步骤 1: 首先设置算法所需参数。选择所有设备决策时刻 E_{im} 的最早时刻点 $\min(E_{im})$ 为 e;将决策时刻为 e 的设备集设定为 Ω;将 e 时刻到达阶段 i 可以被加工的零件批次集合设定为 ϕ_1;并将尚未被加工的零件批次集合设定为 ϕ_2。

步骤 2: 如果 ϕ_2 为空,则进入**步骤 6**;否则进入**步骤 3**。

步骤 3: 如果 ϕ_1 为空,对 $\forall m$ 设置,$E_{im} \leftarrow \min\{C_{gj, i-1}, \forall (g, j) \in \phi_2\}$,转入**步骤 1**;否则进入**步骤 4**。

步骤 4: 基于式(10-21)、染色体中关于 PM 的第二重编码,计算 ϕ_1 中各零件批次在 Ω

中各设备的完工时间，并找到能最早完成的零件批次和对应的设备，如第(g_1, j_1)批在设备(i, m_1)最早被完成（对应图 10-4 中的决策时刻 e^1）；

步骤 5：将第(g_1, j_1)批零件分配给设备(i, m_1)，得到 $C_{g_1 j_1 i}$，设置 $E_{im_1} \leftarrow C_{g_1 j_1 i}$。

步骤 5 - 1：$\phi'_1 \leftarrow$ 决策时刻 E_{im_1} 零件族 g_1 到达阶段 i 且未被加工的零件批次集合，$\phi'_2 \leftarrow$ 零件族 g_1 尚未被加工的零件批次集合。

步骤 5 - 2：如果 ϕ'_2 为空（如 e^5 时刻），转入**步骤 1**，否则转入**步骤 5 - 3**。

步骤 5 - 3：如果 ϕ'_1 为空（如 e^2 时刻），设置 $E_{im_1} \leftarrow \min\{C_{g_1 j, i-1}, \ \forall (g_1, j) \in \phi'_2\}$（如 e^4 时刻），转入**步骤 5 - 1**；否则转入**步骤 5 - 4**。

步骤 5 - 4：基于式（10 - 21）、染色体中关于 PM 的第二重编码，计算 ϕ'_1 中各零件批次在设备(i, m_1)的完工时间，假设第(g_1, j_2)批零件最早完成［如 e^3 时刻的第(3, 2)零件］。

步骤 5 - 5：将第(g_1, j_2)批零件分配给设备(i, m_1)，得到 $C_{g_1 j_2 i}$，设置 $E_{im_1} \leftarrow C_{g_1 j_2 i}$，转入**步骤 5 - 1**。

步骤 6：输出阶段 i 的生产排程。

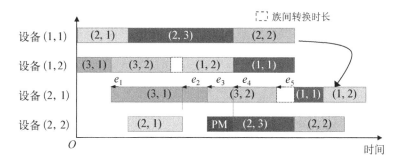

图 10 - 7　染色体解码示例

在染色体解码之后，可得到解对应的目标函数值（objective function value，OFV），该值越小，表示该编码的质量越高。

10.8.3　遗传算法关键步骤

遗传算法包括以下 5 个步骤。

（1）选择：采用锦标赛选择法，在两个染色体中，以高概率 τ 选择质量更优的染色体，以低概率 $1 - \tau$ 选择质量更差的染色体。

（2）交叉：定义交叉概率为 α。对于染色体第二重基因，直接使用两点交叉法，产生两个随机点，父代中位于两点之外的基因直接复制到子代，而两点之间的基因则交换后传到子代。对于第一重基因，本章提出结合两点交叉和位序交叉的混合交叉算子，该方法为，产生两个随机点，对两点之间的基因应用位序交叉，其核心是重排父代被选中基因的各个子部分，使各基因间顺序与另外一个父代中对应基因的位序一致。以图 10 - 8 为例，父代 1 中被选基因的第 3 个部分{1, 3}的位序为{1, 2}，父代 2 中被选基因的第 3 个部分{3, 2}的位序为{2, 1}。经过位序交叉，将父代 2 的位序{2, 1}传给子代 1，并基于此调整父代的原有基因{1, 3}，获得新的基因{3, 1}，父代 2 新的基因获取方式类似。位序交叉的优势在于不会产

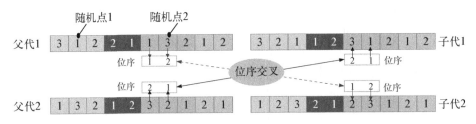

图 10 - 8　位序交叉算子示例

生不可行的子代解。

（3）变异：定义变异概率为 β。共采用 3 种变异方式：① 族间交换变异——交换 2 个零件族的加工顺序；② 零件批次交换变异——交换一个零件族内两批零件的加工顺序；③ PM 变更变异——将染色体中第二重基因选中一个并对其值取反。

（4）精英策略：为了保证子代中能够保留父代中质量良好的解，新的种群由子代中前 $p_e \times 100\%$ 个适应度值最好的个体和父代中前 $(1-p_e) \times 100\%$ 个适应度值最好的个体组成。

（5）基于模拟退火的邻域搜索机制：假设 X 为当前染色体，通过 IGA 变异的方法产生它的一个邻域解 X'，通过退火规则，即式（10 - 27）计算得到的概率 ρ，接受新的邻域解 X'。

$$\rho = \begin{cases} 1 & F(X) \geqslant F(X') \\ \exp\{[F(X)-F(X')]/T_{\mathrm{SA}}\} & F(X) < F(X') \end{cases} \quad (10-27)$$

10.9　算例分析

根据表 10 - 3，验证考虑设备维护的 FFMC 调度模型。假设第 16 类零件和第 18 类零件属于零件族 1，第 19、20 类零件属于零件族 2，第 17 类零件属于零件族 3；第 16、17 类零件分两批生产，其他种零件均按一批生产。重新整理算例数据，并补充相关设备信息，最终算例输入数据见表 10 - 4 和表 10 - 5。此外，$s_{i12}=s_{i21}=s_{i13}=s_{i31}=10$，$s_{i23}=s_{i32}=15$，对 $\forall(i, m)$，$\varphi_{im}(\boldsymbol{\beta}z_1)=1.5$，$\varphi_{im}(\boldsymbol{\beta}z_2)=0.7$，$\varphi_{im}(\boldsymbol{\beta}z_3)=1.2$。

基于基础实验，将 IGA 中的参数设置如下：$\tau=0.8$，$\alpha=0.8$，$\beta=0.1$，$p_e=0.8$，$\xi=0.9$，种群规模 $NP=50$ 个，$T_f=100$，T_0 的值使得模拟退火的外循环次数达到 N。当染色体的最优适应度值维持 80 代不变时，终止 IGA 的运行。

10.9.1　考虑族变工况下设备不完美维护的 FFMC 调度结果及比较

求解算例得到的最佳单元调度和设备维护决策方案如图 10 - 9 所示。最小总成本为 38 622.2 \$，其中设备预防性维护成本为 8 295 \$，设备小修成本为 22 151 \$，零件拖期交货成本为 8 176.2 \$。表 10 - 6 中列出了在集成优化策略下各维护周期内加工的零件及时长。

表 10-3　单元构建和布局集成优化得到的单元构建结果

单元编号	设备数量/个	设备类型	零件类型 / 对应路线加工数量/个																			
			1	5	7	9	10	11*	13	2	3	12	14	15	6	8	11	16	17	18	19	20
			400	340	370	300	400	104	340	450	400	260	320	300	350	350	455	300	400	250	330	300
1	1	1	1	1			3		3													
	2	8	2	2	2		2(118)		2													
	1	9		3	1	1	1	6	1													
	2	8					2(284)	2														
	1	6						1,4									2(74)					
	1	4				3		3									1(74)					
2	1	3			3				4	1	3	4	4	4								
	1	2							5	4	1	3	3	3	1(73)							
	1	10						5		3	2	1	1	2								
	1	5								2			2	1								
	1	11										2	2									
3	1	4			4										1(277)	1	5, 6					
	1	10													4	5	1(381)					
	1	7			5										2	3	2(381), 4					
	1	12													3	2, 4	3					
4	1	12																1	1	1	1	1
	2	11																2	1	2	2	2
	1	9																3	2	3	2	2
	1	8																4	3	4	3	3
	1	5																5	4	4	4	4

JMC　　FMC

表 10－4　FFMC 调度中零件相关输入参数

输 入 参 数	零件族 1			零件族 2		零件族 3	
	(1, 1)	(1, 2)	(1, 3)	(2, 1)	(2, 2)	(3, 1)	(3, 2)
原零件类型	16	16	18	19	20	17	17
每批次零件数量/个	300	300	250	330	300	250	250
T_{gj}/h	1 000	1 000	1 000	1 000	1 000	1 000	1 000
C_{gj}^{tr}/\$	27	25	30	20	22	28	25
阶段 1 总工时/h	100	100	125	88	90	0	0
阶段 2 总工时/h	150	150	137.5	110	100	166	166
阶段 3 总工时/h	80	80	104	0	0	62.5	62.5
阶段 4 总工时/h	80	80	0	77	125	108	108
阶段 5 总工时/h	100	100	108	55	130	125	125

表 10－5　FFMC 调度中设备相关输入参数

输 入 参 数	阶段 1	阶段 2	阶段 3	阶段 4	阶段 5
设备类型	12	11	9	8	5
η_i	450	460	520	500	550
β_i	1.6	1.7	1.6	2	1.8
C_i^{pm}/\$	1 000	1 085	2 060	2 150	2 030
C_i^{mr}/\$	2 500	2 600	4 050	3 810	4 540
t_i^{pm}/h	25	27	20	26	15
t_i^{mr}/h	45	32	40	30	45
M_i	1	2	1	1	1
a_i	0.05	0.04	0.04	0.025	0.035
b_i	1.02	1.03	1.02	1.01	1.03

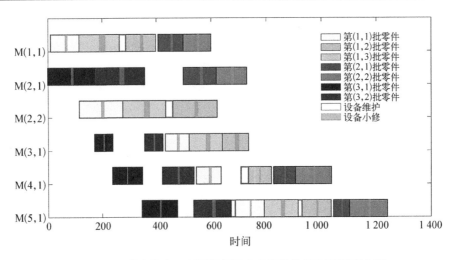

图 10－9　考虑族变工况下设备不完美维护的 FFMC 调度方案

表 10 - 6 各维护周期中加工的零件及时长

设备编号	维护周期 1		维护周期 2		维护周期 3	
	时长	加工零件批次	时长	加工零件批次	时长	加工零件批次
M(1, 1)	225 h	(1, 1)→(1, 3)	278 h	(1, 2)→(2,1)→(2, 2)		
M(2, 1)	542 h	(3, 1)→(3, 2)→(2, 1)→(2, 2)				
M(2, 2)	287.5 h	(1, 1)→(1, 3)	150 h	(1, 2)		
M(3, 1)	389 h	(3, 1)→(3, 2)→(1, 1)→(1, 3)→(1, 2)				
M(4, 1)	296 h	(3, 1)→(3, 2)→(1, 1)	282 h	(1, 2)→(2, 1)→(2, 2)		
M(5, 1)	250 h	(3, 1)→(3, 2)	208 h	(1, 1)→(1, 3)	285 h	(1, 2)→(2, 1)→(2, 2)

从图 10 - 9 和表 10 - 6 中可以得出以下结论。

(1) 在整个生产周期内共有 5 次 PM 活动。对设备实施 PM 后,设备发生随机故障的概率明显下降。例如,设备(2, 2)在加工第(1, 3)批零件时,平均小修时间长,但在第一次 PM 后,第(1, 2)批零件加工中,小修时间很短。

(2) 设备维护为非固定周期维护,不同维护周期内,设备使用时长不同。例如设备(5, 1)的第一个维护周期时长为 250 h,在这个周期中,第(3, 1)和(3, 2)批零件依次被加工。第二个周期中维护时长为 208 h,第(1, 1)和(1, 3)批零件被加工。

(3) 共有 3 个拖期交货零件批次,分别为(1, 2)、(2, 1)和(2, 2),它们的拖期时间分别是 34.5 h、102.0 h 和 239.7 h。

基于 10 个算例,将本章建立的模型 I 所得结果与其他三种模型进行对比,以定量分析的方式,在 FFMC 调度过程中考虑族变工况下设备维护的必要性。其中第一个算例是前文给出的算例,其他 9 个算例是将第一个算例中的相关参数乘以一个随机数得到的变形算例,用于对比的三种模型分别为模型 1、模型 2 和模型 3。

(1) 模型 1:首先忽略设备的 PM,求解考虑设备性能衰退的 FFMC 调度问题,得到生产排程。基于已得的生产排程,决策族变工况下设备不完美维护方案,得到最终总成本。

(2) 模型 2:首先忽略族变工况对设备健康状态的影响,求解考虑设备 PM 的 FFMC 调度问题,在获得优化结果后,加入族变工况,重新计算 PMC、TC 和 MRC 等成本项。

(3) 模型 3:通过下式计算设备的连续加工时间上限,要保证设备的 PM 连续加工时间小于该上限。

$$T_{PM} = \eta \left[\frac{t_p}{t_r (\beta - 1)} \right]^{\frac{1}{\beta}} \tag{10 - 28}$$

通过采用模型Ⅰ和以上 3 种模型求解 10 个算例,得到的结果如图 10 - 10 和图 10 - 11 所示。从图 10 - 10 和图 10 - 11 可以看出,在所有算例中,模型Ⅰ求解得到的结果均为最佳。对比模型 1、模型 2 与模型 3 得到的 FFMC 调度和维护方案,本章提出的模型Ⅰ分别节约了 10.9%、41.1% 和 41.6% 的成本。

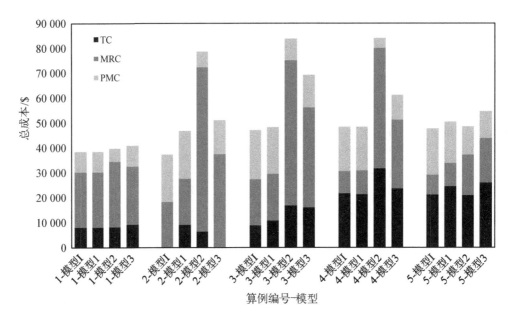

图 10 - 10　模型Ⅰ与其他 3 种模型在前五个算例的对比

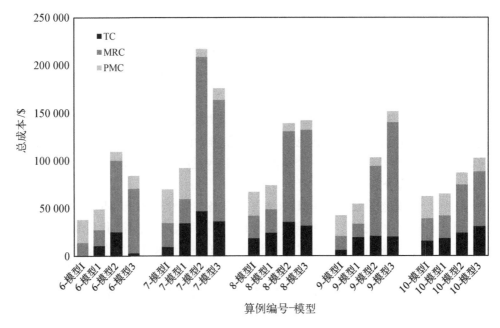

图 10 - 11　模型Ⅰ与其他 3 种模型在后五个算例的对比

与依次求解考虑设备性能衰退的 FFMC 调度问题和族变工况下设备维护问题的模型 1

相比,在第一个算例中,两者得到了相同的解;在其他算例中,模型Ⅰ的方案都占很大优势。由模型Ⅰ得到的 PMC 比模型 1 平均增加了 4.2%,由模型Ⅰ得到的 MRC 则平均减少了4.0%。说明模型Ⅰ实施了更多 PM,更好地保障 FFMC 中设备的健康。虽然模型 1 的第一阶段以优化 TC 为目标,但当结合族变工况下设备不完美维护决策后,最终得到的结果中,特别是在后五个算例上,其 TC 都比模型Ⅰ的 TC 大。这证明了 FMC 调度与设备维护联合决策的必要性。

与生产调度和设备维护过程中忽略族变工况的模型 2 相比,模型Ⅰ的方案中 PM成本平均增加了 167%。与模型 2 相比,模型Ⅰ得到的方案中 PM 次数多了很多。这主要是因为在决策维护方案的过程中,模型 2 没有考虑族变工况的影响。当零件族的工况协变量大于 1 时(即比基准工况对设备健康状态的影响更大),忽略工况对设备可靠性的影响导致设备的役龄被低估,以致没有在必要时刻进行 PM。这也就导致了模型 2的方案中 PM 太少,设备故障次数增大,MRC 变大,进而影响了生产顺畅程度,最终使TC 增大。

与基于设备最大连续工作时长实施 PM 的模型 3 相比,模型Ⅰ的方案中 PM 次数更多,其 PMC 比模型 3 中的 PMC 平均增加 155%。从具体结果来看,模型 3 中设备的维护周期要比模型Ⅰ中设备的维护周期大,这是因为模型 3 要到阈值时才实施 PM,错过了 PM 的最佳维护时间,导致 MRC 变高,进而又影响了 TC,最终总成本也变高。导致模型 3 中维护周期大的可能原因是,在计算最佳维护周期时,并未考虑零件族的工况对设备役龄的影响。当零件族的工况协变量小于 1 时(即对设备的役龄影响比基准工况小),式(10-28)会高估设备役龄,得到偏小的维护周期;反之,式(10-27)会低估设备役龄,得到偏大的维护周期。通过与模型 3 的对比,证明了模型Ⅰ得到的 FFMC 调度方案和设备维护方案比其他方法优越。

10.9.2　算法性能分析

本节通过求解 10 个小规模、10 个中规模和 5 个大规模算例,验证 IGA 对求解考虑族变工况下设备不完美维护的 FFMC 调度问题的有效性。其中,小规模算例是来自 2 个零件族的 4 批零件在 2 个阶段上加工的例子,中规模算例是来自 3 个零件族的 7 批零件在 5 个阶段上加工的例子,大规模算例是来自 6 个零件族的 35 批零件在 6 个阶段上加工的例子。算法采用 Matlab 2016b 编程,并在 CPU 3.2 GHz、内存 8 GB、Windows 10 的个人台式计算机上展开数值实验。

1) IGA 与枚举法的比较

通过比较 IGA 与枚举法在求解小规模算例的表现,证明 IGA 的正确性。如前所述,求解考虑族变工况下设备 PM 的 FFMC 调度问题主要涉及 3 个决策:① 存在并行设备的阶段,选择哪台设备加工各零件族;② 在每个阶段中,以何种顺序生产零件族和族内零件;③ 族变工况影响下,生产一批零件前是否要对设备实施 PM。第 1 个决策共有 $\prod_{i=1}^{M} M_i^G$ 种可选方案;第 2 个决策共有 q_1^M 种可选方案,其中 $q_1 = G! \prod_{g=1}^{G} N_g!$,$q$ 是每个阶段上所有可能的零件族和零件批次加工顺序的数量之和;第 3 个决策共有 2^{NM} 种可选方案。假设阶段 1 有 1 台设备、阶段 2 有 2 台设备,2 个零件族各有 2 批零件,那么小规模算例对应的可行解总数为 65 536 个。

通过随机化小规模算例的输入参数,获得小规模算例的 10 个变形算例。IGA 和枚举法的求解结果如表 10-7 所示,两种方法得到的结果完全一致,可见 IGA 在求解本章问题上是有效的。虽然枚举法也可以求解小规模算例,但是当问题规模变大,解空间急剧增大时,枚举法时间消耗巨大,这也是要设计高效求解算法的原因。

表 10-7　IGA 和枚举法在求解小规模算例上的比较　　　　　　　　单位: $

算例编号	IGA	枚 举 法	算例编号	IGA	枚 举 法
1	20 305	20 305	6	48 403	48 403
2	31 611	31 611	7	16 351	16 351
3	26 422	26 422	8	31 931	31 931
4	77 589	77 589	9	72 257	72 257
5	95 144	95 144	10	45 731	45 731

2) 两种染色体编码方式的比较

将 IGA 中采用的基于整数的编码方式简称为 IR,并与基于浮点数的编码(RR)进行比较。在 RR 中,基因取[0, 1]中的随机浮点数,基因间的数值排序代表零件的加工顺序。由于基因的具体数值无实际意义,RR 在通用的交叉和变异方式下也不会产生非法编码,因而该方式在生产调度领域获得了很广泛的应用。

通过随机化中规模和大规模算例的输入参数,得到中规模算例的 10 个变形和大规模算例的 5 个变形。考虑到元启发式算法的随机性,基于 IR 的 IGA(IR-IGA)和基于 RR 的 IGA(RR-IGA)在求解 15 个算例时均运行 10 次,并基于式(10-28)求得的相对偏差(relative percentage difference,RPD)分析求解结果。

$$\sum_{r \in \mathbf{R}_p} z_{rp} = 1 \quad \forall p \in \mathbf{P}^2 \qquad (10-29)$$

表 10-8 中列出了基于 RR-IGA 和 IR-IGA 求解 10 个中规模算例和 5 个大规模算例的最佳解,图 10-12 和图 10-13 中列出了 RR-IGA 和 IR-IGA 运行 10 次所得解的 RPD 分布和平均时长。从结果可以看出,在大多数算例中,IR-IGA 和 RR-IGA 找到的解相同,但 IR-IGA 的一致性更好,解更稳定,且速度也优于 RR-IGA。这得益于 IR-IGA 的在编码机制上的精确性。RR 中基因值并没有实际意义,在表达上具有冗余性,例如,{0.2, 0.5, 0.8}和{0.1, 0.6, 0.9}实质上指向同一种加工顺序,导致 RR-IGA 的搜索空间比 IR-IGA 的搜索空间大。

3) GA、SA 和 IGA 的比较

比较 GA、SA 和 IGA 在求解中规模算例和大规模算例上的效果,其中 GA 为 IGA 移除基于 SA 的邻域搜索,SA 的内循环次数设置为 $N \times M$。

表 10-8　RR-IGA、IR-IGA、GA 和 SA 的最佳解　　　　　　　　　　　　　单位：$

算　法	中规模算例										大规模算例				
	1	2	3	4	5	6	7	8	9	10	1	2	3	4	5
RR-IGA	74 344	52 752	46 440	45 843	47 384	45 514	48 404	66 881	37 807	38 732	44 241	22 557	37 244	26 854	37 339
IR-IGA	74 344	52 635	46 440	45 843	47 384	45 514	48 404	66 881	37 807	38 732	44 241	22 596	37 378	26 854	37 075
GA	74 344	53 501	46 734	45 843	47 384	45 514	48 507	67 028	37 996	38 732	44 775	23 166	37 661	27 636	37 944
SA	74 344	52 752	46 463	45 843	47 384	45 514	48 404	66 881	37 807	38 851	44 869	23 160	37 816	27 219	37 313

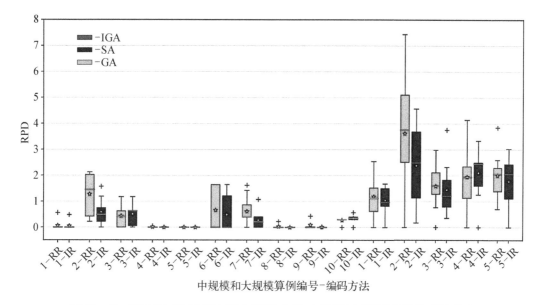

图 10-12　RR-IGA 和 IR-IGA 在中规模(左)和大规模(右)所得结果的 RPD 分布

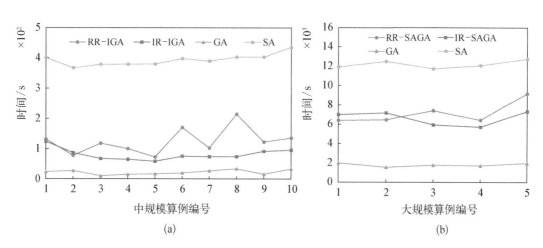

(a)　　　　　　　　　　　　　　　　(b)

图 10-13　RR-IGA、IR-IGA、GA 和 SA 求解平均时长比较

(a) 中规模算例；(b) 大规模算例

从图 10-13 和图 10-14 中可以看出,IGA 可以找到比 GA 和 SA 找到的解更好,特别是针对大规模算例。GA 的求解速度优于 IGA,但较 IGA 而言 GA 的解质量差,说明 GA 早熟以致无法寻找到较好的解,也说明了基于 SA 的邻域搜索机制对改善 IGA 的性能有一定帮助。从结果也可看出,IGA 的求解效果比 SA 更好,这可能得益于 GA 种群的广度搜索能力。

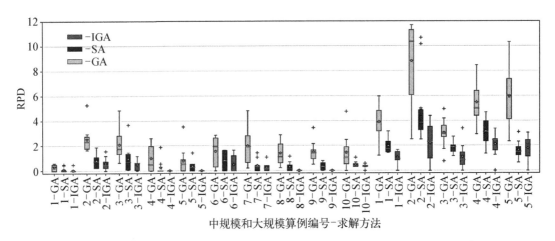

图 10-14　GA、SA 和 IGA 求解中规模(左)和大规模(右)所得结果的 RPD 分布

10.10　本章小结

随着生产模式由少品种、大批量向多品种、小批量的转变,如何用最低成本生产个性化、高质量的产品已成为决定制造企业存活的关键。基于成组思想的单元型制造系统有利于帮助多品种、中小批量制造企业在保持制造柔性的同时实现批量生产的经济效应。单元型制造系统的实施作为采用单元型制造模式的企业供应链中的重要环节之一,是一项不能孤立考虑,具有综合性、系统性和不确定性的复杂工程。

针对柔性流水车间型制造单元(FFMC),提出了考虑族变工况下设备不完美维护的调度策略。首先,提出了工况调整因子的概念,考虑了随零件族变化而变化的工况对设备健康的影响,建立了改进的可靠性模型,进而改进了传统的单设备不完美维护模型。其次,以最小化零件拖期交货成本、设备维护成本、设备小修成本之和为目标,建立了系统层考虑设备不完美维护的 FFMC 调度模型,达到了同时决策 FFMC 每个阶段上零件族并行设备分配、每台设备上零件族和零件生产排程、设备维护方案的目的。

参考文献

[1] Liu H, Makis V. Cutting-tool reliability assessment in variable machining conditions [J]. IEEE Transactions on Reliability, 1996, 45(4): 573-581.

[2] Feng H, Xi L, Xiao L, et al. Imperfect preventive maintenance optimization for flexible flowshop

manufacturing cells considering sequence-dependent group scheduling[J]. Reliability Engineering & System Safety，2018，176(Aug.)：218 - 229.

［3］喻超,赵希男.单元式生产方式分析及对策研究[J].工业工程与管理,2006(3)：96 - 100.

［4］Arkat J，Saidi M，Abbasis B. Applying simulated annealing to cellular manufacturing system design [J]. The International Journal of Advanced Manufacturing Technology，2007，32(5 - 6)：531 - 536.

第11章
可持续制造与能耗结余导向维护策略

11.1 制造业可持续发展现状与挑战

11.1.1 国际制造业可持续发展现状

随着全球化的发展,在社会经济领域,国际社会面临广泛而严峻的危机:国家间经济差距持续扩大;棘手的发展中国家贫困状况依然存在;更重要的是,由于工业化国家对资源的过度消耗,一系列环境恶化引起了社会的广泛关注,产生的环境恶化有气候变暖、环境污染、自然资源枯竭和生物多样性的减少等。环境与资源问题与发展相辅相生,能否在其中找到平衡也是决定未来人类社会能否良性、可持续发展的关键所在。

因此,国际社会对环境问题的关注得到了显著提升,可持续发展议题也被提上多项国际议事日程。1987 年,世界环境与发展委员会(World Commission on Environment and Development,WCED)(也称布伦特兰委员会)在《我们共同的未来》报告中,系统地定义了可持续发展的基本含义:可持续发展是既满足当代人的需求,又不损害后代人满足其需求的能力。报告还特别指明了可持续性蕴含的三个维度:环境维度、社会维度与经济维度,这三个维度互为依存、互相补充,并且需要被尽可能地整合到政策之中。在此基础上,1992 年,联合国召开联合国环境与发展会议(United Nations Conference on Environment and Development,UNCED),即里约地球峰会(Rio Earth Summit),出台了《21 世纪议程》。

随着经济全球化和信息技术的突飞猛进,国际制造业跨国公司根据不同国家和地区的竞争优势,在全球范围内配置资源和进行产业链分工,建立起世界范围内的研发、生产、销售体系,实现了全球化制造。全球制造企业兼并重组加剧,生产集中度进一步提高,国际竞争日趋激烈。同时,金融危机的经验教训使人们进一步深刻认识到,制造业始终是一个国家国民经济和社会发展的支柱和主导产业,是改善人们生活的物质基础,是国家整体实力和国际地位的象征,是拉动就业和带动其他产业发展的牵引力,是国家文明和民主法制建设的重要推动力。

为了应对 2008—2009 年国际金融危机的挑战,美国政府推出了新科技政策和新能源战略,大力发展清洁能源,提高汽车燃油标准,全面发展节能汽车和电动车,提高能源利用率,力争在严格限碳、遏制全球变暖方面不落后太多。英国政府 2009 年出台《英国低碳转型计划》等一系列国家战略,重点支持核电技术、新能源及清洁汽车、碳捕获和储存技术。新能源产业的发展对世界制造业是新的重大推进。随着全球经济发展和技术进步,国际制造业出现了全球化、高技术化、信息化、服务化、集聚化、绿色化等新趋势,但也面临着竞争加剧、环保压力增大、资源能源形势严峻、工程人才短缺等重大挑战。

全球环保、资源、能源形势日益严峻,由于制造业是能源、资源消费大户,也是主要污染排放源,随着环境压力的加大,如何减少废物排放,把对环境的影响降至"接近于零排放",是制造业长期面临的挑战。同时,随着全球能源、资源的日趋紧缺以及价格的不断上涨,提高效率、降低能源原材料在制造业产品成本中的比重,也成为制造业提高竞争力的关键。

11.1.2　我国制造业可持续发展现状

21 世纪以来,我国制造业取得了较快的发展,整体实力明显增强,结构有所改善,国际竞争力进一步增强。从内部看,我国制造业适应社会主义市场经济的能力显著增强,制造业改革效果开始显现;各级地方政府在"发展是硬道理"的思想指导下,普遍认识到制造业在经济中的主导地位和基础作用,加快经济建设尤其是发展制造业的积极性空前高涨;在亚洲金融危机爆发后,我国政府采取的一系列扩大内需的财政、货币政策,有力地拉动了经济的发展;目前,我国仍处于工业化的加速阶段,制造业的发展仍然起着重要带动作用。从外部看,我国制造业在国际生产要素和国际市场占据了重要的地位,出口应成为我国经济增长的重要因素。在上述内外因素的共同作用下,我国经济进入了新一轮成长周期,而制造业的增速明显高于整个经济的增速,成为名副其实的主导产业。

在 2010 年超越美国之后,中国成长为全球头号制造业大国。中国 2010 年的制造业增加值总额接近 3 万亿美元,约占全球制造业增加值的四分之一。尽管中国拥有庞大的制造业基础规模,但在制造业复杂性方面仍有改善空间。中国经济的复杂性在全球排第 26 位。在过去的 20 年里,中国已经踏上了由低成本产品到高端产品的升级之路。然而,由于中国的体量问题,其制造业不同部门的现代化水平差别显著,部分优秀制造商与低端制造商之间的差异更是惊人,因而拉低了国家整体程度。就制造业驱动因素而言,中国在需求环境和全球贸易与投资驱动方面的表现尤为突出。身为世界上最大的碳排放国,中国已经承诺在未来继续节能减排,坚持走可持续发展之路。而新兴技术的应用有助于该目标的加速实现。2015 年,中国政府提出"中国制造 2025"计划,旨在实现中国制造业的转型升级,为制造业创新提供资金支持。

当前我国经济发展正处在产业结构调整、经济发展方式转变、农业文明生产方式向工业文明生产方式转变的时期,同时也面临着世界各国共同面临的金融危机以及资源与环境制约等问题。特别是金融危机发生后,全球一体化的格局受到了冲击,国际市场需求萎缩,虚拟经济泡沫破灭,实体经济重新受到关注,尤其是对制造业的重要性有了重新认识,实体经济与可持续发展的关系主要如图 11-1 所示。在这种形势下,我国制造业可持续发展显得尤为紧

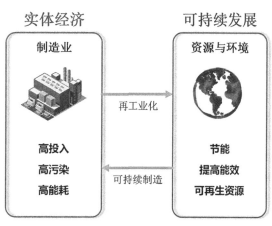

图 11-1　实体经济与可持续发展关系

迫,主要体现在以下两个方面。

(1) 以制造业为代表的实体经济再次受到重视。国际金融危机使世界各国经济遭受严重冲击,人们从狂热的虚拟经济逐步回归到以制造业为代表的实体经济。世界主要发达国家提出了"再工业化",一方面是改善供需结构和增加本国就业;另一方面是突破资源和环境瓶颈。"再工业化"近期内的一个重要表现是贸易保护主义重新抬头;而"再工业化"的长期目标将体现为再造一个新的"实体",即结合环境资源和环境的制约,以节能、提高能效和可再生资源、新材料等为代表的高附加值、高技术含量产业。

(2) 资源与环境问题严重制约制造业发展。制造业的可持续发展必然涉及资源的可持续利用和人类赖以生存的环境容量问题。近年来,我国经济的快速增长主要依赖于高投入、高能耗和高污染产业的发展,重化工业发展过快,使资源利用不可持续,主要污染物排放量超过环境容量,国内国际压力越来越大,所付出代价非常大。

11.1.3 制造业可持续发展挑战及突破方向

制造业是工业社会的脊梁,是现代人类文明生活方式的重要支柱,它为人们的生产、生活提供物质基础,但同时也造成了世界上绝大部分资源的消耗和废物的产生。改革开放以来,我国制造业迅猛发展,至 2010 年,我国已经成为世界第一制造大国。但也存在一系列问题,如产品实物量大,但价值量较低,技术含量与劳动含量都较低;产品结构总体上处于低端,关键核心技术主要靠引入,且吸收消化不理想;高耗能高污染的资源加工型产业发展过快,对能源、资源的依存度过大;低效率的生产造成严重的环境污染,这不但影响人民身体健康,也让我国在国际上遭受很大压力。中国制造业以便宜的劳动力、廉价的能源和几乎不计入产品价格的环境成本向全球提供低端产品,这种粗放型的低水平发展模式到今天已经触到本国资源环境承载力的天花板。体制框架和可持续资源是中国面临的最大挑战。作为世界上最大的碳排放国,中国已经承诺在未来继续节能减排,坚持走可持续发展之路。《中国制造 2025》明确提出要构建绿色制造体系,"把可持续发展作为建设制造强国的重要着力点"。

传统制造范式下,生产的低效率导致系统的损失,落后的原材料利用与工艺造成环境恶化和健康危害,生产成本没有合理反映出资源环境价值,造成大量浪费和破坏。人们逐渐认识到,传统西方工业文明的发展道路,是一条以牺牲人类的基本生存环境为代价而获得经济增长的道路,是不可持续的。进入 21 世纪后,全球制造业在经济、生态、社会环境方面都面临一些日趋严峻的挑战,包括:① 全球人口持续增加。联合国人口司 2009 年发布的预测显示,世界人口在 2050 年会突破 90 亿。人口增加意味着要消耗更多资源来满足人们的需求。② 自然资源的短缺。石油、天然气和煤炭已经在世界范围内出现了不同程度的短缺,其他自然资源也大多面临类似问题。自然资源短缺会引发世界范围内资源竞争的加剧及材料供应问题。③ 生态环境恶化趋势加剧。《地球生命力报告 2006》显示,1987 年开始,地球就开始在生态赤字下运行,到 2003 年,生态赤字已达到 25.28%。如果不改变目前的生产和生活模式,地球资源很快就无法满足人类的需求。④ 制造业竞争更加激烈。2008 年金融危机后,包括新经济体和发达国家在内,世界各国都从战略高度重视制造业的发展,提出了一系列促进制造业发展的政策和计划。⑤ 公众绿色意识不断提高。越来越多的消费者在选购产品时不再只关注价格和质量,产品的绿色程度成为一种新的消费偏好。越来越多的公众加入对企业环境的绩效监督行动中,公众态度和行为的变化直接对企业的生产和服务产生影响,使得越来越多的企业通过生态标签来获得竞争优势和投资。这些新趋势使得衡量制造业的竞争力,除了传统的质量、交付、弹性、创新、成本等标准外,还包括了可持续标准。

为了增强制造业的可持续发展,我国在构建可持续制造发展模式过程中亟须从以下 4 个方面寻求突破(见图 11 - 2):

(1) 大力推进工业节能降耗。节能降耗被认为是促进工业绿色低碳发展的最主要支撑。"十一五"在此方面的进展已为今后的工作奠定了基础。全国规模以上企业单位工业增加值能耗从 2005 年的 2.59 吨标准煤下降到 2010 年的 1.91 吨标准煤,5 年累计下降 26%,实现节能量 6.3 亿吨标准煤,以年均 8.1% 的能耗增长支撑了年均 11.4% 的工业增长。

(2) 促进工业清洁生产。清洁生产是兼顾经济发展和环境保护的双赢措施,也是世界各国推进工业可持续发展所采取的一项基本策略。就当下国内工业发展现状而言,推进清洁生产需要着力突破清洁生产审核、清洁生产技术水平、有毒有害原料(产品)替代、清洁生产示范企业和园区、产品生态设计等方面。

(3) 力争在循环经济发展方面取得突破。循环经济是促进工业企业转型升级,建设"两型"工业体系的重要保障。为此,要以提高资源产出率为核心,完成重点推动大宗工业固体废物规模化、工业固废综合利用示范基地建设、加强再生资源综合利用、实施循环经济重大技术示范工程和推进再制造产业发展五大任务。

(4) 加快发展节能环保产业。加快发展节能环保产业是工业节能减排的重要内容,是推进产业优化升级的有力支撑,要把节能减排指标转化成对节能环保产业的市场要求,依托国家节能减排重点工程,大力推进节能环保低碳技术、装备及服务业发展。为此,要加大在资源节约和环境保护方面的投入力度,尤其是要增加在这两方面技术研发的投入。

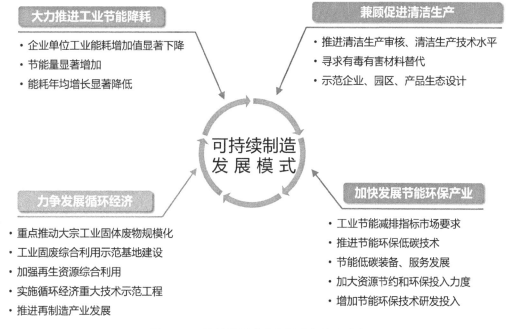

图 11 - 2　可持续制造发展模式关键突破点

11.2 可持续制造的界定与评价

11.2.1 可持续制造的界定

"可持续发展"一词最早于 1962 年出现在美国海洋生物学家蕾切尔·卡逊(Rachel Carson)的著作《寂静的春天》中。1987 年,联合国世界环境与发展委员会在《布伦特兰报告》中正式对可持续发展进行了界定。可持续发展理念最初主要是环境导向的,关注各种经济活动的生态合理性。随着研究的深入,其内涵逐渐扩展到经济、社会等维度。

"可持续制造"是可持续发展研究的理论成果与制造范式转型的现实需求相融合的产物,是可持续发展对制造业的必然要求。首先,可持续发展要求制造企业承担更多的环境和社会责任,"企业公民意识""企业社会责任""延伸产品责任"等概念的实质都在于此;其次,可持续发展要求制造部门的生产方式是可持续的,"生态工业园区的构想""生态经济效益"的理念以及"清洁生产""绿色制造""逆向制造"等生产模式的提出都是试图通过改进物质转化过程或者替代输入材料来减缓每单位产品产生带来的环境影响;最后,可持续发展要求制造业的商业发展模式具有可持续性,这包括保持和扩大经济增长、股东利益、企业信誉、顾客关系、产品及服务的质量等,同时要求制造业的发展既能满足市场和社会当前的需求,也能满足其未来的需要。

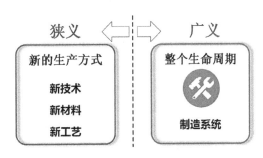

图 11 - 3 可持续制造界定

可持续制造的界定有狭义和广义之分(见图 11 - 3)。狭义的界定主要关注产品在生产阶段的环境友好性。如 Madu 把可持续制造看作一种新的生产方式,它通过新技术或新工艺,在材料转化成产品的同时减少能源消耗、温室气体排放、废物产生,降低不可再生或有害物质的使用次数。而广义的可持续制造界定主要关注产品的整个生命周期,建立可持续制造系统来减少制造业对环境影响,并提供满足经济绩效的综合策略。

要明确可持续制造的内涵,还需将其与"可持续生产""绿色制造"等相近的概念进行区分。关于可持续制造与可持续生产的关系,主要有 4 种不同的看法:① 把可持续生产看作可持续制造的前身,因为可持续生产的概念早于可持续制造出现;② 把可持续生产当作可持续制造的一个阶段,声称除了生产过程外,制造还包括所有的工业活动、所有与制造链关联的服务;③ 认为可持续制造是制造部门的可持续生产;④ 认为两者同义,可以互换使用。关于可持续制造与绿色制造的关系则有两种看法:① 认为绿色制造是可持续制造的一个组成成分;② 认为可持续制造是高于绿色制造的制造范式。综合来看,可持续制造同等关注制造活动的生态、经济和社会可持续性,而绿色制造主要强调制造活动的生态可持续性,故前者比后者内涵更广。

总的来说,可持续制造的主要内涵包括以下 3 个方面:① 采用新的生产方式,使产品生命周期中资源和能源的生产率最大化;② 构建新的管理模式,使制造系统对生态和社会造成的负面影响最小化;③ 培育新的社会环境,形成推动可持续制造的外部氛围。

可持续制造概念有两个核心构成要素——"可持续性"和"制造"(见图 11 - 4)。"可持续性"主要包括生态、经济、社会三个维度。就制造业而言,生态可持续性是指,制造业的发展要保持其与地方自然资源及其开发利用程度间的平衡,以不破坏生态系统的多样性、复杂性及其功能为准则;经济可持续性是指,制造业的发展要提高企业经济绩效,有助于促进地方经济发展,并且确保在当前资源的使用不减少未来的经济收入;社会可持续性是指,制造业的发展要尽可能满足当前和未来人合理的、多样的需求,有利于提高人类的健康水平,改善人类生活质量,并有助于创造一个平等、公正、和谐的社会。三者相互关联,相互影响。对可持续性的理解有强、弱之分。弱可持续性的观点认为,经济资本、社会资本和生态资本之间是可替代的,只要资本总量不减少,即为可持续发展;强可持续性的观点则认为,生态为经济和社会发展提供自然资源和生态系统服务,经济发展依赖于社会和生态资本,同时经济和社会过程也影响生态状况,自然资本和人造资本不可相互替代。从长远角度看,弱可持续性显然是不可持续的。目前大部分定义都认为,可持续性问题贯穿于产品的整个生命周期,包括产品的设计、生产、包装、运输、销售、售后服务直到废弃产品的最终处置等多个阶段。显然,这里的"制造"不只是指把原材料加工成适用的产品的生产活动,而是沿产品的价值链展开的一系列生产和服务活动的统称。

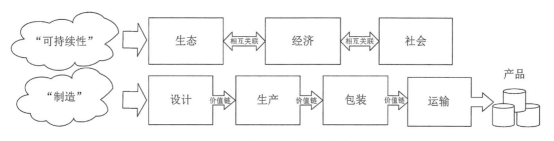

图 11 - 4　可持续制造的核心构成要素

11.2.2　可持续制造体系的评价

对可持续制造体系的评价是可持续制造模式发展的基础,各种机构致力于研究如何从不同维度对可持续制造展开评估,为正确树立可持续制造模式标杆、探寻可持续制造发展方向提供指导。一般而言,其评价对象可以从国家层面、区域层面、工厂层面到工艺层面 4 个层面展开。

(1) 国家层面:欧盟曾在 2001 年发布一份关于治理的白皮书,其中定义了良好治理的性质:开放性、参与性、可信性、有效性、整合性。除应符合良好治理要求外,因涉及议题领域广泛,如何衡量其发展亦是检验国家制造业可持续发展战略是否是良好治理的重要参照。有效的国家可持续发展战略一般应具有如下 5 个要素:① 软性政策工具的使用及效果,即采用新型的政策工具替代既往的命令式或控制式政策指令,新型政策工具包括市场激励(如碳税)和信息提供平台等;② 多样性的参与程度,也称作网络化治理,即允许各类行为体(尤其是非国家行为体)参与议题的各个环节的程度;③ 地方层次的参与度,实现多层级治理,不同层级政府部门在议题决策上形成紧密协作关系；④ 结构化的指标系统构建，提交各阶段发展计划和报告，帮助监督战略进展；⑤ 有力的监督与评估环节，独立的监督主体要对战略实施进程进行实时监测，并负责提供相应改进建议。

（2）地区层面：评价区域可持续制造发展能力，主要从经济可持续发展能力、人口可持续发展能力、环境可持续发展能力、资源可持续发展能力以及成长可持续发展能力五大维度进行评估。由于我国区域经济发展水平差异较大，资源约束强度差异大，因此可持续制造的区域水平差异较为明显。树立地区可持续制造标杆，对带动周边区域制造业协调可持续发展具有重要意义。

（3）工厂层面：为加快推进制造强国建设，实施绿色制造工程，积极构建绿色制造体系，我国首次制定并发布了绿色工厂相关标准，编制了《绿色工厂评价通则》（GB/T 36132—2018)国家标准。按照"厂房集约化、原料无害化、生产洁净化、废物资源化、能源低碳化"的原则，建立了工厂的可持续制造评价指标体系，提出了可持续工厂评价通用要求。聚焦于产出投入过程，在工厂建立输入阶段，主要评估工厂的基础设施，考虑管理体系成熟度以及对能源与投资的投入力度；在工厂输出阶段，评价工厂是否生产符合可持续发展要求的产品，工厂总体排放应符合相关国家、行业标准。工厂是可持续制造的主体，对工厂进行可持续性评价，有助于在行业内树立标杆，引导工厂走可持续制造模式。

（4）工艺层面：涵盖经济、环境及社会三重原则，以工艺层面的可持续制造绩效为目标，形成工艺层面可持续制造能力评价指标。在经济指标层面，综合考虑各项费用的发生，包括劳动力成本、设备成本、设备利用率、生产率等；在环境指标层面，聚焦于加工过程的润滑液消耗、冷却液消耗、固体和气体排放、电能消耗等；在社会指标层面，主要反映工艺对社会发展的影响，在工艺阶段，评价社会影响的重点是现场操作人员的满意度，主要包括安全事故率、员工培训比例、员工工作环境评价等指标。通过拆解工艺进行可持续性评价，有助于识别高能耗工艺，从而从工艺层面着手降低总体能耗，提升工艺的可持续性。

11.3 可持续制造的实现路径

11.3.1 可持续制造理论实现路径

早期的可持续制造研究以"环境意识制造"为名，常从微观的视角，关注在工厂内部通过技术创新，实现产品和生产工艺的生态及经济可持续性。随着工业化的发展及相关研究的深入，可持续制造理论体系中加入了生产过程中关于社会整体效益的考量。可持续制造模式的实现路径涵盖从产品设计、生产流程再到生命周期管理与供应链管理。

（1）可持续的产品设计。一个产品是否可持续，很大程度上是在早期设计阶段就决定了的。因此，设计阶段的干预是减少环境影响、增加产品价值和效用的最有效的办法。可用的设计策略如下：面向制造的设计、面向质量的设计、面向装配的设计、面向再制造的设计、面向包装的设计、面向回收或再利用的设计、面向流程的设计等。

（2）可持续的生产流程。可持续的生产流程的核心要求为可持续生产的技术进步以及相应有效的可持续运维管理机制。可持续的生产流程应是有弹性、可回应以及高可靠性的。其根本目标为尽可能减少生产的相关资源投入,提高产品质量,获得最大的投入产出比。此外,在生产的过程中必须满足以下约束:① 持续减少废物和与生态不相容的副产品;② 持续消除对人体健康或环境有害的化学物质或物理因素;③ 节约相关能源和材料的投入;④ 工作空间的设计能使化学、物理和人体工程学的危害最小化。在增加企业利润的同时,减少或消除产品本身及其加工流程可能对环境和社会产生的负面影响。

(3)可持续的生命周期管理。生命周期管理是通过生命周期工程、生命周期评价、产品数据管理、技术支持和生命周期成本核算等手段,保护资源和使资源使用效率最大化。产品生命周期管理包括设计可持续的产品、使用集成的产品数据管理系统、开发智能产品三个方面。智能产品可沿着产品生命周期捕获信息,产品数据管理系统可有效收集产品数据,从而满足生命周期管理的需求。按照资产生命周期管理方法,维护不仅限于资产的使用阶段,而应从获得阶段或概念设计开始,在恰当的地点、时间,做出最好的、可预测的维护决策,使设备故障时间最小化,在生命周期中优化制造资产的运转。

(4)可持续的供应链管理。一个企业是无法单独承担环境责任的,供应商、运输商、使用者的绩效都能对环境产生不利影响,所以制造商要驱使供应链上的其他组织共同遵守可持续性标准。逆向供应链又称逆向物流,是为再制造、回收、处理和有效使用资源而使产品从消费环节回流到生产环节的过程。可持续的供应链是一个由原料供应链、产品配送链、废品回流链组成的闭环结构。可通过选择业务伙伴,追踪物流,整合正向和逆向运输安排,构建运输成本模型、位置库存模型等手段,解决供应链生态和经济维度的可持续性问题。制造系统内各单元的经济效益、生态效益和社会效益,从长期和整体来看是不可分割的。未来,生产者将更多地扮演运作者、回收者、服务者、协作者的多重角色。

11.3.2　可持续制造理论实现案例

在可持续制造的要求下,各类制造业结合自身实际情况,在不同环节打造可持续发展战略。这一节我们通过介绍 企业案例,对实践可持续制造模式下的供应链管理及可持续制造系统建设进行分析。

1)案例一:通用电气公司可持续供应链管理

在可持续制造模式的要求下,2014 年 11 月,通用电气公司(简称 GE 公司)提出了"绿色供应链创新(green supplier initiative, GSI)"项目,旨在实现绿色供应链管理发展方向下的战略创新,基于长远发展目标的进项可持续战略部署。该商业模式获得了多方支持与合作,其中包括"中美绿色基金"、安永公司、美国劳伦斯伯克利国家实验室、其他节能/节水的设备与技术的提供方以及绿色金融投资机构等。以市场合作及贸易方式,构建了相应的可持续制造产业模式。此外,该可持续供应链项目还获得了政府相关政策的支持,能为 GE 公司的供应商提供相应节能需求下,节能/节水/可再生能源相关的综合解决方案。未来,GE 公司的绿色供应链和创新项目,将从大型战略供应商推广到中小企业的能效项目整合,继续主动地帮助供应商实现绿色转型,增产增效,这将是 GE 公司推动中国制造商实现先进生产制造最有力的切入点。

首先,在相关绿色供应链管理机构的设置方面,GE 公司推出全球供应链可持续发展部,主要负责协调和统筹绿色生产、生产回收、绿色物流、可持续供应链的信息平台建设、信息发表和引导供应商可持续发展等相关事宜。明确的分工及项目需求,为供应商工厂提供相关的绿色标准,对供应商进行可持续发展、能效提升等信息及培训。全球供应链可持续发展部为 GE 公司管理着数千个供应商工厂可持续发展的认证和再认证。

在可持续管理制度下相关标准的制定方面,GE 公司全球供应链可持续发展部在中国建立了绿色采购标准制度、供应商绿色认证、供应商绿色审核和筛选、供应商绿色绩效评估、供应商绿色培训体系。绿色供应链创新(GSI)项目的最终目标是联合政府和第三方供应商,充分发挥 GE 公司在绿色产品、可持续制造技术及大数据分析方面的优势,通过提升供应商能效和生产效率,加强上下游供应链的相关合作,并促进企业竞争力在可持续发展上的共同提高。

在项目未正式成立时,早在 2004 年,GE 全球供应链可持续发展部就开始在中国推行绿色供应链管理。十余年来,共涉及供应商 4 500 多家,发现并推动供应商解决了约 16 500 项环保问题。项目开展过程中,GE 公司也意识到,在绿色供应链管理中发现的供应商安全、环保和劳动用工问题,归根到底都关乎节能减排问题和提高生产效率。GE 公司在实施供应商绿色审核和认证过程中,深刻地理解到,如果能帮助供应商实现绿色转型,增产增效,那将是 GE 公司和供应商的共同利益所在。

在大数据分析方面,绿色供应链创新项目充分发挥了 GE 公司全球领先的数字化优势。首先,选取了最具成本效益的产品组合,并利用数字化解决方案,优化节能管理成效(见图 11-5)。其次,它依靠 GE 公司强大的大数据分析团队,建立了环境经济投入产出全生命周期分析(economic input-output life cycle assessment,EIO-LCA)模型,实现最佳的绿色设计。最后,利用制造能源管理系统(MEMS)高级数据分析平台,推进工业经济数字化,帮助供应商实现绿色制造。图 11-6 中是 GE 公司为一家大型铸造行业战略供应商提供的一个解决方案。

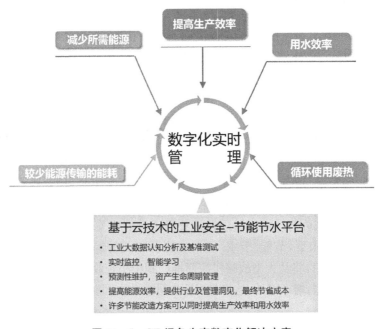

图 11-5 GE 绿色生产数字化解决方案

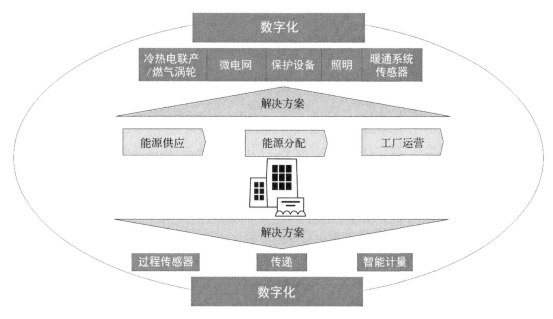

图 11‐6　GE 公司针对典型锻铸厂的解决方案

　　GE 公司的绿色供应链创新项目,是 GE 公司绿色供应链管理中最突出的创新和实践。下游供应商企业积极参与,结合政府推出的相应可持续制造政策,在一年多的时间里取得了诸多不同凡响的成绩。仅其中一个试点供应商的节能项目,就可以实现二氧化碳减排近 62 500 吨。从实践中看到,GSI 帮助中国提高制造业利润,加速工业转型,协助改善环境,保障生产制造安全。如图 11‐7 所示,通过 GSI 的优化设置和资源配备,各企业在以往单打独斗推进项目过程中遇到的挑战和难题都得到了有效的解决。可持续制造不仅需要实现能耗的可持续性,为支持企业的立足与长远发展,也需要达到经济发展的可持续性。GSI 项目使得企业实现收入增加和成本降低的目标,帮助企业收回初始投资,并不断地带来更多的收益。如一家参与 GSI 项目的 GE 公司供应商,利用 GE 公司的共享高级数据分析平台,推进工业经济数字化管理。除了使用常规的

图 11‐7　GE 公司工业安全和节能挑战及解决方案

数据分析模块而产生的节能效益外,还利用高级数据分析工具进行重点耗能设备的数据分析,在第一阶段项目完成后,可实现一年综合节省 3% 的电耗,对应各工程项目的投资回报期将是 1～4 年。

　　GSI 通过绿色供应链管理体系集成创新、绿色技术集成创新、绿色供应链金融模式创新

和绿色供应链服务运营模式创新,形成具有商业内驱力的、可落地、可复制和可推广的模式。

2) 案例二:一汽轿车股份有限公司可持续工厂建设

一汽轿车股份有限公司入选第一批国家级绿色工厂。作为国内知名乘用车企,一汽轿车股份有限公司积极响应国家号召,将企业社会责任上升到公司战略高度,将环境保护视为重要使命,积极实施绿色发展战略,打造"绿色生产"。主要措施为供应"节能减排产品",建立"绿色合作伙伴"的概念,并推动实施,实现整体绿色发展。工艺、建筑、公用设计方案均严格遵循节能减排要求,广泛采用先进工艺和设备保证降低排放,实现绿色生产。2018年,轿车股份有限公司在长春、佛山、青岛、天津建成了四座全新基地,积极推动绿色工厂理念,实现生产制造的可持续发展。

其中,涂装车间作为汽车制造企业的用能大户,在节能减排工作中应承担更多的节能减排责任。以长春基地涂装车间为例,结合精细管理、创新应用等手段,对车间近千台水泵、风机及烘干炉等高能耗设备依据天气设定相应的开启停用方案。在技术创新方面,积极引入废气回收装置、余热回收装置、新风系统循环模式,有效减少了冬季由于预热产生的碳排放量。

多年来,一汽轿车股份有限公司积极承担企业社会责任,在助力民间环保公益事业的同时也从己出发,打造绿色工厂,推动企业可持续发展,工艺、建筑、公用设计方案均严格遵循节能减排要求,采用大量先进工艺和设备,保证降低排放,实现绿色生产。

11.4 可持续制造与设备运维管理

工业化进程的加速使人类面临越来越严重的资源与环境问题。为了增加固定资产更新的资金来源,工业化国家普遍采用固定资产加速折旧的政策,不断缩短固定资产使用年限。更新周期的加快意味着产品寿命的缩短,而产品寿命的缩短则意味着更多的资源需求。从20世纪60年代开始,制造系统在工业生产中发挥着越来越重要的作用,促进设备运维管理的理论和方法研究获得了高度的重视与蓬勃的发展。

设备运维管理是以企业经营目标为依据,以提高设备在生产工作中的使用效果为目的,在相关科学理论的指导下,通过一系列的技术、经济、组织等措施,在设备的全生命周期(从采购、制造、安装调试、使用保养、维修、改造、更新直至报废)内进行全过程的监控和管理。传统维护的概念一般是指维持和恢复设备的额定状态及确定和评估设备实际健康状态的措施;而可持续制造理念则是在发展经济的同时减少对资源的消耗,保持生态的平衡,使人类社会得以健康、持续地发展。它的基础就是使经济发展的速度与自然界的再生能力相适应。在可持续发展的前提下,通过现代维修工程技术,使产品得以再利用,从而延长其使用寿命,达到最大限度地利用资源、保护资源及维持生态平衡的目的。

图11-8所示为可持续制造模式下设备运维管理,在可持续制造模式要求下,设备运维管理的目标是在费用优化的基础上最大限度地提高资源利用率,减少废物的产生及对环境的污染。这种对产品的再利用与传统的循环利用的差别在于,前者是通过高新技术对旧设备及零部件进行现代化改装或再制造以形成新的产品,耗能、耗材极少且极少产生新的废

料,不仅可以延长其使用寿命,而且可以改善产品的设计,提高其技术性能;后者(如废旧设备及零部件的回炉冶炼)则是在消耗大量资源并污染环境的条件下重新利用原有的材料,其产品也仅仅是需进一步加工的初级原材料而已。作为可持续制造模式中的关键性措施,设备运维管理的作用表现在,在设备寿命周期的不同环节采取措施以延长其使用寿命;在设备的使用、维护阶段,通过加强管理以提高其利用率。

根据现代维修工程具有的功能,实现上述目标的途径可以是延缓和弥补产品在使用过程中的磨损及消耗。产品一旦形成,由于使用造成的磨损和消耗就是一种固有的、不可逆转的过程。通过改进对产品的规划、设计,可以改善和提高产品的可靠性、维修性;在使用及维修阶段,通过维修工程中的维护、检查(状态监测)、薄弱环节分析乃至修理等一系列措施,就可以延缓和弥补这种磨损及消耗,提高产品的使用寿命。对于维修作业来说,其产出就是产品的可利用时间。在某种意义上,可以说,使用时间就是产品,通过高质量的维修管理延长产品的利用率,也就相当于延长其使用寿命,同样可以达到减少资源消耗的目的。改善维修避免了因恢复性维修的重复进行导致的产品陈旧老化及报废产生的资源消耗。在技术进步条件下强化了对产品的再利用,使产品的功能得以扩展,性能得以提高,相当于技术装备水平的提高。

总的来说,为构建可持续制造模式,企业对设备运维管理提出以下要求。

(1)设备运维管理以可持续发展为核心发展理念,由传统运维管理向统一化、标准化、制度化的可持续方向发展。

(2)设备维护由定期定量开展小修、中修、大修模式,向员工自主点检、自主维护、预知维护、按需维护的方向发展。

(3)结合能源消耗,充分应用状态检测技术、网络技术、计算机管理系统。

(4)制造、维护、管理三者相结合,在维护成本的控制下,努力追求设备全生命周期最低能耗的目标,重视设备前期的可靠性与维修性,加强设备服役期的各项环节控制,努力降低设备的能耗率。

(5)维护技术向低能耗导向的新工艺、新技术、新材料、新系统的方向发展。

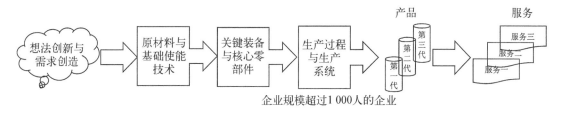

图 11-8　可持续制造模式下设备运维管理

11.5　能耗结余导向的维护优化策略

构建可持续制造系统维护建模的整体解决方案,以设备健康演化与维护能耗建模为支撑点,以生产批量转换与机会维护窗口为研究线,以系统能耗关联与维护优化调度为优化面,在多层级的建模架构中体现维护决策的实时性、动态性和敏捷性。

其中,机会维护策略作为该调度策略的核心组成,主要利用制造系统(串联、并联、k-out-of-n、串并联等)中一台设备的停机维护,给关联设备提供维护调度机会,通过开展组合维护,避免额外的停机损失,减少高昂的故障成本。每个当前批次生产结束后,等待下一个随机批次生产时,整个可持续制造系统处于生产转换时机,而新的生产计划周期会在此时获得。这个生产转换时机为各台设备创造了组合维护机会,各台设备处于远低于运行功率的待机功率,此时进行组合维护可避免批次生产期间停机造成的大量能耗及损失,系统层协同优化调度以此作为决策时机。根据设备层的维护规划结果,若干台设备原定在新批次期间进行预知维护作业。但根据生产计划、机会维护、能源控制的协同机制,必须要保证产品质量的稳定性,避免批次中停机浪费能源。所以,在系统层维护优化调度中,这些预知维护作业或者被提前至当前的生产转换时刻(当前预知维护组合集),或者被延迟至下一个生产批次完工时刻(下一个预知维护组合集)。以此方式,避免可持续制造过程中不必要的维护停机,减少系统停机导致的能源浪费。

面向可持续制造的维护优化调度建模原则具体包括以下3项:① 维护优化调度须以系统能耗结余为中心,并依据批量生产计划而动态实施,维护优化调度需考虑批次生产周期、生产转换时点、系统能耗关联等约束条件;② 根据贯序执行的批量生产计划,划分和定义对应的贯序批次生产周期,以此作为系统决策阶段指导维护优化调度的实施;③ 在可持续制造系统经历的各个生产周期间,分析制造系统结构和系统能耗关联对能耗结余优化的影响作用,作为系统层维护优化调度的依据。模型架构如图11-9所示。

1) 设备层建模机制

在设备层能源导向的预知维护规划方面,研究不同类型设备健康演化与单设备维护能耗规划建模方法。区别于传统的全生命静态维护成本规划方法,扩展研究统筹维护效果因素和环境工况因素的健康演化规则,并将维护能耗最小化作为规划目标,采用动态循环规划模式与系统层实现交互,研究和建立设备层健康演化规则和能源导向维护规划模型。具体包括以下方面:

(1) 各设备健康衰退与预知维护规划的定量化关系。分析可持续制造系统中不同类型生产设备的健康状态独立性、失效模式差异性、衰退过程多样性,在预知维护建模中监测各台设备的健康衰退趋势,为设备层维护规划提供决策依据。

(2) 统筹维护效果因素和环境工况因素的综合健康演化规则。通过调整因子和环境因子的提取与预测技术研究,定量化描述内部维护效果和外部环境工况对设备健康衰退趋势的作用,修正并形成设备维护周期间的健康演化规则,综合反映修复非新效果和工作环境差异的潜在影响。

(3) 提出能源消耗最小化导向的预知维护规划目标函数。结合现代可持续制造模式的能源优化控制需求,将维护能耗最小化作为规划目标,统筹预知维护作业、小修维护作业中的作业功率和期望电能消耗,定义和建立贯序预知维护周期的维护能耗决策目标函数。

(4) 建立动态循环规划模式的设备层能源导向维护规划模型。对传统设备层维护规划模型进行改进,扩展结合综合健康演化规则和维护能耗决策目标函数,建立以动态循环规划模式为原则的设备层维护规划模型,贯序输出各台设备的维护能耗最小化的动态预知维护

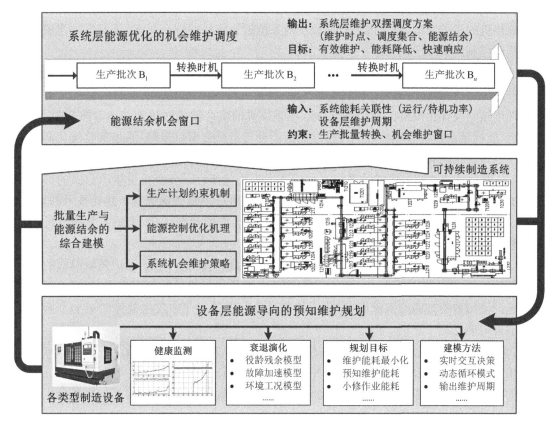

图 11 - 9　能耗结余导向的维护优化策略模型架构

周期,实时支撑系统层维护调度决策。

2) 设备层与系统层动态交互机制

在设备层与系统层动态交互决策方面,研究可持续制造模式中批量生产特征和能耗结余优化对整个系统维护调度的影响机理。针对产品型号较多、批量生产计划呈现随机性、设备故障影响质量并中断制造使上下游设备产生停机能耗的生产特征,在系统层决策过程中实时协同随机性生产信息、可靠性维护信息和关联性能耗信息,分析预知维护作业提前或延迟对能耗结余的影响。具体包括以下 3 个方面。

(1) 多层级能源优化控制中系统层协调决策方法。在设备层维护能耗最小化的基础上,聚焦并优化整个制造系统生产能耗,分析系统层中生产计划、机会维护、能源控制的协同决策方法,定义批量生产、维护调度、运行能耗各自的功能域,把能源驱动机制融入批量生产形式的机会维护优化策略。

(2) 预知维护作业提前或延迟的机会调度依据。在遵循短区间优化原则的前提下,全面分析各台设备的预知维护作业提前和维护延迟对能源控制优化的影响,使传统机会维护策略中的维护作业单摆调度问题演化成双摆调度问题,并将其作为系统层维护优化调整的决策依据。

(3) 整合生产特征和能源优化的机会维护机制。分析生产计划的约束特性,确立能源控制的驱动机制,明确维护调度的优化机理,通过利用生产批次间的转换时机,研究各设备低功率待机的机会窗口,量化维护双摆调度对系统运行能耗的综合影响,统筹性地建模提出能源优化控制的系统层机会维护决策机制。

3)系统层建模机制

在系统层能源优化的机会维护调度方面,研究可持续制造系统能耗结余最大化的机会维护调度策略及优化模型。利用各设备低功率待机的生产转换时机作为组合维护机会,拓展提出"能耗结余择优"理念,建立可持续制造能耗结余机会窗口策略,通过实时优化调度实现整个制造系统的有效维护和能耗降低。具体包括以下 4 个方面。

(1)面向可持续制造模式的系统层维护调度算法与流程。分析批量生产形式的贯序批次间设备待机与维护机会的耦合优化调度技术,构建可持续制造系统维护建模技术和算法,对涉及的系统决策周期划分、决策集合贯序建立、机会维护动态优化、维护方案执行反馈进行流程研究。

(2)制造系统结构配置对系统层能源优化控制的影响机制。基于维护领域前沿的系统机会维护思想,研究可持续制造系统结构关联下各设备运行能耗的相互作用,分析上下游设备在能源使用效率方面的依赖性,量化评估各设备在批量生产中发生故障时对上下游设备造成的停机能耗。

(3)维护双摆优化调度的能耗结余择优的量化计算方法。整合分析设备层预知维护规划结果、各型号产品随机批量生产计划和系统结构中设备间能耗关联性,利用各设备低功率待机的生产转换时机作为组合维护机会,提出能耗结余择优建模理念,动态分析各个生产转换时机的维护作业提前或延迟的能耗结余计算方法。

(4)建立可持续制造系统的能耗结余机会窗口策略。基于各个生产转换时机的预知维护作业提前或延迟的能耗结余择优信息,提出系统层能耗结余机会窗口策略,通过短区间优化调度实现系统的有效维护和能耗降低,动态循环地为可持续制造系统提供实时有效、能源优化的系统层维护调度决策方案。

11.6 设备层健康演化规则和能源导向维护规划

针对不同类型设备进行维护能耗规划,首先研究分析设备潜在故障率分布函数的趋势规律,提炼独立的健康演化规则。各设备的健康状态随着役龄增加而呈现劣化加速的情况。以内部的维护效果因素反映对于生产设备的修复能力,以外部的环境工作因素反映温度、湿度、气候等对设备健康劣化趋势的共同作用。其次,设备层维护能耗规划的有效性取决于与系统层维护优化的拉动匹配。在建模过程中,采用预知维护作业使设备修复到较新状态,若突发失效,则采用小修作业恢复设备运行。此外,区别于预设固定安全阈值的可靠性阈值法,采用能耗目标优化法建模。结合可持续制造的能源控制需求,以能耗最小化为目标,统筹预知维护作业功率(能耗 $P_{\mathrm{P}ij} T_{\mathrm{P}ij}$)和小修维护作业功率 $P_{\mathrm{R}ij}$ [周期内期望能耗 $P_{\mathrm{R}ij} T_{\mathrm{R}ij} \int_0^{T_{ij}} \lambda_{ij}(t)\mathrm{d}t$],定义维护能耗目标函数,通过使该决策目标最小化,获得设备

j 在第 i 个维护周期的最优预知维护周期 T_{ij}。综上，根据维护能耗目标建模和动态循环规划模式，建立设备层能源导向维护规划模型，支持可持续制造系统维护建模方法论中设备层-系统层决策间的实时拉动和动态反馈。设备层预知维护规划建模流程如图 11-10 所示。

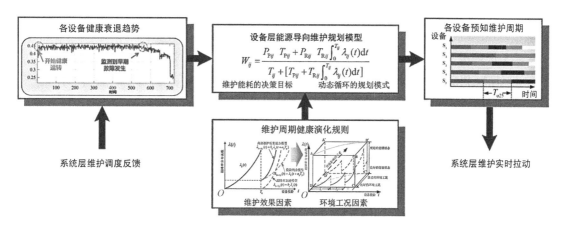

图 11-10　设备层预知维护规划建模流程

1) 设备健康演化更新规则

在实际维护作业进程中，从内部维护效果因素出发，由于维护作业无法实现设备内部所有部件的彻底修复，设备健康状态随着役龄的增加而呈现劣化加速的情况。对于可修复的设备而言，即使设备内部部件局部更新，相邻部件的累积磨损也会造成劣化损伤。此外，除了内部维护效果因素外，外部的环境工况因素也会直接影响设备的衰退演化过程。制造系统中的各台设备往往处在不同的环境工况中，如不同温度、湿度等，不同的环境工况对设备可靠性的影响不同，对设备在维护周期的失效频次影响不同。

近年来，随着嵌入式智能代理和非接触式技术的工业应用，设备的健康状态和衰退规律具有经济可行性。在维护决策中的设备修复非新效果分析过程中，引入调整因子法，描述设备工作寿命中前后维护周期间的故障率分布函数的演化规则。其中，对于内部维护效果而言，虽然预防维护可以降低故障率，但是无法使设备恢复到全新的状态，并且相较于前一个维护周期，后一个维护周期的设备健康衰退呈现加速的趋势，预知维护前后设备故障率分布函数为

$$\lambda_{(i+1)j}(t) = b_{ij}\lambda_{ij}(t + a_{ij}T_{ij}) \tag{11-1}$$

式中，a_{ij} 为役龄残余因子，$0 < a_{ij} < 1$；b_{ij} 为故障率加速因子，$b_{ij} > 1$；T_{ij} 为阈值维护周期，$t \in (0, T_{(i+1)j})$。

在现代企业生产现场，不同设备的环境工况会随着维护周期的递进增长而产生变化。对设备所处的环境工况进行特征提取，结合内部维护因素提出的设备衰退演化规则如式 (11-2) 所示：

$$\lambda_{(i+1)j}(t) = \varepsilon_{ij}b_{ij}\lambda_{ij}(t + a_{ij}T_{ij}) \tag{11-2}$$

式中，ε_{ij} 为环境影响因子，$\varepsilon_{ij} > 1$，且 $t \in (0, T_{(i+1)j})$。

2) 单目标局部维护决策建模

能耗导向的维护策略中,统筹各种维护目标对维护规划的不同作用,建立全局性目标。考虑效率性需求建立设备可用度模型(availability-oriented model,AOM),考虑经济性需求构建故障成本率模型(cost-oriented model,COM),结合节能性需求构建维护能耗模型(energy-oriented model,EOM)。

(1) 设备可用度模型(AOM):在区分各个维护周期中的平均可用时间(mean useful time,MUT)和平均停机时间(mean down time,MDT)的基础上,最大化生产设备的有效性。设备 j 在第 i 个维护周期的设备可用度 A_{ij} 表示为

$$A_{ij} = \frac{\text{MUT}}{\text{MUT} + \text{MDT}} = \frac{T_{Aij}}{T_{Aij} + \left[T_{Pij} + T_{Rij} \int_0^{T_{Aij}} \lambda_{ij}(t) \, dt \right]} \qquad (11-3)$$

式中,分子为设备可用的累积时间,分母表示整个维护周期的时间段;T_{Aij} 表示在 AOM 中设备 j 在第 i 个维护周期的时间间隔;T_{Pij} 为预知维护作业的持续时间;T_{Rij} 为小修作业的持续时间;$\int_0^{T_{Aij}} \lambda_{ij}(t) \, dt$ 表示相邻两次预知维护作业间的故障发生的期望值。

(2) 故障成本率模型(COM):综合分析各个维护周期中的成本花费构成,主要包括预知维护作业成本和小修成本,则设备 j 在第 i 个维护周期中的维护成本率 C_{ij} 表示为

$$C_{ij} = \frac{C_{Pij} + C_{Rij} \int_0^{T_{Aij}} \lambda_{ij}(t) \, dt}{T_{Cij} + \left[T_{Pij} + T_{Rij} \int_0^{T_{Aij}} \lambda_{ij}(t) \, dt \right]} \qquad (11-4)$$

式中,T_{Cij} 表示 COM 中生产设备 j 在第 i 个维护周期的时间间隔;C_{Pij} 为预知维护作业成本;C_{Rij} 为小修作业成本。

(3) 维护能耗模型(EOM):考虑维护周期维护作业能耗需求,包括预知维护能耗以及小修作业能耗,则设备 j 在第 i 个维护周期中的维护功率表示为

$$P_{ij} = \frac{P_{Pij} T_{Pij} + P_{Rij} T_{Rij} \int_0^{T_{Wij}} \lambda_{ij}(t) \, dt}{T_{Wij} + \left[T_{Pij} + T_{Rij} \int_0^{T_{Wij}} \lambda_{ij}(t) \, dt \right]} \qquad (11-5)$$

式中,T_{Wij} 表示 COM 中生产设备 j 在第 i 个维护周期的时间间隔;P_{Pij} 为预知维护作业功率;P_{Rij} 为小修作业功率。

分别对 AOM、COM 以及 EOM 进行求解,将上述局部建模结果代入多目标模型,辅助动态规划全局性的最优预知维护周期。

3) 多目标最优预知维护建模

在设备可用度模型(AOM)、故障成本率模型(COM)以及维护能耗模型(EOM)的基础上,统筹权衡企业生产的效率性、经济性以及节能性指标,建立全局维护策略目标。根据多目标价值理论,最大化设备可用度、最小化维护成本率以及维护功率,统一量纲。

(1) 解决统一量纲的问题:定义表达式 A_{ij}/A_{ij}^* 为效率性价值函数,表达式 C_{ij}/C_{ij}^* 为

经济性价值函数,表达式 P_{ij}/P_{ij}^* 为能耗性价值函数。对于每个局部决策目标而言,三个价值函数值趋向于 1 时,表示该局部决策目标在全局决策目标中达到了最优水平。

(2)解决优化方向的问题:使多目标模型统一为最小化优化,在目标函数中引入表达式 $-\dfrac{A_{ij}}{A_{ij}^*}$,在第 i 个维护周期内,规划预知维护时间间隔的最优值,使得全局维护决策目标函数最小化。

综合上述分析,面向能耗控制的设备预知规划全局维护决策目标可以表述为

$$O_{ij} = -\gamma_{1ij}\,\frac{A_{ij}}{A_{ij}^*} + \gamma_{2ij}\,\frac{C_{ij}}{C_{ij}^*} + \gamma_{3ij}\,\frac{P_{ij}}{P_{ij}^*} \qquad (11-6)$$

式中,γ_{1ij}、γ_{2ij} 和 γ_{3ij}($\gamma_{1ij} \geqslant 0$,$\gamma_{2ij} \geqslant 0$,$\gamma_{3ij} \geqslant 0$,$\gamma_{1ij} + \gamma_{2ij} + \gamma_{3ij} = 1$)分别是设备可用度、维护成本率以及维护功率的权重因子。求解上式,可以获得多目标模型中,当前第 i 个维护周期的最优维护时间间隔 T_{Oij}^*,采用动态循环的预知维护规划策略,结合顺序周期的设备衰退演化规则,动态高效地规划设备在整个工作寿命中的预知维护最优周期方案。

11.7　批量生产特征和能耗结余优化的综合建模

全球经济开放格局使得市场上的消费品供大于求,消费者在购买所需物品时的选择更多。对于生产商来说,如何响应客户需求的多样化、个性化以及快速化的趋势,成为主要挑战之一。福特汽车公司装配流水线的问世揭开了大量生产的序幕,其以规模经济降低了产品成本,相应降低了产品的价格,吸引了更多的客户。随着产品市场的成熟,客户对产品的需求不再单纯考虑经济性,产品生命周期不断缩短,以满足市场对新产品的需求,多品种批量生产旨在以大量生产的成本生产广泛的定制产品,吸引更多的消费者,从而增加市场份额。

多品种批量生产的制造模式对设备的运维管理提出了全新的挑战。在多设备制造系统运营期间,从产能平衡的角度出发,系统中任意一台设备失效停机,会导致上下游设备的停机等待,在损失产能的同时造成能耗损失。此外,批量生产过程中,如果有设备在任意批次中出现失效故障,可能对该批次前后批次的产品质量造成差异,造成额外产品能耗的损失。在设计具体的可持续制造系统维护优化流程前,需要优先针对由市场需求拉动的随机批量生产计划,分析相应批次间的生产转换时机,利用各设备低功率待机的机会窗口进行预知维护作业调度整合。对于可持续制造系统,在系统层决策过程中,应实时协同随机性生产信息、可靠性维护信息和关联性能耗信息,分析预知维护作业提前或延迟对能耗结余的影响,这是实现多层级能源优化控制的关键核心。本章提出的能源优化控制驱动的可持续制造系统维护调度机制如图 11-11 所示。

如图 11-11 所示,当生产批次 B_k 结束后,等待进行下一生产批次 B_{k+1} 时,整个系统会短暂处于一个转换停机时刻 t_{Bk},下一个批次的生产周期 $T_{B(k+1)}$ 也会在此时获得,这个生产转换时机为各台设备创造了组合维护的机会。考虑由 J 台生产设备配置构成的多设备批量

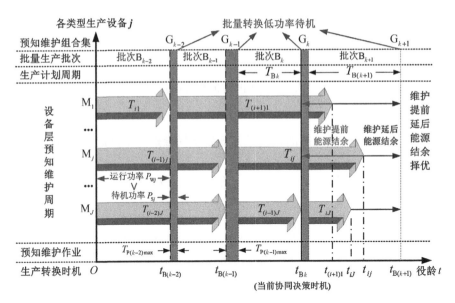

图 11-11　能耗结余导向的系统机会维护调度机制

生产系统,各台设备具有健康状态独立性、失效模式差异性和制造加工多功能的技术特点。依据批量生产特征和能耗结余优化的综合建模机制,重点分析可持续制造系统结构中上下游设备间的能耗关联相互作用,利用各设备低功率待机的生产转换时机作为机会维护契机,设计提出可持续制造系统维护优化调度的决策流程。为了量化评估系统层能源控制中预知维护作业双摆调度的驱动机制,以设备层预知维护规划结果、各型号产品随机批量生产计划和系统结构中设备间能耗关联性为系统层机会维护建模的决策输入,利用前后批次间生产转换时机实施组合预知维护,聚焦维护调动后的能耗影响,即预知维护提前或延后触发的能耗结余,动态进行预知维护双摆调度的能耗结余择优。采用动态规划方法建立系统层的机会维护调度策略,实现系统层维护双摆调度的动态循环优化。该能源优化控制驱动的机会维护策略,提出预知维护作业的提前延后平衡法,利用贯序生产转换时机作为能耗结余机会窗口,追求各个批次生产周期的能耗结余最大化,显著降低可持续制造系统整体能源消耗。

1) 维护作业提前的能耗结余

若设备 M_j 的维护作业被提前至当前的生产转换时刻 t_{Bk},则提前实施原定于在生产批次 B_{k+1} 期间进行的预知维护作业,相应产生的维护作业提前能耗结余可以通过下式评估获得:

$$E_{Aj(k+1)} = E_{Aj(k+1)}^D - E_{Aj(k+1)}^P + E_{Aj(k+1)}^C \tag{11-7}$$

式中,$E_{Aj(k+1)}^D$ 为停机维护能耗结余项(因非批次间维护而避免的上下游设备停机能耗浪费);$E_{Aj(k+1)}^P$ 为预知维护能耗结余项(因维护周期缩短增加预知维护次数而提高的预知维护能耗);$E_{Aj(k+1)}^C$ 则为小修作业能耗结余项(因维护周期缩短降低故障率期望而节约的小修作业能耗)。

在生产批次 B_k 完工时刻提前实施组合预知维护时,设备处在待机状态,可以避免生产过程中导致的上下游设备停机等待能耗,根据设备工作功率 P_{Wj},预知维护时间 T_{Pij} 以及设

备待机功率 P_{Sj}，停机维护能耗结余项可以表示为

$$E_{Aj(k+1)}^{B} = \sum_{\forall J \neq j} (P_{Wj} - P_{Sj}) T_{Pij} + P_{Wj} T_{Pij} \qquad (11-8)$$

$$= \sum_{J} (P_{Wj} - P_{Sj}) T_{Pij} + P_{Sj} T_{Pij}$$

预知维护作业从设备层规划的实施时点 t_{ij} 提前至生产转换时刻 t_{Bk}，设备实际维护周期从 T_{Oij}^{*} 缩短至 $T_{Oij}^{*} - (t_{ij} - t_{Bk})$，实际维护周期的缩短会造成寿命周期内预知维护作业数量的增加，建立的预知维护作业能耗结余项为

$$E_{Aj(k+1)}^{P} = \frac{t_{ij} - t_{Bk}}{T_{Oij}^{*} - (t_{ij} - t_{Bk})} P_{Pij} T_{Pij} \qquad (11-9)$$

预知维护提前降低了小修频率，带来了小修能耗结余，但周期内累积故障风险率也相应下降。对于小修作业而言，建立的小修能耗结余项可以表示为

$$E_{Aj(k+1)}^{C} = \left[\int_{0}^{T_{Oij}^{*}} \lambda_{ij}(t) \mathrm{d}t - \int_{0}^{T_{Oij}^{*} - (t_{ij} - t_{Bk})} \lambda_{ij}(t) \mathrm{d}t \right] P_{Rij} T_{Rij} \qquad (11-10)$$

2）维护作业延后的能耗结余

若设备 M_j 的预知维护作业被延迟到下一个生产转换时刻 $t_{B(k+1)}$，除了停机维护能耗结余依旧为正，小修能耗结余与预知维护能耗结余则会呈现此消彼长的调度变化趋势，产生的维护作业延后的能耗结余通过下式评估表述：

$$E_{Dj(k+1)} = E_{Dj(k+1)}^{D} + E_{Dj(k+1)}^{P} - E_{Dj(k+1)}^{C} \qquad (11-11)$$

式中，$E_{Dj(k+1)}^{D}$ 为停机维护能耗结余项；$E_{Dj(k+1)}^{P}$ 为预知维护能耗结余项（因维护周期延长减少预知维护次数而节余的预知维护能耗）；$E_{Dj(k+1)}^{C}$ 为小修作业能耗结余项（因维护周期延长增加故障率期望而提高的小修作业能耗）。与维护调度提前分析过程类似，停机维护能耗结余、预知维护能耗结余以及小修作业能耗结余分别可以通过下列公式获得：

$$E_{Dj(k+1)}^{B} = \sum_{J} (P_{Wj} - P_{Sj}) T_{Pij} + P_{Sj} T_{Pij} \qquad (11-12)$$

$$E_{Dj(k+1)}^{P} = \frac{t_{B(k+1)} - t_{ij}}{T_{Oij}^{*} + (t_{B(k+1)} - t_{ij})} P_{Pij} T_{Pij} \qquad (11-13)$$

$$E_{Dj(k+1)}^{C} = \left[\int_{0}^{T_{Oij}^{*} + (t_{B(k+1)} - t_{ij})} \lambda_{ij}(t) \mathrm{d}t - \int_{0}^{T_{Oij}^{*}} \lambda_{ij}(t) \mathrm{d}t \right] P_{Rij} T_{Rij} \qquad (11-14)$$

基于上述能源使用效率的影响分析，建立提前延后平衡法作为预知维护优化调度的科学依据。分别综合上述三种能耗结余项，汇总并比较可持续制造系统中各设备 M_j 在批次 B_{k+1} 周期中的维护提前能耗结余 $E_{Aj(k+1)}$ 和维护延后能耗结余 $E_{Dj(k+1)}$。系统层提前/延后/按期动态优化决策可表示为

$$\Psi(j, t_{Bk}) = \begin{cases} 0 & E_{Aj(k+1)} < 0, E_{Dj(k+1)} < 0 \quad （按期预知维护） \\ 1 & E_{Aj(k+1)} - E_{Dj(k+1)} > 0 \quad （提前预知维护） \\ 2 & E_{Aj(k+1)} - E_{Dj(k+1)} < 0 \quad （延后预知维护） \end{cases} \qquad (11-15)$$

（1）当 $E_{Aj(k+1)} < 0$ 且 $E_{Dj(k+1)} < 0$ 时,意味着提前或者延后预知维护不能带来能耗的结余,因此进行按期预知维护。

（2）当 $E_{Aj(k+1)} > 0$ 且 $E_{Dj(k+1)} < 0$ 时,表示提前预知维护能够带来能耗的结余,而延后预知维护反而会增加能耗,因此将预知维护提前至当前的生产转换时刻。

（3）当 $E_{Aj(k+1)} < 0$ 且 $E_{Dj(k+1)} > 0$ 时,则意味着提前预知维护会增加能耗,而延迟维护可获得更大能耗结余,则把该预知维护作业延后。

（4）当 $E_{Aj(k+1)} > 0$ 且 $E_{Dj(k+1)} > 0$ 时,无论提前或者延后预知维护都能带来能耗的结余。若 $E_{Aj(k+1)} - E_{Dj(k+1)} > 0$,则将预知维护提前,反之则延后。

11.8 系统层能源优化控制驱动的机会维护决策

在整个面向能耗控制的预知维护调度决策中,动态统筹了生产信息数据流和维护信息数据流。根据每次顺序下达的随机批次订单,实时获取设备层输出相应的预知维护时间间隔;在系统层采用提前延后平衡法,动态利用生产转换时机,实时开展成本结余择优,通过交互决策分阶段地提供实时有效、经济可行的交互优化决策方案。在这样动态循环的交互优化决策模式中,需要设备层的多目标模型与系统层能耗择优法之间的动态调度协同。面向能耗控制的多设备批量生产系统交互优化决策过程,提出了 ESW-MAM 策略,策略流程如图 11-12 所示。

具体步骤如下。

步骤 1:设备层输入。从第一个维护周期($i=1$)开始,从设备层 MAM 中获取各台设备预知维护时间间隔,并动态评估各设备原定规划的预知维护时间点:

$$t_{ij} = T_{Oij}^* \qquad j = 1, 2, 3, \cdots \qquad (11-16)$$

步骤 2:批量生产订单导入。从首个随机批量订单的生产周期开始,在生产周期内,检查是否存在设备 $M_j (j=1, 2, \cdots, J)$ 原定于生产批次期间进行预知维护作业:

$$\Phi(j, t_{Bk}) = \begin{cases} 0, & t_{ij} \notin (t_{Bk}, T_{B(k+1)}] \\ 1, & t_{ij} \in (t_{Bk}, T_{B(k+1)}] \end{cases} \qquad (11-17)$$

步骤 3:能耗结余计算。对于原定于批次生产周期内维护的任意设备,即 $\forall \Phi(j, t_{Bk}) = 1$,计算该设备的提前能耗结余 $E_{Aj(k+1)}$ 或延后能耗结余 $E_{Dj(k+1)}$。其中,各项结余可以通过式(11-7)~式(11-14)获得。

步骤 4:预知维护调整。将每个批次生产转换作为系统层的维护机会,对于任意满足 $\forall \Phi(j, t_{Bk}) = 1$ 的设备,根据式(11-15)进行判断。值得注意的是,在生产伊始,即 $t_{B0} = 0$ 时,不会安排预知维护作业。

步骤 5:时间更新与反馈。对于下一个生产周期 $k = k+1$,在系统层能耗优化调度中更新生产批次 B_k 的生产转换时机,并根据设备层结果获取更新设备 $M_j (j=1, 2, \cdots, J)$ 的规划 PdM 的时间点:

$$t_{Bk} = t_{B(k-1)} + \sum_{\Psi(j, t_{B(k-1)})=0} T_{Pij} + \delta(OS_{k-1}) T_{P(k-1)\max} + T_{Bk} \qquad (11-18)$$

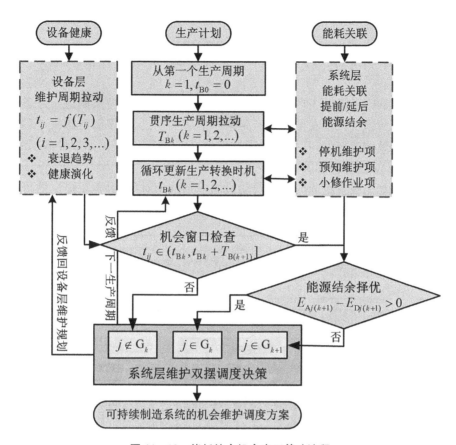

图 11‑12　能耗结余机会窗口策略流程

$$
t_{ij} = \begin{cases}
t_{ij} + \sum\limits_{\boldsymbol{\Psi}(j,\,t_{\mathrm{B}(k-1)})=0} T_{\mathrm{P}ij} + \delta(OS_{k-1}) T_{\mathrm{P}(k-1)\max}, & \boldsymbol{\Phi}(j,\,t_{\mathrm{B}(k-1)})=0 \\[3mm]
t_{(i-1)j} + \sum\limits_{\boldsymbol{\Psi}(j,\,t_{\mathrm{B}(k-1)})=0} T_{\mathrm{P}ij} + \delta(OS_{k-1}) T_{\mathrm{P}(k-1)\max} + T_{\mathrm{O}ij}^{*}(i=i+1), & \boldsymbol{\Psi}(j,\,t_{\mathrm{B}(k-1)})=0 \\[3mm]
t_{\mathrm{B}(k-1)} + \sum\limits_{\boldsymbol{\Psi}(j,\,t_{\mathrm{B}(k-1)})=0} T_{\mathrm{P}ij} + \delta(OS_{k-1}) T_{\mathrm{P}(k-1)\max} + T_{\mathrm{O}ij}^{*}(i=i+1), & \boldsymbol{\Psi}(j,\,t_{\mathrm{B}(k-1)})=1 \\[3mm]
t_{\mathrm{B}k} + \delta(OS_{k-1}) T_{\mathrm{P}(k-1)\max} + T_{\mathrm{O}ij}^{*}(i=i+1), & \boldsymbol{\Psi}(j,\,t_{\mathrm{B}(k-1)})=2
\end{cases}
$$

$$(11\text{-}19)$$

$$
\delta(OS_k) = \begin{cases}
0, & |OS_k|=0 \\
1, & |OS_k|>0
\end{cases}
$$

$$(11\text{-}20)$$

式中，$|OS_k|=0$ 表示在 OS_k 综合预知维护组合集内不实施预知维护作业；反之，$|OS_k|>0$ 表示在 OS_k 综合预知维护组合集内实施预知维护作业。

　　步骤 6：系统层决策输出。随着批量订单动态循环下达，转回**步骤 2**，导入订单并进行维护时间检查以判定 $\boldsymbol{\Phi}(j,\,t_{\mathrm{B}k})$；在**步骤 3**中对提前/延后能耗结余进行计算；在**步骤 4**中对预知维护时刻进行调整；转入**步骤 5**，循环递进地在设备层-系统层协同交互中实时保持时间更新与反馈。

11.9　算例分析：汽车发动机可持续制造系统维护

当前汽车工业面临着降低生产能耗的硬性政策要求,汽车可持续制造与设备运维管理策略具有工程推广价值。汽车发动机生产是典型的多类型设备、多能耗源头、多影响因素、多维护层级的可持续制造对象,其批量生产过程中存在众多因素,例如型号需求的随机性、产能需求的波动性、系统能耗的关联性等。

选取由多类型加工设备组成的汽车发动机制造系统为对象,对本章提出的可持续制造系统维护建模策略进行验证分析,策略具体流程如图 11-13 所示。

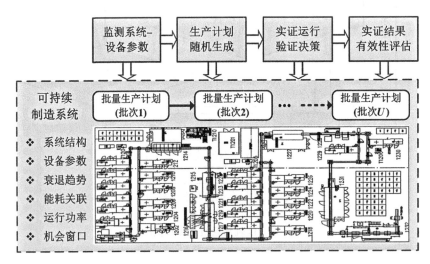

图 11-13　可持续制造系统维护策略算例分析流程

首先,定义实证对象和实证目标,根据汽车发动机制造系统的实际现场,确定目标为由 Horkos RM80H-16,Boehringer CB320,Hegenscheidt MFD,Landis 5SE,Landis LT2,Boehringer NG200 等 10 台设备串联构成的可持续制造系统。

随后,运用工程软件(如 ProModel 与 Witness 等)建立实验测试床,提取各台生产设备的健康演化趋势,根据汽车制造设备的故障率特点,选取广泛应用于机械、电子领域的威布尔分布 $[\lambda_{1j}(t)=(m_j/\eta_j)(t/\eta_j)^{m_j-1}]$ 来描述系统各设备的健康状态。具体维护信息数据如表 11-1 所示。其中,单个设备的工作功率与待机功率数据是计算设备总能耗的关键所在。通常情况下,设备的工作功率通常可以通过查阅设备铭牌或者通过询问设备供应商获得。此外,根据不同型号产品的功能、产能需求变化进行随机生产计划的软件模拟,并对贯序生产批次的系统工艺过程进行分析。全面考虑市场订单、生产计划的随机性,具体的批量订单的生产数据如表 11-2 所示。

根据表 11-1 和表 11-2 中列出的维护信息数据和生产订单数据,以 $\gamma_{1ij}=0.5$,$\gamma_{2ij}=0.2$ 及 $\gamma_{3ij}=0.3$ 为例,综合考虑维护能耗、维护成本及设备可用度的多目标模型,动态输出各设备的预知维护时间间隔。该可持续制造系统由多类型的设备串联而成,在单个订单生产的过程中,任意设备的停机意味着整个产线的停机。批次生产过程中停机还会造成批次前、后期质量水平差异,损害企业质量信誉。因此,以批量生产订单切换时机作为设备预知维护的机会,有助于降低和消除批次生产过程中维护停机对生产过程的影响。

表 11－1　各设备的维护信息数据

j	P_{Wj}/kW	P_{Sj}/kW	P_{Pij}/kW	P_{Rij}/kW	T_{Pij}/h	T_{Rij}/h	C_{Pij}/\$	C_{Rij}/\$	(m_j, η_j)	$(a_{ij}, b_{ij}, \varepsilon_{ij})$
1	48	20	400	280	18	60	6 800	17 000	(3.0, 8 000)	(0.03, 1.025)
2	100	40	1 100	700	24	70	9 000	32 000	(1.6, 7 200)	(0.018, 1.035, 1.01)
3	30	15	440	200	9	40	3 000	8 700	(2.2, 10 000)	(0.025, 1.05, 1.015)
4	70	30	850	250	10	45	6 200	18 000	(1.8, 12 000)	(0.04, 1.011, 1.022)
5	95	40	920	400	16	64	9 900	28 500	(2.6, 9 600)	(0.02, 1.035, 1.015)
6	70	32	880	800	10	25	7 200	21 400	(3.2, 15 000)	(0.015, 1.02, 1.025)
7	20	12	380	330	8	16	2 700	5 800	(1.3, 11 000)	(0.036, 1.01, 1.045)
8	42	18	500	260	18	64	5 500	16 000	(2.5, 9 400)	(0.05, 1.005, 1.035)
9	110	50	1 400	760	30	85	8 800	22 900	(2.8, 16 600)	(0.01, 1.025, 1.036)
10	6	2	100	50	6	30	2 200	6 000	(1.9, 7 400)	(0.06, 1.018, 1.024)

表 11－2　随机批量订单的生产信息数据

B_k	$k=1$	$k=2$	$k=3$	$k=4$	$k=5$	$k=6$	$k=7$	$k=8$	$k=9$	$k=10$
T_{Bk}/h	1 500	3 700	5 600	2 000	6 000	1 000	2 500	2 300	3 400	2 000

　　其中,$T_{B1}=1\,500$,由设备层多目标模型输出的各设备预知维护时间间隔分别为,$t_{11}=T_{O11}^*=4\,758$ h,$t_{12}=T_{O12}^*=6\,037$ h,$t_{13}=T_{O13}^*=6\,380$ h,$t_{14}=T_{O14}^*=10\,305$ h,$t_{15}=T_{O15}^*=6\,118$ h,$t_{16}=T_{O16}^*=8\,849$ h,$t_{17}=T_{O17}^*=17\,367$ h,$t_{18}=T_{O18}^*=5\,929$ h,$t_{19}=T_{O19}^*=10\,908$ h 及 $t_{1-10}=T_{O1-10}^*=4\,770$ h。显然,第一个生产批次中的预知维护作业间隔都大于第一个批次生产时间 T_{B1}。当生产批次 B_1 结束时,生产转化时机 $t_{B1}=t_{B0}+T_{B1}=1\,500$ h,为各台设备创造了组合维护机会,同时下一批次的生产周期($T_{B2}=3\,700$ h)也会被获得。在 t_{B1} 这个决策时机,通过对维护时间检查,其中 t_{11} 及 $t_{1-10}\in(t_{B1},\,t_{B1}+T_{B2}]=(1\,500,\,5\,200]$,即设备 M_1 与设备 M_{10} 原定于在生产批次 B_2 期间进行预知维护作业。对 M_1 及 M_{10} 进行预知维护作业提前能耗结余及延后能耗结余计算,其中,$E_{A11}=-5\,899$ kW·h,$E_{D11}=5\,869$ kW·h,$E_{A1-10}=1\,275$ kW·h,$E_{D1-10}=1\,938$ kW·h。因此,对这两台设备的预知维护都延后至第二批次生产结束,进行批次切换时刻进行组合维护,即,$t_{B2}=t_{B1}+T_{B2}=5\,200$ h。同时,对 M_1 及 M_{10} 第二次预知维护时间间隔进行更新,即,$t_{21}=t_{B2}+T_{O21}^*=5\,200$ h$+4\,578$ h$=9\,778$ h,$t_{2-10}=t_{B2}+T_{O2-10}^*=5\,200$ h$+4\,540$ h$=9\,740$ h。

　　当第二个生产批次结束后,同理,可以获得第二个批次生产结束时刻预知维护决策结果,如表 11－3 所示。其中 N/A 表示设备不实施预知维护,$\Phi(j,\,t_{B2})=1$ 表示对应设备

（M_1，M_2，M_3，M_4，M_5，M_6，M_8，M_{10}）的预知维护计划原本处在该生产批次中。例如，对于 M_4 而言，$E_{A43}=1\,331$ kW·h，$E_{D43}=3\,256$ kW·h，意味着提前预知维护至上一批次生产结束时刻或者延后设备至该批次生产结束时刻，都能带来能耗的结余，由于 $E_{A43} < E_{D43}$，因此选择延后维护带来的维护能耗结余最优；对于 M_8 来说，$E_{A83}=6\,508$ kW·h，$E_{D83}=-7\,928$ kW·h，意味着提前预知维护能够显著增加预知维护结余，因此将预知维护提前至 $t_{B2}(OS_2)$ 进行组合维护；对于 M_1 而言，其原定预知维护时刻 $t_{12}=9\,778$ h（$T^*_{O12}=4\,578$ h），在上个决策周期中，M_1 的预知维护被延后至 t_{B2} 时刻，如果将该次决策周期中 M_1 预知维护提前至 t_{B2} 时刻，两次预知维护作业时间间隔为 0，这将导致 $E^P_{A13}=$ Inf，$E_{A13}=-$ Inf，显然，此次决策中将维护操作提前会产生明显的能耗浪费。

表 11-3　第二次批次切换预知维护决策数据

M_j	t_{ij}/h	t_{B2}/h	T_{B3}/h	$\Phi(j,t_{B2})$	T^A_{Oij}/h	T^*_{Oij}/h	T^D_{Oij}/h	E_{Aj3}/(kw·h)	E_{Dj3}/(kw·h)	A-PM	I-PM	D-PM
M_1	9 778	5 200	5 600	1	0	4 578	5 600	−Inf	4 716	—	—	Y
M_2	6 037			1	5 200	6 037	10 800	12 531	−36 209	Y	—	—
M_3	6 380			1	5 200	6 380	10 800	3 303	−1 756	Y	—	—
M_4	10 305			1	5 200	10 305	10 800	1 331	3 256	—	—	Y
M_5	6 118			1	5 200	6 118	10 800	6 088	−14 505	Y	—	—
M_6	8 849			1	5 200	8 849	10 800	486	1 934	—	—	Y
M_7	17 367			0	N/A	N/A	N/A	N/A	N/A	N/A	N/A	N/A
M_8	5 929			1	5 200	5 929	10 800	6 508	−7 928	Y	—	—
M_9	10 908			0	N/A	N/A	N/A	N/A	N/A	N/A	N/A	N/A
M_{10}	9 740			1	0	4 540	5 600	−Inf	1 798	—	—	Y

表 11-4 中列出了表 11-3 中 E_{Aj3} 及 E_{Dj3} 获得过程。基于停机维护能耗结余、预知维护作业结余及小修作业能耗结余获得总能耗结余。通过比较 $E_{Aj(k+1)}$ 及 $E_{Dj(k+1)}$，动态输出预知维护提前/延后/按期决策结果。

表 11-4　第二次批次切换能耗结余计算结果　　　　单位：kW·h

M_j	E^B_{Aj3}	E^P_{Aj3}	E^C_{Aj3}	E_{Aj3}	E^B_{Dj3}	E^P_{Dj3}	E^C_{Dj3}	E_{Dj3}
M_1	6 336	Inf	3 533	−Inf	6 336	1 314	2 934	4 716
M_2	8 928	4 249	7 852	12 531	8 928	11 643	56 780	−36 209
M_3	3 123	898	1 078	3 303	3 123	1 621	6 500	−1 756
M_4	3 620	8 345	6 056	1 331	3 620	390	754	3 256
M_5	5 952	2 599	2 735	6 088	5 952	6 381	26 838	−14 505
M_6	3 640	6 175	3 021	486	3 640	1 590	3 296	1 934

M_j	E_{Aj3}^B	E_{Aj3}^P	E_{Aj3}^C	E_{Aj3}	E_{Dj3}^B	E_{Dj3}^P	E_{Dj3}^C	E_{Dj3}
M_7	N/A	N/A	N/A	N/A	N/A	N/A	N/A	N/A
M_8	6 300	1 262	1 470	6 508	6 300	4 059	18 287	−7 928
M_9	N/A	N/A	N/A	N/A	N/A	N/A	N/A	N/A
M_{10}	2 004	Inf	651	−Inf	2 004	113	313	1 798

此外,第四次批次切换时刻决策结果如表 11‑5 所示。其中,由于 $E_{A25} = -9\,152\,\text{kW}\cdot\text{h}$, $E_{D25} = -11\,038\,\text{kW}\cdot\text{h}$, $E_{A55} = -14\,223\,\text{kW}\cdot\text{h}$, $E_{D55} = -699\,\text{kW}\cdot\text{h}$,则对 M_2 及 M_5 进行按期预知维护。结果显示,将 M_1,M_7,M_{10} 提前至 t_{B4} 进行组合维护,将 M_3 及 M_8 延后至 t_{B5} 进行组合维护。

表 11‑5　第四次批次切换预知维护决策数据

M_j	t_{ij}/h	t_{B4}/h	T_{B5}/h	$\Phi(j,t_{B4})$	T_{Oij}^A/h	T_{Oij}^*/h	T_{Oij}^D/h	E_{Aj5}/ (kW·h)	E_{Dj5}/ (kW·h)	A-PM	I-PM	D-PM
M_1	15 262	12 845	6 000	1	2 000	4 408	8 000	870	−8 020	Y	—	—
M_2	16 491			1	2 000	5 637	8 000	−9 152	−11 038	—	Y	—
M_3	16 717			1	2 000	5 836	8 000	−1 829	1 260	—	—	Y
M_4	20 799			0	N/A	N/A	N/A	N/A	N/A	N/A	N/A	N/A
M_5	16 604			1	2 000	5 750	8 000	−14 223	−699	—	Y	—
M_6	19 492			0	N/A	N/A	N/A	N/A	N/A	N/A	N/A	N/A
M_7	17 421			1	12 800	17 367	18 800	4 798	1 946	Y	—	—
M_8	16 280			1	2 000	5 426	8 000	−4 293	575	—	—	Y
M_9	21 462			0	N/A	N/A	N/A	N/A	N/A	N/A	N/A	N/A
M_{10}	15 182			1	2 000	4 328	8 000	1 807	838	Y	—	—

针对批量生产的随机性,设计了一种对顺序变量批量快速响应的 ESW 策略。与第二次和第四次切换时间的例子一样,ESW 策略最大程度地节约了每台机器在每个周期的能源,从而对预知维护作业进行实时调整。各个顺序生产批次期间的能耗结余结果如表 11‑6 所示。

表 11‑6　批次生产过程能耗结余计算结果　　　　　　单位：kW·h

ESW	B_k	$k=1$	$k=2$	$k=3$	$k=4$	$k=5$	$k=6$	$k=7$	$k=8$	$k=9$	$k=10$
M_1	E_{A1k}	—	−5 889	−Inf	—	870	2 008	—	6 440	4 015	6 491
	E_{D1k}	—	5 869	4 716	—	−8 020	−3 125	—	1 934	1 441	1 914

续　表

ESW	B_k	$k=1$	$k=2$	$k=3$	$k=4$	$k=5$	$k=6$	$k=7$	$k=8$	$k=9$	$k=10$
M_2	E_{A2k}	—	—	12 531	10 164	−9 152	—	12 530	—	11 455	13 396
	E_{D2k}	—	—	−36 209	−4 402	−11 038	—	6 059	—	−19 767	6 775
M_3	E_{A3k}		—	3 303	3 283	−1 829	—	—	2 649	—	2 698
	E_{D3k}		—	−1 756	2 071	1 260	—	—	3 034	—	3 191
M_4	E_{A4k}		—	1 331	—	—	—	4 135	—	—	4 283
	E_{D4k}		—	3 256	—	—	—	2 213	—	—	3 138
M_5	E_{A5k}		—	6 088	6 182	−14 233	—	1 511	—	−6 870	—
	E_{D5k}		—	−14 505	1 997	−699	—	5 713	—	5 545	—
M_6	E_{A6k}		—	486	—	—	3 734	—	—	2 224	—
	E_{D6k}		—	1 934	—	—	3 475	—	—	3 187	—
M_7	E_{A7k}		—	—	—	4 798	—	—	—	—	3 472
	E_{D7k}		—	—	—	1 946	—	—	—	—	2 361
M_8	E_{A8k}		—	6 508	6 349	−4 293	—	—	5 231	—	5 334
	E_{D8k}		—	−7 928	2 900	575	—	—	5 582	—	5 837
M_9	E_{A9k}	—	—	—	11 588	—	—	11 309	—	—	—
	E_{D9k}		—	—	6 406	—	—	9 662	—	—	—
M_{10}	E_{A10k}	—	1 275	−Inf	—	1 807	1 518	—	2 061	2 016	2 038
	E_{D10k}	—	1 938	1 798	—	838	1 127	—	1 494	1 434	1 459

根据能耗结余择优，动态输出各个生产批次中的预知维护调整结果如表 11−7 所示。

表 11−7　能耗控制下的预知维护调整结果

	OS_1	OS_2	OS_3	OS_4	I-PM	I-PM	OS_5	OS_6	OS_7	OS_8	OS_9	OS_{10}
k	$k=1$	$k=2$	$k=3$	$k=4$	—	—	$k=5$	$k=6$	$k=7$	$k=8$	$k=9$	$k=10$
t_{Bk}/h	1 500	5 200	10 854	12 854	16 491	16 628	18 912	19 930	22 460	24 778	28 202	30 226
$T_{Bk\max}$/h	0	24	30	18	24	16	18	30	18	24	24	N/A
M_1	—	PM	PM	PM	—	—	PM	—	PM	PM	PM	N/A
M_2	—	PM	PM	—	PM	—	—	PM	—	PM	PM	N/A
M_3	—	PM	PM	—	—	—	PM	—	—	PM	—	PM

续　表

	OS_1	OS_2	OS_3	OS_4	I-PM	I-PM	OS_5	OS_6	OS_7	OS_8	OS_9	OS_{10}
M_4	—	—	PM	—	—	—	—	PM	—	—	PM	N/A
M_5	—	PM	PM	—	—	PM	—	—	PM	—	PM	N/A
M_6	—	—	PM	—	—	—	PM	—	—	—	PM	N/A
M_7	—	—	—	PM	—	—	—	—	—	—	PM	N/A
M_8	—	PM	PM	—	—	—	PM	—	—	PM	—	PM
M_9	—	—	PM	—	—	—	—	PM	—	—	—	N/A
M_{10}	—	PM	PM	PM	—	—	PM	—	PM	PM	PM	N/A

本章建立的面向能耗优化的可持续制造系统维护调度策略,最终的决策目标是在保证批量生产稳定的基础上,提高设备的健康可靠性,保证制造系统的运行效率,实现预知维护的能耗结余最大化。为了验证考虑了能耗优化的可持续系统维护调度策略的节能优势,与其他三种经典的预知维护策略对比,这些策略包括以下方面:① 独立按期预知维护策略(individual maintenance policy,IMP):制造系统中各设备在总能耗(total energy consumption,TES)到达阈值时停机进行独立预知维护作业。② 维护延后策略(delayed maintenance policy,DMP):在各个生产批次期间原定实施的预知维护作业,都延后至该批次生产结束,切换至下一批次生产时刻时进行组合预知维护。③ 维护提前策略(advanced maintenance policy,AMP):原定于下一生产批次期间实施的预知维护作业,都提前至当前生产转换时机进行组合预知维护。通过与三种维护调度策略比较,验证了本章提出的 ESW-MAM 方法具有节能优势性,上述调度策略的总能耗比较结果如图 11-14 所示。

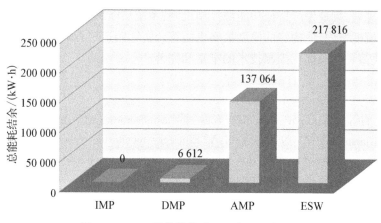

图 11-14　不同维护策略下总能耗结余比较

维护提前策略的总能耗结余是否高于维护延后策略的总能耗结余,主要取决于加工线的实际能耗数据、生产数据和维护数据。然而,通过比较每一个转换时刻的能耗节约,ESW-

MAM 策略可以通过选择决策周期中 $\max\{E_{Ajk}, E_{Djk}\}$ 实时调整预知维护作业,实现总能耗结余的最大化。本章提出的 ESW-MAM 策略总能耗结余为 217 816 kW·h。此外,ESW-MAM 维护策略可以避免传统的调度复杂度高的问题 $O(2^{J-1})$。由于传统的机会维护策略在每个决策时刻计算所有可能的设备维护组合,因此,ESW-MAM 策略可以应用于更复杂的制造系统,此外,当设备的数量 J 增加,面向能耗控制的可持续制造系统可以动态输出预知维护周期,适用于长远的可持续生产模式。

11.10　本章小结

在环境资源的严重制约下,可持续制造模式是企业寻求自身发展突破的必经之路。可持续制造模式贯穿于产品设计、设备生命周期管理、供应链等各个流程。维护决策在工业系统的运行过程中扮演着重要的角色,合理有效的设备运行与维护机制,能在保障制造系统产能和产品质量的同时,大幅提高能源利用效率并减少维护周期中的能源浪费。综合考虑设备衰退和能耗机理,在动态循环的规划模式下拓展传统维护策略,构建能耗优化导向的系统预知维护模型,对整体性提高制造企业的可持续发展水平具有重要意义。

本章在设备层维护规划模型层面,扩展了统筹维护效果和环境工况因素的健康演化规律,并将维护能耗最小化作为规划目标,建立了设备层健康演化规则和能源导向维护规划模型;区别于传统的全生命静态维护规划方法,本章提出的动态循环的规划模式,实现了与系统层维护调度的动态交互决策。在制造系统整体维护优化层面,针对系统层维护调度与各批量生产计划间的约束与协调关系,提出了一种能源优化控制驱动的机会维护调度策略,建立利用生产转换时机的能耗结余机会窗口维护方法,动态循环开展能耗结余择优,保障产品质量稳定性,使系统能耗结余最大化,解决统筹决策维数灾难。本章针对可持续制造系统的能源优化控制问题,提出多层级能源优化导向的预知维护建模思想及方法,将设备层能源导向的预知维护规划、批量生产特征和能源控制机制、系统层能源优化的机会维护调度融合在一个统一的建模框架内,使构建的模型策略更能符合实际制造过程,也是对现有设备健康管理、系统维护决策和能源优化控制技术的丰富和完善。

参考文献

［1］Madu C N. Handbook of environmentally conscious manufacturing[M]. Berlin: Springer, 2009.

［2］Singh G, Kumar T C A, Naikan V N A. Efficiency monitoring as a strategy for cost effective maintenance of induction motors for minimizing carbon emission and energy consumption[J]. Reliability Engineering & System Safety, 2019, 184(Apr.): 193-201.

［3］Sun Z, Dababneh F, Li L. Joint energy, maintenance, and throughput modeling for sustainable manufacturing systems[J]. IEEE Transactions on Systems, Man, and Cybernetics: Systems, 2018, 50(6): 2101-2112.

［4］Zou J, Chang Q, Lei Y, et al. Opportunity window for energy saving and maintenance in stochastic production systems[J]. Journal of manufacturing science and engineering: transactions of the ASME, 2016, 138(12): 1087-1357.

[5] Dababneh F，Li L，Shah R，et al. Demand response-driven production and maintenance decision-making for cost-effective manufacturing[J]. Journal of Manufacturing Science and Engineering，2018，140(6)：1 - 11.

[6] Siemieniuch C E，Sinclair M A，Henshaw M J. Global drivers，sustainable manufacturing and systems ergonomics[J]. Applied Ergonomics，2015，51：104 - 119.

[7] Wang Y，Li L. Time-of-use based electricity cost of manufacturing systems：modeling and monotonicity analysis[J]. International Journal of Production Economics，2014，156(Oct.)：246 - 259.

[8] Xiao L，Song S L，Chen X H，et al. Joint optimization of production scheduling and machine group preventive maintenance[J]. Reliability Engineering & System Safety，2016，146：68 - 78.

第12章
广域网制造与广域网络机会维护策略

12.1 广域网制造的发展背景

12.1.1 广域网制造的由来

2013年,德国在汉诺威工业博览会上提出"工业4.0",这被认为是人类第四次工业革命的开端,同时也拉开了各个国家在新一轮产业革命中竞争的序幕。世界各主要经济体纷纷从自身的制造业基础和优势出发,制定了应对新一轮制造业革命的国家战略。

通过观察第四次工业革命的进程情况,我们不难发现,与前几次工业革命具有典型的代表技术不同,第四次工业革命中,各个工业国家选取的路径和侧重点存在非常明显的不同。在过去近两百年的工业积累中,美国、德国、日本等国都形成了非常鲜明的制造哲学,其本质是解决问题的手段和方法,以及对知识的积累和传承方式的差异。除此之外,各个国家在整个制造业的上、下游中也形成了非常明显的竞争力差异,这些竞争力差异也是造成其战略方向差异的关键因素,其中,各国的制造价值链的分布和未来布局的不同起到决定作用。

如图12-1所示,生产活动中的价值要素从上游至下游依次是想法创新与需求创造、原材料与基础使能技术、关键装备与核心零部件、生产过程与生产系统、产品和服务。

图 12-1 生产活动中的价值要素分布

在整个价值要素的分布中,美国、德国、日本等国通过升级制造生产中价值链的位置以获取竞争力优势,进而影响未来改革布局。

(1)美国在生产活动要素的分布中,通过"6S"生态体系之一的智能化服务创造经济(smart ICT service)提升美国工业系统的核心竞争力,即借助美国在计算机和信息化技术领域的优势,在利润最高的制造业服务端进行布局。

(2)德国在关键装备与核心零部件,以及生产过程与生产系统两个环节中具有十分明显的技术优势。然而,由于以"金砖四国"为代表的新兴经济体已基本完成了工业化,以及一些发展中国家的装备制造和工业能力的崛起,德国的工业装备产品需要停滞不前。因此,德国提出了"工业 4.0",其核心是将制造过程中积累的知识集成为系统产品,并以软件或工具包的形式提供给客户作为增值服务,将重心从产品端向服务端转移,增强德国工业产品的持续盈利能力。

(3) 日本在两个最强势的传统产业(即汽车制造和消费电子产业)中的市场份额不断被韩国、美国和中国占据。日本在消费电子领域衰退的背后是日本创新方向的转变,日本开始在上游的原材料与基础使能技术、关键装备与核心零部件等领域拥有更多的话语权。

随着现代传感器技术、网络技术、自动化技术以及人工智能技术的发展,从 2000 年开始,制造企业的竞争焦点开始转移到产品的全生命周期管理与服务(product lifecycle management)方面,这也标志着制造企业的注意力由以往的以生产系统为核心,向以满足用户需求为导向的产品与服务逐渐转移。

这时的产品开始有了代表产品本身和代表以产品为载体的增值服务的区分,并且以产品为载体的增值服务占的价值比重越来越大,各个制造企业都在思考如何以产品为载体为用户提供服务,从而获取新的利润增长点。商业模式也因此发生转变,因为企业发现卖设备获取的盈利逐渐减少,不如将设备租给用户从而赚取服务费用,于是就产生了产品的租赁体系和长期服务合同。租赁商业模式的代表是 GE 公司提出的"Power by the Hour(时间×能力)"盈利模式,企业盈利的原因不再是产品本身,而是为客户提供产品使用的能力。

近年来,设备租赁业快速,成为全球性产业,并逐渐扩展至世界各个地区。将通过产品服务外包将生产线群组租赁给跨区域全球制造企业的先进制造模式称为广域网制造,如图 12 - 2 所示。

图 12 - 2　广域网制造的组成

12.1.2 不同视角下的广域网制造

广域网制造涉及的内容很广,从制造企业、原始设备供应商、技术知识、企业运营和服务对象 5 个不同角度审视,广域网制造的内涵有不同的理解和目标(见图 12-3)。

图 12-3 不同视角下的广域网制造

(1) 从制造企业角度来看:作为承租方,更多地选择租赁而不是自购,是从生产者的角度来看待产线。由于产线单价高,制造企业直接购买产线存在投资额度大、回报周期长等问题,这使得制造企业在购机时面临很大的资金压力。而租赁产线能在一定时间内降低制造企业部分成本,缓解企业现金流的压力。同时,各区域承租方若自行运营维护团队,这不仅对维护人员的综合技能素质要求非常高,而且会产生一笔较高的运维费用。而作为出租方的设备供应商,显然对产线的各方面性能具有维护技术优势。承租方将维护业务外包给原始设备供应商的专业团队是一种经济、便捷的维护策略。因此,通过租赁的方式,制造企业可以获得专业的运维服务,并且可以节省资金去扩展其他业务,专注于生产。

(2) 从原始设备供应商角度来看:作为出租方,则是从投资者的角度来看待产线。相比于制造成本,出租方需要关注产品的全租赁周期成本。传统成本管理模式对原始设备供应商而言,已经远远不能满足其成本管控要求,而全租赁周期成本则将成本管控的范围拓展延伸到产线的运维服务阶段,不仅考虑了客户的租赁成本,更重要的是考虑了客户的使用维护成本。同时,与产线的经济性、可靠性、稳定性以及产线性能等技术指标相比,出租方更加关注租赁产线的 4 个指标:用户广泛度、团队保有量、资产流动性、全租赁周期成本,以"安全性、流动性、盈利性"的标准评估产线。通过考虑 4 个指标对产线残值与维护成本的影响,选择全租赁周期内回报率最优的产线租赁项目。同时通过为制造企业提供覆盖产线全租赁周期的外包维护服务,获得一个新的利润增长点。

（3）从技术知识角度来看：传统制造是对物质资料的加工与处理,将原材料转化为产品。所有的传统制造过程是在现实的"物理"环境中,融合人们的相关"经验"进行生产,全部过程是看得见的。而广域网制造作为一种先进制造模式,是同时对物质资料和知识的加工与处理,更加注重将各种制造资源要素（人员、机器、备件等）与制造服务过程进行建模和仿真,并接入互联互通的广域网络环境中,通过对数据进行挖掘利用并反馈优化制造服务过程和资源要素配置,推动实时预测与远程运维的实现。同时,与狭域制造中出租方进行的单点运维不同,广域网制造需要提供维护服务的客户分布在不同区域。因此,在制定维护方案时,需要在多区域工厂维护需求的基础上,关联各运维团队维护人员及备件资源的状态信息与进程信息,研究和分析多区域租赁网络维护的技术特征。通过耦合租赁产线维护决策与维护团队资源调度,将维护资源有效地组织起来,进行维护团队的优化配置与共享,为多区域工厂提供时效、经济的全局维护方案。

（4）从企业运营角度来看：传统制造是成本中心,在不影响产品质量和可靠性的前提下,通过大批量生产,降低成本,形成核心竞争力,其焦点是产品的价格。广域网制造是以可盈利的外包服务为中心,通过全球产线租赁和满足跨区域维护需求而获得利润,其焦点是产品和服务的价值,前提是产品的质量。因此,传统制造企业追求降低成本,广域网制造企业追求创造价值。科技进步的加速,设备衰退风险的增大,对企业经营管理的专业化、集中化提出更高的要求。随着各发达工业国家租赁业日益成熟,国内市场相应变小。因此,企业通过采取在海外增设更多子公司、合资公司等分支机构的方式开拓当地市场。对飞机、船舶和超大型设备等巨额租赁项目进行跨区域跨公司的横向合作,以解决资金不足的问题并降低风险。

（5）从服务对象角度来看：传统制造过程中,企业在生产出产品后,通过分销渠道提供给客户,并只承诺客户提供有限时间的质量担保。而广域网制造提供"产品＋服务",通过不同的服务创新满足客户个性化的需求,强调的是客户体验。企业希望客户由购买产品转变为购买服务,并能够在产品全租赁周期中与客户建立黏性,不断给客户提供与产品租赁周期一致的维护服务。

12.2　从狭域制造到广域运维价值创造

12.2.1　制造业向服务端转移

在各个发达国家智能制造转型升级的驱动下,将制造与服务协同发展成为工业化进程中制造业转型升级的重要方向。制造业向服务端转移的趋势早在 21 世纪初就开始了,当时一些明显的环境与产业变化使得制造业的服务化成为一种趋势。其转变主要表现在以下 3 个方面。

（1）消费行为的转变。用户由传统的对于产品功能的追求逐渐转变为对产品个性化的消费体验和心理满足的追求。这使制造企业意识到在产品设计和开发环节应当更加贴近用户的需求，使用户得到心理满足，从而提高制造企业经营绩效和取得可持续性发展，延长制造企业生命周期。

（2）企业间合作和服务的趋势。由传统的单个核心企业转变为企业之间的密切合作，各企业之间通过密切的交互行为，充分配置资源，整合业务合作伙伴、企业与企业之间的业务、企业与用户之间的业务，形成密集而动态的企业服务网络。

（3）企业模式转变。世界典型的大型制造企业纷纷由传统的产品生产商转变为基于"产品组合＋全生命周期服务"的方案解决商（如 GE 公司、RR 公司、IBM 公司等）。根据德勤的调研，许多世界大型制造企业早在 2005 年就开始了转型，这些企业一半以上的收入来源于企业的服务。

在国家政策和市场需求的推动下，许多传统装备制造企业在提供产品及配套服务的同时，积极开展融资服务、租赁服务、设备翻新改造服务、个性化定制服务等服务型业务，实现了由产品供应商向方案解决商的身份转变。

12.2.2　全球化挑战狭域制造

2008 年美国金融危机爆发后，在多种因素共同作用下，经济全球化从高速推进期进入调整期，呈现出速度放缓、内容变化、格局分化、规则重构的新特点。从根本上看，经济全球化被界定为各国生产要素（劳动力、商品、资本）在全球范围内优化配置。同时，经济全球化的发展过程、主要特征以及历史规律表明，经济全球化进程并不是一帆风顺的，总会出现暂时性的停滞甚至倒退，但是经济全球化的总趋势是不断深化的。新经济地理的不断融入、新科技革命的突破、国际贸易理论的自由化取向以及全球经济治理的完善，都将使经济全球化继续发展。

现代的全球化意味着世界市场在消费品生产和服务方面的一体化与相互依存。在经济全球化背景下，越来越多的制造企业深度融入全球产业链条，与世界各国企业开展贸易往来，进行产业投资。同时，服务的生产、消费和相关生产要素的配置跨越国家边界，形成一体化的全球网络，各国服务业相互渗透、融合和依存，全球化的服务供给和跨区域消费不断增加。服务全球化作为经济全球化的重要组成部分，主要体现在以下 4 个方面。

1）服务全球化是经济全球化的重要组成部分

在 20 世纪 70 年代初期，服务贸易仅占全球出口总额的 10％，服务业跨国投资仅占全球跨国投资总额的 25％。之后，随着服务全球化的快速推进，服务贸易和服务业跨国投资的增长速度快于全球贸易和投资总额的增长。如图 12 - 4 所示，根据世界贸易组织（World Trade Organization，WTO）统计，1997 年全球服务贸易中进口额为 1.438 万亿美元，出口额为 1.489 万亿美元，占国民生产总值的 8.328％。之后逐年上升，2008 年爆发的美国金融危机，导致世界各国陷入经济衰退阶段，各国的服务贸易需求减少，呈现出服务贸易不增反减的现象。2010 年至 2014 年，服务贸易额温和增长，2015 年，贸易额又呈现下降趋势。

服务业跨国投资增长更快，20 世纪 90 年代初期，服务业跨国投资在全球跨国投资流量中所占的比重达到 45％，到 2006 年，比重已超过 64％，规模超过 7 800 亿美元。服务业跨国

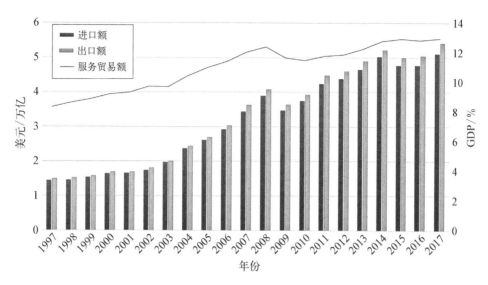

图 12 - 4　1997—2017 年全球服务贸易趋势

企业在全球跨国巨头中已占有重要地位。《财富》数据显示,世界 500 强企业中,服务类企业已超过一半,跨国经营指数从 1995 年的 32％提高至 2004 年的 52％,海外业务的重要性已经超过本土业务,而同期制造业的相应指标仅提高了不足五个百分点。

2）人力备件资源可服务外包

服务全球化促使离岸外包发展快速。而服务外包最主要的特点是人力备件资源的"虚拟"流动。服务外包的基本条件是服务产品本身可以数字化或者模块化,技术密集度不高、非面对面服务等。通过跨区域服务外包,借助信息技术等载体,部分服务业务的劳务跨境输出不必真实发生,从而降低了运维成本以及各类劳动者流动约束的影响。同时为劳动力资源密集型国家创造更多的就业机会,也使得相对近距离的便利劳动力流动的优势逐渐消退。从离岸服务业务内容上看,软件信息类业务占主要地位,而远程教育、医疗、研发设计、管理服务等专业化服务也实现了异地化。

3）成本与服务质量是关键驱动

服务全球化中,生产者服务是重要的推动因素。生产者服务的全球业务增长速度也是最快的。生产者服务是制造及服务过程中的中间投入,一般包括交通物流、信息及软件业、金融业、商业服务业、科研等,具有知识密集度高、可分性及创造高附加值等特征。生产者服务不受地域空间限制,服务产品、服务者及消费者均可跨境流动。生产者服务网络推动了制造业的全球化互补,制造企业逐渐由内部提供向外部购买转变,从而在效率和成本上获得优势。

影响制造企业在全球范围内配置业务活动的关键因素是成本和质量。降低人力资本、基础设施等支出是制造企业为了提升效率和竞争力进行业务外移的重要手段。与高成本相比,低成本可以使制造企业雇佣更多的人力来满足高负荷业务,从而提升服务质量。然而成本只是一个部分,真正有利于收益长期稳定还需要依靠服务质量,不仅包括高质量的人力资源,还包括快速准确的维护响应、优异的基础设施环境、语言匹配度、政策环境等。

4）服务全球化与制造全球化互相推动

在全球化发展进程中,全球制造和全球服务相互依赖,任何一方都不可能脱离另一方。同时,随着全球化的推进,两者的依赖关系也在不断加深。服务业的发展程度是影响制造业发展的重要因素,同样,服务业也因制造业的发展而发展。

服务业对外直接投资中有相当一部分是制造业企业在东道国为当地销售或出口而进行的服务生产,例如对金融、贸易、研发等分支机构的投入。这反映了服务职能的全球化扩张,而并非是服务业跨国公司的扩张。同样,制造企业将内部可分离的服务功能进行专业化的广域外包,这也是企业用来提升与集中实力的有效运营模式。随着这些制造业需求的增长,服务业的国际扩张范围和程度不断加深,甚至催生出新型运维服务,并随之牵动制造业的全球化发展。

随着服务全球化的迅速推进,原始设备供应商迅速拓展国际业务。而服务外包通过互联网信息技术,使得运维服务与企业生产在地理空间上分离并产生跨区域流动,提高了各区域服务贸易参与度和服务效率。现阶段,服务外包已经成为发展中国家和新兴经济体承接国际服务业转移的主要方式和发展制造企业服务业的主要途径。服务外包通过将提供服务的人员备件内置于生产经营活动整体流程之中,在降低成本的同时提高了资源的配置效率。

12.2.3　广域网运维价值创造

随着全世界工业升级的完成,以产品性能提高为目标的装备采购硬需求逐渐消失,客户的购买意愿开始降低。这使传统工业品销售举步维艰,通过制造商出售商品实现自身价值创造的传统模式正逐渐走向尽头,即边际效应越来越狭小。而单纯产品性能的提升,已经不能从根本上解决这一问题。

于是,制造商开始逐渐转型,最早出现的是通过故障诊断和远程监控等技术手段,提升售后服务能力,进而带动设备备件的销售,实现新的利润价值空间。但是这种应激式远程服务和设备备件服务,依然是以制造商的价值需求为目的,希望能够在同一客户多次获利。随着整体经济形势的日益严峻,这种通过损害用户利益带来制造商利益增长的商业模式无疑也难以继续。

许多制造商逐渐发现,客户对商品性能要求的背后其实是对商品能力的利用需求,即通过商品效能的最佳体现来满足客户实际的利益需求。典型的例子就是劳斯莱斯(Rolls-Royce)公司的案例,其核心就是建立了引擎健康管理平台。该平台基于若干个装有物联网传感器的客机引擎,通过将物理空间与数字空间融合,实现燃气轮机状态与航空公司终端用户需求的紧耦合。从卖飞机引擎转变为卖飞行时间,劳斯莱斯公司实时监控全球客机 4 600 具引擎的运行状况,旨在使飞机随时保持在最佳飞行状态,避免因引擎故障引起的飞行安全问题,仅以 4% 的成本,换取了 61% 的效益。同时航空公司只是支付租赁引擎和服务的费用,劳斯莱斯公司保有飞机引擎的所有权,并提供全套服务。

2011 年,宝马(BMW)集团进行战略转型,推出租车服务平台 DriverNow,在欧洲多个城市开展租车业务并实现盈利。2016 年推出汽车共享服务 ReachNow,在西雅图利用 370 辆宝马和 Mini Cooper 为用户提供共享服务。宝马集团通过从"卖车"转变为"租车",正在从制造商向服务商转变。但是,上述模式在实践中面临着一个现实问题。以租车共享服务为例,由于使用者经验不足或者长期不合理使用装备,出租汽车的平均使用寿命远短于私家车。这样出现了租金与用户量之间的矛盾:租金高,汽车公司可以获利,用户量则会减少;而租金低,用户量增多,汽车公司难以应对。

有的制造商为了解决上述矛盾,提供远程运维中心的解决方案,一方面帮助承租方更合理地使用装备,发挥其效能,达到承租方的使用目标;另一方面使得装备的衰退速度保持在合理状态范围内。

制造商提供远程运维则面临 3 个问题:① 需要对租赁装备进行远程监控;② 远程的决策者不仅需要了解装备,而且需要了解各区域承租方,才能提出合理的实时维护方案,有效指导承租方使用汽车;③ 当租赁装备分布在多区域工厂时,维护决策变得更加复杂,除了需要将运维需求分配给运维团队外,还需要优化运维团队的访问顺序。

因此,在广域网制造过程中,原始设备供应商根据多区域分布的制造企业中租赁设备的传感器信号,分析各设备的衰退趋势,制定实时的维护需求。在制定维护需求之后,实时获取维护人员进程信息、位置信息、备件资源的状态信息。然后利用广域网络机会维护模型评估、分析、优化和决策出最佳维护方案,进而指导运维团队的维护活动,即给出最佳的行驶路线以及到达时间。这样便满足了多区域承租方的个性化需求,创造出新的边际效应。

12.2.4　广域网商业模式实例

广域网制造下,各类制造企业根据自身实际需求,利用工业数据分析方法,评估设备健康状况;分析环境和自身状态变化对设备运行能力的影响,同时预测变化趋势;融合设备自身状态信息、环境、群体信息进行决策优化分析;自动获取所需知识,与设备群组进行协同优化。为了明确广域网制造下制造企业新兴商业模式的概念,这一节我们将通过企业案例对广域网商业模式进行阐述。

1) 案例一:机床企业从本土服务走向全球服务

由于机床具有高技术含量、高复杂程度、高操作精度等特征,加之具有使用周期长、设备总价高的特点,下游客户对机床租赁的参与度增加,对服务的要求增高,尤其是售后服务。客户租赁机床需要系统化售后服务,包括售后支持服务与运营维护服务。售后支持服务通常是一种常规性服务,而运营维护服务则是在租赁周期内使用机床时,通过预知性维护,确保机床发挥出全部效益和最高的设备利用率,确保机床的停机和停产时间被降低至最低限度。它们共同构成了机床的售后服务市场(见图 12 - 5)。

机床的售后服务市场兴起也有许多必然因素:① 机床产业链的延伸与产业链成员的价值分工,售后服务市场价值引起企业重视;② 服务外包浪潮驱动,服务外包也加速了后市场时代的到来;③ 客户价值突显,客户对服务价值需求日益增多,售后服务市场不断被细分与深化。

如今,机床企业面对的是一个全球市场,机床工业跨国企业全球化制造体系渐成规模。企业在全世界范围内的扩张使得其可以通过支配全球优势资源来构建研发体系和生产体系,并在全球网络中起主导作用。

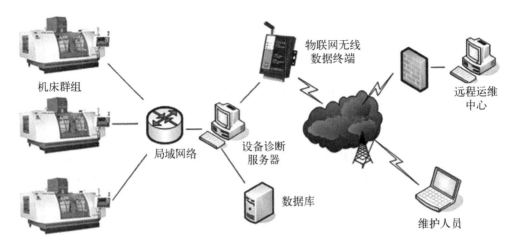

图 12 - 5　机床群组的远程诊断与服务

一方面,跨国机床企业积极布局中国市场,如澳大利亚昂科(ANCA)、德国罗斯勒(Rösler)、美国英格斯(Engis)、德国卡尔蔡司(Carl Zeiss AG)、意大利桑埔坦斯利(Samputensili)等公司,以及德国机械设备制造业联合会(Verbard Deutscher Maschiren-und Anlagenbau, VDMA)等,纷纷通过投资新公司、建厂、设立办事处等方式进入中国市场;另一方面,中国本土机床企业向全球范围发展,如大连机床、沈阳机床、杭州机床等企业通过境外投资、并购等方式成功实现"走出去",走上了国际化经营之路。

由于服务具有不可分割性,企业在开展销售活动的同时,必须同步考虑销售服务。同时,机床企业强化售后服务亦是其核心竞争力之所在,更是提升市场销售力的必备因素。机床是一个"大产品"概念,即融合了实体产品的服务产品,甚至可以说,服务营销就是机床营销的全部。因此,机床企业要实现制造业服务化,核心在于要以客户为中心,积极提供客户需要的个性化服务,从单一的出售或者租赁产品转向提供"产品-服务包"等综合性服务与整体解决方案。

机床在售后服务方面不仅需要满足本地的需求,还必须确立全球化的服务体系。因此,利用广域网将机床厂商和承租方用户相连接,通过网络对设备进行维修和检查,不仅可以提高售后服务效率,而且有助于及时改善产品的质量。例如,日本山崎马扎克(MAZAK)公司推出"INETGREX-E 系列"多功能复合加工机床,为操作人员和管理人员设置了带有指纹认证系统的电子操作塔,通过操作塔可以观察生产进程并给予指导,将闲置的非生产时间缩短至最低限度。"求助"功能可帮助操作者改进所有的加工操作。该机床可以通过网络与手机相连,手机上能够显示目前的加工状态、进程以及维修要求提示等数据,实现了精密机床与信息技术的完美结合。

美国哈斯自动化公司(Haas Automation)是全球最大的数控机床制造商之一,哈斯公司于 2003 年在中国上海设立了亚洲总部,其功能主要是支援当地的哈斯销售及技术服务中心(haas factory outlets, HFO)。哈斯全球经销商网络为哈斯公司当地的客户提供业界前所未有的高水平专业化服务。目前,哈斯全球经销商遍布中国各地,他们组成的 HFO 网络在需要时提供迅速的本地服务以及快速维修支持,使遍布全国的近 10 000 台哈斯机床保持良好的操作状态。每个 HFO 都配备完善的专业维修部门、经过哈斯培训并认证的服务人员、大量的备件库存和随时待命的服务车辆。

2）案例二：中国船舶工业集团公司的船舶智能化解决方案

近年来，中国船舶工业得到了极大的发展，中国船舶工业三大指标均位列世界第一：中国船舶订单量的世界市场占有率为 35%；船舶建造量的世界市场占有率为 30.7%；船舶未交付订单量的世界市场占有率为 33.5%。可以说，中国当仁不让地成为"造船大国"和"航运大国"。

作为中国制造的代表，船舶工业涵盖了近 85% 的现代工业产品，是国际贸易和"一带一路"的重要载体，是中国现代经济的重要支撑。同时，中国船舶工业与其他行业一样，高端配件基本被国外垄断。国际方面，全球经济低迷，船舶市场需求进一步萎缩。国内方面，产能过剩，尤其是中低端产能过剩，而高附加值产业仍处于起步阶段。到目前为止，与全盛时期相比，全国近 90% 的船厂倒闭。面对市场的低迷，船舶的产业转型升级压力巨大。

中国作为船舶制造大国和使用大国具备过程数据优势，这些优势区别于其他国家的优势。以过程数据驱动的，以认知为核心的，实现控制与管理协同与优化为目标的信息物理系统（cyber-physical systems，CPS）体系的建立，是船舶产业转型的一种思路。即将海量数据优势与 CPS 相结合，在商品性能没有根本性改变的时候，利用 Cyber 空间的决策支持能力提升其效率，反馈到设计能力，最终创造品牌价值，从零和博弈变成共享，从而利用新的认知能力达到能力快速提升与转型的目标。

中国船舶工业集团公司（简称中船集团）作为中国船舶工业的主要力量之一，为了探索适应中国船舶制造业和远洋航运业的转型发展方案，率先开展基于 CPS 船舶行业解决方案的探索，力求找到船舶行业转型发展的新路径。在实践中，首先对船舶产业链（见图 12-6）进行分析。通过分析船舶产业链，不难看出：① 船舶产业链的各个环节，都有感知的需求、认知的需求、决策的需求、提升能力的需求；② 各个环节都是独立的、单向的、割裂的；③ 这种需求与现实的矛盾，造成了"数据-知识-能力-成本"的束缚。

一直以来，船舶被当作一个商品，生产者进行制造，使用者进行购买。制造商的利润与使用者的数量紧密相关。而中船集团从服务角度出发，将船舶视为一个载体，面向产业链的需求，在数据知识化与知识价值化的基础上，建立一个合理的模式，实现产业链的共同发展。同时，船舶又是活动主体，船舶、港岸、船员，构建了生态链的实体空间，在船舶这个实体空间中，构建一个小的 Cyber 空间（智能装备），相对应地在大的 Cyber 空间之中，形成双向映射，满足控制、管理和决策的需求，并与大的 Cyber 空间协同，实现体系的能力。

基于上述分析，中船集团根据 CPS 技术体系和应用原则，结合我国海洋装备技术和应用特点，面向船舶工业的价值链各环节，首次研制以装备全寿命周期视情使用、视情管理和视情维护为核心，面向船舶与航运智能化的智能船舶运行与维护系统（smart-vessel operation and maintenance system，SOMS），该系统提供包括船载智能 Agent 硬件、模块化岸海通信网络、CPS 认知系统、智能信息服务与集成平台、集成工业控制与管理软件的一体化解决方案（见图 12-7）。

图 12 - 6　船舶产业链

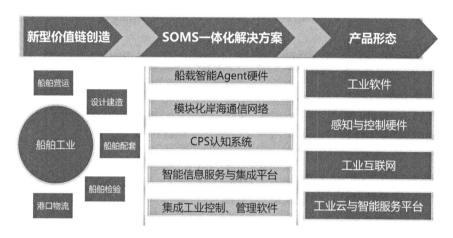

图 12‑7　基于 CPS 的船舶工业 SOMS 解决方案

12.3　广域网制造的特征分析

在当今日益激烈的市场竞争和快节奏的工业环境中,原始设备供应商发展的新趋势是通过产品服务外包将生产线租赁给多区域分布的制造企业。作为有效节省产线投入、促进设备供给、聚焦核心生产、统筹外包维护的先进制造模式,延伸传统制造价值链的广域网制造正逐渐成为制造业转型升级的新趋势之一。

一方面,制造企业(承租方)通过租赁产线系统节省大量投资并专注于生产,同时获得专业维护支持;另一方面,原始设备供应商(出租方)通过为制造企业提供覆盖产线全租赁周期的外包维护服务,获得一个新的利润增长点,同时加强与制造企业的互动,为制造企业提供广域运维系统。这种更深入的产线制造与租赁维护的融合模式称为"广域网制造"。

广域网制造将最初的"制造"概念进行了扩展,产线的全租赁周期都被看作制造的过程,制造不仅关注产线的生产加工过程,更应关注承租方(产线群组)租赁周期的效益创造过程。出租方通过远程故障排除与问题界定,降低服务成本和停机时间。这也产生了两个新的广域网制造子模式:广域运维系统(multi-location operation and maintenance system,MOMS)和全局维护方案。

12.3.1　广域运维系统

产线设备租赁与维护服务外包紧密结合的设备-服务组合是一个集成系统,我们将集成系统称为广域运维系统(multi-location operation and maintenance system,MOMS)(见图12‑8)。在广域网制造模式中,无论是面向承租方的服务还是面向出租方的服务,在微观企业层面,其主要的企业内行为表现为广域运维系统下设备-服务组合。广域运维系统的创新模式既不是传统的设备创新(推出新型号、新功能的设备),也不是传统的服务创新(开发设

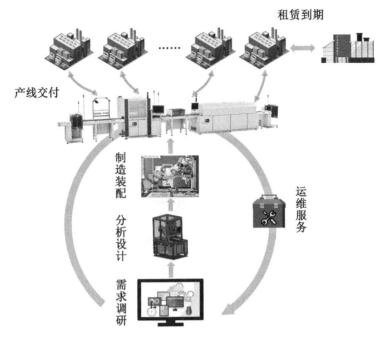

图 12-8　广域运维系统

计、生产运作和营销过程的技术创新),而是从承租方需求出发的主动式创新模式。

同时,该系统向承租方提供覆盖需求调研、分析设计、制造装配、产线交付、运维服务以及租赁到期等广域运维系统全租赁周期的效益创造活动。广域网络中的出租方基于各台设备的衰退演化规律,在多设备产线机会维护的支撑下,以满足低成本、高效率的实时维护调度需求为目标,为制造企业提供基于广域网制造的服务。广域网制造模式希望通过设备租赁、运维服务以及制造企业参与的高效协作,融合技术驱动型创新和用户驱动型创新,实现广域化运维服务需求的整合和价值链各环节的增值。

12.3.2　全局维护方案

作为制造系统的重要组成部分,租赁设备的健康状态和维护规划直接影响系统的可靠性与运维成本。随着多设备产线整体租赁行业的兴起,租赁产线的成组维护优化需要进一步整合系统结构依赖与租赁利润之间的影响。此外,原始设备供应商还需要为多区域客户(产线)提供广域运维服务。因此,面向广域网制造的全局维护方案,必须具有整合产线维护需求、人员备件约束和机会维护策略的能力,以确保广域网络的运行稳定性及运维经济性。

广域运维系统中的设备预测帮助用户了解设备的健康退化、剩余使用寿命、精度的缺失以及各类因素对质量和成本的影响。这些预测能力使得出租方可以采取及时的全局维护方案,从而提高管理效率,并最终优化设备的正常运行时间。最后,历史健康信息与运维信息也可以向机器设备层面反馈,从而更新设备衰退模型,形成闭环的租赁周期实时运营维护。

12.3.3　商业运作模式

此外,作为一种新的商业模式,广域网制造的运作模式也不同于以往的狭域制造模式,主要体现在以下 3 个方面。

(1) 在运作模式上,广域网制造更关注制造企业效益的实现,通过满足制造企业的可靠性、效率性和经济性需求,实现原始设备供应商价值和制造企业价值的双赢,确保租赁服务网络的运行稳定性及运维经济性。

(2) "广域运维系统"和"全局维护方案"的引入也要求建立新的运作模式。设备故障的随机性、多机系统的依赖性和租赁网络的广域性,使得传统的以等周期或定期维护为基础的维护团队调度方案不再适用,需要建立基于总运维成本的广域网制造系统的运作模式。基于不同类型的设备,建立多设备机会维护模型,形成多区域租赁产线的组合维护集,并根据各租赁产线的维护需求,实现维护团队及资源的快速配置、决策和调度,这些是广域网制造系统运作管理的根本特点。

(3) 知识成为广域网制造系统运作的基础。在广域网制造系统的运作中,需要整合的建模数据主要包括维护数据、租赁数据、利润数据和调度数据,数据作为产生知识的主要途径将成为企业的核心资产。因此,数据作为服务制造企业和连接制造企业的载体,企业只有从制造企业的数据中获得隐性知识,建立满足制造企业的可靠性、效率性和经济性需求的整体模型,再利用模型优化后的知识为制造企业提供定制化的运维服务。

12.4　广域网络维护方案的挑战与对策

在当今快节奏的工业环境中,快速变化的市场、不定时发生的设备故障、有限的维护服务资源都使得制造业的成本越来越高。为了满足多区域承租方(产线群组)的动态维护需求,同时保证生产系统在经济上的效益,广域网制造系统运维应当立足于 4 个方面:成本(cost)、产量(throughput)、建模(modeling)和响应能力(responsiveness)。

12.4.1　广域网络维护方案的 4 个挑战

原始设备供应商在制定动态全局维护方案时面临如下 4 个挑战:综合运维成本、生产系统产量、广域网络建模和全球响应能力。通过分析综合运维成本、生产系统产量、广域网络建模和全球响应能力与广域网络维护方案之间的影响机制,为建立面向广域网制造的动态广域网络维护策略提供有效的解决方案。

1) 综合运维成本

没有一个企业能够在产品生产成本高于其他竞争者的情况下赢得竞争。同理,对于设备供应商与制造企业来说,在制定动态维护策略时,以最低的总运维成本保持生产、进行维护和应对设备突发故障并实时输出全局维护调度方案是一个持续的挑战。成本和收益性由许多因素决定,服务能力、人员派遣、相应时间、运输成本和延时惩罚等因素均对运维成本有影响。

对制定动态网络维护策略的设备供应商来说,另一个需要关注的问题是运维服务需求与维护资源约束之间的供需矛盾。如何充分利用现有的维护资源,同时满足多区域产线群组的组合维护需求以制定全局维护调度方案,并建立与成本之间的定量化关联,也是挑战的另一个方面。

2) 生产系统产量

系统维护(maintenance)正越来越成为制造业系统中的关键问题。从长远考虑,恰当的维护措施既保证了串联产线的可靠性,又提升了串联产线的生产率。然而,维护本身也需要系统停机,也可能造成短期内串联产线的产量下降。对于一个典型的汽车生产线而言,一分钟的停工将会带来大约 20 000 美元的经济损失。尽管系统维护可以帮助设备正常工作,然而随意停止设备进行维护操作会导致正常的串联产线中断,从而影响产量。生产部门经常会与维护部门意见不同,生产部门希望产线持续运行,以满足目标产量,因此有可能并不太注意设备的健康状态;而维护部门希望有足够的时间中断设备用于实施维护。

对于在运营操作上的维护问题,通常的维护策略是由时间驱动的(周期性),带来的结果往往是维护不足或者过剩,有可能一次预防性的维护作业恰恰被安排在一个设备刚恢复工作之后。不必要的定期停工影响着串联产线的产量,昂贵的维护过程导致了大量的资金浪费。因此,在制定系统运维策略时,需要建立停机维护次数与生产系统产量之间的定量化关联关系,将维护决策与系统产量进行耦合,从运营操作上优化串联产线的检查和维护。

3) 广域网络建模

智能制造系统区别于传统制造系统最重要的要素在于新增的第六个要素:建模,并且正是通过该要素来驱动传统制造系统中的其他五个核心要素:材料、装备、工艺、测量和维护,从而避免和解决智能制造系统中出现的问题。因此智能制造系统运行的流程如下:发现问题→建模(或者在技术人员的协助下)分析问题→模型调整五个核心要素→解决问题→模型积累经验,同时分析问题产生的根源→模型优化五个核心要素→避免问题。

但是目前大多数的网络维护调度策略针对单台租赁设备的单层级维护模型,无法应用于广域网制造系统。这种运维方案既不能充分利用广域网制造模式的特征,浪费了企业资源和运营成本,也降低了租赁设备的利用率和串联产线的生产收益,造成了不必要的流程中断和停机损失。因此,在制定系统运维策略时,需要结合广域网制造模式的生产特征和技术优势,全局性地规划出最优网络维护调度方案。

4) 全球响应能力

响应能力是一种属性,它使得网络维护策略能够在现有的模型上快速制定新的网络维护调度方案。通过减少维护调度决策所需的时间,可以提高系统的响应敏捷性,从而应对动态变化的维护需求。一方面,若需要减少建立网络维护策略的时间、更新网络维护策略的时间以及优化网络维护策略性能所需要的时间,则需要短时高效的优化决策能力。另一方面,为了应对变化的网络结构和设备状态引起的维护需求的随机性波动,网络维护策略需要具有动态性。总而言之,一个具有响应能力的网络维护策略是一个可以随着维护需求的波动调节维护调度方案的维护策略。

12.4.2　应对挑战的 3 个技术能力维度

12.4.1 节中我们分析了制定广域网络维护方案面临的 4 个挑战：综合运维成本、生产系统产量、广域网络建模和全球响应能力。通过分析这 4 个挑战，提出广域网络维护方案需要实现 3 个技术能力维度：更智能的成本控制、更智能的客户互动、更智能的全球整合。接下来分别从 3 个技术能力维度阐述如何解决广域网络维护方案面临的 4 个挑战，实现广域网制造系统的预知维护，实现从解决设备故障到避免设备故障的转变。

1) 更智能的成本控制

可以利用先进的智能传感器设备，建立基于传感器的解决方案，并通过智能化的效率提升和使用状态监测及故障诊断监控进行租赁设备的健康管理。该方法使得设备在其退化过程中产生主动触发的维护服务请求，并进一步预测和预防潜在的故障。"预测＋制造"融合了来自各广域承租方产线的信息和来自维护人员和备件的信息，利用物流、同步化需求与服务以及全球化运维决策，从而实现优化成本的目标。

此外，考虑由承租方、广域出租方、维护团队组成的随需应变的广域网络。外包无差异化的运维服务，通过广域网络分担风险。按照承租方来源（当地、地区、跨区域）与广域承租方共同制定租赁合同，利用网络实现维护资源利用和管理。以准确的各类信息为基础，基于广域网络，通过情景模拟实现网络和运维策略的分析与建模，从情景模拟中找到客户需求的空缺，提升广域工厂范围内整体设备效率（overall equipment effectiveness，OEE），最终实现零意外和零停机的状态。

2) 更智能的客户互动

随着云计算、移动互联、IoT、人工智能、精艺制造等新技术的出现，设备供应商能够获得更高的效率和更低的成本，与广域客户更直接地进行接触互动，实现信息时代的新商业文明，带来新的广域网制造关系。

通过对每个客户进行风险评估和故障诊断，并结合设备未来状态的预测，实时地响应客户需求，为每个客户提供个性化的定制维护服务。传统上作为成本中心的客户中心，如何减少不必要的成本开支始终是其决策目标。而在广域网制造中，客户中心开始广泛应用客户全租赁周期数据，从广域客户的需求调研、分析设计、制造装配、产线交付、运维服务以及租赁到期的数据中，得出更准确的运行状态描述、用户识别和维护需求判断，使得客户中心资源的调配使用更加精确，业务受理更加准确与快速。

3) 更智能的全球整合

一方面，广域网制造充分激发扁平化生产组织的活力，通过更灵活、更高效的方式聚集资源，提升竞争力。利用广域网络构建跨区域的动态企业联合体，整合广域分布的各个承租方的运维需求，在满足运维需求和资源约束的条件下，制定多点的全局维护调度方案。这不仅能帮助设备供应商有效实现制造、维护资源的共享协同与优化配置，还有助于提高维护团队的匹配精度和调运效率。

另一方面，通过建立共享制造、维护资源的运维平台，维护人员与备件资源将被整合。在制定广域网络维护方案时，直接连通上下游供应商、各广域分布的承租方和维护团队，聚集运维信息并进行深度挖掘分析，帮助设备供应商（出租方）降低运行成本、提升维护响应能力。

12.5 动态网络机会维护的优化建模

预知维护决策是健康管理的核心,现代制造企业投入大量资源引入先进监测装备并研究健康预测方法,就是为了支撑和辅助对制造系统的维护决策,科学地规划最优的维护作业实施时机和维护资源预先安排。维护决策最优的表现是,在满足任务要求的前提下,使用资源最少、对设备自身的健康损害最小以及在最佳的维护时机进行状态恢复。维护决策的优化需要设备对其在整个复杂制造系统中的角色有较清晰的认知,并能够预测自身的活动对整个制造系统整体表现所产生的影响。

服务承租方群体的维护规划与调度决策是广域网制造中出租方提供"产品+服务"综合服务中的关键一环。本章提出一种多层级租赁维护建模技术,从设备层健康预测、系统层机会维护、网络层资源调度的相互联系与相互作用中综合地开展研究。为了构建动态网络维护优化调度决策的完整方法体系,采用多层级租赁维护建模的全局维护方案。

(1)在作为支撑点的设备层维护周期规划方面,研究设备的健康演化规律,考虑预知维护和小修的综合成本率,实时输出各台设备的预知维护周期,这是系统层机会维护的基本输入。

(2)在作为研究线的系统层多设备产线机会维护方面,利用租赁产线贯序维护机会,实时分析维护作业提前益损,动态规划多机组合维护调度,这是网络层资源调度的基本输入。

(3)在作为优化面的网络层多工厂网络广域调度方面,根据各工厂租赁产线的机会维护方案,生成各产线的维护服务需求,分析广域运维租赁网络的耦合建模边界和联合优化目标,定量化研究出租方维护团队及资源的能力约束要素,使广域运维租赁产线维护外包的总运维成本最小。

在多层级的建模架构中体现租赁维护决策的实时性、动态性和敏捷性,总体研究建模框架如图 12-9 所示。

12.6 设备层、系统层与网络层的信息交互

12.6.1 设备层维护周期规划

在设备层进行的单设备预知维护规划,不仅需要根据设备劣化规划和发生故障的时间分布,准确地分析生产设备的衰退演化规律,进而设计综合性的动态维护方案,还需要为系统层的优化维护调度提供具有时效性的多设备决策输入。因此,基于维护决策领域研究前沿的衰退预测与健康管理思想,以降低维护成本率为设备层维护目标,科学地规划各设备健康演化导向的最优预知维护周期。通过全面地维护规划建模,避免"过修"和"失修"导致的成本增加,提高设备以及整个制造系统的利用率。

考虑由不同类型设备 $M_j (j \in \{1, 2, \cdots, J\})$ 组成的广域租赁网络(产线群组)。将预

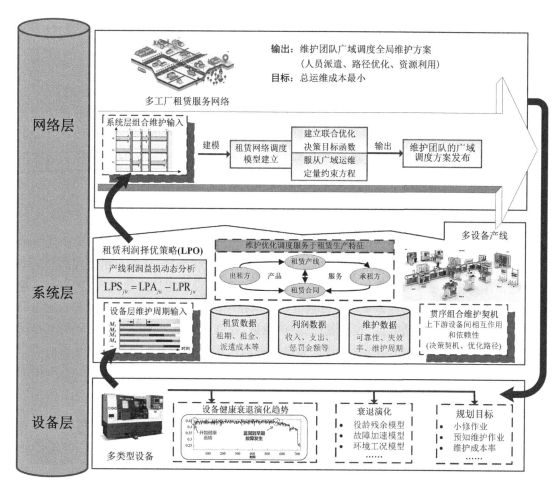

图 12 - 9　动态网络机会维护的建模框架

知维护时间间隔 T_{ij} 定义为两个连续预知维护之间的运行周期,即 T_{ij} 表示租赁设备 j 在第 i 个设备层维护周期的运行周期。若租赁设备 M_j 在运行生产时发生故障,则需要实施小修作业来恢复正常运行状态,但不改变其故障率变化趋势。在每台租赁设备的健康衰退建模中,综合考虑内部维护效果因素和外部环境工况因素,引入役龄残余因子和环境影响因子,推导出设备 j 在第 i 次预知维护后的衰退演化表达式:

$$\lambda_{(i+1)j}(t)=\begin{cases}\left(\dfrac{m_j}{\eta_j}\right)\left(\dfrac{t}{\eta_j}\right)^{m_j-1}, & i=0 \\ \varepsilon_{ij}\lambda_{ij}(t+a_{ij}T'_{ij}), & i>0\end{cases} \tag{12-1}$$

式中,m_j 和 η_j 为租赁设备的可靠性参数,采用威布尔分布函数来描述各台设备的初始故障率($i=0$);ε_{ij} 为环境影响因子,$\varepsilon_{ij}>1$;a_{ij} 为役龄残余因子,$0<a_{ij}<1$;T'_{ij} 为网络层反馈更新的预知维护周期,$t\in\left[T'_{ij},T'_{(i+1)j}\right]$。

　　设备层的决策目标为使设备单位时间的维护成本最小。租赁设备 j 在第 i 个维护周期中的维护成本率 C_{ij} 可以表示为

$$C_{ij} = \frac{C_{pij} + C_{fij}\displaystyle\int_0^{T_{ij}} \lambda_{ij}(t)\,\mathrm{d}t}{T_{ij} + T_{pij} + T_{fij}\displaystyle\int_0^{T_{ij}} \lambda_{ij}(t)\,\mathrm{d}t} \tag{12-2}$$

式中，C_{pij} 为预知维护作业的成本；C_{fij} 为小修作业的成本；T_{pij} 为预知维护作业时长；T_{fij} 为小修作业时长。表达式的分子表示当前维护周期的总维护成本（预知维护成本和小修成本之和），分母表示当前整个维护周期的时间总和。由此，最优维护时间间隔 T_{ij}^{*} 对应最小化的维护成本率 C_{ij}^{*}。通过对上述维护成本率 C_{ij} 求导，即 $\mathrm{d}C_{ij}/\mathrm{d}T_{ij}=0$，可贯序动态输出每台租赁设备的维护时间间隔 T_{ij}^{*}。

12.6.2 系统层机会维护决策

在系统层进行的租赁产线维护建模，通过整合广域网制造的模式特征和租赁产线内的设备关联，规划租赁产线生产与预知维护规划的协同决策优化路径，分析在租赁利润导向下预知维护作业提前对多机会维护建模的影响机制。对于多设备租赁产线而言，利用上下游设备间的相互作用和依赖性避免因各台租赁设备单独维护导致的频繁维护损减和加速折旧损减。通过综合考虑租赁数据、利润数据、维护数据，建立预知维护调度对租赁利润增益减损的定量化关联关系，从而实时判断其他非修设备的预定预知维护作业若提前至当前组合维护是否会导致租赁利润结余，最终实现租赁产线全线维护方案的经济性提升。系统层的租赁产线机会维护建模流程如图 12-10 所示。

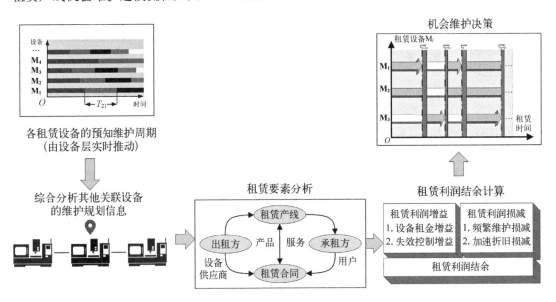

图 12-10 系统层租赁产线机会维护建模流程

考虑广域租赁网络（产线群组）中的多设备租赁产线 L_z，利用一台设备的预知维护停机契机，分析租赁串联产线中剩余非修设备维护作业提前对租赁利润的影响，通过计算判断其他非修设备的原定预知维护作业若被提前加入组合维护是否会导致租赁利润结余，从而达到组合维护整体成本显著降低的目的。因此，通过计算获得产线中各台设备的预知维护作业提前引发的租赁利润增益(leasing profit additions，LPA)和租赁利润损减(leasing profit reductions，LPR)，并以平衡两者利润得出的租赁利润结余(leasing profit savings，LPS)作为决策依据，动态进行产线中各台设备的维护作业优化调度。

多设备租赁产线 L_z 中，在第 u 个系统层周期中，当其中一台设备 $M_j(M_j \in L_z)$ 最先到达预约的预知维护作业时点 t_{ij}，以此作为系统层维护优化调度决策的时点 $[t_{uz} = \min(t_{ij})]$。对于其他非修设备而言，设备供应商需要进行决策，判断是否可以将它们的预知维护作业提前至时点 t_{uz} 一起实施，以避免对同一租赁产线的频繁维护。对于一台非修设备，若其预知维护作业提前导致的租赁利润增益大于租赁利润损减，则将该维护作业提前加入时点 t_{uz} 的当前组合维护集合 GP_{uz}。

1) 租赁利润增益

对于非修设备 $M_j(M_j \in L_z)$，其预知维护作业提前的租赁利润增益，可以通过式 (12-3)计算得出：

$$\mathrm{LPA}_{ju} = \mathrm{LPA}_{ju}^{\mathrm{R}} + \mathrm{LPA}_{ju}^{\mathrm{M}} \tag{12-3}$$

式中，$\mathrm{LPA}_{ju}^{\mathrm{R}}$ 为设备租金增益；$\mathrm{LPA}_{ju}^{\mathrm{M}}$ 为失效控制增益。

(1) 设备租金增益：当非修设备 $M_j(M_j \in L_z)$ 的预知维护作业被提前至当前组合维护集合 GP_{uz} 时，额外的因维护作业导致的停机就可以避免，这意味着出租方有租赁收益。因此，根据预知维护作业时长 T_{pij} 和租金率系数 K_j，可定义设备租金增益为

$$\mathrm{LPA}_{ju}^{\mathrm{R}} = T_{pij} K_j \tag{12-4}$$

(2) 失效控制增益：预知维护作业提前导致维护周期缩短，缩短的维护周期为 $T_{ij}^* - (t_{ij} - t_{uz})$，可以降低设备失效的风险率，避免不必要的产线突发故障，提高租赁产线在广域网制造下的可用度，这意味着非计划失效导致的小修作业成本的结余。因此，根据小修作业成本 C_{fij}，失效控制增益可定义为

$$\mathrm{LPA}_{ju}^{\mathrm{M}} = \left[\int_0^{T_{ij}^*} \lambda_{ij}(t)\mathrm{d}t - \int_0^{T_{ij}^* - (t_{ij} - t_{uz})} \lambda_{ij}(t)\mathrm{d}t \right] C_{fij} \tag{12-5}$$

2) 租赁利润损减

此外，若设备供应商将非修设备 M_j 的预知维护作业提前，除了上述的租赁利润增益外，也同样会导致租赁利润损减，可通过式(12-6)计算得出

$$\mathrm{LPR}_{ju} = \mathrm{LPR}_{ju}^{\mathrm{P}} + \mathrm{LPR}_{ju}^{\mathrm{D}} \tag{12-6}$$

式中，$\mathrm{LPR}_{ju}^{\mathrm{P}}$ 为频繁维护损减；$\mathrm{LPR}_{ju}^{\mathrm{D}}$ 为加速折旧损减。

(1) 频繁维护损减：如果非修设备 $M_j(M_j \in L_z)$ 的预知维护作业被提前，缩短的维护周期 $[T_{ij}^* - (t_{ij} - t_{uz})]$ 意味着在相同的产线租赁期 T_L 内，出租方需要提供更多次数的维护作业并产生相应的预知维护成本，根据维护周期变化值和提前后实际周期的比例，频繁维护损减可定义为

$$\mathrm{LPR}_{ju}^{\mathrm{P}} = \frac{t_{ij} - t_{uz}}{T_{ij}^* - (t_{ij} - t_{uz})} C_{pij} \tag{12-7}$$

（2）加速折旧损减：同时，从租赁设备价值的角度分析，频繁维护还会导致加速折旧。根据非修设备 M_j 的维护周期变化值、租赁期的比例、租赁期始末折旧 $V_j^S - V_j^E$，以及折旧率系数 δ_j，可定义加速折旧损减为

$$LPR_{ju}^D = \delta_j \frac{t_{ij} - t_{uz}}{T_L}(V_j^S - V_j^E) \qquad (12-8)$$

3）租赁利润结余

根据上述租赁利润增益和租赁利润损减的实时计算，出租方可以权衡得出产线中每台非修设备 $[M_j \in L_z(j=1, 2, \cdots, J; z=1, 2, \cdots, Z)]$ 的租赁利润结余，以此为决策依据，选择是否在时点 t_{uz} 提前预知维护作业。

$$LPS_{ju} = LPA_{ju} - LPR_{ju} = LPA_{ju}^R + LPA_{ju}^M - LPR_{ju}^P - LPR_{ju}^D \qquad (12-9)$$

如果 LPS_{ju} 大于零，说明预知维护作业提前的租赁利润增益大于租赁利润损减，则将非修设备（$M_j \in L_z$）的预知维护作业提前至组合维护时点 t_{uz}；反之，则不将维护作业提前。综上，出租方可以利用租赁产线每次系统层决策时点 t_{uz}，通过计算每台非修设备的预知维护作业提前对应的租赁利润结余是否为正，来量化判断多少个预知维护作业 $[\forall \Omega(j, t_{uz})=1]$ 被提前至组合维护集合 GP_{uz}。因此，可以得出系统层维护契机时点 t_{uz} 的维护作业调度决策集为

$$\Omega(j, t_{uz}) = \begin{cases} 1 & LPS_{ju} > 0 \quad (\text{提前维护}) \\ 0 & LPS_{ju} \leqslant 0 \quad (\text{按期维护}) \end{cases} \qquad (12-10)$$

安排所有满足 $\forall \Omega(j, t_{uz})=1$ 的设备加入当前的组合维护集合 GP_{uz}，出租方一次性派遣维护团队同时执行维护作业。组合维护集合 GP_{uz} 的执行时长为该组合维护集中最长的设备预知维护作业时长，即，$T_{uz}^{\max} = \max(T_{pij})$，$\forall \Omega(j, t_{uz})=1$。组合维护集合 GP_{uz} 的维护能力需求 s_{uz} 为该组合维护集里的设备总数。针对广域网制造下出租方提供维护服务的广域分布多工厂租赁产线，基于组合维护集合 GP_{uz} 生成的成组维护方案，考虑按照租赁合同签订的维护时间窗窗宽 w_z，触发维护团队及资源广域调度规划。对于第 u 个系统层周期，维护时间窗的窗顶 b_{uz} 等于系统层维护契机时点 t_{uz}，即 $b_{uz}=t_{uz}$。维护时间窗的窗底 a_{uz} 等于系统层维护契机时点 t_{uz} 减去维护时间窗窗宽 w_z，即 $a_{uz}=t_{uz}-w_z$。

12.6.3 广域网络机会维护的多层交互

根据上述设备层的维护周期规划和系统层的机会维护决策，确定广域分布的各个租赁产线的维护需求。并在此基础上，在网络层考虑维护资源调度和外包团队派遣，建立网络层租赁维护调度，求解得到全局广域调度方案。设备层-系统层-网络层的信息交互如图 12-11 所示。

（1）设备层。针对广域分布的各个租赁产线中的不同类型设备，根据 12.6.1 节的设备层维护周期规划，同时考虑预知维护作业和小修作业，并以设备单位时间的维护成本最小化为决策目标，贯序输出各台设备的最优维护时间间隔。

（2）由设备层至系统层。将设备层输出的各台设备的最优维护时间间隔作为系统层的输入，同时输入根据租赁合同提供的多区域租赁产线的租赁数据（租金率系数、折旧率系数、租赁期始末折旧、维护时间窗窗宽和产线租赁期）。

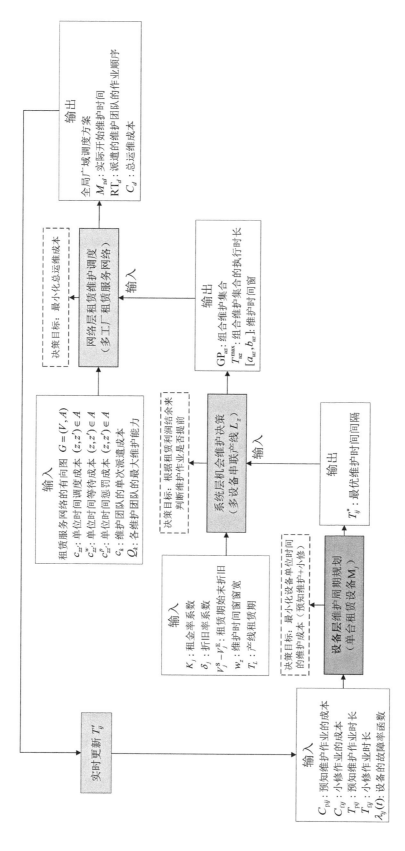

图 12-11　设备层-系统层-网络层的信息交互

（3）系统层。针对多设备组成的串联产线,根据12.6.2节的系统层机会维护决策,利用产线内一台设备的预知维护停机产生的机会,分析串联产线中剩余非修设备维护作业提前对租赁利润的影响。分别计算将其他非修设备的原定维护作业提前至当前时点引起的租赁利润增益与租赁利润损减。并以平衡两者利润得出的租赁利润结余作为决策依据,判断其他非修设备的维护作业是否需要提前,进行串联产线中各台设备的维护作业优化,动态输出系统层时点的组合维护集合、组合维护集合的执行时长和维护时间窗。

（4）由系统层至网络层。将系统层输出的系统层时点的组合维护集合、组合维护集合的执行时长和维护时间窗作为网络层的输入,同时输入租赁服务网络的有向图,用于对多区域租赁点（租赁产线）与两点之间的有效连接并进行建模。此外,输入维护团队的服务数据（单位时间调度成本、单位时间等待成本、单位时间惩罚成本、单次派遣成本和最大维护能力）。

（5）网络层。针对广域网制造模型,原始设备供应商的运维对象遍及多区域工厂。通过引入维护能力、人员派遣、响应时间、运输成本、延时惩罚与网络化运维服务水平指标间的关联关系,建立全局性的网络层租赁维护调度模型,模型目标为最小化广域网络的总运维成本,具体的建模流程见12.7节。同时输出全局广域调度方案,其中包括各设备的实际开始维护时间、需派遣的维护团队的作业顺序和总运维成本。

（6）由网络层至设备层。同时,因为网络层的调度决策改变了各台租赁设备的预知维护周期,所以根据网络层输出的全局广域调度方案,判断实际维护团队的调度情况,据此更新各台租赁设备预知维护周期计算,进行下一周期的设备层维护周期规划。

12.7 网络层的租赁维护调度模型

针对广域网制造模式下设备供应商的服务对象遍及多区域工厂的情况,以及对应的网络维护调度问题大规模（由多产线网络、多设备产线、多类型设备构成）和多约束（人员、路径、能力等）的技术难点,在设备层租赁设备健康预测模型和系统层租赁产线机会维护策略的支撑下,研究和分析面向广域网制造的广域调度建模的技术特征,耦合租赁产线组合机会维护决策与维护团队资源调度计划。通过引入维护能力、人员派遣、响应时间、运输成本、延时惩罚与网络化运维服务水平指标间的关联关系,建立全局性的联合优化租赁网络维护模型,模型目标为使广域租赁网络的总运维成本最小,从而达到获得具有较强鲁棒性的调度方案的整体性目标。本质上,该广域运维租赁网络的维护团队调度方案属于全局性的前摄型调度计划。

面向上述广域网制造的租赁网络维护模型,重点在于围绕运维服务需求和维护资源约束之间的供需矛盾,对出租方维护外包服务能力与广域运维租赁维护决策的制约因素和定量化关系进行建模。针对广域运维租赁维护建模的大规模和多约束特征,综合建模分析维护团队运维能力、广域运维拓扑路径、外包服务响应速度、维护人员派遣费用、产线延误停机损失等约束函数,提供维护团队调度决策依据,进而输出维护团队的广域调度方案。网络层的租赁网络广域调度建模流程如图12-12所示。

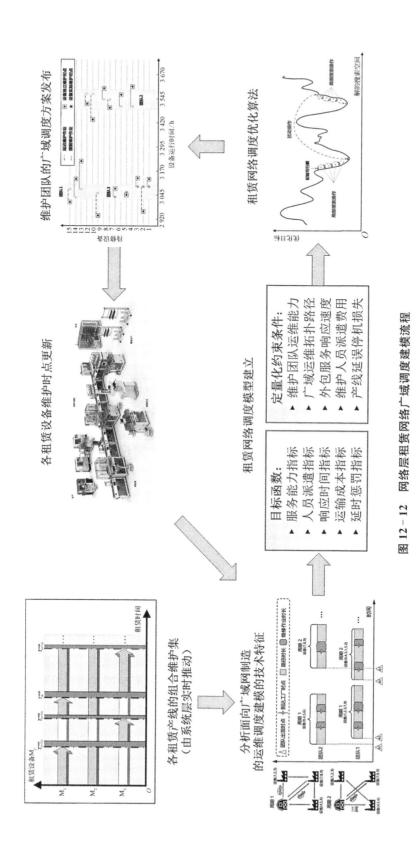

图 12 - 12　网络层租赁网络广域调度建模流程

基于图论对网络层的租赁网络广域调度策略建立模型：假设 $G=(V,A)$ 为有向图，$V=\{0,1,2,\cdots,N\}$ 为点集，其中点 0 代表广域运维中心，$L=\{1,2,\cdots,Z\}$ 代表需要提供维护服务的多区域租赁点（租赁产线），其中每个租赁点对应一个二维位置坐标 (x_z,y_z)。同时有向弧集 $A(A=\{(z,z')\mid z,z'\in V,z\neq z'\})$ 代表租赁网络中任意两点之间的有效连接。对于每一条租赁产线 $z(z\in L)$，对应的组合维护集合 GP_{uz} 执行时长为 $T_{uz}^{\max}$，维护能力需求为 s_{uz}，维护时间窗为 $[a_{uz},b_{uz}]$，由系统层输出。定义维护团队集合 $MT(MT=\{1,2,\cdots,K\})$，调度维护团队于各租赁产线的维护时间窗内实施组合维护作业。各个维护团队的最大维护能力为 Q_k，租赁产线 z,z' 之间的调度时间为 $t_{zz'}$，由公式 $t_{zz'}=\sqrt{(x_z-x_{z'})^2+(y_z-y_{z'})^2}$ 计算得出。下面提出一个租赁网络模型，该模型基于以下假设：

（1）出租方共有 K 个维护团队，负责 Z 个租赁点（租赁产线）的维护任务。

（2）出租方根据需求指派维护团队，初期无遗留任务。

（3）维护任务一旦开始则连续服务，直至完成，服务过程不允许中断。

（4）当维护团队早于时间窗左端到达时，需等待时间窗开启才能开始服务。

（5）当维护团队晚于时间窗右端到达时，则会增加惩罚成本。

（6）各个租赁产线需要的维护能力不同，具体由系统层机会维护策略输出。

（7）维护团队所需的备件及时运至各租赁点。

维护团队的广域调度方案包括需派遣的维护团队、实施的组合维护作业以及最优维护到达时点。租赁网络调度模型使用二元变量 $x_{zz'k}$ 定义各个维护团队的调度决策：$x_{zz'k}=1$ 意味着维护团队（$k\in MT$）依次执行租赁产线 z,z' 的组合维护作业；否则，$x_{zz'k}=0$。同时，使用时间变量 M_{zd} 定义当前第 d 个网络层周期的租赁产线 z 的实际开始维护时间。如果各租赁产线 z 的组合维护执行时长为 $T_{uz}^{\max}$，维护能力需求为 s_{uz}，维护时间窗 $[a_{uz},b_{uz}]$ 已由系统层确定，可构建如下租赁网络调度模型。

根据上述模型假设与变量说明，团队运输成本、服务等待成本、延时惩罚成本、人员派遣成本与总运维成本可计算如下。

团队运输成本：$c_{zz'}$ 为租赁产线 z,z' 之间的单位时间调度成本，$t_{zz'}$ 为租赁产线 z,z' 之间的调度时间，$x_{zz'k}$ 为 0-1 变量。调度决策的团队运输成本 C_t 为

$$C_t=\sum_{k\in MT}\sum_{z\in V}\sum_{z'\in V}(c_{zz'}\cdot t_{zz'})x_{zz'k} \tag{12-11}$$

服务等待成本：$c_{zz'}^{w}$ 为租赁产线 z,z' 之间的单位时间等待成本，M_{zd} 和 $M_{z'd}$ 为租赁产线 z 和 z' 的实际开始维护时间，$T_{uz}^{\max}$ 为租赁产线 z 的组合维护作业执行时长，$t_{zz'}$ 为租赁产线 z,z' 之间的调度时间，$x_{zz'k}$ 为 0-1 变量，$[\bullet]^*=\max(\bullet,0)$。调度决策的服务等待成本 C_w 为

$$C_w=\sum_{k\in MT}\sum_{z\in V}\sum_{z'\in V}\{c_{zz'}^{w}[M_{z'd}-(M_{zd}+T_{uz}^{\max}+t_{zz'})]^*\}x_{zz'k} \tag{12-12}$$

延时惩罚成本：$c_{zz'}^{p}$ 为租赁产线 z,z' 之间的单位时间惩罚成本，M_{zd} 为租赁产线 z 的实际开始维护时间，b_{uz} 为租赁产线 z 的维护时间窗窗顶，$x_{zz'k}$ 为 0-1 变量，$[\bullet]^*=\max(\bullet,0)$。

调度决策的延时惩罚成本 C_p 为

$$C_p = \sum_{k \in MT} \sum_{z \in V} \sum_{z' \in V} [c_{zz'}^p \cdot (M_{zd} - b_{uz})^*] x_{zz'k} \tag{12-13}$$

人员派遣成本：c_k 为单支维护团队所需的单次派遣成本，x_{0zk} 为 0-1 变量。调度决策的人员派遣成本 C_v 为

$$C_v = \sum_{k \in MT} \sum_{z \in L} c_k x_{0zk} \tag{12-14}$$

总运维成本：总运维成本 C_d 为团队运输成本、服务等待成本、延时惩罚成本与人员派遣成本之和，即为

$$C_d = C_t + C_w + C_p + C_v \tag{12-15}$$

目标函数：

$$\min C_d = \sum_{k \in MT} \sum_{z \in V} \sum_{z' \in V} (c_{zz'} \cdot t_{zz'}) x_{zz'k} + \sum_{k \in MT} \sum_{z \in V} \sum_{z' \in V} \{c_{zz'}^w [M_{z'd} - (M_{zd} + T_{uz}^{\max} + t_{zz'})]^*\} x_{zz'k}$$

$$+ \sum_{k \in MT} \sum_{z \in V} \sum_{z' \in V} [c_{zz'}^p \cdot (M_{zd} - b_{uz})^*] x_{zz'k} + \sum_{k \in MT} \sum_{z \in L} c_k x_{0zk} \tag{12-16}$$

约束条件：

(1) 调度决策约束：

$$\sum_{k \in MT} \sum_{z' \in V} x_{zz'k} = 1 \quad \forall z \in V \tag{12-17}$$

式(12-17)保证了每个租赁点均会被服务，且只被维护团队服务一次。

(2) 维护顺序约束：

$$\sum_{z \in V} x_{zz'k} - \sum_{o \in V} x_{z'ok} = 0 \quad \forall z' \in L, \forall k \in MT \tag{12-18}$$

式(12-18)确保维护团队完成租赁产线 z 的维护任务后，从租赁产线 z 出发去下一个需要维护的租赁产线。

(3) 起始节点约束：

$$\sum_{z \in L} x_{0zk} = 1 \quad \forall k \in MT \tag{12-19}$$

$$\sum_{z \in L} x_{z0k} = 1 \quad \forall k \in MT \tag{12-20}$$

式(12-19)和式(12-20)表明每支维护团队从运维中心出发，服务完成之后返回运维中心。

(4) 能力资源约束：

$$\sum_{z \in V} \sum_{z' \in V} (x_{zz'k} s_{zd}) < Q_k \quad \forall k \in MT \tag{12-21}$$

式(12-21)限制了调度周期内每个维护团队的维护能力。

（5）时间资源约束：

$$M_{zd} \geqslant a_{uz} \quad \forall z \in L \tag{12-22}$$

式(12-22)限制了实际开始维护时间应大于各租赁产线的维护时间窗窗底。

（6）决策变量约束：

$$x_{zz'k} \in \{0,1\} \quad \forall z, z' \in V, k \in MT \tag{12-23}$$

式(12-23)表明 $x_{zz'k}$ 为 $0-1$ 变量，$x_{zz'k}=1$ 时表示维护团队 k 在完成对租赁产线 z 的维护后为租赁产线 z' 提供维护服务，其他情况下 $x_{zz'k}=0$。

12.8　网络机会维护策略的决策流程

设备供应商基于机会维护策略获得系统层的组合预知维护集 GP_{uz}，并实时生成多区域分布的各租赁产线维护需求。在网络层按需进行维护团队的动态调度策略，提供实时有效、经济可行的维护调度方案。网络机会维护策略的三层交互决策优化流程如图 12-13 所示。

步骤1：顺序拉动设备层维护周期。从第一个设备层维护周期 $i=1$ 开始，从设备层的成本率模型处实时获取各台租赁设备的预知维护时间间隔 T_{ij}^*。

步骤2：系统层组合机会时点选取。根据设备层输出，分析各台设备 M_j 在系统层预定的维护时点，即 $t_{ij}=T_{ij}^*(j=1,2,\cdots,J)$。对于一条租赁产线，单台设备的预知维护可以为其他非修设备提供组合维护机会，即从第一个系统层维护周期 $u=1$ 开始，通过 $t_{uz}=\min(t_{ij})$ 选择系统层组合维护时点进行机会维护决策。

步骤3：系统层租赁成本结余计算。基于组合维护时点 t_{uz}，实时计算各租赁产线 L_z 中非修设备 M_j 的租赁利润结余 LPS_{ju}。若 LPS_{ju} 大于零，将该设备的预知维护作业提前至当前的组合维护时点 $t_{uz}(j \in GP_{uz})$。

步骤4：各租赁产线组合维护安排。通过对各台非修设备 LPS_{ju} 的计算，确定进行提前预知维护的设备 M_j。安排所有满足 $\forall\Omega(j,t_{uz})=1$ 的设备加入租赁产线 L_z 的组合维护集 GP_{uz}，同时各租赁产线的执行时长为最大设备预知维护时长，即 $T_{uz}^{\max}=\max(T_{pij})$，维护能力需求 s_{uz} 为该组合维护集里的设备总数。维护时间窗的窗顶 a_{uz} 等于系统层维护契机时点 t_{uz}，即 $a_{uz}=t_{uz}$。维护时间窗的窗底 b_{uz} 等于系统层维护契机时点 t_{uz} 减去维护时间窗窗宽 w_z，即 $b_{uz}=t_{uz}-w_z$。

步骤5：循环输入产线组合维护集。从第一个网络层维护周期（$d=1$）开始，从系统层实时地获取各租赁产线 L_z 的维护执行时长 $T_{uz}^{\max}$、维护能力需求 s_{uz} 以及维护时间窗 $[a_{uz},b_{uz}]$。同时获取待修设备信息与产线位置信息。

步骤6：网络层维护调度方案发布。对于各租赁产线，通过平衡服务需求和资源约束间的供需矛盾，以最小化总运维成本 C_d 为目标函数，生成维护团队的最优调度方案。

步骤7：各租赁设备维护时点更新。根据网络层的实际维护团队调度情况，更新各台租

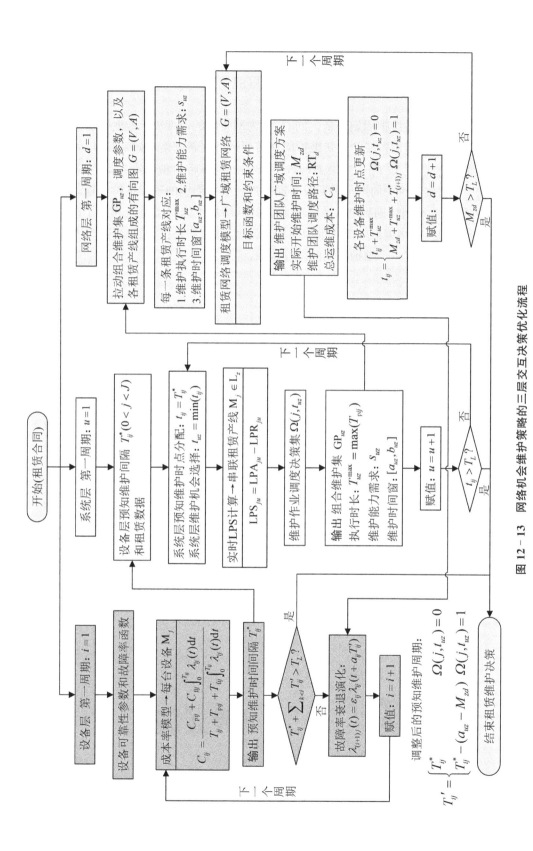

图 12 - 13　网络机会维护策略的三层交互决策优化流程

赁设备 $M_j(j=1,2,\cdots,J)$ 的维护时点 t_{ij}。如果 $\Omega(j,t_{uz})=0$,则意味着租赁设备 M_j 的预知维护作业没有提前,更新后的维护时点为 $t_{ij}(t_{ij}=t_{ij}+T_{uz}^{\max})$;如果 $\Omega(j,t_{uz})=1$,则意味着租赁设备 M_j 的预知维护作业提前,更新后的维护时点为 $t_{ij}(t_{ij}=M_{zd}+T_{uz}^{\max}+T_{(i+1)j}^*)$。

步骤 8:各租赁设备维护周期更新。同时,因为网络层的调度决策改变了各台租赁设备的预知维护周期,所以新设备层的预知维护周期需要进行更新调整。如果 $\Omega(j,t_{uz})=0$,更新后的预知维护周期 $T_{ij}'=T_{ij}^*$;如果 $\Omega(j,t_{uz})=1$,更新后的预知维护周期 $T_{ij}'=T_{ij}^*-(a_{uz}-M_{zd})$,并将实际维护周期反馈回设备层来进行下一周期的预知维护规划。

步骤 9:租赁产线租赁期到期检查。判断新的网络层维修时点是否超出了产线合同期 T_L 的范围。如果是,则结束租赁产线维护的动态调度策略;如果否,回到**步骤 5**,拉动下一个网络层维护机会,继续下一个维护周期的调度决策。

12.9 算例分析

为了验证本章提出的面向广域网制造的维护团队调度策略的有效性,以 5 条分布在不同地理位置的租赁产线为验证对象进行分析,如图 12-14 所示。每条产线由 3 台不同类型的租赁设备构成,各台设备具有健康状态独立性、失效模式差异性的技术特点。贯序利用租赁产线组合维护机会,实时分析租赁网络综合运维成本,动态规划维护团队优化调度方案,验证提出的维护调度策略可有效降低设备供应商的总运维成本。

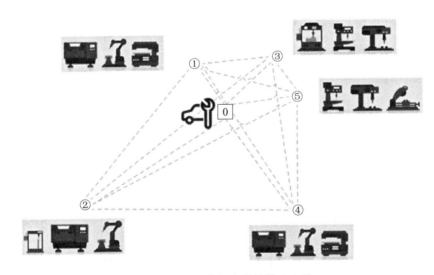

图 12-14 网络机会维护策略实例

各台租赁设备的维护数据(可靠性参数,失效率分布,以及维护周期与成本)如表 12-1 所示,采用威布尔分布函数描述各台设备的初始故障率函数。

表 12 - 1 各租赁设备的维护数据

L_z	M_j	(m_j,n_j)	$(a_{ij},\varepsilon_{ij})$	T_{pij}/h	T_{fij}/h	C_{pij}/\$	C_{fij}/\$
	1	(3.1, 4 000)	(0.025, 1.035)	20	66	6 500	18 000
1	2	(1.8, 4 400)	(0.016, 1.042)	25	74	8 000	30 000
	3	(2.5, 5 500)	(0.018, 1.044)	14	48	6 000	17 000
	4	(2.1, 3 200)	(0.023, 1.054)	10	38	3 400	8 800
2	5	(1.9, 3 400)	(0.038, 1.032)	12	68	9 600	28 000
	6	(2.3, 5 600)	(0.048, 1.041)	8	18	4 000	6 800
	7	(1.9, 3 400)	(0.038, 1.032)	12	68	9 600	28 000
3	8	(1.7, 6 500)	(0.036, 1.052)	10	22	9 800	16 000
	9	(2.3, 5 600)	(0.048, 1.041)	8	18	4 000	6 800
	10	(2.1, 3 200)	(0.023, 1.054)	10	38	3 400	8 800
4	11	(1.9, 3 400)	(0.038, 1.032)	12	68	9 600	28 000
	12	(1.7, 6 500)	(0.036, 1.052)	10	22	9 800	16 000
	13	(1.9, 3 400)	(0.038, 1.032)	12	68	9 600	28 000
5	14	(2.5, 5 500)	(0.018, 1.044)	14	48	6 000	17 000
	15	(3.1, 4 600)	(0.036, 1.037)	16	40	7 000	13 000

为了证明三层网络机会维护策略(triple-level network opportunistic maintenance，NOM)可以为出租方(设备供应商)和承租方(多区域租赁产线的用户)提供成本效益高的维护服务外包方案，进行如下分析。通过分析计算各租赁产线在两年租赁期内(T_L 为 17 520 小时，730 天，24小时期间的三班制)的贯序预知维护调度和实时总运维成本，分析三层网络机会维护策略的成本效益优势。表 12 - 2 中列出了根据租赁合同提供的多区域租赁产线的租赁数据(各租赁产线的地理位置、调度时间、产线内各租赁设备原始/剩余价值、租赁率以及折旧率系数)。

表 12 - 2 各租赁产线的租赁数据

| V | (x_z,y_z) | $t_{zz'}$/h | | | | | | M_j | V_j^S/\$ | V_j^E/\$ | K_j/(\$/h) | δ_j |
		0	1	2	3	4	5					
0	(0, 0)	0	52	87	71	83	62	—	—	—	—	—
								1	700 000	660 000	14	0.11
1	(−25, 45)	52	0	46	76	131	91	2	960 000	860 000	18	0.15
								3	520 000	400 000	16	0.13

V	(x_z, y_z)	$t_{zz'}/h$						M_j	$V_j^S/\$$	$V_j^E/\$$	$K_j/(\$/h)$	δ_j
		0	1	2	3	4	5					
2	$(-70，-50)$	87	46	0	120	169	135	4	400 000	350 000	10	0.12
								5	860 000	700 000	20	0.22
								6	330 000	250 000	18	0.16
3	$(50，50)$	71	76	120	0	102	37	7	860 000	700 000	20	0.22
								8	750 000	600 000	22	0.28
								9	330 000	250 000	18	0.16
4	$(65，-50)$	83	131	169	102	0	66	10	400 000	350 000	10	0.12
								11	860 000	700 000	20	0.22
								12	750 000	600 000	22	0.28
5	$(60，15)$	62	91	135	37	66	0	13	860 000	700 000	20	0.22
								14	520 000	400 000	16	0.13
								15	600 000	550 000	12	0.14

　　根据表12-1和表12-2提供的维护数据和租赁数据，通过对设备层的相关计算，获得每台租赁设备的预知维护时间间隔。各租赁产线由多类型设备串联构成，一台设备的停机意味着产线上其他设备的维护机会的出现。所以，当产线上一台租赁设备执行预知维护作业时，系统层的租赁利润结余模型将分析计算其他非修设备由于维护提前而导致的租赁利润增益（设备租金增益、失效控制增益）和租赁利润损减（频繁利润损减、加速折旧损减），提供预知维护调度依据，进行每台租赁设备的预知维护调整（提前维护或按期维护）。第一个系统层各租赁产线维护周期（$u=1$）对应的租赁利润增益（LPA）与租赁利润损减（LPR）的计算如表12-3所示。

表12-3　第一个系统层维护周期的租赁利润结余

L_z	M_j	t_{ij}/h	t_{1z}/h	$LPA_{j1}/\$$	$LPR_{j1}/\$$	$LPS_{j1}/\$$	$\Omega(j, t_{1z})$	T_{p1j}/h	GP_{1z}	$T_{1z}^{\max}/h$
	1	2 269		—	—	—	1	20		
1	2	2 384	2 269	1 345	504	841	1	25	{1, 2}	25
	3	3 086		2 531	2 888	−357	0	14		
	4	1 949		—	—	—	1	10		
2	5	2 059	1 949	1 382	763	619	1	12	{4, 5}	12
	6	3 969		2 889	5 622	−2 733	0	8		

续　表

L_z	M_j	t_{ij}/h	t_{1z}/h	$LPA_{j1}/\$$	$LPR_{j1}/\$$	$LPS_{j1}/\$$	$\Omega(j, t_{1z})$	T_{p1j}/h	GP_{1z}	$T_{1z}^{\max}/h$
	7	2 059		—	—	—	1	12		
3	8	6 014	2 059	12 895	28 306	−15 411	0	10	{7}	12
	9	3 969		2 800	5 106	−2 306	0	8		
	10	1 949		—	—	—	1	10		
4	11	2 059	1 949	1 382	763	619	1	12	{10, 11}	12
	12	6 014		113 113	30 185	−17 072	0	10		
	13	2 059		—	—	—	1	12		
5	14	3 086	2 059	2 960	3 908	−948	0	14	{13}	12
	15	2 969		2 728	3 458	−730	0	16		

在第一个系统层维护周期中,租赁产线 L_2 中的设备 M_4 首先执行预知维护作业,将其预知维护时点 t_{ij}($t_{ij}=1\,949$ h)定义为系统层的预知维护执行时点 t_{1z}。然后计算其他非修设备的租赁利润增益(LPA)和租赁利润损减(LPR)。例如,对于同一产线内的设备 M_5,$LPA_{51}=1\,382$ \$,$LPR_{51}=763$ \$,$LPS_{51}=LPA_{51}-LPR_{51}=619$ \$。这意味着提前预知维护作业可以带来更多的利润节省。因此,设备 M_5 的预知维护作业被提升到当前的组合维护集合。

基于多区域租赁产线的组合维护集合,同时考虑维护团队的维护能力和各产线的地理分布情况,在网络层输出维护团队的广域调度方案。根据各产线的租赁合同,每台租赁产线的维护时间窗宽均设置为 25 小时。此外,单位时间调度成本 $c_{zz'}$、单位时间等待成本 $c_{zz'}^{w}$、单位时间惩罚成本 $c_{zz'}^{p}$ 以及维护团队的单次派遣成本 c_k 依次设置为 150 \$、50 \$、20 \$ 和 1 500 \$。同时单支维护团队的维护能力 Q_k 为每次维护 6 台设备。第一个网络层维护周期($d=1$)的调度方案如表 12-4 所示,其中各租赁产线的维护执行时长 $T_{uz}^{\max}$、维护能力需求 s_{uz} 和维护时间窗 $[a_{uz}, b_{uz}]$ 由实时系统层的机会维护策略拉动输入。

表 12-4　第一个网络层维护周期的调度方案

L_z	$s_{z1}/$ 个	a_{1z}/h	b_{1z}/h	$T_{1z}^{\max}/h$	M_{z1}/h	RT_1	$C_1/\$$
1	2	2 244	2 269	25	2 244		
2	2	1 924	1 949	12	1 924		
3	1	2 034	2 059	12	2 083	[0→2→0][0→4→5→3→1→0]	81 930
4	2	1 924	1 949	12	1 924		
5	1	2 034	2 059	12	2 034		

在每个网络层维护周期内,通过最小化总运维成本来优化调度各维护团队。如表 12-5 所示,在第一个网络层维护周期中,为了满足执行各产线的预知维护作业的要求并考虑相应

的维护时间窗,出租方派遣两支维护团队在该周期内为每条租赁产线提供维护服务。如图 12-15 所示,两支维护团队均开始和结束于广域运维中心(点 0),一支维护团队服务产线 L_2,同时另一支维护团队依次服务产线 L_4、L_5、L_3 和 L_1。最优的广域调度方案所对应的总运维成本 C_1 为 81 930 \$。

在各租赁产线的租赁期内,三层网络机会维护策略从全局角度出发,通过逐周期最小化总运维成本,为广域租赁网络生成最优的广域调度方案。在设备层单机健康预测和系统层产线机会维护的支撑下,通过网络层的租赁网络调度模型输出整个广域租赁网络的最优维护外包调度方案。各网络层维护周期的调度方案如表 12-5 所示。

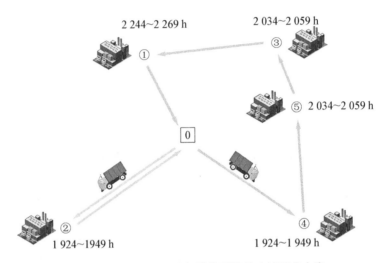

图 12-15 第一个网络层维护周期的广域调度方案

表 12-5 各网络层维护周期的调度方案

d	M_{zd}/h					RT_d	C_d/\$
	L_1	L_2	L_3	L_4	L_5		
1	2 244	1 924	2 083	1 924	2 034	[0→2→0][0→4→5→3→1→0]	81 930
2	3 086	3 809	3 956	3 809	2 956	[0→5→1→0][0→4→3→0][0→2→0]	102 550
3	4 473	5 644	5 960	5 791	4 073	[0→2→4→0][0→1→0][0→3→0][0→5→0]	109 690
4	6 115	7 432	7 816	7 579	5 839	[0→2→4→0][0→1→0][0→3→0][0→5→0]	107 250
5	8 229	9 175	9 792	9 322	7 831	[0→2→4→0][0→1→0][0→3→0][0→5→0]	107 250
6	9 087	10 875	11 577	11 022	8 638	[0→1→4→0][0→2→5→0][0→3→0]	107 250
7	10 309	12 534	13 539	12 681	9 823	[0→2→4→0][0→1→0][0→3→0][0→5→0]	107 250

续　表

d	M_{zd}/h					RT_d	C_d/$
	L₁	L₂	L₃	L₄	L₅		
8	11 982	14 154	15 249	14 301	11 358	[0→2→4→0][0→1→0][0→3→0][0→5→0]	107 250
9	13 959	—	—	15 883	13 324	[0→1→0][0→4→0][0→5→0]	63 600
10	14 824	—	—	—	14 004	[0→1→0][0→5→0]	37 200
11	—	—	—	15 302		[0→5→0]	20 100
12	—	—	—	16 580		[0→5→0]	20 100

最后,将三层网络机会维护策略与两种维护驱动的调度策略进行比较(决策时间为17 520 小时)。两种维护驱动的调度策略是① 独立按期预知维护策略(individual preventive maintenance,IPM):考虑租赁产线内每台设备的预知维护作业由维护团队根据设备层输出的预知维护时间间隔直接单独执行。IPM 是在不考虑产线系统各设备依赖性的情况下,基于设备的个体衰退而输出的维护调度方案。② 不考虑网络层优化的租赁利润优化策略(leasing profit optimization,LPO):考虑租赁产线内有一台设备到达预知维护作业时点,其他非修设备被考虑是否加入当前组合维护集提前维护。维护团队则在不考虑其他区域租赁产线和网络多点调度问题的情况下,依次对单一产线执行预知维护作业。通过与两种维护驱动的调度策略进行比较,验证了提出的三层网络机会维护策略的经济性优势,上述调度策略的总运维成本比较结果如图 12 – 16 所示。

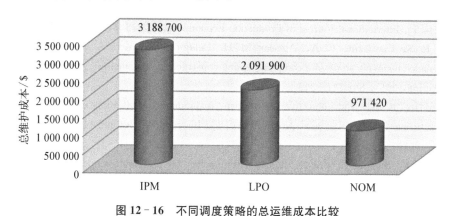

图 12 – 16　不同调度策略的总运维成本比较

12.10　本章小结

在当今日益激烈的市场竞争和快节奏的工业环境中,原始设备供应商发展的新趋势是通过产品服务外包,将生产线租赁给多区域分布的制造企业。作为有效节省产线投入、促进设备供给、聚焦核心生产、统筹外包维护的先进制造模式,延伸传统制造价值链的广域网制造正逐渐成为制造业转型升级的新趋势。服务承租方群体的维护规划与调度决策是广域网制造中出租方提供"产品+服务"综合服务中的关键一环。

针对广域网制造网络的维护调度问题,本章探索了租赁设备预知维护触发的多层级网络机会维护策略,从设备层健康预测、系统层机会维护、网络层资源调度的相互联系、相互作用中综合地开展研究。本章构建的多层级租赁维护建模的全局维护方案,根据各台设备独立健康演化,实时规划设备层的预知维护时间间隔。基于贯序的设备层输出,在系统层优化调度并输出组合维护需求。分析广域分布租赁产线的组合维护需求和出租方的维护外包服务能力,利用设备预知维护时机作为组合维护机会,在网络层建立租赁网络调度模型,高效输出总运维成本最小的维护团队广域调度方案。

参考文献

[1] Friedli T, Mundt A, Thomas S. Strategic management of global manufacturing networks[M]. Berlin Heidelberg: Springer, 2014.

[2] Koren Y. The global manufacturing revolution: product-process-business integration and reconfigurable systems[M]. Hoboken: John Wiley & Sons, 2010.

[3] Lee J, Kao H A, Yang S. Service innovation and smart analytics for industry 4.0 and big data environment[J]. Procedia Cirp, 2014, 16: 3-8.

[4] Shen W, Hao Q, Yoon H J, et al. Applications of agent-based systems in intelligent manufacturing: An updated review[J]. Advanced engineering Informatics, 2006, 20(4): 415-431.

[5] Jin X, Siegel D, Weiss B A, et al. The present status and future growth of maintenance in US manufacturing: results from a pilot survey[J]. Manufacturing Review, 2016, 3: 10.

[6] Aras N, Güllü R, Yürülmez S. Optimal inventory and pricing policies for remanufacturable leased products[J]. International Journal of Production Economics, 2011, 133(1): 262-271.

[7] Lopes R S, Cavalcante C A, Alencar M H. Delay-time inspection model with dimensioning maintenance teams: a study of a company leasing construction equipment[J]. Computers & Industrial Engineering, 2015, 88: 341-349.

[8] Moghaddam K S. Multi-objective preventive maintenance and replacement scheduling in a manufacturing system using goal programming[J]. International Journal of Production Economics, 2013, 146(2): 704-716.

[9] Zamorano E, Stolletz R. Branch-and-price approaches for the multiperiod technician routing and scheduling problem[J]. European Journal of Operational Research, 2017, 257(1): 55-68.

[10] Souffriau W, Vansteenwegen P, Vanden Berghe G, et al. The multiconstraint team orienteering problem with multiple time windows[J]. Transportation Science, 2013, 47(1): 54-63.